U0161204

国家出版基金项目
NATIONAL PUBLICATION FOUNDATION

"十三五"国家重点出版物出版规划项目·重大出版工程

高超声速出版工程

高超声速飞行器热防护电弧风洞气动加热试验技术

陈连忠 欧东斌 高贺 等著

科学出版社

北 京

内 容 简 介

　　高超声速飞行器在大气层内高速飞行时,飞行器周围的气体受到强烈的压缩和剧烈的摩擦,飞行器巨大的动能转化为热能,对飞行器产生极其严重的气动加热,因此热防护是高超声速飞行器的关键技术之一。

　　本书的主要目的是对我国目前电弧加热试验设施的能力和试验技术、测试技术等方面进行系统的介绍,本书分为8个章节:第1章主要介绍电弧加热试验设施服务的对象——高超声速飞行器的飞行热环境以及热防护系统;第2章介绍了电弧气动加热试验设施;第3章对高超声速飞行器热防护试验需要测量的参数及其测试方法进行了介绍;第4~6章分别对飞行器端头电弧加热试验技术、飞行器典型部位烧蚀试验技术和吸气式高超声速飞行器热防护试验技术进行了介绍;第7章介绍了最近几年发展的新型热防护技术;第8章简要介绍了高频感应加热、燃气流加热等其他试验设施。另外本书还收录几篇常用的电弧加热试验标准。

　　本书主要是根据我国高超声速飞行器热防护试验领域的研究工作整理而来,希望能够为参与飞行器热防护研究的技术人员和高校、科研院所的研究生提供学习参考。

图书在版编目(CIP)数据

高超声速飞行器热防护电弧风洞气动加热试验技术 /
陈连忠等著. —北京:科学出版社,2020.7
高超声速出版工程　"十三五"国家重点出版物出版
规划项目·重大出版工程　国家出版基金项目
ISBN 978-7-03-065300-0

Ⅰ.①高…　Ⅱ.①陈…　Ⅲ.①高超音速飞行器-防热
-电弧风洞-气动加热-风洞试验　Ⅳ.①V47

中国版本图书馆 CIP 数据核字(2020)第 092363 号

责任编辑:徐杨峰 / 责任校对:谭宏宇
责任印制:黄晓鸣 / 封面设计:殷　靓

科学出版社 出版
北京东黄城根北街 16 号
邮政编码:100717
http://www.sciencep.com

南京展望文化发展有限公司排版
广东虎彩云印刷有限公司印刷
科学出版社发行　各地新华书店经销

*

2020 年 7 月第　一　版　开本:B5(720×1000)
2023 年 2 月第三次印刷　印张:25 3/4
字数:426 000

定价:200.00 元
(如有印装质量问题,我社负责调换)

高超声速飞行器热防护电弧风洞气动加热试验技术

编写人员

主 编
陈连忠

副主编
欧东斌　高　贺

参编人员
（按姓名汉语拼音排序）

陈　峰	陈海群	陈连忠	程梅莎
董永晖	高　贺	马建平	欧东斌
彭锦龙	曲德军	涂建强	杨国铭
杨汝森	袁国伍	张　骞	张　智
张敏莉	张友华	郑鲁平	周　法
朱兴营			

丛书序

飞得更快一直是人类飞行发展的主旋律。

1903年12月17日,莱特兄弟发明的飞机腾空而起,虽然飞得摇摇晃晃犹如蹒跚学步的婴儿,但拉开了人类翱翔天空的华丽大幕;1949年2月24日,Bumper-WAC从美国新墨西哥州白沙发射场发射升空,上面级飞行马赫数超过5,实现人类历史上第一次高超声速飞行。从学会飞行,到跨入高超声速,人类用了不到五十年,蹒跚学步的婴儿似乎长成了大人,但实际上,迄今人类还没有实现真正意义的商业高超声速飞行,我们还不得不忍受洲际旅行需要十多个小时甚至更长飞行时间的煎熬。试想一下,如果我们将来可以在两小时内抵达全球任意城市,这个世界将会变成什么样? 这并不是遥不可及的梦!

今天,人类进入高超声速领域已经快70年了,无数科研人员为之奋斗了终生。从空气动力学、控制、材料、防隔热到动力、测控、系统集成等,在众多与高超声速飞行相关的学术和工程领域内,一代又一代科研和工程技术人员传承创新,为人类的进步努力奋斗,共同致力于达成人类飞得更快这一目标。量变导致质变,仿佛是天亮前的那一瞬,又好像是蝶即将破茧而出,几代人的奋斗把高超声速推到了嬗变前的临界点上,相信高超声速飞行的商业应用已为期不远!

高超声速飞行的应用和普及必将颠覆人类现在的生活方式,极大地拓展人类文明,并有力地促进人类社会、经济、科技和文化的发展。这一伟大的事业,需要更多的同行者和参与者!

书是人类进步的阶梯。

实现可靠的长时间高超声速飞行堪称人类在求知探索的路上最为艰苦卓绝的一次前行,将披荆斩棘走过的路夯实、巩固成阶梯,以便于后来者跟进、攀登,意义深远。

以一套丛书,将高超声速基础研究和工程技术方面取得的阶段性成果和宝贵经验固化下来,建立基础研究与高超声速技术应用之间的桥梁,为广大研究人员和工程技术人员提供一套科学、系统、全面的高超声速技术参考书,可以起到为人类文明探索、前进构建阶梯的作用。

2016 年,科学出版社就精心策划并着手启动了"高超声速出版工程"这一非常符合时宜的事业。我们围绕"高超声速"这一主题,邀请国内优势高校和主要科研院所,组织国内各领域知名专家,结合基础研究的学术成果和工程研究实践,系统梳理和总结,共同编写了"高超声速出版工程"丛书,丛书突出高超声速特色,体现学科交叉融合,确保丛书具有系统性、前瞻性、原创性、专业性、学术性、实用性和创新性。

这套丛书记载和传承了我国半个多世纪尤其是近十几年高超声速技术发展的科技成果,凝结了航天航空领域众多专家学者的智慧,既可供相关专业人员学习和参考,又可作为案头工具书。期望本套丛书能够为高超声速领域的人才培养、工程研制和基础研究提供有益的指导和帮助,更期望本套丛书能够吸引更多的新生力量关注高超声速技术的发展,并投身于这一领域,为我国高超声速事业的蓬勃发展做出力所能及的贡献。

是为序!

2017 年 10 月

序

    自从 20 世纪五六十年代钱学森先生提出高超声速的概念以来,高超声速飞行器的发展已经走过了 60 多个春秋。高超声速的重要特点之一就是气动热,飞行器在大气内高速飞行的过程中,由于巨大的动能-热能转化量,高温、高速的气体对飞行器产生严重的气动加热,从而给高超声速飞行器的设计带来了热防护难题。飞行器热防护考核的重要手段之一就是利用电弧加热试验装置,在地面创造飞行器在大气内高速飞行时的气动加热环境,对热防护材料、热结构进行考核、验证。

    飞行器热防护电弧加热试验装置,就是利用高温电弧对空气进行加热,之后经过加速,形成高温、高速气流环境。从 20 世纪 60 年代开始,我国开始发展电弧加热试验装置,经过几十年的发展,不仅自主研发了管状电弧加热器、分段式电弧加热器、叠片式电弧加热器,还研发了交流电弧加热器、超高焓电弧加热器等多个类型的大功率加热设施;电弧功率从一开始的几十千瓦,发展到超过 50 000 kW;电弧风洞的喷管尺度也超过了 1 000 mm。与之相适应的是,我国还发展了大量的试验技术和高温测试技术,包括端头外形烧蚀技术、包罩试验技术及后来发展的多种特种试验技术。这些试验技术在我国导弹、返回式卫星、载人飞船等高超声速飞行器的研制中发挥了重要作用。

    本书对我国电弧加热试验设施进行了系统介绍,对于电弧加热试验设施的后续发展具有很强的指导作用,对于参与或从事高超声速飞行器热防护试验研究的科技人员具有很高的参考价值。

2019 年 10 月

前　言

　　一百多年前,德国人发现两个正负电极之间放电,可以产生大量的焦耳热,把气体加热到几千摄氏度甚至上万摄氏度,于是电弧加热器由此而生。第二次世界大战以后,随着世界各国对导弹、返回式卫星、宇宙飞船、航天飞机等高超声速飞行器的研究,大功率电弧加热风洞成为开展高超声速飞行器热防护研究的重要试验设施,美国、苏联为此建造了多座功率超过 50 MW 的大型电弧加热试验设施。这为两个超级大国航天飞行器的发展做出了重大贡献。

　　从 20 世纪 50 年代开始,我国也开展了电弧加热试验设施的研究和建设,但由于技术和经济的原因,功率、尺寸、运行时间等指标一直和国外有较大的差距,"十一五"以来,为满足我国新型高超声速飞行器的研究需求,我国加大了在大功率电弧加热试验设施和试验技术上的投入,使我国电弧加热试验设施的性能逐渐得到提升,很多特种试验技术也得到了相应发展。本书的主要目的是对我国目前电弧加热试验设施的能力、试验技术和测试技术等方面进行系统介绍,希望能够为参与相关研究的技术人员和高校、科研院所的研究生提供学习参考。

　　本书主要分 8 章,第 1 章主要介绍电弧加热试验设施服务的对象——高超声速飞行器的飞行热环境及热防护结构类型等。第 2 章介绍电弧加热试验设施的核心设备:2.1~2.4 节对管状电弧加热器、叠片式电弧加热器、长分段式电弧加热器(long-segmented)及交流电弧加热器等主要类型的电弧加热器进行介绍;2.5~2.7 节对电弧风洞及其供水、真空、供电等辅助系统进行介绍。第 3 章对高超声速飞行器热防护试验需要测量的参数及其测试方法进行介绍:3.1 节主要介绍高超声速飞行器热环境参数及其测试方法;3.2 节介绍热响应参数及其测量方法。第 4 章对飞行器端头烧蚀试验技术进行介绍,高超声速飞行器在大气层内高速飞行的过程中,端头部位承受的加热环境最为恶劣,防热设计难度很大,因此第 4 章从端头的热环境介绍开始,较为详细地介绍端头试验的参数测量、模型设计及端头烧蚀考核试验技术。第 5 章介绍高超声速飞行器机身典型部位的烧蚀试验技术:5.1 节介绍机身大面积的试验技术;5.2 节介绍较高热流密度环境下防热材料研究常用的湍流导管试验技术;5.3 节介绍飞行器头锥、空气舵试验常用的包罩试验技术;5.4 节介绍针对飞行器空气舵舵轴干扰区复杂热环境模拟发展起来的特种试验技术;5.5 节介绍针对飞行器活动密封部件发展的特种试验技术。第 6 章介绍吸气式动力高超声速飞行器热防护试验技术:6.1 节简要介绍吸气式高超声速飞行器的国内外现状;6.2 节、6.3 节介绍飞行器前缘的热环境和试验方法;6.4 节、6.5 节介绍发动机主、被动热防护试验技术。第 7 章介绍最近几年新发展起来的新型热防护试验技术的地面试验方法,包括疏导式热防护、再生冷却热防护、气膜冷却热防护、发汗冷却热防护四种试验方法。第 8 章简要介绍高频感应加热、燃气流加热等其他试验设备。另外,本书还收录几个常用的电弧加热试验标准。

　　高超声速飞行器热防护试验研究是一项非常复杂、难度极大的科学研究,我国从 20 世纪五六十年代开始针对导弹、返回式卫星等高超声速飞行器的热防护开展研究工作,经过了几代航天人呕心沥血地艰苦攻关,到目前已经发展了具有世界先进水平的试验体系和试验技术。本书无法也不可能对其进行完备、详尽的介绍,而主要是根据中国航天空气动力技术研究院的高超声速飞行器热防护试验团队多年的工作整理而来,因此除本人外,几乎研究团队的每一个成员都参与了本书的编写工作,主要的执笔人包括陈峰、陈海群、董永晖、曲德军、欧东斌、高贺、彭锦龙、杨国铭、杨汝森、涂建强、张骞、程梅莎、张友华、袁国伍、张智、周法、朱兴营、张敏莉、郑鲁平、马建平、罗晓光等同志,在此对他们的辛勤工作致以衷心的谢意!另外,本书部分内容也参考了中国航天空气动力技术研究院李锋研究员编著的《疏导式热防护》和中国空间技术研究院吴国庭研究员的著作。

　　由于本人能力、知识有限,本书的内容可能有不足之处,恳请读者不吝指教。

陈连忠

2019 年 12 月

目　　录

丛书序

序

前言

第1章　热环境及热防护系统概述

1

第 2 章　电弧气动加热试验设施

27

第3章 电弧加热试验参数测量

第 4 章 端头烧蚀试验技术

170

第5章 高超声速飞行器典型部位烧蚀试验技术

第6章 吸气式高超声速飞行器气动热防护试验技术

第7章　新型热防护试验技术

第8章　其他气流加热试验技术

371

第1章

热环境及热防护系统概述

当高超声速飞行器在大气层内高速飞行时,飞行器周围的气体受到强烈的压缩和剧烈的摩擦,则飞行器巨大的动能转化为热能,飞行器周围将形成高温、高速气体流场。高温气体和飞行器表面之间产生数千甚至上万摄氏度的温差,高温气体的热能以对流、辐射和热传导三种方式传到飞行器表面,对飞行器表面进行非常严重地气动加热,如果不采取行之有效的热防护手段,将会导致飞行器部件烧坏,甚至造成飞行器解体、坠毁等严重的飞行事故。

高超声速飞行器热防护系统非常复杂,飞行器表面不同部位的热环境差异很大,例如,头部、翼前缘区域的温度比机身后部大面积区域高几倍甚至几十倍,所以针对不同区域,需要设计不同的热防护结构。

为了开展对飞行器热防护材料性能的研究,特别是针对某一具体高超声速飞行器特殊的飞行热环境开展防热材料的研制和开发,需要对材料研制各阶段的试件进行气动加热考核,分析其在高温气流加热条件下的抗冲刷、抗热震、隔热等性能,通常需要开展大量、多批次的试验验证工作。这为研制新型防热材料、提升工艺可靠性、降低成本、提高生产效率等提供了技术支撑。

以高温电弧为加热源对空气进行加热,形成高温、高速的气流,来模拟高超声速飞行器在飞行过程中的气动加热环境,对飞行器的热防护材料或结构进行地面试验研究,是高超声速飞行器热防护研究及设计的重要技术手段。

随着人类征服太空步伐的加快,未来新一代高效、低成本、可重复使用的高超声速飞行器是人类离开地球、进入太空并返回地球的重要运输工具,轻质、高效、高可靠、可重复使用的热防护系统也成为航天领域的研究热点,在飞行试验成本高、风险大的约束下,热防护系统的考核、验证必将更加倚重地面大型试验设施的气动加热试验手段。

自20世纪50年代开始利用电弧加热风洞产生高温、高速气流对飞行器热防护进行气动加热试验研究以来[1],大功率电弧加热试验设施的发展一直受到各航天强国的重视,其中,美国、俄罗斯、欧洲太空局(意大利)的电弧加热试验设施功率已经超过 50 MW,百兆瓦功率、甚至几百兆瓦功率的超大型电弧加热试验设施成为下一步追求的目标。

1.1   引言

高超声速飞行器热防护电弧风洞试验的输入,就是高超声速飞行器的热环境参数,而不同类型的高超声速飞行器,其气动热环境参数千差万别,对于某一类型的飞行器,其在大气层内飞行速度、高度、姿态的变化,也反映在其气动热环境参数的巨大差异上。为了满足飞行任务的需求,需要针对飞行器的气动热环境设计热防护系统。电弧加热试验设施的主要任务,就是根据不同飞行器热防护研究的需求,在地面"创造"出相应的气动加热环境,对热防护材料、热结构进行考核或验证。

本书所介绍的电弧加热试验设备的主要服务对象是高超声速飞行器,它是指那些在大气层内以高马赫数(一般为 5 以上)飞行的航天器。高超声速飞行器有很多分类方法,根据飞行器功能可划分为深空探测器(火星探测器、探月返回器、木星探测器、小行星探测器等)、地球轨道再入高超声速飞行器、大气层内巡航高超声速飞行器等;根据飞行轨迹可分为弹道式高超声速飞行器、升力式(半升力式)再入高超声速飞行器、滑翔式高超声速飞行器、巡航式高超声速飞行器等。

本章从几类典型的高超声速飞行器的飞行轨迹分析入手,介绍其热环境和热防护系统,提出各类高超声速飞行器对电弧加热试验设备的需求。

1.2   再入航天器类飞行器热环境及热防护系统

高超声速飞行器大致可以分为两类:一类是从地面发射后飞出地球大气层(一般定义为 100 km 以上)后在环绕地球的近地球轨道或近地球轨道以外的深空飞行后重新返回地球表面的航天器,这种航天器一般称为卫星、飞船或再入航天器(reentry spacecraft);另一类是从地面发射后始终在大气层内作高速飞行的飞行器,如各类导弹武器。当然,远程战略导弹在飞行中,其飞行高度也有一段时间高于大气层,但这类航天器并不在大气层外进行环绕地球的飞行。

本节要讨论的高超声速飞行器的热环境是指飞行器在大气层内高速飞行时,由于飞行器与大气高速摩擦所产生的热环境,也称为气动热环境。

1.2.1　高超声速飞行器的飞行轨道

高超声速飞行器受到的气动热首先与其飞行轨道有关。对于飞出大气层后再返回地球的航天器,或进入某个有大气层星体的航天器,它们的典型再入或进入轨道有三种:① 以陡峭轨道再入或进入大气层的弹道式轨道;② 沿平坦轨道再入或进入大气层的半弹道-升力式轨道;③ 升力式再入或进入大气层的轨道,包括滑翔式轨道和跳跃式轨道。跳跃式轨道根据飞行器在大气层跳跃或起伏的高度,可多次跳出大气层,也可始终在大气层内"跳跃"。

每种轨道都代表着一种类型的高超声速飞行器。弹道式再入典型飞行器有导弹和返回式卫星;小升力控制的半弹道-升力式再入飞行器有载人飞船(如联盟号、神舟号、双子星号载人飞船);采用升力式再入大气层轨道和大气层内机动(巡航)的飞行器有月球返回飞船(如阿波罗号飞船"跳跃式"再入)、航天飞机(大气层内机动飞行)、X 试验机和巡航弹,我国的探月返回器则采用了跳跃式再入轨道。由于轨道的不同,它们飞行中受到的气动加热也必然不同,具有各自特点。本小节拟按以下三类飞行器分别叙述。

1. 弹道式再入轨道

弹道式再入轨道的轨道倾角一般比升力式再入轨道的倾角大,因此,再入过程中气动减速得比较快,所受到的气动加热的热流密度也较大,且出现在较低的空间。但是,这种轨道飞行器所经受的加热时间比较短,单位面积的重加热量(飞行器单位面积上在整个飞行航程中受到的气动热)可能比较小。早期的返回式卫星和远程弹道式洲际导弹就是采用这种再入轨道,如图 1.1 所示。

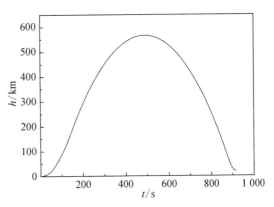

2. 半弹道-升力式再入轨道

要进行滑翔式再入的航天器

图 1.1　弹道式再入轨道

需要在飞行过程中产生一定的升力,并对该升力进行控制才能做到滑翔飞行。在表面不设升力部件(如翼)的飞行器也可以产生较小的升力。这种在弹道式再入的基础上通过航天器的质心配置产生的小升力就可以进行弹道-升力式再入。这种飞行器的质心偏离飞行器的中心轴一定距离,使飞行器在大气层内飞行时产生某一攻角,同时产生一定的升力(图 1.2)。图中,由偏离飞行器的中心轴质心所产生的攻角称为配平攻角,用 η_{tr} 表示;δ 为质心偏移距离;v 为速度;x_{cg} 为质心距离;x_{cp} 为压心距离;N 为法向力;L 为升力;D 为阻力;A 为轴向力;R 为大底曲率半径。

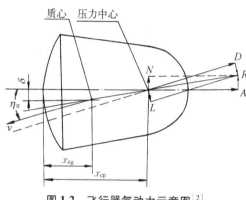

图 1.2　飞行器气动力示意图[2]

这种具有一定升力的航天器可以增大再入(或进入)走廊的宽度以改善再入(或进入)状态:具有较小再入(或进入)时的减速度过载和气动加热的最大热流密度。这些改善可使航天器防热系统和结构系统的负担大为减轻。

此外,这种具有一定升力的航天器可以凭借对升力的控制使它在再入(或进入)轨道中进行多次"跳跃"或"起伏"。多次"跳跃"或"起伏"可以使航天器的飞行速度逐渐降低,而减速的过载和气动加热都比较和缓。美国阿波罗号载人飞船在月球飞行后再入地球大气层就是采用这种方式。航天器飞行时升力还不够大,因此还不能使接近地面时的轨道平缓到可以水平着陆。

3. 升力式再入轨道

当航天器要求水平着陆时,必须给它足够的升力。这时航天器除了可以水平着陆,还可以增大飞行的机动范围,使航天器水平着陆到预定的跑道。能够实现水平着陆的航天器,要求其升力较大(一般要求升力/阻力大于 1),航天器无法单靠质心配置来获得这样大的升力,而必须采用不对称的外形,即升力体。升力体可分为有翼升力体和无翼升力体两种。无翼升力体的外形比较复杂,升力控制范围也比较小,所以再入航天器一般都采用有翼升力体,如美国航天飞机。升力式再入航天器的再入轨道比较平缓,再入航程和再入时间都比弹道式再入和弹道-升力式再入长得多,如图 1.3 所示[3]。因此,减速过载和气动加热的热流密度也小得多。

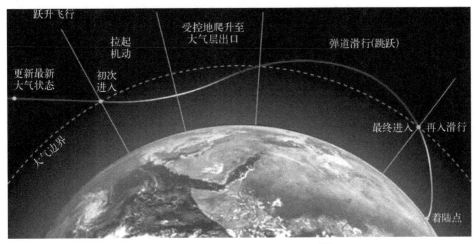

图 1.3 升力式再入航天器轨道图[3]

1.2.2 各种高超声速飞行器的热环境及其特点

1. 气动热环境的几个主要参数

航天器以极高的速度穿越大气层飞行时,周围形成一个复杂的流场(图 1.4),由于它对前方空气的压缩及其与周围空气的摩擦,其大部分动能会以激波及尾流涡旋的形式耗散于大气中,剩下的一部分动能则转变成空气的热能。这种热能以边界层对流加热和激波辐射两种形式对航天器表面进行加热。

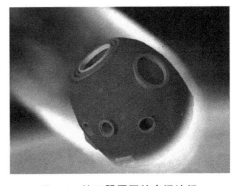

图 1.4 航天器周围的高温流场

气动加热热流密度大体上分别与飞行速度的三次方和大气密度的平方根成正比,而大气密度随飞行高度呈指数下降,因此气动加热环境也与飞行轨道密切相关。图 1.5 是几艘载人飞船表面驻点的热流密度与再入时间的关系,它可以说明航天器在再入过程中热流密度变化的一般特点[4]。

当航天器刚进入大气层时,虽然速度极高,但因大气密度太低,所以气动加热的热流密度不高;当航天器逐渐沉入稠密大气层内,由于热流密度与飞行速度的三次方和大气密度的平方根成正比,两个因素的综合使热流密度在某一高度出现峰值。阿波罗号载人飞船在再入大气层时做了一次"跳跃",即两次沉入大气层,故在热流密度-再入时间曲线上出现两个峰值。

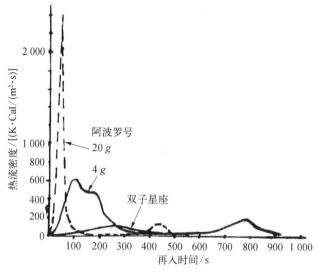

图 1.5　典型飞船表面驻点的热流密度随再入时间的变化

除了加热热流密度、再入时间,其他一些气动参数,如飞行马赫数、气流驻点焓值、驻点压力和壁面气动剪切力等,也是防热系统设计的重要参数。

2. 各类高超声速飞行器的热环境及其特点

针对上面讨论的飞行器热环境的几个特征参数,图 1.6 归纳了各类高超声速飞行器在飞行轨道中的以峰值热流密度、辐射平衡温度及加热时间为表征的气动热环境。

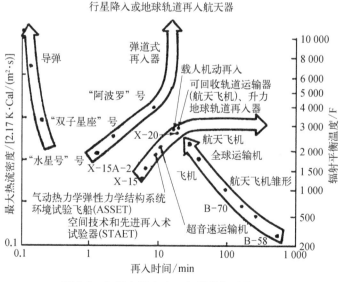

图 1.6　各类高超声速飞行器的气动热环境

从图 1.6 可以看出,弹道导弹气动热环境的特点是高热流密度和短加热时间;从地球轨道以升力式再入飞行器的热环境特点是温和的热流密度和较长的加热时间;巡航类飞行器的特点是低热流密度、长加热时间(相对于较低速飞行的飞行器)到中等热流密度和中等长度加热时间(相对于高速亚轨道飞行的飞行器);从月球和行星际飞行返回地球的航天器,其气动热环境的显著特点是中到高的热流密度和中等长度的加热时间。各类飞行器不同的气动热环境明显地影响到它们所采用的防热结构形式和防热材料。碳化烧蚀防热系统在很大的热流密度范围内具有很高的防热效率,故它广泛应用于导弹到地球轨道再入的各类高超声速飞行器。采用烧蚀防热系统的典型飞行器的代表有中国、美国和俄罗斯的载人飞船和返回式卫星。烧蚀防热系统更被各类中、远程导弹广泛采用。

同一轨道、同一飞行器不同部位由于所处位置的空气流动状态非常不同,所以承受的热流密度也差别很大。前缘和迎风面(通常称为飞行器前身)热流密度最大,背风面(通常称为飞行器后身)热流密度最小。图 1.7 是航天飞机表面各处的最高辐射平衡温度。

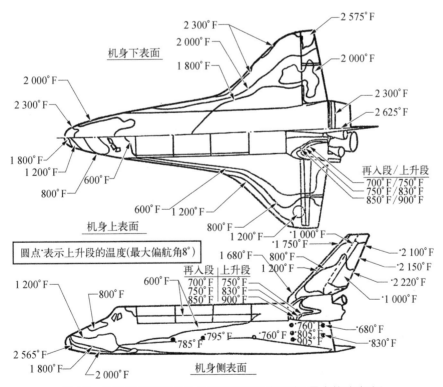

图 1.7　航天飞机表面各处的最高辐射平衡温度(最大热流密度)

1.3 高超声速飞行器热防护概述

1.3.1 防热结构的功能

当高超声速飞行器穿越大气层飞行时,其中一部分动能转变成空气的热能。用飞行马赫数表示滞止温度和静止温度的关系如下:

$$T_s = T_\infty \left(1 + \frac{\gamma - 1}{2} Ma^2 \right) \tag{1.1}$$

式中,$\gamma = c_p / c_V$,即空气的比定压热容与比定容热容之比;Ma 是返回舱飞行的马赫数。

以航天飞机轨道器为例,飞行马赫数约为 28,空气滞止温度约为 31 560 K,但此时由于气体很稀薄,实际的加热量不大。气动加热最严重时刻的飞行马赫数为 10 ~ 24,相应的飞行高度为 40 km ~ 70 km,此时空气滞止温度超过 5 000 K。由此可见,返回舱再入过程中,返回舱的结构将被数千摄氏度乃至数万摄氏度的气流所包围,如果不对返回舱做适当的防护,整个返回舱将会如流星一样被烧为灰烬。

为了减少飞行器承受的峰值热流,通常对大气层外飞行的航天器,在气动外形上采取钝形设计。但即使如此,受热后返回舱结构的温度仍将高达 900℃ 以上。这个温度已远远超过一般的结构材料,如铝合金、钛合金等所能承受的范围,因此返回舱必须采用特殊的防热结构。

航天器防热结构的最主要功能就是防止返回舱在返回地面过程中发生过热和烧毁的情况,保证舱内航天员的安全和设备的正常工作,这是其他航天器防热结构所没有的重要功能,也是防热结构的主要特征。另外,防热结构也起到了保持航天器外形、承受相关载荷等作用。

世界航天史上,由于航天器防热结构失效而造成的灾难中最著名的就是 2003 年 2 月 1 日的美国哥伦比亚号航天飞机失事事件。在发射过程中,由于航天飞机外储箱防热结构损坏,最终导致航天飞机解体,如图 1.8 所示。

1.3.2 防热结构的类型和发展

航天器防热结构实际上就是在航天器表面、专门用于耗散再入气动热的防热层。根据防热层的不同防热机制，可把防热结构分为吸热防热结构、辐射防热结构和烧蚀防热结构等。

（1）吸热防热结构。利用防热层材料的热容量吸收大部分气动热来达到防热目的。

（2）辐射防热结构。利用防热层结构表面的高辐射特性，主要以辐射散热方式将大部分气动热散发到舱外来达到防热目的。

图 1.8 哥伦比亚号航天飞机残骸

（3）烧蚀防热结构。利用防热层本身的材料（烧蚀材料）在受热后发生的一系列物理化学过程中产生的吸热效应来达到防热目的。

（4）利用防热层内各种热输运手段进行热疏导的疏导式防热系统。

前三种形式的防热结构及防热材料至今经历了几代航天器的发展。最原始的防热方法是吸热式防热，也就是简单地增加航天器蒙皮的厚度或直接在受热严重的部位加上一大块铜或铜合金之类的大热容量材料，利用材料本身的热容来吸热。随后，为提高防热性能，出现了以材料热解、熔化、蒸发和对边界层的质量注入为主要散热机制的烧蚀防热和以表面高温热辐射为主要散热机制的辐射防热。目前，根据航天器表面不同的受热情况，采用烧蚀、辐射、吸热等多种防热方式。

无论哪种形式的防热结构，都由四层构成（图 1.9）：① 热耗散层；② 热耗散层的支撑层或热结构层；③ 隔热层；④ 主承载结构层。在防热系统中，热耗散层

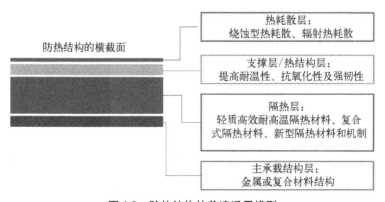

图 1.9 防热结构的普遍适用模型

的主要功能是把热量从航天器内排散出去,因此防热的效果主要由热耗散层决定。在吸热式防热结构中,它是存储热量的热沉块;在辐射式防热结构中,它是高温辐射蒙皮;在烧蚀防热结构中,它是发生烧蚀的材料层。在热耗散层与主承载结构层之间有隔热层,用于进一步阻隔进入飞行器内部的热量,使主承载结构的温度在允许范围内。

无论哪种形式的防热结构,都遵循图1.10和式(1.2)表示的热平衡关系:

$$q_{\mathrm{n}} = q_{\mathrm{c}}\left(1 - \frac{h_{\mathrm{w}}}{h_{\mathrm{r}}}\right) - \sigma\varepsilon T_{\mathrm{w}}^{4} - q_{\mathrm{a,r}} \tag{1.2}$$

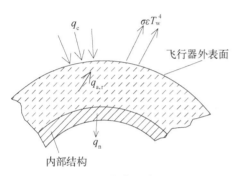

图 1.10　防热结构表面的热平衡关系

式中,q_{n}为由表面传入吸热防热结构防热层的净热流密度;q_{c}为假设表面处在热力学温度为0 K时传入防热层表面的热流密度;$q_{\mathrm{a,r}}$为防热层内各种物理、化学反应的吸热热流密度;h_{w}、h_{r}分别为气体在表面壁温下的比焓和气体的恢复焓;ε为表面全辐射系数;σ为斯特藩-玻尔兹曼常数;T_{w}为表面壁温(热力学温标)。

式(1.2)等号右端的最后两项就是防热层的散热机制散出的热量,此两项值越大,所用的防热层的防热效率也越高。根据以上防热机制分析可以看出:

(1)防热层表面的辐射散热是传统防热形式中最主要的一种散热手段,辐射散热量与表面温度的四次方成正比,因此提高防热效率的主要途径之一就是提高表面温度;

(2)防热的手段集中在一个截面,基本上没有沿防热层方向的热流动,因此不仅没有充分利用低温区结构的吸热作用,同时,低温区的表面温度不高,因此防热效果也较差;

(3)航天器表面的低热流区面积远大于高热流区,所以提高低热流区的防热效果,可改善防热系统的整体防热效果。

1.3.3　几种防热结构的基本原理、特点、设计与分析

防热形式的选择是一个综合分析的过程,当确定防热形式时需要考虑以下原则:

（1）具备成熟的材料、制造和检验技术；

（2）以较小的重量满足防热设计要求；

（3）便于特殊部位,包括舱门、突起物、缝隙和台阶等防热措施的实施。

烧蚀防热和辐射防热既具有较成熟的技术、又有较优良的防热性能,因此它们是目前防热结构的主要形式。接下来将分别对上述几种防热结构(主要是防热层)的防热机理、结构特点、防热材料和设计分析方法进行说明。

1. 吸热防热结构

吸热防热结构就是利用包覆在返回舱结构外面的防热层,吸收大部分气动热的一种防热方法。防热层采用热容量较大的材料,这层材料吸收大部分进入返回舱表面的气动热,从而使传入结构内部的热量减少。只要材料比热容足够大,就可能使传入结构的热量很少,从而保持返回舱结构及舱内温度低于容许值。图 1.11 是吸热防热层表面的能量平衡关系。

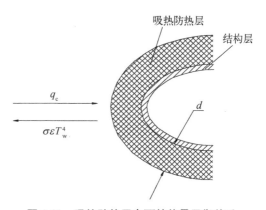

图 1.11　吸热防热层表面的能量平衡关系

表面传入材料的净热流密度可以用下式计算：

$$q_n = q_c \left(1 - \frac{h_w}{h_r} \right) - \sigma \varepsilon T_w^4 \tag{1.3}$$

式中,q_n 为由表面传入防热层的净热流密度；q_c 为假设表面处在热力学温度为 0 K 时传入防热层表面的热流密度；h_w、h_r 分别为气体在表面壁温下的比焓和气体的恢复焓；ε 为表面全辐射系数；σ 为斯特藩-玻尔兹曼常数；T_w 为表面壁温(热力学温标)。式(1.3)等号右端的第一项是经过表面温度修正后对表面的气动加热,第二项是表面的辐射散热。

虽然辐射散热项与表面温度四次方成正比,但由于在吸热防热中,材料允许的表面温度并不是很高,所以式(1.3)等号右边的辐射散热项可以忽略不计。只要材料是优良热导体,表面吸收的热量就可以很快地扩散到整个防热层,所以单位面积能够吸收的最大热量为

$$Q' = \rho d c_p (T_w - T_0) = W c_p (T_w - T_0) \tag{1.4}$$

式中, Q' 为单位面积防热层吸收的热量; ρ 为吸热材料的密度; d 为吸热材料的厚度; c_p 为吸热材料的比热容; W 为单位面积吸热层的质量; T_0 为吸热材料的初始温度。

从以上机理分析可看出吸热防热层具有以下基本特点。

(1) 防热层的总质量与传入的总热量成正比,所以这种方法只在加热时间短、热流密度不太大的情况下才采用,否则防热层太厚重。

(2) 防热层表面形状和物理状态不变,因此它适用于要求再入时外形不变的航天器。通过这种方法散热的防热层还可重复使用。

(3) 这种防热方式所用的材料或受熔点的限制或受氧化破坏的限制,一般的适用温度为 $600 \sim 700 ℃$。由于不能借助辐射来散热,所以与其他防热方法相比,吸热防热效率不高。

(4) 防热层必须采用比热容和热导率高的材料,比热容越高、所用的材料越少;热导率越高,参与吸热的材料越多,防热层质量越小。

根据以上对吸热防热特点的说明可知,需要采用比热容大、热导率大、热扩散系数 $[k/(\rho c_p)]$ 大和耐高温的吸热材料。热扩散系数 $[k/(\rho c_p)]$ 是传热学中的参数,该值越大,材料中温度平衡得越快,参与吸热的材料也越多。

2. 辐射防热结构

辐射防热结构就是利用耐高温并有高辐射特性的外表面,以辐射散热的方式对气动加热进行防护的结构形式。从式(1.4)可以发现,当等号右端的辐射项中 T_w 足够大时,可以做到使进入结构内的净热流等于零,或者说,表面接收的气动热可以完全由表面的辐射方式散去。因此,设置一个由三部分组成的辐射防热结构[图1.12(a)]:直接与高温环境接触的蒙皮;内部背壁结构;蒙皮与内部背壁结构之间的隔热层。在以下两种情形下可以使进入表面的热流完全由辐射方式散去。

第一种情形:隔热材料与蒙皮贴合[图1.12(b)]。如果找到一种理想的隔热材料,其热导率 $k=0$,那么净传入内部的热流密度 q_n 为零。此时,表面的气动加热完全被辐射项抵消,由式(1.3)可得

$$q_c \left(1 - \frac{h_w}{h_r} \right) = \sigma \varepsilon T_w^4 \tag{1.5}$$

第二种情形:蒙皮与隔热材料之间留有空隙,并且蒙皮内表面的辐射系数 $\varepsilon_{in} = 0$ [图1.12(c)],则向内表面的传热为零。在这种情况下也会出现式(1.5)

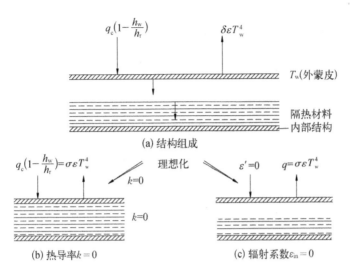

图 1.12　辐射防热结构

的情况,即表面接收的气动热全部以表面辐射方式散去。

由此可以看出,辐射防热的最佳结构是:蒙皮内表面的辐射系数等于零,或者隔热层的热导率等于零。虽然实际上无法完全做到这两点,但只要防热结构和材料接近这种状态,就可以利用辐射将大部分的气动热散去。

辐射防热结构具有以下特点:

(1) 由于辐射热与温度的四次方成正比,表面温度越高,防热效果越佳;

(2) 由于受蒙皮耐温能力的局限,辐射防热结构只能使用在较小的热流密度条件下;

(3) 辐射防热结构虽受热流密度限制,但不受加热时间的限制,加热时间的增长并不需要增加防热层质量;

(4) 辐射防热结构外形不变,可以重复使用。

防热结构设计中常用防热层效率来评价某防热结构的性能,防热层效率定义为单位面积防热层受到的气动热总和与防热层单位面积的质量之比,用这个指标去衡量辐射防热结构,可得出加热时间越长,即加热量越大,辐射防热结构的效率越高。

1) 辐射防热结构的组成

完整的辐射防热结构由以下三个基本部件组成:

(1) 与高温气体接触的蒙皮。其主要功能用以辐射散热,蒙皮外表面要处理成辐射系数 $\varepsilon_{out} \geqslant 0.8$,蒙皮内表面辐射系数 ε_{in} 应尽可能低。

（2）隔热材料。其主要功能是将蒙皮与内部结构隔开，阻止热量向内部传递，应选择热导率 k 尽可能低的材料。

（3）背壁结构。其应选择耐高温的结构材料。

此外，还有将以上三部分连成整体的连接件。

2）防热材料

辐射防热结构中的主要材料为蒙皮材料和隔热材料。

（1）蒙皮材料

蒙皮材料的选用主要取决于它的工作温度。根据目前材料与工艺的状况，选材的范围大致为：500℃以下采用钛合金，但因500℃以下辐射散热效果不明显，所以很少采用；500～950℃采用以铁、钴、镍为基体的高温合金；1 000～1 650℃采用抗氧化处理后的难熔金属；大于1 650℃采用陶瓷或碳/碳复合材料等。

采用难熔金属和陶瓷、碳/碳复合材料，可耐温1 000℃以上。例如，钼合金熔点高达2 630℃，铌合金熔点可达2 380℃，它们在1 200～1 650℃仍有相当高的强度，但在750℃左右便被急剧氧化并严重破坏，所以要使材料能在高温下工作，必须进行表面抗氧化处理，以提高工作温度。

材料的低温性能与材料的高温性能同样重要。防热层在进入大气层前可能要进行几天甚至更长时间的空间轨道飞行，防热层材料（特别是表面的蒙皮）在轨道上可能遇到低于-100℃的温度。各种材料包括难熔金属都存在一个从塑性材料变为脆性材料的突变温度，例如，铌合金可能的脆化温度为-120℃，即当温度低于-120℃，材料受到某些力学环境作用时（如振动、冲击）就可能发生破坏。为了提高材料的低温塑性，可在材料中添加一些成分，但主要还是要在航天器上采取热控措施，避免材料在太低的温度下工作。

（2）隔热材料

在辐射防热结构中，高温隔热层是极其重要的部件。无机非金属材料具有比热容大、热导率低的优点，因此是大多数高温隔热材料的主要组分。一种疏松、多孔的隔热材料表现出来的热导率实际上是由四种传热方式组成的，即气体对流传热贡献的热导率、固体热传导贡献的热导率、辐射传热贡献的热导率和气体导热贡献的热导率，其中辐射传热的影响最为明显。因此，只要有效地抑制隔热材料的辐射传热，就可以大大减小材料的总热导率，提高材料的隔热性能。

隔热材料一般为多孔、疏松、透明或半透明的纤维或颗粒。减小隔热材料辐射传热的途径主要是采用不透明材料，如在隔热材料里添加箔片，因为每层箔片都可以十分有效地阻隔辐射传热。应该注意的是，在各种轻质的隔热材料里增加反射层以降低辐射传热的同时,也增加了材料的固相热导。因此,可以预料在多层复合型的隔热材料中,当量热导率先随反射箔层数的增加而减小,后随层数的增加而增加,因此存在使当量热导率达最低的某个最佳层数。

3. 烧蚀防热结构

烧蚀材料在飞行器再入大气层的热环境中发生烧蚀时,会发生一系列物理化学反应,在此过程中,虽然材料质量损耗,但吸收了气动热。下文以常见的碳化烧蚀材料为例说明烧蚀防热的机理。设 T_{P1} 为材料受热后开始热解的温度; T_{P2} 为材料完全热解形成碳层的温度。整个烧蚀材料从开始受热到发生烧蚀的全过程大致如下:当烧蚀防热层表面被加热后,烧蚀材料表面温度升高,在温升过程中依靠材料本身的热容吸收一部分热量,同时向内部通过固体传导方式导入一部分热量。只要表面温度低于 T_{P1} ,上述状态便继续进行下去,此时整个防热层类似热容式吸热防热形式。随着加热继续进行,表面温度继续升高至 T_{P1} ,材料开始热解,然后表面温度大于 T_{P2} ,材料开始碳化,从而在整个烧蚀材料里形成三个不同的分区,即碳化层、热解层和原始材料层,此时烧蚀防热层的剖面如图 1.13 所示。

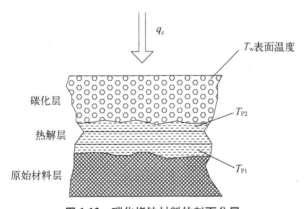

图 1.13 碳化烧蚀材料的剖面分层

在烧蚀过程中,各层内发生的物理化学现象及由此表现出来的热效应如下:

(1)原始材料层。温度低于 T_{P1} ,材料无热解,因此没有化学及物理状态的变化,在材料内部只有两种传热效应,即材料本身的热容吸热和向材料内部的导热。

(2)热解层。内边界温度为 T_{P1} ,外边界温度为 T_{P2} ,两个边界均以一定速度向内移动,层内的主要现象是材料的热解。热解有两种产物,即气体产物(如甲烷、乙烯、氢气等)和固体产物(碳)。该层内进行着三种热过程:材料热解的吸热;热解产生的气体产物温度升高时的吸热;固体向内部的导热。

（3）碳化层。此层温度均大于T_{P2},碳层是由热解的固体产物积聚而成,碳层不再发生材料的热解,热解层生成的气体通过疏松的碳层流向表面。碳层也可能由于表面温度的继续升高而发生碳层的高温氧化反应。发生在该层内的热现象也有三种:碳层及热解气体温升时的吸热;碳层向内的热传导;可能发生的碳层高温氧化或热解气体二次裂解反应热。

（4）碳层表面。该表面发生着复杂的热现象,既有加热,也有散热。属于加热的有气流对流加热、碳层氧化反应;属于吸热的有碳层表面的再辐射、热解气体注入热边界层,它们改变了表面的温度分布,使气动加热减弱(这种现象称为气体的热阻塞效应),从而减少表面向内层的导热。

1）烧蚀防热结构的组成

烧蚀防热结构由三个主要部分组成:烧蚀层、隔热层和背壁结构。烧蚀层的主要作用是进行烧蚀反应以达到防热、散热目的;隔热层主要作用是阻隔烧蚀层剩余的热量向内部传递;背壁结构就是返回舱本体。有时为了简化工艺,特别是当烧蚀层的原始材料具有较高隔热性能时,烧蚀层与隔热层可合二为一。

2）烧蚀材料的选择

各种传热现象对防热性能的影响可以用烧蚀表面的能量平衡来分析。烧蚀材料表面的能量平衡关系为

$$Q_7 = \psi Q_c + Q_1 - (Q_2 + Q_3 + Q_4 + Q_5 + Q_6) \tag{1.6}$$

式中,Q_7为传入结构内部的热量;Q_c为对表面的气动对流加热;ψ为热解气体注入热边界层而减小气动加热的系数,称为引射因子;Q_1为碳层燃烧放热;Q_2为表面辐射散热;Q_3为固体材料热容吸热(包括碳层及原始材料);Q_4为材料热解吸热;Q_5为热解气体温升吸热;Q_6为碳升华时吸热。

从式(1.6)可以看出,要使传入结构内部的热量Q_7减小,就必须使各加热项之和减小,或者使各吸热项之和增大,这就是选择烧蚀材料性能的原则,具体为:

（1）热解温度低,热解热大,即要使Q_4增大;

（2）气化系数高,能产生较多的热解气体注入热边界层,即使ψ减小;

（3）热解气体有尽可能高的比热容,即使Q_5增大;

（4）材料及碳层密度小,热导率k低,比热容c_p大,即使Q_3增大;

（5）热解后的碳层表面辐射系数高,即使Q_2增大。

另外,碳层应能够抗气流冲刷。

3）烧蚀防热材料的温度分布和厚度确定

烧蚀防热结构设计和分析的一般步骤与上述吸热防热结构相同。烧蚀防热设计和分析的主要目的是确定结构的温度和材料的厚度。为了进行烧蚀层的温度计算，要把式(1.6)的边界条件定量地用数学公式表达出来，同时要将烧蚀材料中的碳层、热解层和原始材料层中各种传热现象也用数学公式表达出来。这是一项较为复杂的分析工作。

根据不同的基材，典型的烧蚀材料可分为四类：塑料基烧蚀材料、橡胶基烧蚀材料、陶瓷基烧蚀材料和金属基烧蚀材料，如表 1.1 所示。

表 1.1　典型的烧蚀材料

基　材	烧 蚀 防 热 材 料
塑料基	聚四氟乙烯 填充粉末状氧化物的环氧/聚酰胺树脂 填充有机或无机(如硅、碳)增强物的酚醛树脂 用非碳化材料预浸的环氧树脂
橡胶基	用微小球填充，并由玻璃/塑料复合材料蜂窝芯子增强的硅橡胶 用带有可升华颗粒的酚醛树脂予以改进的聚丁二烯-丙乙烯橡胶
陶瓷基	用酚醛树脂预浸的多孔氧化物陶瓷 由氧化物纤维和无机胶黏剂缠绕成的多孔复合材料 在金属蜂窝内热压入氧化物、碳化物或氮化物
金属基	孔隙内预浸了低熔点金属(如银)的多孔难熔金属 内部含有氧化物填充物的热压难熔金属

烧蚀防热结构的性能主要取决于烧蚀材料，上面已经指出对烧蚀材料选择的原则，根据这些原则，以下介绍比较适用于载人飞船的两种烧蚀材料。

1）塑料基烧蚀材料

这是目前应用最为广泛的一种烧蚀材料，它的烧蚀过程就是以上描述的过程。这类烧蚀材料在高超声速气动加热环境中的反应方式主要是：降解和升华(对于聚四氟乙烯类)；热解(对于酚醛树脂、环氧树脂等树脂类)和分解-熔化-蒸发(对于尼龙纤维增强塑料类)。

这类烧蚀材料的主要优点是：隔热性能好；制成防热层的工艺简单。主要缺点是：当暴露在高气动剪切力环境下时，机械剥蚀严重；对高热载荷不太适用。

聚四氟乙烯(商品名为特氟隆)是这类烧蚀材料中的一个典型，这种材料受热后直接从固态升华为气态，在此期间吸收大量热量，它的吸热机制主要是相变潜热及升华后的气体引射效应。

2）橡胶基烧蚀材料

目前，载人飞船的烧蚀防热材料主要采用硅橡胶，它具有以下优越性能：热导率低、在低热流密度（1 000 kW/m²）条件下烧蚀热效率高、热解温度低、塑性好、抗氧化性优异、密度低、与金属结构的匹配性好。烧蚀后它的固体产物在烧蚀层表面形成一层碳化层，既可以维持表面的高辐射散热特性，又是一个良好的隔热层，既保持烧蚀时表面碳层坚固不掉，又保证了高的烧蚀防热效率。为了使表面碳层更加坚固，在橡胶基烧蚀材料里还添加了许多其他成分，如各类小球和纤维。为了降低材料的密度和热导率，还可在烧蚀材料里添加酚醛或空心玻璃微球（它们的密度和热导率比橡胶材料更低），微球的直径约为 40 μm，壁厚为 1~2 μm。

4. 疏导式热防护

疏导式热防护是一种新型非烧蚀热防护技术，以疏导热量为特征，快速热传导是其主要防热机理[5]。热力学的热平衡原理表示，有温度差别的介质，其热量总会从高温区向低温区传递。疏导式热防护由三层结构组成，它们各有不同的性能和作用，但又相互关联、相互支撑，如图 1.14 所示。

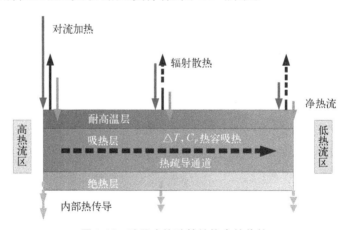

图 1.14　疏导式热防护结构内的传热

最外为表面层，由具有高强度、高熔点、抗氧化、强辐射的材料构成，主要承担保持气动外形、保护内部结构和辐射散热的功能。中间为疏导层，由高导热性能的介质或器件组成，主要功能是将高温区的热量快速传递到低温区，以降低高温区的表面温度和氧化反应的活力，为表面保持物理性能、机械性能和抗氧化性能创造有利条件，同时也提高大面积低温区的表面温度、增加辐射散热量、减少进入材料内部的净热流、降低内部隔热的压力。内层为隔热层，由高效隔热材料组成,主要功能是阻止热量向内部有效载荷构件传递,确保疏导的热量主要在流向传递,以提高疏导效率。

1.4 飞行器热防护地面考核试验方法

1.4.1 高超声速飞行器气动加热机理

高超声速飞行器在大气层内(或在其他气体介质中)飞行时,在飞行器头部会形成一道极强的激波,气体流经激波时受到剧烈压缩,气体的压力、密度、温度等量会发生急剧的变化,如图 1.15 所示。

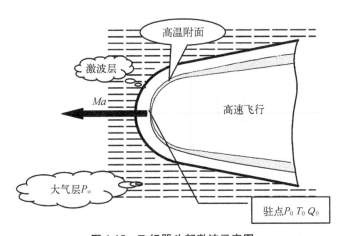

图 1.15 飞行器头部激波示意图

例如,当洲际弹道导弹弹头再入大气层时,飞行最大马赫数可在 20 以上,由于空气经过飞行器头部时激波的压缩作用及边界层内摩擦力的黏性耗散,端头驻点区的温度最大可达到 10 000 K 左右,驻点压力超过 10 MPa。高温气流经过飞行器头部以后,逐渐向飞行器后部发展,飞行器全部"浸润"在高温、高速气流中,高温气流的热量通过对流、辐射等方式被大量传输到飞行器表面,由此产生高超声速飞行器的气动加热问题。

高超声速飞行器的气动加热是一个非常复杂的物理、化学过程,不仅和飞行器的速度、高度、姿态等飞行参数相关,而且和飞行器的表面形状、材料有关。大致有如下几类加热形式:驻点加热、大面积区域加热,靠近头部区域加热,翼、舵前缘加热和干扰区加热。其中,驻点加热和大面积区域加热的热环境估算如下[6]。

1. 驻点加热

驻点热流密度可按 Fay-Riddell 半球驻点理论公式计算,考虑空气离解,忽略气流分离可得

$$q_{s,th} = 0.763 \cdot Pr^{-0.667} \cdot \left(\frac{\rho_w \mu_w}{\rho_s \mu_s}\right)^{0.1} (\rho_s \mu_s)^{0.5} \left[1 + (Le^\alpha - 1)\frac{h_B}{h_s}\right] \sqrt{\left(\frac{du_e}{ds}\right)_s} (h_s - h_w)$$

(1.7)

式中,$Le = \rho D c_p / \lambda$ 为刘易斯(Lewis)数,热力学平衡状态 $\alpha = 0.52$;冻结状态 $\alpha = 0.63$;h_B 为离解焓。驻点速度梯度 $\left(\frac{du_e}{ds}\right)_s$ 可从修正的牛顿公式得

$$\left(\frac{du}{ds}\right)_s = \frac{1}{R_0}\sqrt{\frac{2(P_s - P_\infty)}{\rho_s}}$$

(1.8)

式中,R_0 为球头半径;P_s 为正激波后总压,即球头驻点压力;ρ_s 为正激波后驻点密度;P_∞ 为来流静压。由于空气的 Le 接近 1,$\left(\frac{\rho_w \mu_w}{\rho_s \mu_s}\right)^{0.1} \approx 1$,则 Fay-Riddell 半球驻点热流密度公式可化简为

$$q_{s,th} = 0.763 \cdot Pr^{-0.667} \cdot (\rho_s \mu_s)^{0.5} \sqrt{\left(\frac{du_e}{ds}\right)_s} (h_s - h_w)$$

(1.9)

式中,普朗特数 Pr 可取 0.71;驻点黏性系数 μ_s 可由气体分子运动论得出的萨瑟兰(Sutherland)公式计算得到。

有时为了对飞行器的表面热流做出快速估计,根据对方程大量计算的结果,0°攻角轴对称驻点热流可以用驻点压力、驻点焓和头部半径近似给出:

$$q_{sw} = \frac{0.115}{\sqrt{R}} \cdot \sqrt{P_s}(h_s - h_w)$$

(1.10)

式中,P_s 为驻点压力(atm*);R 为头部半径(cm)。该式对于工程应用是足够精确的。

2. 大面积区域加热

大面积区域的气动加热可采用下列成熟的工程公式进行计算,层流气动加

---

* 1 atm = 1.013 25×10⁵ Pa。

热为

$$q_x = 0.332 \, Pr^{-\frac{2}{3}} \rho_e u_e \left(\frac{\rho^* \mu^*}{\rho_e \mu_e} \right)^{0.5} (Re_x)^{-0.5} (h_r - h_w) \qquad (1.11)$$

湍流气动加热为

$$q_x = 0.029\,6 \, Pr^{-\frac{2}{3}} \rho_e u_e \left(\frac{\rho^*}{\rho_e} \right)^{0.8} \left(\frac{\mu^*}{\mu_e} \right)^{0.2} (Re_x)^{-0.2} (h_r - h_w) \qquad (1.12)$$

式中,ρ^*、μ^*分别为参考焓对应的密度和黏性系数。参考焓取 Eckert 提出的公式:

$$h^* = 0.28 h_e + 0.22 h_r + 0.5 h_w \qquad (1.13)$$

1.4.2　高超声速飞行器气动加热地面试验方法

气动加热地面试验不可能完全模拟飞行条件,而且没有气动力试验那样简单明确的相似准则,实际应用中往往是抓住材料或结构所处部位的局部流动特征,利用地面试验设备模拟其主要热环境参数。因此,针对不同飞行器各部位的防热材料和结构的热环境特点,发展了多种电弧加热的试验技术。例如,针对简化模型的材料试验和小尺度部件的考核试验,发展了自由射流(free jet)试验技术;针对飞行器高加热状态或大尺寸结构的考核试验,需要更充分地利用电弧加热能量,发展了导管、包罩等受限射流(confined jet)试验技术;针对飞行器大空域飞行环境参数变化的模拟要求,发展了利用多个台阶逼近真实飞行环境的轨道模拟试验技术;等等[7]。

1. 自由射流试验技术

当气流从管道流出后,不受固体边界的限制,在某一空间中自由扩张的喷射流动称为自由射流。电弧加热自由射流试验技术是指由电弧加热器加热的高温、高压气流(一般为空气),流过混合稳压室,经喷管加速喷射后,在试验段内形成高温、高速自由射流流场,对安放在射流均匀区内的试验模型进行防热性能考核的技术。该试验技术可较为真实地模拟飞行器不同部位的来流环境。由于没有固体边界的限制,它还可以模拟飞行器局部结构如突起、凹坑、缝隙的干扰加热流场。射流流场均匀区大小及模型表面参数数值由电弧加热设备(主要是电弧加热器、喷管等)的特性决定,一般用来进行小尺度防热材料或结构的筛选、考核试验,并通过测量模型表面/背面温度、线烧蚀率、质量烧蚀率、有效烧蚀热、烧蚀形貌等参数对试验模型(防热材料或结构)的防热性能进行评价。

1）平板自由射流试验技术

对于简化的平板类试验模型如平板或钝楔,可采用平板自由射流进行试验。模拟参数主要有恢复焓、表面冷壁热流密度、表面压力、表面剪切力等。平板类模型作为飞行器大面积区域的一种简化得到广泛应用,模型表面还可以设置一些突起物或缝隙,用以研究窗口台阶、控制翼、传感器等局部结构的烧蚀情况。

平板自由射流试验原理如图 1.16 所示,喷管一般选择超声速矩形或半椭圆形状,在紧接喷管出口处放置平板类模型,使二者齐平无缝隙连接,模型上的气流边界层即是喷管壁面边界层的自然延伸。模型放置也可以与气流有一定夹角,通过平板前缘斜激波造成的逆压梯度来扩大模型上参数模拟的范围。在电弧加热器参数及喷管马赫数一定的情况下,通过增大模型与气流的夹角,可以提高模型表面压力、热流密度等参数,但为避免气流产生压缩拐角分离,夹角一般不超过20°。

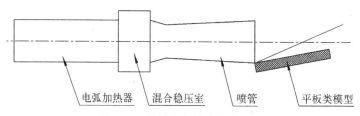

图 1.16　平板自由射流试验原理图

钝楔自由射流试验原理如图 1.17 所示,一般选择超声速轴对称圆形喷管,将由水冷结构或耐高温材料制作的钝楔类试验模型置于高温超声速流场中,其头部会产生一道斜激波,沿楔面形成高温边界层流动,距头部前缘一定距离后的表面压力和热流密度分布较均匀。钝楔表面形成的压力梯度还可以模拟一定的表面剪切力,同平板自由射流一样,只需改变钝楔的倾角就可以改变模型表面参数。待考察防热材料或结构安装在钝楔表面均匀区域内,既可进行防热材料的筛选或防隔热性能试验,也可考核几种材料的烧蚀匹配性能、组合接缝及局部热结构性能等。

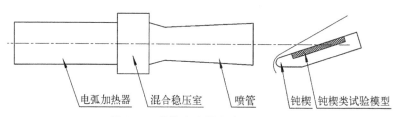

图 1.17　钝楔自由射流试验原理图

2）驻点自由射流试验技术

对于简化的驻点类试验模型,采用驻点自由射流技术进行试验。模拟参数主要有总焓、冷壁热流密度、驻点压力等。驻点类试验模型可以是飞行器头部形状、翼/舵前缘的局部结构或简化结构,也可以是研究材料烧蚀性能的球头或平头模型。试验一般采用超声速轴对称锥形喷管,模型放置在距喷管出口一定距离的中心轴线上,试验原理如图 1.18 所示。

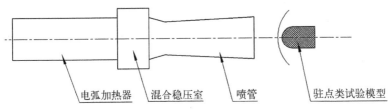

电弧加热器　混合稳压室　喷管　驻点类试验模型

图 1.18　驻点自由射流试验原理图

喷管出口静压等于或高于环境大气压力的自由射流试验可以直接在大气环境中进行。电弧加热的高温空气经喷管加速后流经试验模型,对试验模型进行防热性能考核,试验气体和模型烧蚀产物直接排入大气。喷管出口静压低于环境大气压力的自由射流试验需要在风洞的真空环境中进行。

2. 导管受限射流试验技术

当采用自由射流试验技术进行气动加热地面模拟试验时,大部分能量消耗在无黏流场的建立上,而直接与模型作用的边界层气流能量仅占 10% 左右,即 90% 左右的能量没有被很好地利用,从而导致自由射流试验模型尺度小、试验状态低。大尺度热结构试验或高加热状态的模拟,在功率不太大的电弧加热风洞设备中,用自由射流无法做到。因此,发展了亚/超声速导管受限射流试验技术,它利用固体壁面限制高温气流的自由扩张,在有限电弧加热功率和喷管尺寸的条件下,可容纳大尺度模型试验或模拟高状态的气动加热环境。

超声速矩形湍流导管是最常用的导管,它是指气流通道横截面为矩形,边界层处于湍流状态,通常一侧为试验模型、其余为水冷壁的试验装置。

导管受限射流试验技术原理:电弧加热的高温空气经混合稳压,并通过喷管加速形成超声速气流,在导管试验段形成湍流边界层并对试验模型进行加热考核。平板试验模型试片安装在导管试验段侧壁凹槽内,与喷管及导管过渡段内壁保持平齐,防止台阶产生激波干扰加热。试验模拟参数有气流恢复焓、表面冷壁热流密度、表面压力等。导管试验段气流通道截面尺度一般较小,因此该试验技术大多应用于防热材料在较高气动加热环境下的烧蚀考核。如果将收缩喷管放置在试验模型下游,也可以实现试验模型处的亚声速流动状态,即亚声速导管受限射流试验技术,用以模拟高热流低剪切力的加热环境。

3. 包罩受限射流试验技术

同导管受限射流试验技术类似,包罩受限射流试验技术也是将受限射流的有限能量集中在紧贴飞行器表面的边界层内,用以模拟飞行器表面参数,而不是整个流场的模拟。从结构形式上来讲,包罩受限射流试验技术可以分为固壁包罩受限射流试验技术和气壁包罩受限射流试验技术两种,即利用固壁喷管或附加气流压缩将高温气流限制在包罩内壁与模型表面之间的通道内,气流通道的横截面尺度很小,这样就可以用较小质量流率但具有环境模拟意义的气流包覆较大尺寸的模型表面。从高温气体的流态来讲,包罩受限射流试验技术还可以分为超声速包罩受限射流试验技术和亚声速包罩受限射流试验技术。采用超声速固壁包罩进行地面试验时,超声速气流会在模型的前面产生一道弓形激波,激波后的气流总压有一定的损失,同时由于模型的外形在不断地发生变化,超声速流场中不可避免地会出现激波干扰现象,这对烧蚀试验是很不利的。亚声速包罩受限射流试验技术可以模拟飞行器近壁面边界层内的亚声速流动,流场中无干扰加热现象,因此固壁包罩受限射流试验通常采用亚声速流场。

1）亚声速包罩受限射流试验技术

亚声速包罩受限射流试验的喷管是与试验模型一起设计的。它可以根据已有电弧加热器的能力确定试验模型的大小（不一定能达到1∶1），也可以根据实际需要的模型尺度来确定电弧加热器的功率,若条件允许应选择后者。包罩喷管内型面的设计主要依据模型形状并考虑表面的热流密度和压力分布,轴对称模型的包罩喷管入口处的气流通道横截面积最大,随着气体的流动,环形通道横截面积逐渐变小,在最小位置处（通常选在模型底部附近）达到声速,此处即为声速喉道,从而保证气体在模型的表面始终以亚声速流动。此时,头部驻点区域的流动与飞行条件下的热环境参数差异很大,不作为考核的主要部位,仅起维持形状结构的作用。锥身大面积区域可以精确而灵活地控制通道截面面积,进而控制热环境参数,因此是试验的主要考察部位。

亚声速包罩受限射流试验的一个技术难点是声速截面的控制。在有烧蚀的试验中,模型表面烧蚀会使得声速截面面积变大,影响上游流场。为了保持声速截面面积不变,对锥形模型可以设计模型自动送进装置。一般利用包罩喷管上游稳压室压力变化作为反馈信号来控制模型送进。当声速截面面积因模型烧蚀而变大时,稳压室压力降低,自动送进装置推动模型运动以缩小通道截面,直到稳压室压力恢复到设定值。

上述包罩受限射流试验技术中高温气流横截面通道为圆环截面,它仅能模拟球锥外形周向均匀分布的热环境,相当于轴对称简单外形零攻角飞行状态。对空气舵、天线罩等弹体上大部件再入过程中热环境的模拟,则需要改变包罩喷管的形式。根据模型真实外形和气流通道的要求对包罩喷管气动型面进行设计,得到满足试验需要的异形气流通道,称为异形包罩受限射流试验技术。对于有攻角的飞行,飞行器迎风面受热严重,而背风面不严重,在地面模拟试验中,可以将有限能量的高温气体限制在模型表面的大约180°范围内,集中模拟迎风面热环境,而另外一半的表面上无气流通过,用以近似模拟飞行器在飞行时的不对称受热情况。用此方法可在设备能力不足的情况下,使得真实尺寸飞行器的烧蚀热结构模拟试验得以进行,即半包罩受限射流试验技术。

2)气壁包罩受限射流试验技术

气壁包罩受限射流试验技术是用一个大流量的冷气环流,将高温气流压缩在核心流区内,并通过喷管共同加速,在其出口形成超声速的包罩流场,提供模型试验。这时试验设备提供的加热气流,只需布置在模型表面不太厚的一层(相当于边界层),因此对一定功率的试验设备,可以进行更大尺度的模型试验。

4. 轨道模拟试验技术

高超声速飞行器在长时间大空域飞行过程中,随着飞行速度和飞行高度的变化,气动加热环境是不断变化的,存在着固有的瞬态特征,任何地面模拟设备都不可能实现对连续变化气动加热过程的完全模拟。常用的方法是将飞行过程分为若干时间段,在每一个小时间段内热流密度变化不大,用其热流平均值代表该时间段内的气动加热环境。将各时间段热流平均值连起来就构成一条阶梯式的折线,用它来代替连续变化的加热曲线即可近似模拟飞行器沿轨道飞行的热环境,即轨道模拟试验技术。

符号表

符　号	名　称	符　号	名　称
η_{tr}	配平攻角	T_s	滞止温度,K
T	热力学温度,K	T_∞	静止温度,K

(续表)

符　号	名　　称	符　号	名　　称
T_w	壁面温度,K	d	厚度
Ma	马赫数	W	单位面积质量
γ	比热容比	k	导热系数/热导率
c_p	比定压热容	Le	刘易斯数
c_V	比定容热容	Pr	普朗特数
q	热流密度	u	速度
h	比焓	P	压力
ε	辐射系数	P_s	驻点压力
σ	斯特藩-玻尔兹曼常数	P_∞	来流静压
Q	热量	R	半径
Q'	单位面积吸热	μ	黏性系数
ρ	密度	Re	雷诺数

参考文献

[1] Zhukov M F.电弧等离子体炬[M].陈明周,邱励俭,译.北京:科学出版社,2000.

[2] 赵梦熊.载人飞船空气动力学[M].北京:国防工业出版社,2000.

[3] 彭小波.美国航天飞机的设计与实现[M].北京:中国宇航出版社,2015.

[4] 张鲁民.载人飞船返回舱空气动力学[M].北京:国防工业出版社,1970.

[5] 李锋.疏导式热防护[M].北京:中国宇航出版社,2017.

[6] 小约翰·D.安德森(John D. Anderson).高超声速和高温气体动力学[M].杨永,李栋,译.北京:航空工业出版社,2013.

[7] 陈连忠.气动热性能测试培训教材[M].北京:国防理化检测培训教材,2014.

第 2 章

电弧气动加热试验设施

1808 年 Davy 和 Ritter 历史上第一次在两个水平碳电极之间建立了电弧,由于自然对流的作用,热气体向上运动,使碳电极间的电弧向上弯曲而成为拱形,"拱形物"在英文中是"arc",这就是"电弧"这个名称的由来;1821 年 Davy 描述了磁场对电弧的作用;到 19 世纪中叶,Foucault 和 Fizeau 对金属电弧、真空电弧进行了系统的光测量;19 世纪末,Luggin 和 Lecher 首次用探针测量的方法确定了电弧电压由阳极电位降、弧柱电压和阴极电位降三部分组成;1892 年 Arons 第一个成功地运行了水银电极真空电弧;1909 年 Schönberr 最先以旋转气流稳定电弧;1921 年 Beck 首创了大电流碳弧,从而开创了电弧技术应用的可能性。

电弧加热器是电弧技术应用的一种形式,是利用电弧对气体加热以产生高温气流的一种装置。它几乎是迄今为止唯一可以持续产生接近飞行器真实飞行气流温度和压力的试验工具,除用于航空航天气动加热试验外,还可用于高温气体动力学的其他研究,例如,高速飞行时等离子体现象的模拟试验,以及在冶炼、化工、新材料、环保等其他工业领域的应用。

电弧加热器具有如下多个独特的优点:

(1)电弧等离子体的体积小且能量密度高;

(2)利用电弧能够在气压高达 20 MPa 的条件下把气体的温度加热到 1.5×10^4 K 的量级;

(3)电弧加热器可以把电能高效地转换为高温热能;

(4)电弧加热器几乎可以加热所有的气体,包括还原性气体、氧化性气体、惰性气体和混合气体;

(5)电弧加热器可以以极快(几秒)的速度将气体温度升到数千摄氏度甚至上万摄氏度;

(6)电弧加热器运行时间长并且运行非常稳定。

20世纪50年代末,随着高超声速导弹、空间进入体和再入体的出现,电弧加热器首次用于气动加热试验。到20世纪70年代,电弧加热器发展成以直流、长弧、大功率加热器为主。电弧功率达到100 MW量级(电压几万伏、电流上千安),弧室气压达3.0×10^6 Pa。气压较低时,空气焓值达25 MJ/kg。电弧加热器可用于产生亚声速和超声速射流,配合亚声速导管和超声速导管、包罩、超声速风洞等进行不同要求的模拟试验。早期,军方利用电弧进行长航程弹道导弹再入飞行器的防热材料试验;民用航空航天机构利用电弧进行各种载人再入体的研发。电弧加热器的早期试验应用,以及集中在其他类型高超声速导弹(如拦截器和先进战术导弹)上的应用,仍是现在电弧加热器运行的一个主要内容。对于高超声速气动热试验,电弧加热器的有效性和多功能性已经引起国际上对其在军事和商业航空航天方面应用的关注。

近些年,随着空间再入飞行器和高超声速武器系统的发展,其在再入大气期间所经历的极端气动热环境成为该类高超声速飞行器研制所面临的最大挑战,需要开发热防护系统(thermal protection system,TPS)对飞行器加以保护,而TPS的研发需要地面试验设备能够复现大尺寸部件上的热环境。电弧加热器利用电弧的高温将气体加热到几千摄氏度甚至上万摄氏度,用以模拟高速飞行器(如高超声速导弹、再入飞行器、空间探测器等)在飞行过程中所承受的高温、高压外部环境,对研究飞行器在特殊空间条件下所使用材料的耐烧蚀性能、隔热性能等参数具有重要意义。采用常规的加热方法无法获得上万摄氏度的高温,因此电弧加热器试验成为目前地面模拟飞行器再入大气环境的较为有效的手段。随着人类探测地球外部空间的深入,迫切需要更大功率的电弧加热器,以适应航天事业快速发展的需要。

在新兴的民用工业领域,电弧加热技术的应用也得到了快速发展。第二次世界大战后,随着化学、食品工业和电力工业的迅速发展,电弧加热技术的应用得到了迅猛发展。20世纪50年代,电弧加热器的功率还比较低,大都集中在几十千瓦量级范围,因此此时电弧加热技术主要应用于等离子体切割、等离子体焊接、等离子体喷涂等机械工业的热加工领域。20世纪60年代,由于空间科技需求的推动,发展了大功率、长寿命的电弧加热器,在制备各种难熔金属、金属陶瓷粉末和超细粉末方面也取得了很大成功,从而对材料科学的发展做出了贡献。20世纪70年代的能源危机极大地推动了电弧加热技术在能源科学中的应用,电弧加热技术得到了极大的发展,在工业炉加热、金属冶炼、煤粉锅炉点火、等离子体、煤的气化、同位素的分离等多个领域得到了应用。

自 20 世纪 50 年代开始,美国、苏联等航天大国在高超声速飞行器的研制过程中相继建造了一系列的电弧加热试验设备,随着飞行器性能的提高,建造的电弧风洞的尺度也越来越大。20 世纪 70 年代美国已建成 50 MW、1 m 量级的电弧风洞(NASA Ames IHF),此后又相继建造了多座相同尺度的电弧风洞(AEDC H2 等);20 世纪 70 年代苏联也建成了 50 MW、1 m 量级的电弧风洞(TsNIIMASH U15-T-1);欧洲空间局在 20 世纪 90 年代建成了 70 MW、2 m 量级的电弧风洞(ESA-CIRA Scirocco)。这些设备在各种型号的导弹和空天飞行器研制过程中为热防护系统的设计做出了巨大贡献,现在的电弧加热设备正朝着大功率、长时间、高压、高稳定性的方向发展。

衡量电弧加热器性能的参数主要有电弧功率、气流比焓和气流总压。就电弧功率而言,最大的电弧加热器是美国 NASA Ames 研究中心的 160 MW 高焓电弧加热器。AEDC H3 电弧加热器是世界上性能最高的电弧加热试验设备,它的先进性主要体现在功率、总压和试验综合能力方面。实际上,俄罗斯 TsNIIMASH、法国宇航研究中心、美国 NASA Ames 研究中心及意大利宇航研究中心的电弧加热设备各具特色,都属于世界级电弧加热设备。

我国高超声速飞行器热防护气动加热试验设备主要利用电弧加热器提供高温气体。从 20 世纪 60 年代开始研究,经过五十多年的发展,我国已经研发了管状电弧加热器、长分段式电弧加热器、叠片式电弧加热器等多个类型的大功率电弧加热器。近年来,针对探月返回器第二宇宙速度再入的超高焓气动加热环境,有针对性地发展了 MPD 高焓电弧加热器及大功率交流电弧加热器等。下面对当前应用最广的几种电弧加热器进行论述。

2.1　管状电弧加热器

管状电弧加热器是典型的平行流型加热器的主要形式之一。它是典型的气稳型电弧加热器,又称为 Linde 或 Huels 型电弧加热器。此类加热器具有结构简单、维护方便、适用范围广等优点,在国防工业及冶金、环保、化工、新材料制备等领域得到了广泛的应用。

2.1.1　发展史及国内外现状

管状电弧加热器是由德国人 Chemische Huels 在 20 世纪 30 年代研制出来

的。美国(Linde)公司从 20 世纪 50 年代开始发展气稳型管状电弧加热器。该加热器用一个弧室将两个管式电极隔开,通过弧室引射入高压旋转气流,把电弧压缩在管子中心,电弧向管子两端拉开形成拉长的、弧根绕管壁旋转的电弧。管状电弧加热器的应用和发展在 1960 年达到顶峰,几个航天大国建成了数量和规模均比较大的管状电弧加热器。目前,许多国家的许多单位都在研究和使用这种类型的加热器。国外,以俄罗斯科学院西伯利亚分院热物理研究所、美国空军飞行动力学试验室(AFFDL)[1-4]、美国空军阿诺德工程发展中心(AEDC)[5]、美国麦克唐纳-道格拉斯公司(MDC)[6-10]和德国宇航研究院为代表,其中 AFFDL、AEDC 的管状电弧加热器均达到了 50 MW 量级。国内则以中国空气动力研究与发展中心和中国航天空气动力技术研究院为代表,其发展的电弧功率覆盖了从千瓦量级到 50 MW 量级的范围。大功率的管状电弧加热器主要应用于航空航天领域和国防领域中飞行器防热材料的热防护研究方面,小功率的管状电弧加热器则主要应用于一些民用工业领域。

2.1.2　工作原理及结构特点

管状电弧加热器属于旋气稳定压缩的电弧加热器[11-13]。典型管状电弧加热器的原理如图 2.1 所示。按其燃弧的基本物理图像来看,它是一种自稳弧长的电弧加热器。这类电弧加热器的结构品种繁多,运行功率和参数范围很大,是理论和试验发展最成熟的一种电弧加热器。

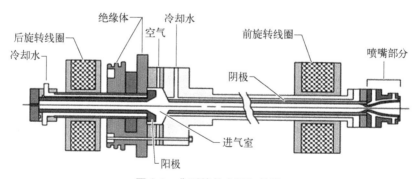

图 2.1　典型管状电弧加热器

当电弧在阴极和阳极之间引燃后,电弧被切向进入进气室的旋转气流吹入管内并靠旋气的压力梯度把弧柱的主要部分压缩、稳定在轴线上并通过末端很短的径向电弧弧柱与阳极管壁相接通。在电位随长度而变的弧柱与固定电位的金属电极管之间的电位差,是一个随长度变化的量,该电位差首先导致弧柱和管壁之间出现弱电流放电,使气体具备相当的电导率。结果在某一适当的截面上在弧柱和管壁之间引起击穿,出现电弧放电,形成新的径向电弧及新的比原来缩短了的整个电弧。相应的,在本截面之后的那一段旧电弧则因无电流通过而消亡。缩短后的新电弧又会在气流的作用下重新拉长,拉长后的电弧又重新击穿缩短,交替循环,直到停车为止。这个物理过程称为"旁路击穿效应"。它限制着管状电弧加热器的电弧长度和电弧电压。通常这类电弧称为自稳弧长的电弧。各类管状电弧加热器的电弧都是自稳弧长的,都存在旁路击穿效应。

管状电弧加热器可以分为以下四种类型。

1. 中心阴极的单管单进气室管状电弧加热器

图 2.2 所示的单管单进气室的管状电弧加热器是出现最早的一种管状电弧加热器。其是在最初的同轴式电弧加热器由径向跳弧向轴向跳弧发展的过程中发展起来的。一般在本类管状电弧加热器中,中心电极都是热阴极,电极材料随工作气体的要求而变,常见的有钨、锆、镉、石墨、钨钍、铈钨等高温材料和合金。此类型一般用于小功率的电弧加热器,如等离子切割、喷涂、点火、熔炼、球墨化等,早期也有人将其用于大功率工业化的化学加热器。

图 2.2　中心阴极单管单进气室的管状电弧加热器

2. 双管单进气室管状电弧加热器

图 2.3 为双管单进气室的管状电弧加热器。这种类型的加热器称为典型管状电弧加热器,它是在图 2.2 所示结构的基础上发展起来的。它与图 2.2 的主要区别是把中心电极也改成了管状电极,电极一端堵死,另一端与进气室相接,实际上就是一个被进气室隔开的由前后两个金属管分别作为两个电极的电弧加热器。这种类型的加热器不再像图 2.2 那样,它不要求使用很低的电流,也不要求一定的氧化或还原气体。该类型的加热器在美国、俄罗斯和中国都达到了相当的水平。其中,美国飞行动力学试验室于 1960 年末已使这种电弧加热器的单台功率达到 50 MW;苏联单台最大电弧功率达到 50 MW 以上。

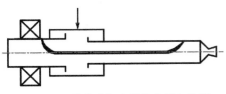

图 2.3　双管单进气室管状电弧加热器

3. 双管双进气室管状电弧加热器

图 2.4 为双管双进气室管状电弧加热器。它是在图 2.2 和图 2.3 两种加热

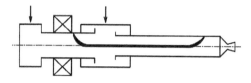

图 2.4　双管双进气室管状电弧加热器

器的基础上发展而来的。它比典型的管状电弧加热器多了一个后进气室,将一部分工作气体从后进气室切向送入,通过变化这部分进气量的方法来影响后电极管内的流动过程,从而达到改变和控制后弧根位置的目的,可使后弧根在一个比较大的范围内运行,从而大大减少后电极的局部烧损,延长后电极的寿命。此外,调整后弧根的结果也会以某种方式影响前弧根,对前弧根产生好的影响。设置后进气室增加后电极进气以调整弧根位置还有利于提高管状电弧加热器的热效率。

4. 两端喷气的双管单进气室管状电弧加热器

图 2.5 为两端喷气的双管单进气室管状电弧加热器,特点是无前后电极之分。除极性之外,两个电极完全对称,具有相同的流动图像和相同的旁路击穿效应。这种类型的电弧加热器单台功率可以做到更大。由于两端喷气的结构形式在使用上存在一定的不便利性,

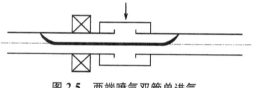

图 2.5　两端喷气双管单进气室的管状电弧加热器

目前国内外应用这种加热器的还比较少。

目前,工业上最常用的典型管状电弧加热器为双管双进气室管状电弧加热器,下面将主要对其进行介绍。

这种类型的管状电弧加热器,主要由后电极、后进气室、后磁场线圈、主进气室、前电极、前磁场线圈和喷管组成。电极是构成电弧加热器的主要部件,两个同轴的前、后电极均为中空的管状结构,分别位于电弧加热器的上游和下游,材料均由紫铜或紫铜合金制成,外壳由不锈钢或黄铜制成。后电极与前电极分别同主进气室相连接,其中后电极与主进气室之间相互绝缘;主进气室位于前、后电极之间,由内、外壳组成,高压空气通过进气孔高速旋入进气室,使室内形成径向压力梯度,将电弧稳定运行在中心的低压区,并带动前、后弧根旋转以避免电极烧损;后进气室位于后电极尾部,切向进气孔的方向同主进气室进气孔方向相同;后磁场线圈和前磁场线圈均由水冷铜管绕制而成,并串联到电路主回路中,它所产生的磁场切向分力使电弧后弧根旋转以降低因电极烧损而对气流产生的污染,同时,它还产生一个轴向分力控制弧根轴向位置;喷管同前电极相连,为内、外套夹层结构,内套由紫铜或铜锆合金制成。

2.1.3　性能特点

1. 旁路击穿效应

旁路击穿效应是旋气稳定的管状电弧加热器的最典型、最重要的放电物理过程。真实电弧加热器中的旁路击穿效应是比较复杂的,应当结合电弧在气动、电磁等力的作用之下所形成的空间状态来研究。

旁路击穿效应可以大致划分为以下三种(图 2.6)。

(1) 图 2.6(a)中所示的发生在轴向弧柱与管壁之间的大幅度的 A 型旁路击穿效应。

(2) 图 2.6(a)中所示的发生在扭曲的弧柱与弧柱之间的小幅度的 B 型旁路击穿效应。

(3) 图 2.6(a)、图 2.6(b)中所示的发生在扭曲的弧柱与管壁之间的小幅度的 C 型旁路击穿效应。

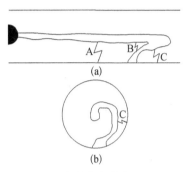

图 2.6　旁路击穿效应原理图

大幅度的 A 型旁路击穿效应决定着电弧的长度和平均电压、电极表面的破坏部位、电弧加热器参数的波动幅度和频率。它是形成管状电弧加热器下降的伏安特性的原因,是这类电弧加热器在高压下不能达到高焓的原因。B 型旁路击穿效应也对加热器性能产生影响,但其影响程度较小,一般只是间接影响到电极表面的烧损速度。C 型旁路击穿效应主要影响到电极表面的烧损密度。由于旁路击穿效应密切地影响到加热器的性能,所以它成了人们大量研究和试验的对象,确切地了解这个效应对于设计和调试加热器都是必要的。下面将综合阐述一些重要的研究结果。

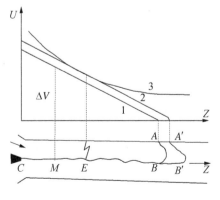

图 2.7　电弧长度与电位的关系

以图 2.3 所示的加热器为例分析旁路击穿效应。

假定电源电压远高于电弧电压,为简化讨论,设电位梯度不随管长变化,如图 2.7 所示。

图 2.7 中,曲线 3 表示在弧柱与管壁之间造成击穿时所要求的电压随管长的变化规律。取管壁的电位为零,则线 1 表示在出现旁路击穿之前的某一瞬间弧柱与管壁之间的电位差随管长的变化。当电弧的

径向部分 AB 在气动力和电磁力的作用下沿流动方向向下移动时,电弧将拉长,电压将随之提高,弧柱与管壁之间的电位差也随之提高。最后,当弧根到达 A' 时,线 2 所表示的电位差 $\Delta V(2)$ 与曲线 3 在相应于截面 E 的坐标上相切,即在截面 E 处的电位差达到了击穿所要求的电压,结果在截面 E 上出现旁路击穿。这就是前面提到的大幅度的 A 型旁路击穿效应。旁路击穿的位置和电弧的长度是电弧电流、气体流量和种类、气体压力、弧室几何形状、电极表面温度和材料、电极的极性等一系列自变量的函数。

资料中使用的狭缝击穿电压的公式如下:

$$\overline{U}^* = 3.33 \times 10^4 (\rho/\rho_0 \delta^*)^{0.9} \tag{2.1}$$

并近似认为 $\rho/\rho_0 = (h/h_0)^{-1}$, $h = I\overline{U}_{\min}/G$

则导出:

$$\overline{U}^* = 3.33 \times 10^4 (Gh_0/I\overline{U}_{\min}\delta^*)^{0.9} \tag{2.2}$$

式中, $\overline{U}^*$ 为旁路击穿部位的平均击穿电压; ρ 为气体密度; ρ_0 为标准条件下的密度; h 为气体焓值; h_0 为标准条件下的焓值; I 为电弧电流; G 为气体流量; $\overline{U}_{\min}$ 为电弧在旁路击穿瞬时的最低电压; δ^* 为当地的边界层厚度。

实践证明,如果对于湍流取 $\delta^* = 3.3 \times 10^{-2}$ cm,对于层流取 $\delta^* = 6.9 \times 10^{-2}$ cm,则 U^* 的测量结果与式(2.2)符合较好。

2. 长管通道中的燃弧特征

电弧与管道内气流和管壁的相互作用决定着管道中的流场、电弧的空间图像、电弧的电位梯度分布、管壁热流分布、管壁与弧柱间的电导率分布、加热器局部热效率分布等一系列极其重要的过程。这种作用的图像随管道进口雷诺数范围的不同而不同。整个流动过程由入口段、过渡段和满管湍流段三部分组成(图2.8)。

入口段也称为初始段,它从管道进口开始到壁面边界层相遇时

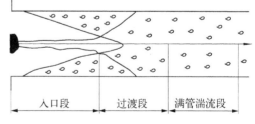

图 2.8 电弧在管内的流动图像

为止。在初始段壁面湍流边界层流动基本上不影响电弧的放电条件,电弧在层流流场中燃烧并被旋转气流所形成的径向压力梯度的作用稳定压缩在管道轴线上。电弧的空间状态很整齐,径向摆动不明显,所以本段内电弧的电位梯度为常数,仅随气体流量的增加而略有提高。电位梯度值仅为满管湍流段电

位梯度值的 $1/6 \sim 1/3$，所以本段内单位弧长和单位体积所注入的电功率也很低。此外，本段内管壁的径向梯度接近于零。对流损失和传导损失可以忽略，壁面热流主要取决于辐射热流，且辐射热流的最大值约出现在本段末尾附近的地方。这是由于本段内温度径向剖面很陡且因受到很好的压缩，弧柱中的温度很高。

对于像管状电弧加热器那样的光滑管中的燃弧条件，入口段的相对长度 L_0/D 符合下列半经验公式：

$$\overline{L}_0 = 1.435 Re_D^{0.27}\left[1 + 1.3 \times 10^{-3}(\overline{I})^{1.1}\right]^{-1} \tag{2.3}$$

式中，

$$\overline{I} = I\left(d\sqrt{\mu h \sigma}\right)^{-1}, \quad \overline{L}_0 = L_0/D$$

其中，d 为电极内径；μ 为黏性系数；σ 为电导率的特征值；D 为管道内径；L_0 为入口段长度；I 为电弧电流。

过渡段也可称为混合段，它位于入口段和满管湍流段之间。在此段壁面湍流边界层和电弧的热边界相交，彼此相互混合、渗透和破坏，紧接着壁面边界层发展到弧柱区，弧柱的热边界发展到壁面，陡的径向温度剖面逐渐拉平，并开始向边界层和壁面传热，对流传热逐渐增大，辐射传热有所减轻，弧柱在湍流的作用下开始做空间无规则的扭曲，并且其频率和幅度顺流向增大，电弧的放热条件加强，单位管长内的实际电弧长度增加，结果单位管长的电位梯度单值上升。此区长度可达管径的几十倍，与表面粗糙度和湍流的雷诺数等因素有关。

满管湍流段，即完全发展的湍流区。此区内流场和电弧的特征已经与轴向距离无关。试验表明，此区内电位梯度为常数，绝对值比入口段高 $3 \sim 6$ 倍。此区内对流热损失占很大比重，直至总的局部热损失与局部注入功率相平衡，局部热效率为零。继续增加管长和弧长，除使其热剖面变得更平外，对提高气体的平均焓值已经不起作用。但是，如能设法减少热损失，从向加热器注入能量的观点出发，则满管湍流段的强化交换过程及高得多的电位梯度正好是发展高性能电弧加热器必不可少的条件。

管状电弧加热器通过旁路击穿效应建立弧长并形成相应的电弧电压，其弧根的位置局限于过渡段开始的部位，电弧大部分都处在初始段，电位梯度低，能量密度小，只有靠提高电流才能进一步提高功率和焓值。因此，管状电弧加热器的能量密度远不如后面将要讨论的其他类型的长弧加热器，其可能达到的最大电压、功率和焓值都受到相应的限制。

3. 后电极管内的气动过程

一般地,前电极管内的流动是由轴向速度分量和切向速度分量所构成的简单流动,弧柱的主要部分被切向速度分量所形成的压力梯度稳定压缩在电极管的轴线上。弧柱的径向部分一方面在切向速度分量及电磁力的作用下作切向转动,另一方面通过轴向速度分量及电磁力的作用在一定的轴向部位上往复移动。后电极管内的流动图像比前电极管要复杂一些,同时它又影响着电弧加热器的电特性、烧损特性和脉动情况。下面来简单分析双进气室管式电弧加热器的后电极管的流动状况,如图 2.9 所示。

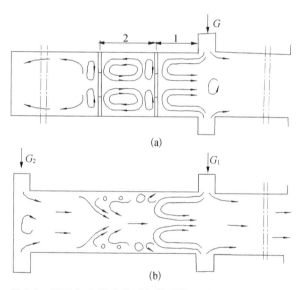

图 2.9　双进气室管式电弧加热器的后电极管的流动图像

在 $G_2=0$ 时,基本图像如图 2.9(a)所示。当 $0<G=G_2/G_1<0.05$(G_1+G_2=常数)时,第二回流区的流动过程开始改变。在 $G>0.1$ 时,第二区的特征完全消失,只有壁面附近两个方向气流相遇处复杂的涡流结构。此区的长度随 G 的增加而下降。当 $G=0.1\sim0.3$ 时,在主回流区末端的涡流带很不稳定;当 $G>0.3$ 时,涡流带很稳定,即对后弧根的轴向作用很稳定,一直到 $G>1$ 主回流区消失为止。后电极管内流动状态随 G 的变化,影响到后弧根的位置,同时也影响到整个电弧的电压。总的来说,电弧电压随 G 的增加而下降。但需要指出的是,在 $G=0.2\sim0.8$ 时,电弧电压下降很小,这是前后电极互相调整和制约的结果,也是双进气室管状电弧加热器伏安特性能够具有相当满意的综合特性的一个原因。

4. 进气室的流动特征

进气室流动特征是影响管状电弧加热器工作特性的主要因素之一。理论和实践证实气流在绕轴线旋转的流动中,其圆周速度沿半径的分布规律为

$$V_\psi r^n = 常数$$

式中,V_ψ为气流圆周速度;r为半径;n为指数。

整个流动分为位势区和准刚体区。在位势区中$0<n<1$,圆周速度随r的减小而上升。在准刚体区中,$n=-1$,圆周速度随r的减小而下降。并且在$r=0$处,$V_\psi=0$,流动中的相对圆周速度分布为$\overline{V}_\psi = V_\psi/V_{\psi a}$,只是进气室几何形状$r_a$,$r_b$,$F_{入口}$的函数,而与流量的大小无关。其中,$V_{\psi a}$为进气室切向入口处的速度;$r_a$为进气室的半径;$r_b$为电极入口处的半径;$F_{入口}$为进气室切向进气孔的总面积。

同样,位势区和准刚体区的分界半径r_1也只随上述的几何形状而变,与流量大小无关,r_1永远小于电极入口处的半径r_b。旋转气流的圆周速度在r_1处达到最大值$V_{\psi max}$。通常在设计好电极入口半径和选好气体流量的范围后,进气室设计要回答的问题最终是如何正确地选择进气孔总面积$F_{入口}$和进气室的圆周半径r_a。若进气孔总面积$F_{入口}$太大,则入口流速$V_{\psi a}$太小,$V_{\psi max}$达不到要求,并且随下降径向的静压分布在轴线附近将出现一个静压变化比较平缓的空间,结果电弧不能被准确地压缩在轴线上。进气孔总面积$F_{入口}$太小,虽然$V_{\psi a}$将提高,但$V_{\psi max}$并不能随之提高,反而呈下降的趋势。

2.1.4　相似规律

用相似理论的方法研究管状电弧加热器各参数间的关系和运行规律,在这类加热器的发展上有非常重要的地位。

美国发展大型管状电弧加热器的途径主要是比例放大。在正式建造大型电弧加热器之前,首先建造一系列小型试验性加热器,通过大量试验找出它们的比例规则,并根据这些规则设计大型的电弧加热器。比例规则认为,对于管状电弧加热器,在焓值、压力、工作气体种类和加热效率相同的条件下,其电压、电流与其现行尺度成正比,其流量和电功率与线性尺度的平方成正比。但是这种比例规则放大方法的使用有许多局限性。最重要的是,在研究比例数值的关系时,没有确切地反映管状电弧加热器内发生的物理过程的本质,不是从2.1.3节谈到过的旁路击穿效应出发,没有把本质上决定放电的电极直径作为特征尺寸,而是把从表象能够明显看出影响加热器压力的喷口直径取作特征尺寸,没有给

出诸如电极直径这样重要的参数。此外,比例规则只适用于焓值、压力和工作气体相同的加热器,当要根据在某一参数范围运行的加热器的经验设计另一参数范围的加热器时,比例规则就无能为力了。

俄罗斯科学院新西伯利亚分院热物理研究所用相似理论的方法研究管状电弧加热器,建立了相当数量功率都很小的各类管状电弧加热器,详细研究了加热器内各种重要的物理过程的本质,并根据对加热器内的电、气动、热等过程的确切了解,尽可能准确地列出了相应的基本方程组和相应的边界条件,再根据这些方程归纳出加热器的相似准则数,使这些准则数综合小功率加热器的试验结果,求出有关的系数,给出管状电弧加热器的综合电特性和综合热特性准则方程。

典型管状电弧加热器的综合伏安特性(以空气为介质,喷口接负极)为

$$U = 1\ 230(GdP/I)^{0.33} \tag{2.4}$$

式(2.4)适用范围:电弧电流 $I(\text{A})$ 为 10~5 700;气体流量 $G(\text{g/s})$ 为 6~3 100;电极内径 $d(\text{mm})$ 为 5~76;压力 $P(\text{MPa})$ 为 0.1~10。

电弧加热器的综合热特性也是影响加热器性能参数的一个重要方面。由于加热器内热交换过程的复杂性,现阶段也主要靠相似理论的方法寻求半经验公式。半经验公式为

$$\bar{\eta} = 0.585 \times 10^{-4}(I^2/Gd)^{0.27}(Pd)^{0.30}(G/d)^{-0.27}(\bar{L})^{0.50} \tag{2.5}$$

$$\bar{\eta} = \frac{1 - \eta_{\text{热}}}{\eta_{\text{热}}}$$

其中,$\bar{\eta}$ 为电弧加热器的综合热特性。式(2.5)适用范围:$I^2/Gd = 5 \times (10^6 \sim 10^9)\ \text{A}^2\text{s}/(\text{kg} \cdot \text{m})$;$G/d = 0.5 \sim 56\ \text{kg}/(\text{s} \cdot \text{m})$;$Pd = 10^3 \sim 8 \times 10^5$;$\bar{L} = l/d = 5 \sim 40$。

1. 管状电弧加热器的特性

1) 伏安特性

管状电弧加热器具有下降的伏安特性,即在给定的尺度和流量、压力等情况下,电弧电压随电流的提高而下降,这是由此类电弧加热器固有的旁路击穿效应所决定的,是此类电弧加热器的一个固有缺点。在工作电流给定后,电弧电压随压力、流量和电极直径的增大而升高,所以此类电弧加热器在高气压下运行时具有相当高的电弧电压,是一种高电压长弧类型的加热器,只有在常压附近运行时,才有可能出现相对低的电弧电压和相对大的电弧电流。这使管状电弧加热器多作为常压高焓加热器使用。

2) 焓压特性

本类加热器的焓压特性已经达到相当可观的程度,但距离完全再现各种远程导弹再入时所遇到的严酷焓压环境,还存在相当大的差距。但就压力而言,管状电弧加热器已经能够在 $1\sim250$ atm* 内运行,可以说基本满足了再入试验对再现压力范围的要求。问题在于,随着压力的提高,管状电弧加热器所能达到的焓值迅速下降,结果不能在相应的高压力下再现高焓的环境。

人们普遍采用一个和加热率近似呈比例的量 $Q = hP^{0.5}$ 来表征电弧加热器的水平,评价其接近真实再入环境的程度。一般 $Q = hP^{0.5}$ 称为焓-压特性。管状电弧加热器的焓压特性范围大都在 $Q = hP^{0.5} = 16\,000$ Cal/$(\text{g}\cdot\text{atm})^{0.5}$ 以下。此特性在低压力时略有下降,在压力提高到 100 atm 以上时,焓-压特性有提高的趋势,可以说是管状电弧加热器焓-压特性的上限。阻碍其进一步提高的主要原因还是其本身固有的旁路击穿效应。

加热器的焓值可简单表述为

$$H = \eta_\text{热} W/G + h_0 \tag{2.6}$$

从式(2.6)可看出,通常通过三个方面的努力来提高加热气流的焓值,即提高热效率、增大功率和减小气体流量。由于旁路击穿效应的作用,提高加热器电功率是靠提高电弧电流来实现的。试验证明,在管状电弧加热器中增大电流有利于提高气体的焓值,但是,管状电弧加热器的热效率随着电流的提高而下降,所以实际观察到的焓值随电流提高的速度是有限的。在通过提高电流而提高气体焓值的努力中,由于电极的烧坏所造成的对电流的限制将是最后起决定作用的因素。加热器电极的线电流密度 I/d 通常都低于 600 A/cm,接近这个限度,电极严重烧损、气流污染增大、电极寿命大减。

2. 管状电弧加热器的热效率

管状电弧加热器的效率可分为总体效率 $\eta_\text{总}$、电路效率 $\eta_\text{电}$ 和热效率 $\eta_\text{热}$,三者的关系为 $\eta_\text{总} = \eta_\text{电}\eta_\text{热}$,管状电弧加热器的电路效率与所使用的电源形式和加热器的伏安特性有关。由于此类加热器固有的下降的伏安特性,当电源为陡降外特性时,电路利用系数下降,当电源为硬外特性时,必须外加足够的镇定电阻才能稳定运行,这会导致电路效率较低。

管状电弧加热器的热效率不仅是影响伏安特性的相似准则的函数,还是电极

---

*　1 atm = 101 325 Pa

的相对长度 $L=l/d$ 的函数。l 为前后电极的总长度。管状电弧加热器的热效率为

$$\eta_{\text{热}} = 1/(0.585 \times 10^{-4} I^{0.54} G^{-0.54} P^{0.30} d^{0.30} L^{-0.50} + 1) \tag{2.7}$$

由式(2.7)可以得到,热效率 $\eta_{\text{热}}$ 随电弧电流 I、电极直径 d 和气体压力 P 的增加而下降,随气体流量 G 和电极相对长度 L 的增加而上升。一般可以做到 $\eta_{\text{热}} = 40\% \sim 65\%$。

3. 其他特点

与同轴电弧加热器相比,此类电弧加热器电极烧损率低、电极寿命长、气流污染小,这是旁路击穿效应带来的有利结果。一般设计较好的管状电弧加热器大多可以运行数小时,功率很大的典型管状电弧加热器当运行的电流密度较低时,也可运行 $1 \sim 2$ h。气流的污染率大多低于 0.01%。

管状电弧加热器结构比较简单、牢固可靠、启动容易、运行可靠。这些都是其区别于其他高电压长弧加热器的优点。需要指出的是,管状电弧加热器是靠旋气压缩稳定的,径向压力梯度越大,电弧越易于稳定在轴线上。因此,管状电弧加热器出口气流都具有很大的切向分量,这是此类加热器的一个固有缺点。为了消除切向分量的影响,有时不得不另接一个稳压室,这样还要降低一些热效率。而且,由于旁路击穿效应的影响,管状电弧加热器的参数脉动可达 10% ~ 20%,这也是此类加热器的固有缺点。

2.2 叠片式电弧加热器

2.2.1 发展史及国内外现状

自 20 世纪 60 年代开始,阿波罗计划、航天飞机等工程迅速发展,这类轨道飞行器高速往返于高空稀薄大气层。管状电弧加热器由于其自身存在固有缺点,最高焓值的模拟能力受到限制。根据细长管道内电弧流动理论,结合管状电弧加热器技术,将长管型电极分割成若干段,于是出现了叠片式电弧加热器。叠片式电弧加热器(segmented-type arc heater)也称压缩弧式电弧加热器(constrictor-type arc heater),以其电弧通道和压缩电弧的特点而命名,为固定弧长的长弧形电弧加热器,这是其区别于管状电弧加热器的最重要的特征之一。

美国从 20 世纪 60 年代初开始研究压缩弧式电弧加热器[14],NASA Ames 研究中心 1 MW 叠片式电弧加热器是早期最具代表性的压缩弧式电弧加热器[15]。

该加热器使用钍钨电极、叠片式喉道作为电弧压缩通道,该通道位于阳极的上游,阳极被分成 30 个电极头径向均匀分布于叠片式喷管的超声速段,电弧在超声速流中燃烧,其焓值可达到 100 MJ/kg 以上。图 2.10 为 1 MW 叠片式电弧加热器示意图。1 MW 叠片式电弧加热器研制成功后,立刻发布了 10 MW 叠片式电弧加热器的研制计划,其结构形式与 1 MW 叠片式电弧加热器基本一致,并很快于 20 世纪 60 年代末达到实用阶段。

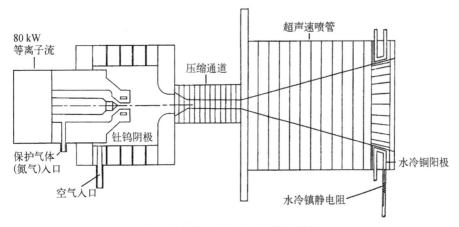

图 2.10　叠片式电弧加热器示意图

为研究不规则表面流动影响的气动热环境,特别是针对航天飞机返回时大尺寸部件的迎风面峰值热流模拟条件,美国 NASA Ames 研究中心于 20 世纪 70 年代建造了干扰加热电弧风洞设备(interaction heating facility, IHF),该设备配备了 60 MW 叠片式电弧加热器[16]。

意大利宇航研究中心(CIRA)于 1988 年开始 SCIROCCO 项目,建造 70 MW 电弧风洞(plasma wind tunnel, PWT),目的是模拟 Hermes 号航天飞机的热环境。PWT 热源设备为 70 MW 叠片式电弧加热器,该设备与美国 NASA IHF 设备 60 MW 叠片式电弧加热器相似,代表了当时叠片式电弧加热器的最高水平。该设备于 2001 年投入运行。

为解决远程弹道导弹再入热防护材料的烧蚀考核问题,高压叠片式电弧加热器得到了发展。

美国阿诺德工程发展中心(Arnold Engineering Development Center, AEDC)于 20 世纪 70 年代初研制成功了 5 MW 高压叠片式电弧加热器,其工作压力可以达 20.0 MPa 以上,并于 1976 年建成 H1 高压叠片式电弧加热器。AEDC 以 H1 为发展更大功率高压叠片式电弧加热器的起点,对叠片式电弧加热器进行技术储备,如储备有关电弧稳定、运行可靠性、气体分布配置、电源匹配性、电极烧损、长径比、喉道收缩比等的关键技术。在此基础上,开发了功率 2.25 倍于 H1 的 H3 高压叠片式电弧加热器[17]。H3 设计功率为 80 MW,弧室压力为 20.0 MPa,目前实际运行功率达 70 MW,弧室压力达 15.0 MPa。

近年来,美国 AEDC 正在实施高压电弧加热设备的研究计划。早在 20 世纪 90 年代初,AEDC 就提出了建造弧室压力为 25.0 MPa 的高压叠片式电弧加热器的计划。美国国防部为部署导弹防御系统,继续进行高超声速武器系统热防护材料考核试验。H1 和 H3 提供的驻点压力最高只能达到 8.5 MPa,而正在开发的导弹武器系统的鼻锥驻点试验压力将达到 15 MPa,热防护罩表面也将达到 1.0 MPa,因此需要能够提供至少 16.0~20.0 MPa 的弧室总压。为弥补因削减军费而减少飞行试验所造成的现有地面模拟能力与飞行试验之间的空白,美国在 H3 基础上开发了 H4 高压叠片式电弧加热器弧室压力可达到 20.0 MPa,2010 年达到全尺寸 H4 加热器[18]。H3 的改造计划 H3-Ⅲ 于 2016 年前后达到 25.0 MPa[19]。

针对战略滑翔、导弹拦截等飞行器的机动再入走廊,为覆盖高焓、中压、中等高度的地面模拟试验区间,美国 AEDC 正在开展以 H3 替换 H2 的改造计划[20]。该计划是使 H3 叠片式电弧加热器在 H2 所在工位的风洞上运行,弧室压力为 1.0~7.0 MPa,通过对电极的改进及其他系统的升级改造将达到 30 min 的运行时间。这样,H3 的高度模拟范围将大大扩展。

苏联虽然早年以发展磁旋式电弧加热器为主,但其叠片式电弧加热器技术也相当先进。日本和韩国对叠片式电弧加热器的研究也屡见报道。

目前,国内叠片式电弧加热器也已达到 50 MW 量级以上,更高功率的叠片式电弧加热器正在开发建设中。

2.2.2 工作原理及结构特点

在细长光滑管道内发展的长电弧,以层流流动为主,湍流流动的区域很短。如果将光滑管道分割成若干段,并使每相邻两段间留有一定的缝隙再叠加在一起构成电弧通道后,通道壁内段间的缝隙对电弧的层流边界层造成干扰,使层流流动提前发展为湍流流动。图 2.11 为段间供气的多段电弧加热器系统图[21]。

通过缝隙均匀分布供气,同时弧室进口雷诺数超过临界值时,沿电弧加热器通道轴线电场强度及电位分布呈现出五个明显的区间(图 2.12):两个靠边的相对较短的非线性区域Ⅰ及Ⅴ;初始段Ⅱ,其特点是电场强度为常量;非线性过渡段Ⅲ;电场强度为常量的电弧湍流段Ⅳ。

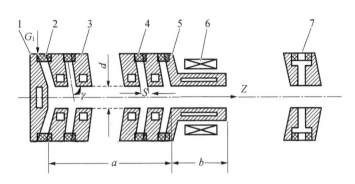

图2.11　段间供气的多段电弧加热器系统图

1、5. 电极;2. 旋流室;3. 段;4. 段间的旋流室;
6. 磁场线圈;7. 测量辐射热流的探头。

当由缝隙处再引入气体时,对电弧层流边界层干扰更加显著,初始段长度与光滑电极比较起来显著地缩短,电弧的湍流流动区域大大加长。电弧发展为湍流流动后,相对层流流动电位梯度提高3~6倍,弧柱的能量密度迅速加大,从而达到较高的气流焓值。图2.13给出了分段式通道段间供气和不供气的湍流度与光滑通道湍流度的比较情况。

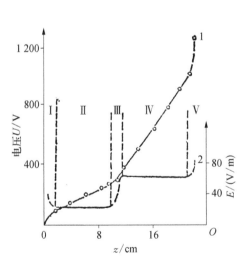

图2.12　段间供气的多段电弧加热器中沿通道长度电位分布（1）及电场强度分布（2）

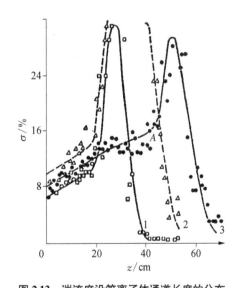

图2.13　湍流度沿等离子体通道长度的分布

△: 段间不供气的分段通道湍流度沿等离子体通道长度的分布　□: 段间供气的分段通道湍流度沿等离子体通道长度的分布　●: 光滑电极壁湍流度沿等离子体通道长度的分布　A点: 边界层和电弧的相遇点

叠片式电弧加热器就是基于上述原理工作的。叠片式电弧加热器的阴极和阳极分别位于首、尾两端较窄的电极区内,电弧通道由若干个(多达数百个)非常薄的具有独立冷却水通道的压缩片叠加在一起构成。相邻压缩片间彼此绝缘,靠近二者内侧之间的缝隙处为迷宫式进气结构。由缝隙处切向注入工作气体,试验气体与压缩片冷壁将电弧压缩在通道中心。因此,叠片式电弧加热器以其工作原理又称为压缩式电弧加热器。图 2.14 为叠片式电弧加热器示意图。

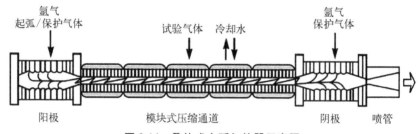

图 2.14　叠片式电弧加热器示意图

每个压缩片具有独立的冷却水通道、两个气体注入管道。气体通过两个压缩片间的绝缘进气环上的切向槽注入电弧室。气体被压缩在电弧通道中心的电弧加热,温度可以达到 10 000 K,压缩片的设计必须要克服来自弧柱两个方面的威胁:一是压缩片必须能够在非常高的热流密度下安全运行,以获得高功率;二是避免相邻两个叠片间在相当高的电位梯度下发生串弧[22]。这两个问题将在 2.2.3 节加热器性能参数进行详细介绍。

叠片式电弧加热器的电极有多种形式,常见大功率低压高焓叠片式电弧加热器大多使用多对环形电极(图 2.14)的形式。多对环形电极就是把短管状电极分成若干个环形电极组合在一起的电极形式。利用分弧电阻(镇定电阻)将非常大的总电流分配到多个电极,使每个电极的最大通过电流小于 1 000 A,同时在电极内部冷却水通道内安装多匝线圈以驱动弧根快速旋转,可以大大降低电极烧损率,从而延长电极寿命。电极的对数可以根据具体试验状态进行增减,以减少热损失。

短管状前后电极(图 2.15)形式多见于高压叠片式电弧加热器,能够承受很高的弧室压力。高压叠片式电弧加热器也可使用一对或两对类似的环形电极,但厚度较厚,内置线圈的匝数也更多,对弧根的驱动力更强。

按照叠片式电弧加热器的运行范围分类,可分为低压叠片式电弧加热器和中、高压叠片式电弧加热器。低压(0.1~1.0 MPa)叠片式电弧加热器的焓值可达

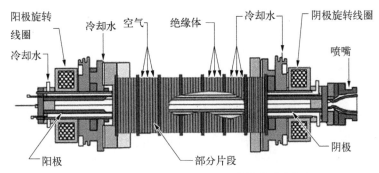

图 2.15　叠片式电弧加热器(短管状前后电极)

45 MJ/kg,甚至更高。中、高压叠片式电弧加热器工作压力可达 10 MPa 以上。相比于低压叠片式电弧加热器,高压叠片式电弧加热器的压缩片结构设计制作更为复杂,以承受内部高压和高热流运行状态。为适应高压运行,使用厚度不同的压缩片,通常加热器上游压缩片的厚度大于下游压缩片的厚度。高压叠片式电弧加热器通常在很高的电弧电压下运行,压缩片的数量可以根据不同的运行参数进行调节。

在每个电极的上游、靠近阳极的部分压缩片之间通入氩气,电弧在高真空的氩气条件下击穿建立电弧。运行过程中的氩气称为保护气体,可以降低壁面的电位梯度、温度梯度,减少损失。

叠片式电弧加热器以其高焓的优势出现,并因其运行稳定、污染小、寿命长等优点得以发展,直至现在,仍然是研究和发展高性能电弧加热设备的主要加热器形式。

2.2.3　性能参数及优缺点

管状电弧加热器的焓值不高并且运行参数脉动较大。对管状电弧加热器的运行机理的分析指出,受结构形式所固有的旁路击穿效应影响,电弧长度自由伸缩,使得通道内的能量密度[如 EI, $VI/(\pi d^2/4)$]、总能量、气流焓值受到限制。相反,叠片式电弧加热器的显著特点就是焓值高和参数脉动小。两端具有固定轴向位置的阴极和阳极及有缝隙的电弧通道一起恰好克服了这一问题。

电弧加热器的性能好坏取决于是否能在高电流密度和高弧室压力下运行。最大电流和电压受限于壁面最大热交换性能和壁面可承受最大电位降。叠片式电弧加热器的电弧通道由若干压缩片叠加而成,压缩片的设计必须克服这两方面的威胁。

每个压缩片都具有独立的冷却水系统,冷却水通道一般设计成月角形(cusp)[23],如图2.16所示。月角形通道使其内部产生一个向心的压力梯度,从而带走壁面水沸腾产生的气泡。压缩片只有在冷却能力超过热流密度设计值某个足够的安全余量时,运行才可靠。在冷却水压力1.0 MPa下,将压缩片通以高电流密度进行电弧放电破坏试验。试验表明,与圆形光滑冷却水通道相比较,月角形设计可使压缩片冷却能力提高1倍以上。这样的冷却水通道设计可以使电弧通道承受更高的电流密度。

图2.16 月角形通道的压缩片

为抵御电弧和壁面的绝缘电击穿,达到去除旁路击穿效应的目标,压缩片的厚度必须足够薄,使得弧柱在压缩片厚度上的电位降小于阴极和阳极电位降的总和。对于0.1 MPa空气条件下的铜电极,阴极和阳极的电位降分别为9 V和6 V,根据空间电荷发射理论,阴极和阳极电位降随着气体压力增大而增大,厚度为10 mm的压缩片在整个运行范围内其击穿电压超过那段弧柱电压大约1倍。同时,从相邻压缩片间缝隙处吹入的冷旋气体,加强了缝隙处及壁面的去游离作用,降低了壁面的电场强度。因此,理论上来讲,叠片式电弧加热器的通道结构形式及运行方式杜绝了旁路击穿效应,使得提高通道内的能量密度变得容易,气流的焓值得到大幅度提高。另外,没有了旁路击穿效应的电弧柱,阴极和阳极弧根固定于加热器两端的电极区,弧根的轴向位置几乎不发生位移,表现为电弧电压和总功率在很小的范围内波动,整个运行过程中各项运行参数非常稳定。

给定长度和直径的叠片式电弧加热器具有以下基本运行特征:① 低压和大流量下有较高的热效率;② 大电流和低流量下达到高焓;③ 流量大时电压也高。

加热器的热效率定义为

$$\eta = \frac{输出}{输入} = 1 - \frac{损失}{输入} \qquad (2.8)$$

当电流密度小于80 A/cm²时,意味着对壁面的影响没有大电流时显著,即压缩的作用不明显,电弧多在自由弧状态。因此,在压缩段内的热损失机理是通过扩散,而不是对壁面的传导或辐射控制的[24]。加热器的效率表达式为

$$\eta = \frac{1}{1 + 4St(L/D)F} \tag{2.9}$$

式中,St 为斯坦顿数;L/D 为电弧压缩通道的长径比;F 为电弧辐射系数。

　　加热器损失方式包括热传导、对流和辐射等,对于给定的叠片式电弧加热器,其效率取决于斯坦顿数 St 和电弧辐射系数 F。在弧室压力和电流密度都比较低(弧室压力小于 0.1 mPa,电流密度小于 80 A/cm^2)时,辐射热损失相对对流传热很小,在低压大电流密度情况下(100～150 A/cm^2,1～3 atm),辐射损失变得显著,辐射系数近似于常数 3.5($\pm$15%)。显然,在式(2.9)中,F 在很小的范围内跳动,St 可视作常数,电弧加热器的效率只取决于长径比。这适用于那些长径比相似的加热器。沿轴向分布的熵在电弧长度达到某一个值时,电弧径向的热损失等于欧姆加热项。因此,长径比存在最佳值,这个数大约为 50。当长径比大于这个数值时,弧柱内增加的能量都被增加的散热面积耗散掉了。

　　加热器的热交换效率决定了加热器能达到的最高熵值,试验流场内的熵值受电弧损失的影响。电弧的热损失包括喉道损失和压缩通道损失。但喉道损失在任何情况下都是非常小的,通常只占总损失的 5%,因此喉道损失是可以忽略不计的。

　　压力不变的情况下,电流密度(电弧电流 I 与电弧通道截面积 A 之比)在 80～150 A/cm^{2}时,熵值与电流密度及弧室总压的关系为

$$h = c\left(\frac{I}{A}\right)^{\alpha} P^{-\beta} \tag{2.10}$$

式中,α 大约为 0.6;β 随电流密度的增加从 0.14 增加到 0.43。当熵值以电流的较小幂次增加时,表明效率随电流的增加而减小。例如,IHF 60 MW 叠片式电弧加热器的实际运行数据表明,在 0.1 MPa 压力下,当电流密度达到 130 A/cm^{2}时,熵值达到 44.4 MJ/kg,热效率只有 24%。

　　高熵值不依赖输入总功率的大小,但一定几何尺寸的加热设备特定的压力和熵值取决于总功率。

　　叠片式电弧加热器的两个弧根集中在前后两个非常窄的电极区内,消除旁路击穿效应的电弧柱,具有非常平缓、接近水平甚至上升形状的伏安特性曲线,使其加大电流提高总能量变得更容易。对于平缓的伏安特性曲线,电源电路中使用较小的电阻实现稳弧,从而降低电源的损失。具有上升特性的电弧,有可能实现电源电路中的镇定电阻为零时的稳定运行。

叠片式电弧加热器的优点非常明显。例如,焓值高,可达到 45 MJ/kg 以上;具有平缓的伏安特性,运行稳定,状态重复性好;电极烧损小,容易实现长寿命;气流污染小,可模拟更接近真实的气动热环境等。但同时其缺点也非常显著,例如:结构复杂,安装维护困难,周期长,运行危险性相应提高;对气源、水质要求高;一旦出现故障,破坏性相当大;对保护控制要求较高;热效率低等。

尽管叠片式电弧加热器表现出较多的缺点,但要知道任何一种加热器都不是尽善尽美的,相较于它所达到的优越性能及为人类做出的贡献,叠片式电弧加热器至今仍然是气动热领域无可替代的理想热源设备。

2.3 长分段式电弧加热器

2.3.1 发展史及国内外现状

长分段式电弧加热器是在管状电弧加热器和叠片式电弧加热器的结构基础上加入了分段吹气技术而发展起来的。20 世纪 60 年代末,美国麦克唐纳-道格拉斯研究实验室(MDRL)提出将管状电弧加热器结构简单、牢固、可靠的优点和叠片式电弧加热器的固定弧长的优点结合起来,采用叠片之间吹入气体的办法,使用比一般的叠片式电弧加热器厚度大很多的叠片,叠片的厚度常可以达到压缩通道的 10 倍以上。从结构上看,实际上已经不再是叠片,而是一段段彼此绝缘的光滑管子,并且各段之间进行吹气,构成了分段吹气式电弧加热器的概念。

当时,MDRL 研究分段吹气式电弧加热器的目的是:在较高的压力下产生极高的焓值;电极的烧损和气流的污染尽可能小;改掉需用惰性气体保护的电极;结构简单、经济可靠;在无串弧出现的情况下具有足够大的弧长;压缩通道具有足够长且易于加工的喉道。该项目于 1968 年获得试运行,并在随后的 8.5 MPa 压力下得到验证,表明这种加热器可以达到在高压下要求的性能。

MDRL 紧接着在典型管状电弧加热器 MDC-200 电极传热研究的基础上,进行了高压分段吹气式电弧加热器的研究和试验,结果成功研制 MDC-200-I.I.S 混合式(hybrid)电弧加热器,电弧功率达到 8 MW。

MDC-200-I.I.S 混合式电弧加热器是这种高性能电弧加热器的代表。后来,美国空军飞行动力学试验室(AFFDL)于 1977 年仿照 MDC-200-I.I.S 混合型电弧加热器放大设计建造了 KBC-100(50 MW)电弧加热器。这种电弧加热器性能较好、效率也高,既可以达到高压(10 MPa)又可以达到中焓(14 MJ/kg),在当时叠片电弧加热器技术还不是很成熟的情况下,整合了管状电弧加热器和叠片式电弧加热器的优点,成为当时综合性能最优的加热器类型。

中国航天空气动力技术研究院从 20 世纪 80 年代开始发展此种类型的电弧加热器,针对长分段式电弧加热器展开了一系列的研究工作,在目前气动热地面模拟试验设备中占有举足轻重的地位。与管状电弧加热器比较,其性能也大幅度提高,热效率可超过 70%,最大可达 84%[25, 26]。近年来,在丰富的长分段式电弧加热器的设计、运行经验的指导下,已经形成系列化、常规化,结构形式也多种多样,运行方式有单台运行也可双台并联运行。目前国内单台长分段式电弧加热器电弧功率已达到 25 MW 量级,双台并联运行的最大运行功率可达 50 MW 量级。

2.3.2　工作原理及结构特点

长分段式电弧加热器有多种称法,有称其为段式电弧加热器和分段吹气式电弧加热器,也有人称其为厚叠片辅助进气长电弧加热器。因其同时具有管状电弧加热器和叠片式电弧加热器的特点,故也被称为混合式电弧加热器。图 2.17 为长分段式电弧加热器结构原理示意图。长分段式电弧加热器是以管状电弧加热器为原型,基于叠片式电弧加热器的分段吹气技术而开发出来的。与管状电弧加热器类似,长分段式电弧加热器也由圆管形的后电极和前电极组成。不同之处在于,长分段式电弧加热器将管状前电极加长,并分割成若干个隔离段,中间彼此绝缘,在最下游留一小段作为前电极(阴极),加热器的其他部分结构保持不变。电弧通道被分割出来的隔离段称为绝缘压缩段,简称压缩段。每个压缩段之间用绝缘材料隔开,并从段间引入气体,以强制阴极弧根落在更远的短管式前电极上。绝缘压缩段类似叠片式电弧加热器的压缩片,只不过压缩段的厚度更厚,一般单个压缩段的厚度是电弧通道内径的 4 倍。

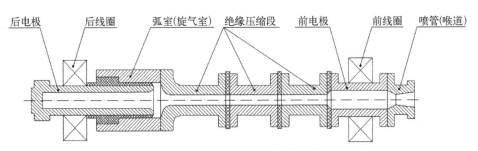

图 2.17　长分段式电弧加热器示意图

　　长分段式电弧加热器能够稳定运行依赖于其最重要的部件——压缩段。多个绝缘压缩段一起形成电弧压缩通道,通道的长径比对于长分段式电弧加热器的综合性能产生直接影响,根据需要可以通过改变长径比来调整电弧参数,以得到令人满意的伏安特性和焓压特性。改变长径比可以通过改变个别压缩段的长度或增减压缩段的个数来实现。压缩段的数量根据具体需求最少可以只用一个。各段之间设计有迷宫式进气环,通过进气环上的切向进气孔引入的辅助气体称为二次气。相应地,在旋气室引入的气体称为一次气,或称主进气。二次气的主要作用是影响湍流边界层,其原理类似叠片式电弧加热器片间吹气干扰层流边界层。段间气体同时起到额外的段间绝缘作用。二次进气量是电弧加热器运行的总气流量的一部分,由于切向强烈的旋转作用,在压缩电弧的同时沿通道壁形成一层冷气膜,加强了压缩段间的绝缘强度。二次进气量可以根据需要调整各段间的分布比例,按电弧发展方向递增分布有利于稳定运行。进气量比例由压缩段上进气环的切向进气孔的直径和数量控制,也可通过节流孔单独控制。文献[27]、[28]研究了向通道中喷射冷气体时通道电弧所受的影响,研究表明,在冷气流喷射的轴向位置附近,管壁附近气体温度因冷气体的掺混而降低,电流密度相应地下降,为了维持恒定的弧电流,更大的电流密度出现于通道的中心。图2.18为冷气流喷射的通道电弧示意图,其中 A 为通道壁,C 为电弧柱,从 B 处沿壁面切向引入冷气流,D、E 处为可能的串弧点。由于冷气流的吹入,使热核心区远离了缝隙端面,降低了串弧发生的概率。

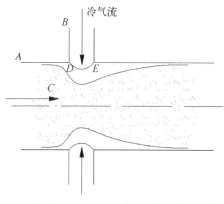

图2.18　冷气流喷射的通道电弧示意图

　　后电极接电源的正极,有利于进行浮地设计。外部的后电极线圈通过洛伦兹力驱动阳极弧根,加速弧根旋转频率,同时与旋气作用一起调整弧根的轴向位置。前电极接电源的负极并接地,旋气室和各压缩段均对地绝缘。前电极内径较电弧通道内径大,电弧弧根在这里扩散并稳定运行,因此也称为扩散段或稳定段。前线圈被设计在前弧根的外侧,其主要作用和后线圈相似。

2.3.3　性能参数及优缺点

分段吹气的想法是紧紧围绕着防止串弧和提高叠片厚度(以便保持和发展

叠片加热器的优点并简化叠片加热器的结构)的目的而被采用的。

采取分段吹气的方法可以防止串弧和旁路击穿,使有可能采用厚度比较大的叠片,从而大大简化现有叠片式电弧加热器复杂而不可靠的结构和加工工艺,以便有可能在加热器中建立和维持比自稳弧长长得多的电弧,最后使加热器的功率、效率和焓值性能获得改善。分段吹气还能够大大降低对流传热损失,从而提高加热器的热气容纳极限,减少压缩管道和电极的烧损,提高局部热效率和气流焓值。

长分段式电弧加热器具有分段式的电弧通道,并且从段间缝隙处吹入气体,与叠片式电弧加热器相似,对电弧初始段进行强烈的干扰,对湍流边界层施加影响,减少了初始段的长度,增加了满管湍流段的长度。在电弧通道总长不变的情况下能够显著提高整体的电场强度,因此使通道内得以注入更多的能量。同时,在满管湍流段采取分段吹气,把热的湍流流动挤离管壁以减少湍流热流,提高局部热效率和气流焓值。另外,通常情况下,分段式电弧通道比自由弧长的电弧通道更长,即长径比更大,更有利于投入更多的能量和提高气流焓值。

与管状电弧加热器相比,长分段式电弧加热器为中压、中焓设备,即在中等压力情况下可以达到中等焓值,通常可以达到 14 MJ/kg 并稳定运行。从各压缩段缝隙间吹入的气体,在通道壁面形成冷气保护膜,降低了弧柱对壁面的对流和辐射热损失,提高了电弧的热效率,因此比光滑通道壁的管状电弧加热器容易提高焓值。但是,受限于压缩段的厚度,吹入气体的缝隙间距较大,冷气保护膜不足以保护整个压缩段。在每个压缩段的下游弧柱对壁面的能量损失将加大,直至下一个缝隙处增至最大。这就是气流总焓维持某一数值不能继续提高的主要原因之一。尤其是在弧柱的下游,壁面的热流很高,能量损失相应提高。因此,为了减少能量损失,通常按照厚度递减的规律设计压缩段。

伏安特性仍表现为负阻特性,但下降趋势要平缓得多。相关研究显示,对于特定的长分段式电弧加热器,电弧电压与电弧电流的 -0.26 次方成正比(管状电弧加热器的这一数值为 -0.33)。长分段式电弧加热器克服了叠片式电弧加热器压缩片复杂的缺点,继承了管状电弧加热器长管型简单、坚固、耐用的优点,但存在压缩段数量少、彼此间电位差较大、段间跳弧的现象,且前、后电极仍然是比较长的直管形式,因此虽是固定弧长,仍表现出下降的伏安特性,但比管状电弧加热器要平缓。

长分段式电弧加热器的电弧电压与气体流量关系非常密切,在其他参数保持不变的情况下,增加气体流量,电弧电压增加明显。改变一次气和二次气的比例,电弧电压、气流焓值都会有相应的改变。二次气根据需要进行调整,占气体总流量的比例范围很大,可以从10%达到75%以上。

随着长径比的增加,加热器的电弧电压增加,气流总焓也相应提高。但在长径比加大的同时,热损失面积也在增大。当长径比达到某一数值后,电弧投入的能量和壁面能量损失达到平衡,总焓不会因长径比加大而线性提高。因此,长径比只有在一定范围内调整才是有意义的。

长分段式电弧加热器的分段式电弧通道结构设计人为地拉长了电弧长度,相对地固定了弧根的位置,使弧根不能大幅度移动,旁路击穿效应大大减弱,负阻特性减弱,较管状电弧加热器更容易稳弧。

由于电弧参数脉动较小,有良好的气流稳定性和重复性,更长的电弧通道使气流混合更均匀,大大地提高了流场品质。同时,高电压、小电流的运行方式,使得气流污染率比管状电弧加热器低得多,并可能实现长寿命的设计。

2.4　交流电弧加热器

2.4.1　发展史及国内外现状

按电源供电方式的不同,电弧加热器可分为直流和交流电弧加热器。与直流电弧加热器相比,交流电弧加热器的电源直接与工业电网相连,不需要复杂、昂贵的大型整流装置,建设成本低且电弧功率不受限制。三相电网的标准电压范围十分宽,输入功率调节简单,可以轻松地选择等离子体加热器的解决方案以解决各种不同的任务。交流电弧加热器中阳极与阴极随着网频的改变而交换位置,电极的使用寿命长。

交流电弧加热器均是以三相或三的倍数相出现的。单相的交流电弧加热器因其对电网的不对称性而在工程实践中没有用处。

三相交流电弧加热器在发展过程中经历了各种不同的结构形式。下面针对几种典型的结构形式做简单介绍[29,30]。

图2.19给出了美国西屋公司的电弧加热器方案。在这个加热器中,电弧

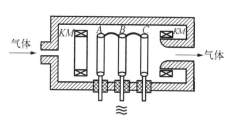

图2.19　美国西屋公司的
电弧加热器方案

在三个同轴的、分别接通电网电源的三相环状电极 A、B、C 之间燃烧,电极分别由冷却水进行冷却。在线圈 KM 所制造的磁场的作用下电弧在电极上来回移动。气体由加热器一端注入,经过电弧加热后由另一端流出。这类电弧加热器的特性是电弧电压不高但电弧电流非常大。此类加热器中电弧的燃烧方式为开放的三角形形式,不能保证三相负载的对称性。

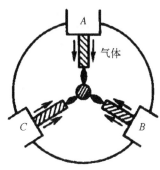

图 2.20 是法国沙龙和霍洛泽尔研制的三相交流电弧加热器的结构示意图。电源电网的三相导入三个石墨制的电极,零线接入第四个石墨制的中心电极。沿着各相电极压入空气,被加热后的空气经喷管喷出,喷管的轴线与图纸平面垂直。如果各相电极之间的距离比较小,则各电弧与零线的中心电极之间形成回路,电弧呈"星形"分布;如果各相电极之间的距离比较大,则电弧在各相电极之间闭合形成回路,电弧呈"三角形"分布。这类电弧加热器的缺点是石墨电极的烧蚀速度较快。

图 2.20　法国沙龙和霍洛泽尔研制的三相交流电弧加热器结构示意图

图 2.21 是上述交流加热器的发展。它在环形管中集成了三个环状电极,气体沿电极周边压入。三个电弧自身闭合在中心的等离子区域。为了保证电弧闭合的稳定性,引入辅助的等离子体加热器——一台小功率的直流电弧加热器,各环形电极的轴线与辅助等离子体加热器的轴线成 60° 夹角。这种类型的加热器的最大功率在电流 200 A 时为 200 kW。

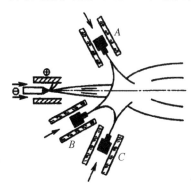

图 2.21　一种带辅助电弧加热器的交流加热器

图 2.22 是一种平行电极式三相电弧加热器。加热器采用了钨制的杆式电极,这些电极互相平行分布,气体沿着电极压入。这类加热器可以达到很高的电弧功率,在电流为 26 000 A 时,电弧功率可达 80 MW。

还有一种交流加热器的结构如图 2.23 所示。它包含中心电极和两个与其同轴分布的环状电极,电极由紫铜材料或其他高导热合金材料制成,用冷却水对其进行冷却。电网的三相电极分别导入各个电极,电极外侧安装有定常磁场,电弧形成于三相电极之间。这类加热器的功率一般较小,压力和气体流量都不高。

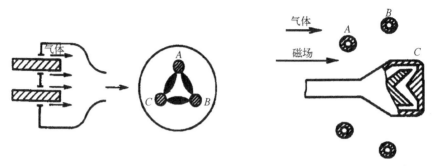

图 2.22　平行电极式三相电弧加热器方案　　　图 2.23　中心电极式交流电弧加热器

上述的这些交流电弧加热器都存在着这样或那样的不可忽视的缺点。例如,图 2.23 所示的结构方案不能保证三相电网的对称负载;图 2.21 和图 2.22 所示的结构方案不能保证电弧放电体和工作气体之间足够强烈的能量交换,气体的温度低。除了目前在交流电弧加热器领域中最常用的"星式"交流电弧加热器外,其他大部分都没有大规模地进入工程应用领域而被淘汰。

国外在交流电弧加热器的研究和工程应用方面做得最好的当属俄罗斯科尔德什研究中心(KeRC),该中心拥有世界上功率最大(50 MW)的三相"星式"交流电弧加热器,该加热器已成熟应用于航天航空领域。另外,西欧的一些国家也发展了小功率的三相交流电弧加热器,主要将其应用于提取、冶金、化工和环保等工业领域。

2.4.2　工作原理及结构特点

交流电弧的特性与直流电弧完全不同,因为交流电流的特性与直流电流不同。直流电流是数值不变且方向不变的,因此直流电弧的稳定燃烧意味着电流不变的电弧在持续燃烧。交流电流是交变的,因此交流电弧是在连续不断地点燃和熄灭,当电流经过零点时电弧自行熄灭,而在电流继续增加到某一数值时,电弧又重新点燃。可见交流电弧的稳定燃烧实际上是一连串点燃和熄灭的过程。如果用 50 周交变电流,则电弧就在每秒钟点燃和熄灭 100 次。

三相"星式"交流电弧加热器是将电弧加热器的 A、B、C 三相电极在空间排成"星式",中间用混合室连接起来,形成三相对称的"星式"电弧负载的加热器,结构原理如图 2.24 所示,其最大的特点是供电电源直接采用三相工业电网,而不像直流电弧加热器要用复杂而昂贵的整流供电系统。

典型的三相"星式"交流电弧加热器由三个或三的倍数个互成 $2\pi/3$ 角分

布的完全相同的电极、收缩段和一个共用的混合室组成，工作主气流从每相的电极和收缩段之间切向进入，气旋使电弧稳定在管状电极的中心，电弧从每相电极开始，通过收缩段后在混合室中心闭合，形成组合"星式"电弧，在每个电极上都布置一个磁控线圈，采用相间"相位移"互激磁场的方法来加速弧根按气流方向旋转，在电极的后端面进入少量的气体，防止弧根串至电极的后端面。电极、收缩段和混合室均采用水冷铜结构。

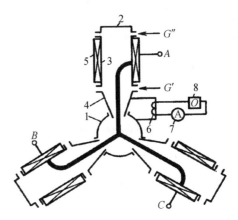

图 2.24　三相"星式"电弧加热器

1—混合室；2—后挡板；3—电极室；4—收缩段；5—磁线圈；6—电流整流器；7—安培计；8—示波器；G'' 为一次进气；G' 为二次进气；A、B、C 分别为三相环状电极 A、三相环状电极 B、三相环状电极 C。

2.4.3　性能参数及优缺点

交流电弧的伏安特性[32]如图 2.25 所示，是典型的交流电弧电压和电流对时间变化的示波曲线。交流电弧的电压有非常特别的形式。在半周期起始时，它迅速上升到最大值 U_z，即电弧的点燃电压，然后电压迅速下降到 U_g 值。在半周期结束时，电压又上升到某熄弧电压 U_s，然后很快下降到零。交流电弧的电流有偏离正弦波形的畸变形状。在电流过零点以前，它比正弦波下降得快，而在直接过零点附近变化缓慢。因此，电流模型中出现电流"零休"的时间间隔，即在这段时间内电流非常接近于零，由图 2.25(a)可明显看出。由图 2.25 可直接画出相应的电弧伏安特性，如图 2.26 所示。这些伏安特性由两条曲线组成：一条曲线是电流增加时的特性；另一条属于电流减小时的特性。后一条曲线低于前

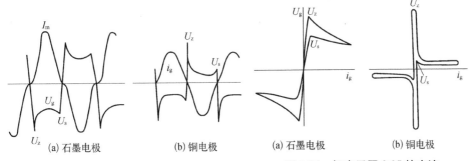

图 2.25　交流电弧的电压和电流示波图

图 2.26　相应于图 2.25 的交流电弧伏安特性

一条是由电极和弧柱气体的热惯性所致。

利用电弧电阻的概念可以说明交流电弧的伏安特性。这里,电弧电阻是指交流电弧的动态电阻,它在数值上等于电弧电压的瞬时值与电弧电流瞬时值的比值。随着电弧电压和电弧电流周期性的改变,弧隙中电荷粒子数和电导也发生改变。在电弧电压上升到点燃电压时,电弧电阻显著下降,电弧电流开始增加。其后电弧电阻继续下降,但速度较慢。在电弧电流经过最大值后,电弧电阻开始以同样的速度上升,而电弧电流下降。当电弧电流接近零时,电弧电压达到熄弧电压,电弧电阻又上升,并可能达到无限大值,电弧熄灭。

所有交流电弧的伏安特性从电弧电阻及其燃烧特性来看,绝不可能是完全相同的,交流电弧的伏安特性与电弧电流数值、电弧冷却程度、电极材料、气体成分、弧长及电流频率等因素有关。对于在空气中自由燃烧的交流电弧,其弧柱电位梯度与电弧电流的关系如图 2.27 所示。

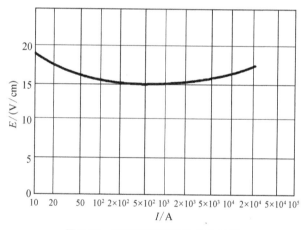

图 2.27   交流电弧弧柱的伏安特性

1. 交流电弧电流过零现象

交流电弧中电流每过半周期就要经过零值一次,当电弧电流经过零值时,弧隙的输入能量也就等于零。在电弧电流自然过零熄弧时,交流电弧能量比直流电弧能量要小得多。在电弧电流自然过零时,储存在电感中的电磁能量等于零,这部分能量就不在电弧中放出,因此交流电弧比直流电弧容易熄弧。交流电弧熄弧条件原则上与直流电弧相同,即弧隙中去电离速度大于电离速度。但交流电弧原理上可以在两个不同的时刻熄灭,即在电弧电流的半周期中间某一时刻和在电路自然过零时刻。在电弧电流半周期中间熄弧几乎与直流电弧没有区别,要求迅速增加去电离程度,并且在熄弧时也引起过电压。在交流电弧电流接近零值前一段时间内,实际上弧隙电离程度已大大下降,去电离程度超过了电离程度,弧隙的电导降低。因此,这是最容易熄弧的时刻,在绝大多数情况下,交流电弧是在电流自然过零时熄灭的。

在电弧电流自然过零前后一段时间内,弧隙电阻变得相当大,以致成为限制电流值的主要因素。因此,在电弧电流半周期的结束和下一个半周期开始时,电弧电流一般并不按照正弦波形电流变化,而是按照另外一种规律变化,即电弧电流等于电弧电压与电弧电阻的比值。在电弧电流自然过零前的一小段时间内,电弧电流被电弧电阻限制得很小,实际上等于零。同样,在下一个半周期开始前也是如此。虽然电弧电流事实上仅在某一瞬间过零值,但在电弧电流自然过零前后整个一小段时间内,可以认为电弧电流近似地等于零,而整个这段时间就称为电流的零休时间。零休时间与许多因素有关,其量级在几微秒至几十微秒。

交流电弧电流过零现象对电弧的重燃和熄灭有重要意义。下面将讨论有电弧的交流电路中电流的变化情况,以及电弧电压对电弧电流波形的影响,并分析电弧电流过零的现象。

在纯电感 L 的交流电路中,电源电压为

$$e = E_{\mathrm{m}}\cos(\omega t) = L\frac{\mathrm{d}i}{\mathrm{d}t} \tag{2.11}$$

电路电流为

$$i = \frac{1}{\omega L}\int_0^{\omega t} e\,\mathrm{d}(\omega t) = \frac{E_{\mathrm{m}}}{\omega L}\sin(\omega t) \tag{2.12}$$

电路中有电弧时电源电压可写成

$$e = E_{\mathrm{m}}\cos(\omega t) = L\frac{\mathrm{d}i_{\mathrm{g}}}{\mathrm{d}t} + U_{\mathrm{g}} \tag{2.13}$$

式中,i_{g} 为有电弧时电路中实在电流;U_{g} 为电弧电压。

从上式得

$$i = \frac{1}{\omega L}\int_0^{\omega t}(e - U_{\mathrm{g}})\,\mathrm{d}(\omega t) = \frac{E_{\mathrm{m}}}{\omega L}\left[\int_0^{\theta}\left(\frac{e}{E_{\mathrm{m}}}\mathrm{d}(\omega t)\right) + \int_0^{\omega t}\left(\frac{e}{E_{\mathrm{m}}} - \frac{U_{\mathrm{g}}}{E_{\mathrm{m}}}\right)\mathrm{d}(\omega t)\right]$$

$$\tag{2.14}$$

式中,θ 为电弧起弧相位角。则 i_{g} 可写成

$$i_g = \frac{E_m}{\omega L}\sin(\omega t) - \frac{E_m}{\omega L}\sin(\omega t)\int_0^{\omega t}\frac{U_g}{E_m}\mathrm{d}(\omega t) \tag{2.15}$$

式中,第一项为没有电弧时的电路电流 i;第二项可作为电弧电压所引起的反向电流 i',并且 i' 随电弧电压 U_g 的增加而上升。因此,有电弧电路的实在电流 i_g 是 i 与 i' 之和。显然,当 $i=i'$ 时,$i_g=0$。

电弧电压引起反向电流,以使实在电流 i_g 较原来正弦波形电流 i 提前一个角度 ζ 经过零值,并且电流波形发生畸变。因此,电弧炽燃时间在第一个半周期内就小于原来的工频半波而减小为

$$t_{g1} = \frac{T(\pi - \theta - \zeta)}{2\pi} \tag{2.16}$$

式中,$T = 2\pi/\omega$。

为了确定电流数值,须知道 U_g 的值。假定 U_g 为常数,若不计电弧点燃电压和熄弧电压的影响,并在 θ 时刻发生电弧,则从式(2.15)得

$$i_g = \frac{E_m}{\omega L}\left[\sin(\omega t + \theta) - \frac{U_g}{E_m}\omega t\right] \tag{2.17}$$

反向电流 i' 在这个情况下等于 $-\dfrac{U_g}{E_m}\omega t$。将 $-\dfrac{i'}{E_m/(L\omega)}$ 值代表直线 $\left(\dfrac{U_g}{E_m}\right)\omega t$。

实在电流 $\dfrac{i_g}{E_m/(L\omega)}$ 即为 $\dfrac{i}{E_m/(L\omega)}$ 与 $\dfrac{i'}{E_m/(L\omega)}$ 的差值。

在 U_g 为常数时,实在电流 i_g 较原电流 i 提前过零的角度 ζ 可由式(2.17)决定。当 $i_g=0$ 时,从式(2.17)得

$$\sin(\omega t + \theta) = \frac{U_g}{E_m}\omega t$$

而 $\pi = \omega t + \theta + \zeta$,因此得

$$\frac{U_g}{E_m} = \frac{\sin(\pi - \zeta)}{\pi - \zeta - \theta} \tag{2.18}$$

假定在 $\dfrac{\pi - \zeta - \theta}{\omega}$ 时刻电弧发生重燃,并且新电弧电压 U_g' 也为常数,则电路方程为

$$E_m\cos(\omega t + \pi - \zeta) = L\frac{\mathrm{d}i_g}{\mathrm{d}t} - U_g' \tag{2.19}$$

$$i_g = \frac{E_m}{\omega L}\sin(\omega t + \pi - \zeta) - \frac{E_m}{\omega L}\left[\sin(\pi - \zeta) - \frac{U'_g}{E_m}\omega t\right] \qquad (2.20)$$

因此,在任何时刻,实在电流是没有电弧时的电路电流与电弧电压所引起的反向电流之和。实在电流第二次提前过零的角度为 ζ',电流第二个半周期的持续时间为

$$t_{g2} = \frac{T(\pi + \zeta - \zeta')}{2\pi} \qquad (2.21)$$

如果再发生电弧重燃,则同样过程将继续下去。因此,电弧电压不但使电路电流发生畸变,电流提前过零,而且使电流每半周期的持续时间减小,也就是使电流的频率改变。

电流过零现象有以下几种。

1)电流理想过零

在理想情况下电弧燃烧时,电阻等于零,即电弧电压等于零或者电弧电压很小,与电源电压相比可忽略。同时,由于 $dU_g/dt = 0$,电容电流 i_C 等于零,因此电弧电流也即电路电流 $i = [E_m\sin(\omega t)]/(\omega L)$,即与式(2.12)相同。电弧电流按正弦波形过零,电弧电流趋向于零的速度为

$$(di/dt)_{i \to 0} = \sqrt{2}\omega I \qquad (2.22)$$

式中,I 为电路电流的有效值。

2)电流自然过零

在绝大多数情况下,交流电弧的电路是自然开断的。这时电弧电流实际上是提前过零,原因在于当电弧电压有相当数值而不能略去时,电弧电流就较原正弦波形电流提前过零。但在上述分析中,假定 U_g 为常数,因此线路电容 C 就没有产生影响,整个电路只有一个电流 $i_g = i_L$。但实际上电弧电压是变数,还必须考虑电容电流 i_C(图 2.28)。

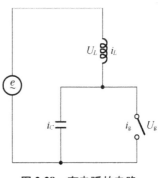

图 2.28 有电弧的电路

按图 2.28 给出与式(2.13)相同的电压方程式,即

$$e = L\frac{di}{dt} + U_g \qquad (2.23)$$

电路电流 i_L 下降到零早于电流 i 理想过零。考虑通过电容 C 的电流为

$$i_C = C \frac{\mathrm{d}U_\mathrm{g}}{\mathrm{d}t} \tag{2.24}$$

则电弧电流将减小为

$$i_\mathrm{g} = i_L - i_C = \left(i - \frac{1}{L}\int U_\mathrm{g}\mathrm{d}t\right) - \left(C\frac{\mathrm{d}U_\mathrm{g}}{\mathrm{d}t}\right) \tag{2.25}$$

电弧电压 U_g 不但取决于弧隙的内部过程，而且受电容 C 的影响。电容 C 并不能决定是否发生电弧电压的熄弧峰值，但从式（2.24）和式（2.25）得知，当 U_g 上升时，电容 C 将影响其上升速度和达到的峰值高低。当电弧电压从熄弧下降到零时，电容也起一定的作用。

在电弧电流减小到接近零值的某一段时间内，弧隙电阻 R_g 已上升，使电弧电压达到熄弧峰值，即

$$\frac{\mathrm{d}U_\mathrm{g}}{\mathrm{d}t} = \frac{\mathrm{d}}{\mathrm{d}t}(i_\mathrm{g}R_\mathrm{g}) = i_\mathrm{g}\frac{\mathrm{d}R_\mathrm{g}}{\mathrm{d}t} + R_\mathrm{g}\frac{\mathrm{d}i_\mathrm{g}}{\mathrm{d}t} = 0 \tag{2.26}$$

当 U_g 达到熄弧峰值时，由式（2.24）得 $i_C = 0$。此后 U_g 下降，i_C 变为负值，即电容向弧隙放电，成为电弧的附加电流，因此使电弧电流下降速度稍慢。在 $i_\mathrm{g} = 0$ 时，弧隙电导消失，$i_L = i_C$。因此，电流自然过零的特征是：① 电弧电流 i_g 在电路电流 i_L 以后才过零，较原电路电流 i 理想过零提前，i_g 过零的时间界限是在电弧电压的熄弧峰值与零值之间，极限情况为电弧电流与电弧电压同时过零；② 电路电流 i_L 在熄弧峰值以后过零；③ 电压恢复的过渡过程在熄弧峰值以后开始。

3) 电流强迫过零

当开断电流越小或熄弧能力越强时，熄弧峰值及其上升速度就越高。并联电容 C 的充电电流与电弧电压上升速度成正比增加，因此电弧电路 i_g 就比 i_L 下降得快。电弧电流减小得快，使弧隙去电离更强，又进一步使电弧电流减小得更快，电弧电流大部分或完全被电容所吸收，因此电弧熄灭。电流强迫过零的特征是：① 电弧电流 i_g 在电路电流 i_L 之前且在熄弧峰值之前过零；② 在 i_g 突然过零时，电弧电压出现折断；③ 电路电流 i_L 过零与熄弧峰值同时出现；④ 电压恢复的过渡过程在熄弧峰值之前，在 i_g 过零时开始发生。

4) 延迟开断而出现剩余电流现象

当熄弧能力较弱时，在电流过零后电弧间隙仍有相当的电导，在间隙电压的影

响下,有一定的电流通过间隙,该电流就称为剩余电流。在这个现象中,电弧电流仍提前过零,但在电弧电压下降时,电容向弧隙放电而有附加电流,因此电弧电流在电路 i_L 以后过零。电弧电流过零后仍有相当数值不等于零,因此就不等于 i_C,直到剩余电流为零时,$i_L = i_C$。因此,延迟开断现象过零的特征是:① 电弧电流 i_g 在电路电流 i_L 之后过零,而且与电弧电压同时过零,但 i_g 过零后在恢复电压作用下仍有一定数值,持续一段时间然后消失;② i_L 在电弧电压熄弧峰值之后过零,这时熄弧峰值是平坦的或是较低的;③ 电压恢复过程从电弧过零时开始发生。

2. 三相"星式"交流电弧加热器的主要性能参数

由交流电弧的线性理论可知,在有串联感应元件的单相电路中,电弧电压的有效值小于等于电源空载的 0.71 倍时,才能再形成稳定、连续的电弧放电。在三相对称电路中,电弧电压小于等于 0.84 倍的空载电压时才不至于断弧。当 $U \geqslant U_m$ 时发生断弧,从物理上解释是:在电流产生停顿的期间,在放电区间发生快速的离子复合,导致空气的电离度下降,即使电流或电压经过零值以后也不会重新点火。

现简单考虑一下电弧加热器最大效率的问题。最大效率定义为电弧放电的功率 P 与电源功率 S 之比。如果取电弧电压的波形为方波,而电流为正弦波形,则半周期内电弧的平均功率为

$$P = (2 \times 2^{0.5}/\pi) UI$$

式中,I 为电流的有效值。

如果 $U_m = 0.84E$,则 $P_{max} = 0.76EI = 0.76S$。

由此可见,电弧加热器的最大功率效率 $k_{P_{max}} = 0.76$。试验获得的最大值约为 0.7。

3. 相似准则体系的选择及电压-电流的综合特性

目前,对"星式"交流电弧加热器的电弧特性尚不能用理论方法得到满意精度的计算结果。为解决这一问题,利用相似理论对试验数据综合分析的方法,对旋转压缩稳定的电弧加热器作一级近似,以下准则关系有效。

$$\frac{UI}{Gh_0} = f\left(\frac{I^2}{Gh_0\sigma_0 d}, \frac{Pd^2}{G\sqrt{h_0}} \right) \tag{2.27}$$

重组式(2.27)可得

$$\Pi = I^2 Pd / \left(G^2 \sigma_0 h_0^{\frac{3}{2}} \right)$$

式中出现了影响电弧电压的所有参数。其中,Π 代表电弧到电极的击穿条件,是一个用于表示所有影响电弧电压的因素的常数。σ_0 和 h_0 被认为是常数,并引入量纲量组合 $K = UI/G$,$K_0 = I^2 PdG^2$,这时关于电压-电流综合特性的表达式取为

$$K = f(K_0)$$

特征尺度 d_{cp} 取电极直径 d_f 与收缩段出口直径 d_0 的平均值,即

$$d_{\mathrm{cp}} = (d_f + d_0)/2 \tag{2.28}$$

流量取一相的气体流量,即 $G_1 = G/3$,在整理试验数据时利用以下量纲量:

$$U(\mathrm{V})\,;\, I(\mathrm{A})\,;\, G(\mathrm{g/s})\,;\, P(\mathrm{MPa})\,;\, d_{\mathrm{cp}}(\mathrm{cm})$$

得到

$$P_{\mathrm{yd}} = 1.84 \times 10^3 (I/G_1)^{0.68} (Pd_{\mathrm{cp}})^{0.34} \tag{2.29}$$

$$U = 1.84 \times 10^3 (G_1/I)^{0.32} (Pd_{\mathrm{cp}})^{0.34} \tag{2.30}$$

式中,P_{yd} 为比功率,即单相电弧功率与单相流量之比。也可以用不太精确但很方便的公式,即

$$U = 1.84 \times 10^3 (G_1 Pd_{\mathrm{cp}}/I)^{1/3} \tag{2.31}$$

由式(2.30)可知,当 G_1、P、d_{cp} 保持不变时,电弧的伏安特性是一个很弱的下降函数 $U \approx I^{-0.32}$,电弧电压与压力的 0.34 次方成正比 $U \approx P^{0.34}$,这与文献中提供的无强迫对流的电弧指数相近。需要指出的是,当使用电压-电流的综合特性进行计算时也受到限制,即收缩段的直径 d_0 不能任意选定。当 d_0 的值小时,电弧不能拉出收缩段而达到混和,而在收缩段发生闭合。这种状态不是“星式”电弧加热器的正常工作状态。在收缩段发生闭合的实际可能性与许多因素有关,其中有压力-流量的关系、电弧电流、气体的离解潜能等。但试验证明,主要影响因素还是来自收缩段出口 d_0 的值。

4. 热效率的计算

为了计算电弧加热器的出口参数,仅有电压-电流的综合特性是不够的,还需要有电弧加热器的热效率。加热器的热效率也可以与组合参数 K_0 建立关系。根据一系列的试验结果的分析,得到热效率计算公式为

$$\eta = (I^2 Pd_{\mathrm{cp}}/G_1^2)^{-0.09} \tag{2.32}$$

由式(2.32)可以看出,只提高 G_1 可使 η 上升,提高其他参数将使 η 降低。

由 $\eta = GC_pT/P_{arc}$ 可知,不仅 η 与 K_0 有关,气体温度也与 K_0 有关,可得有关温度的计算公式为

$$T = 2.6 \times 10^3 (I^2 Pd_{cp}/G_1^2)^{0.095} \tag{2.33}$$

式(2.33)只在以下参数变化范围内有效: $K_0 = 60 \sim 2.4 \times 10^5$

由式(2.33)可知,对"星式"电弧加热器,要想明显地提高温度,可以用提高 K_0 的办法实现。当流量固定时,提高温度的有效方法是提高电流。

对比 T 与 η 的公式,在相应的试验范围内可以近似地给出公式 ηT 为常数。有了两个综合关系式 $P_{yd}(K_0)$ 和 $\eta(K_0)$［或 $T(K_0)$］,就能够进行"星式"电弧加热器的完整计算。

5. 交流电弧加热器运行的优、缺点

直流电弧加热器与交流电弧加热器的主要区别为:庞大的整流设备带来的复杂性和昂贵的投资。交流电源直接由三相工业电网产生,不要求任何针对电源的专门设备,省去了整流环节,功率不受限制。三相工业电网的标准电压范围十分宽且可以轻松地选择电弧加热器的解决方案以完成各种不同的任务。

从其性能来看,交流电弧加热器具有以下优点:

(1) 三相交流电弧加热器可以不受整流设备的限制,能够实现大流量、大功率、高压、中低焓运行;

(2) 采用"多电弧"加热技术,可以实现大功率长时间运行;

(3) 采用特殊的"星式"结构,有利于提高加热器的热效率,同时克服了气旋对流场参数的影响;

(4) 经费投入比直流电弧加热器要小得多。

2.5　电弧风洞

2.5.1　概述

电弧加热器自由射流产生的高温、高压气流,主要用于弹道导弹头部等压力高、受热比较严酷区域的防热材料的筛选、烧蚀性能考核和烧蚀外形变化试验等。但是在飞船、航天飞机、先进弹头等在大气层内较长时间飞行的飞行器的地面防热试验研究中,需要模拟中高焓、高速、中低热流率、中低压的热环境,仅靠

电弧加热器是实现不了的。

如图 2.29 所示,超声速电弧风洞可以模拟低压环境,因此模拟参数具有中高焓、高速、中低压、中低热流率的特点。它可以开展导弹、卫星、飞船的热环境模拟和通信中断、烧蚀影响等多种试验研究工作,也是高温气体动力学研究的重要设备。其主要优点是能模拟中高焓、试验介质真实、能进行高空和层流模拟、试验时间长、模型尺寸也较大、流场稳定、温度可调,这些特点是其他类型风洞不能实现的。

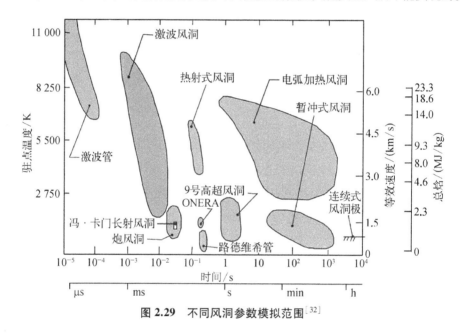

图 2.29   不同风洞参数模拟范围[32]

在飞船、航天飞机及先进导弹等高超声速飞行器热防护系统设计中,电弧风洞可以以较经济和相对简单的方法,获得与飞行器飞行环境的焓值、压力、热流密度等参数大致匹配的试验条件,为防热设计提供试验数据,所以电弧风洞是完成飞行器防热结构设计的行之有效和不可缺少的试验设备。

2.5.2   用途及特点

电弧风洞以大气层中高速飞行器的热防护系统和气动物理项目为主要服务对象,并兼顾其他领域的需求,随时准备"演变"而服务于其他领域,如高马赫数常规风洞试验、吸气式发动机试验及热结构的耐热性能研究试验等。

1）气动热领域

超声速电弧风洞可提供中高焓、中低热流率、长时间的模拟环境,对防热材料、防热结构、防热技术进行试验研究。

在热环境模拟条件下,进行以下各种试验:

(1) 防热材料的研制、性能研究和筛选试验;

(2) 表面粗糙度对气动加热的影响试验;

(3) 防热材料表面催化效应、表面涂层辐射特性试验;

(4) 不同流态对气动加热的影响试验;

(5) 凸起、凹腔或缝隙等典型受热部位的防热研究试验;

(6) 气动热弹性、高温边界层真实气体效应研究;

(7) 复杂结构模型的内部温度场、应变场的测试技术和试验技术研究;

(8) 防热结构、防热材料的热响应特性试验,包括传热(辐射、传导、对流)、温度分布、应力分布、自适应理化过程试验等;

(9) 飞行器部件或部件组合体等复杂部位(包括端头、翼前缘、垂直尾翼、控制舵等)的热结构、热匹配、防热性能、隔热性能、缝隙热密封性能、表面抗冲刷性能的研究和考核性试验;

(10) 复杂外形、局部结构的干扰流场加热环境研究和结构防热性能研究;

(11) 防热、结构一体化设计的综合考核性试验;

(12) 新型的防热技术试验研究,如疏导式传热、微烧蚀防热技术、辐射式传热、发汗冷却等。

2) 气动加热条件下的结构强度、疲劳特性研究试验

(1) 气动热、结构力(拉、压、弯、扭等)综合加载试验;

(2) 热脆性材料部件的热应力破坏试验研究;

(3) 结构部件在使用条件下损伤的起始、演化和失效机理等复合材料热损伤力学性能研究;

(4) 气动热、噪声综合加载试验。

3) 气动物理领域

(1) 各类飞行器的气动光学试验研究;

(2) 烧蚀透波试验技术研究;

(3) 尾迹光电特性的测试技术和试验技术研究。

4) 高马赫数($Ma \geqslant 10$)常规风洞试验

在喷管前增设大容积的混合稳压室,建造型面喷管,可以提供高质量、高马赫数($Ma \geqslant 10$)的流场,可以作为高超声速风洞的补充,进行力学和热学领域的相关试验。

5）吸气式发动机试验

可模拟 $Ma=6$、7，高度为 30～50 km 处的真实飞行环境，为吸气式发动机做地面模拟试验，包括：

（1）超燃冲压发动机自由射流试验研究；

（2）弹（机）体、发动机一体化设计综合性能评估试验和优化设计研究。

2.5.3　国外典型设备

正是由于电弧风洞在地面防热试验研究中的重要作用，迄今为止，美国已有 60 MW 量级、俄罗斯已有 50 MW 量级、欧洲已有 70 MW 量级的大型超声速电弧风洞[31-36]。在国外已建成并投入正式运行的数十座大型高性能电弧加热设备中，最具有代表性的设备有如下几种。

1）美国国家航空航天局阿姆斯研究中心的耦合加热电弧风洞（NASA-Ames IHF）[37]

如图 2.30 所示，这座建成于 20 世纪 70 年代的设备旨在进行美国航天飞机（space shuttle）轨道器大尺度热防护试件耦合加热的地面模拟试验。

图 2.30　美国 NASA 60 MW 耦合加热电弧风洞

此设备的主要特点如下。

（1）高功率：电弧功率 60 MW，晶闸管整流直流电源装机功率 150 MV·A。

（2）高性能：① 叠片式壁压缩直流电弧加热器（6+6 对水冷铜电极，内置磁场线圈的壁压缩叠片，压缩管内径×叠片厚度＝Φ110 mm×10 mm）；② 大尺度喷管装置（锥型喷管最大出口直径为 $\Phi 1\ 040\ \text{mm}$，半椭圆喷管出口截面尺寸为 $813\ \text{mm} \times 202\ \text{mm}$）；③ 高焓、低热流、高超声速流动模拟（$h_0 = 30\ \text{MJ/kg}$，$q = 200 \sim 1\ 050\ \text{kW/m}^2$，$Ma = 5 \sim 8$）。

（3）高模拟高度：$H_{\max} = 80\ \text{km}$（用 5 级过热蒸汽引射实现高空环境模拟）。

2）欧洲空间局/意大利航空航天研究中心共建的 70 MW 电弧风洞（ESA-CIRA Scirocco）[37]

如图 2.31 所示，这座 1995~2000 年建成的地面试验设备是当今世界上规模最大、性能最高的直流电弧风洞，旨在进行欧洲空间局 Hermes 航天飞机全尺度热防护试件的气动加热模拟试验。

图 2.31　70 MW 电弧风洞

此设备的主要特点如下。

（1）高功率：电弧功率为 70 MW，晶闸管直流电源装机功率 135 MV·A。

（2）高性能：① 叠片式壁压缩直流电弧加热器（9+9 对水冷铜电极，内置磁场线圈的壁压缩叠片，压缩管内径×叠片厚度 = 110 mm×10 mm）；② 大尺度喷管装置（锥型喷管最大出口直径为 1 950 mm，半椭圆喷管出口截面尺寸为 1 000 mm× 250 mm）；③ 高焓、低热流、高超声速流动模拟（$h_0 = 45\ \text{MJ/kg}$，$V_{\max} = 7000\ \text{m/s}$）。

（3）高模拟高度：$H_{\max} = 80\ \text{km}$（由三路分别为 3 级、4 级和 5 级过热蒸汽引射系统实现高空环境模拟）。

（4）长时间稳定运行（最大运行时间长达 30 min）。

3）俄罗斯中央机械制造研究院电弧风洞（TsNIIMASH U15-T-1）[37]
如图 2.32 所示，此设备的特点如下。

图 2.32   俄罗斯 TsNIIMASH U15-T-1 电弧风洞

（1）磁稳定（magnetically-stabilized）电弧加热器（40 MW）；
（2）大尺度喷管装置（喷管最大出口直径为 1 000 mm）；
（3）U 型管换热器[（3 m×3 m×3 m）×6]；
（4）多级真空泵组直抽。

4）美国空军阿诺德工程发展中心电弧风洞（AEDC HEAT H2）[37]
如图 2.33 所示，此设备的性能参数如下。

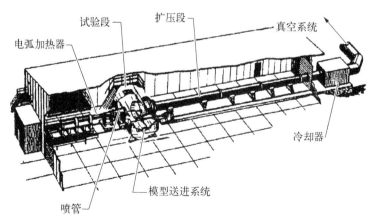

图 2.33   美国 AEDC 40 MW 电弧风洞

（1）管状直流电弧加热器（40 MW）；

（2）马赫数：3.4~8.3；

（3）喷管出口直径：127~1 067 mm；

（4）总压：10~100 atm；

（5）静压：170~13 800 Pa；

（6）驻点焓：2 750~15 000 kJ/kg；

（7）流量：900~4 500 g/s；

（8）模拟高度：20~50 km。

2.5.4 电弧风洞工作原理

超声速电弧风洞一般是压力-真空式风洞,其总体布局和高超声速风洞类似,其特点是加热试验介质的设备为电弧加热器,且风洞部件一般都采用水冷结构。

如图 2.34 所示,电弧风洞工作原理是：高压气体储存在高压容器内,经压力调节系统进入电弧加热器,利用电弧加热器对高压空气进行加热,高温、高压气体进入混合稳压室以调节气流总温和消除气流脉动,之后经过喷管膨胀加速后,在试验段形成高温、超声速流场,在一定范围内可以模拟各类高超声速飞行器的气动加热环境,进行气动热地面模拟试验。试验后的气流因速度和温度仍然很高,不能直接排入大气,故需经过扩压段把高超声速试验气流经斜激波、正激波压缩后提高压力且降低气流速度,流经扩压段后的低速高温气流再进入冷却器

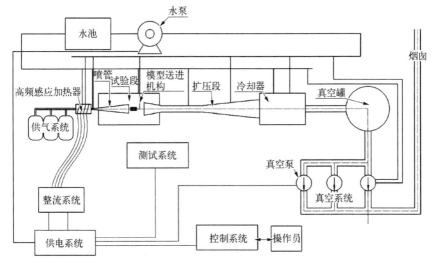

图 2.34 电弧风洞工作原理图

冷却,最后流经管道和阀门进入真空罐组,再由真空泵抽出排入大气。

2.5.5 电弧风洞试验程序

电弧风洞试验是一项精度要求很高的气动热力学试验。一项试验是否成功由许多因素决定,如模型设计加工和安装、风洞流场品质、自动控制系统、测量系统和数据采集系统等,其中每一个因素都非常重要,对试验的成功起着决定性的作用。

试验程序一般分为如图 2.35 所示的试验准备和试验实施两个阶段,具体试验流程如下。

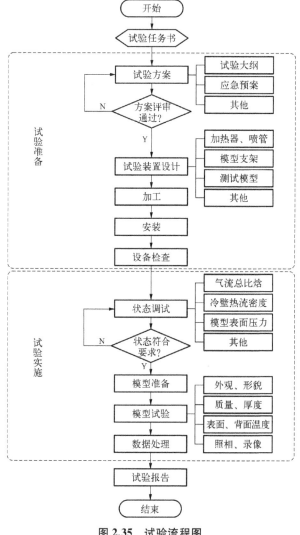

图 2.35 试验流程图

试验准备流程如下。

（1）提出方根据试验方案要求进行技术协调，制订试验大纲、应急预案等试验方案。

（2）对试验方案进行评审。

（3）根据通过评审的试验方案和需求开展电弧加热器、喷管、模型支架、测试模型等试验装置的设计工作。

（4）加工电弧加热器、喷管、模型支架、测试模型等试验装置。

（5）根据试验要求（依据试验大纲）配套安装相应的设备及辅助设施，包括电弧加热器、混合稳压室、喷管、扩压段及测试模型和模型支架等部件；安装电弧加热器冷却水管、电弧加热器通气管及气体流量控制装置；安装电弧加热器及磁控线圈电缆；安装电弧加热器弧室、混合室压力传感器等。

（6）试验设备安装后，需按 GJB 4394-2002 要求进行设备检查，包括水、气、电、真空、绝缘、送进、摄录设施等；准备测试模型，对所用的仪器、仪表等进行现场检查，确保测试系统无故障。

试验实施流程如下。

（1）流场测试。试验前，根据试验任务书要求调试试验状态，使用流场测试模型连接相应的传感器和数据采集系统进行流场测试，测试内容主要包括冷壁热流密度、气流总比焓、气流恢复焓、气体质量流量、冷壁剪切力、气流总压和模型表面压力等。完成试验准备工作后首先对风洞进行预抽真空，待真空度达到试验要求后，依次给电弧加热器供水、供气、供电，录像监控流场测试过程。测试结束后依次切断电弧加热器的电、气、水，对测试数据进行处理、分析及存储。

（2）试验状态确认。试验状态确认即与试验任务提出方以书面方式确认气流参数和测试模型测试结果，待试验任务提出方确认所调气流参数和测试模型测试结果满足要求后方可进行试验模型烧蚀试验。

（3）模型准备（安装）。流场测试满足要求后，进行试验模型的安装，安装前需对模型进行称重，对厚度、高度等外形尺寸进行测量，并对模型照相记录试验模型外观等参数。针对不同试验要求，选择不同安装方式。

（4）模型试验。模型试验过程与流场测试过程基本一致，根据试验任务书要求测量试验模型的参数变化，通常包括模型表面温度和背面温度，对试验过程进行全程录像。对于要求表面温度测量的试验模型，需按照试验状态选择合适量程的红外高温计或红外热像仪等进行测量。完成试验前准备工作后依次给电弧加热器供水、供气、供电，录像监控试验过程。试验结束后依次切断电弧加热器的电、气、水,对试验数据进行存储。试验后对模型进行称重,对厚度、高度等外形尺寸进行测量,并对模型照相。

(5)数据处理。试验结束后拆卸试验模型;对试验模型拍照,记录试验模型的烧蚀形貌,称量试验模型的质量,测量试验模型的外形等。保存试验数据,并根据试验任务书要求计算模型的质量烧蚀率、线烧蚀率、有效烧蚀焓和烧蚀热效率等。

(6)试验报告编写及归档。试验任务结束后,进行试验数据及相关资料的分析和整理,按照相关标准编写试验报告,试验报告一般应包括试验目的、使用的试验设备、流场测试方法及结果、试验模型(来源、外形及数量等)、试验过程情况、试验结果(质量烧蚀率、线烧蚀率、温度响应等)。签署试验报告并提交给任务提出方后,须及时将项目的全部资料包括合同书、任务书、试验大纲、试验过程录像、试验报告等进行归档。

2.6   电弧风洞本体部件组成及结构特点

电弧风洞由本体部件和附属系统两大部分组成,是一个非常复杂、庞大的系统,其中,本体部件主要由电弧加热器、混合稳压室、喷管、试验段、扩压段、冷却器、挡板阀及排气管道组成;风洞附属系统包括供气系统、真空系统、供水系统、供电系统、控制系统和测试系统等,本节只介绍风洞本体系统,风洞附属系统的内容详见 2.7 节。

本体部件设计的目的是设计各个部件的合理构型,使试验介质能在试验段满足我们所需要的高品质的流动条件和最小的能量消耗。合理的设计能降低试验段气流的湍流度,流动参数空间分布均匀,能量消耗少且运行时间长、运行稳定。

2.6.1   电弧加热器

电弧加热器是利用前、后电极之间放电形成的电弧将空气加热成高温、高压状态的装置,电弧风洞的核心设备是电弧加热器,电弧加热器的性能指标和功率水平决定着电弧风洞的试验能力,目前常用的电弧加热器有管式、长分段式和叠片式三种,分别具有高压,中、低焓和高焓,中、低压的运行特点,电弧加热器的相关内容详见 2.1~2.4 节。

2.6.2　混合稳压室

混合稳压室位于电弧加热器和喷管之间,是将电弧加热器前电极流出的高温、高压气体经过发散、减速等过程而稳定其输出压力的装置,同时混合稳压室的入口处可径向喷入一定量的冷气,在必要时用以调节气流参数。

对于一些气流焓值较高的试验,为减少热量损失并保持气流的高焓值,电弧风洞也可以不使用混合稳压室。

混合稳压室一般由两部分组成,前一部分和电弧加热器相连,称为过渡段,它是通道截面逐渐扩张的通道,其扩张角一般取 $45° \sim 90°$。后一部分为直管段加收缩部分的通道,称为收缩段,收缩部分和下游的喷管亚声速入口相匹配。

混合稳压室的尺寸一般由风洞的尺度和试验的参数决定。直径加大,可以提高收缩比,从而降低气流的湍流度,且在有冷气注入时使冷、热气流混合得更加均匀;在低马赫数下,应保证收缩比达到 $6 \sim 8$ 以上;随马赫数增加逐渐增大收缩比,但直径并不是越大越好,直径越大,能量的损失越大,经济性也越差。混合稳压室等直段的长度与直径比一般取 $1.5 \sim 2.0$。

一般在混合稳压室中还需要安装总温和总压测量装置,并将测量传感器的导线引出,因此混合稳压室各段间均用法兰连接,连接处用高温密封圈密封,收缩段和喷管连接处应严格控制逆向台阶,其允许误差小于 $0.1\ \mathrm{mm}$。

2.6.3　喷管

喷管是将电弧加热器加热的气体形成试验所需流场,并以此来模拟飞行热环境的关键部件,喷管的出口尺寸是风洞最重要的特征参数。

1. 喷管的分类

针对不同结构、不同尺寸的试验模型,并参照所需模拟的热环境参数,需要使用不同类型及尺寸的喷管。常用的喷管有两种类型:轴对称喷管和矩形喷管。轴对称喷管适于对旋转体模型、尖劈模型或钝锥模型进行试验研究;矩形喷管是超声速平板自由射流试验最常用的喷管类型。喷管按扩张壁的形式又分为型面喷管和锥形喷管。型面喷管设计、加工工艺复杂,喷管较长,但出口气流为平行流,因此流场品质较好;锥形喷管加工工艺较简单,喷管长度较短,但流场品质稍差。

在有些大型电弧风洞中,为了增加模型尺度,配备有椭圆喷管或半椭圆喷管。利用椭圆喷管或半椭圆喷管进行热结构试验,可以大幅度提高电弧加热器的能量利用率(与锥形喷管和矩形喷管相比)。椭圆喷管设计的关键是椭圆长轴和短轴的确定,椭圆长轴根据模型几何尺寸来定。研究发现,半椭圆喷管中气流膨胀(压缩)波可能落在模型上,为了改变这种情况,半椭圆喷管的型面,用模型后缘向上游发出的马赫锥的包络线来定型。

喷管的几何尺寸的选取应根据任务书提出的模拟要求、电弧加热器的功率、试验时间和模型尺寸来确定,试验气流参数(焓、压力、密度等)由电弧加热器的参数来调整。

2. 喷管气动设计的基本原理

为了保证喷管出口的超声速气流平直均匀,从喉道到出口的喷管曲线要按照超声速特征线方法精心设计。喷管膨胀段曲线可分为前、后两段,前段与后段的分界点称为转折点。如图 2.36 所示,喉部 A 点处管壁斜率为零,喷管膨胀段曲线以 ABC 表示,β 为其倾斜角,即 $\tan\beta = \mathrm{d}y/\mathrm{d}x$。曲线斜率从喉部开始逐渐增大,到 B 点达到最大值,对应倾斜角 β_B 为最大膨胀角,β_B 的大小主要取决于试验段马赫数和所使用的设计方法。

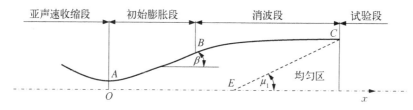

图 2.36　超声速喷管型面示意图

AB 段为喷管的初始膨胀段,从喉部截面起喷管曲线逐渐向外扩张,在这一段内的气流向外膨胀而加速,气流方向沿壁面 AB 曲线逐渐向外偏转,气流中产生一系列的膨胀波直到转折点 B;BC 段为消波段,消波段内的气流继续膨胀,但主要是向内膨胀,BC 曲线的斜率逐渐减小,在 C 点斜率为零,气流沿 BC 曲线产生一系列的压缩波,以抵消前段的膨胀波产生的反射波,试验段马赫数对应的马赫角为 μ_1;当气流达到 EC 线时,气流完成了膨胀加速,达到所要求的马赫数,最后在出口形成平直均匀的超声速气流。

3. 喷管气动型线设计方法

锥形喷管较有利于在临界部分和出口部分进行更换,通过其相应尺寸的变化来获得不同的流动参数。喷管的入口段一般采用半锥角为 30° 的锥形,利于气流的压缩混合;喉道段采用圆弧过渡;扩散段采用 6°~10° 锥形。

为了满足某些试验的需要,喷管也可以采用型面喷管。高焓气流型面喷管设计比较复杂,不少研究单位专门开发了型面喷管设计计算程序,下面简单介绍一下常用的型面喷管气动型线设计方法。

1）圆弧加直线的喷管设计方法

圆弧加直线的喷管设计方法是一种经验设计方法,前段曲线由圆弧加直线组成,圆心位于通过喉部的 y 轴上,直线的斜率为 $\tan\beta_B$,β_B 即为喷管的最大膨胀角,如图 2.37 所示。圆弧与直线相切于 P 点。圆弧的作用在于使喉部的平直声速流向源流过渡,比较长的一段直线,有利于气流转变为源流,并以源流形式加速,直线段越长,越能使流动接近真正的源流。为了要在试验段得到具有一定马赫数且平行于风洞轴线的均匀流,BC 段壁面必须要消除每一条达到其上的膨胀波,使其不反射。

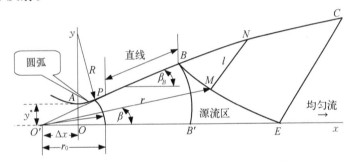

图 2.37　圆弧加直线的喷管型线设计示意图

2）超声速喷管的 Foelsch 解析设计法

Foelsch 法是以假定在转折点处得到源流为基础的,在喉部与转折点之间用一条解析曲线使转折点得到近似的源流。

Foelsch 法假定气流经过初始膨胀段后在末端 BB' 线上形成一均匀源流,如图 2.38 所示。在 BB' 线上气流为均匀源流的意义是 BB' 线是以 O' 点为中心的圆弧,BB' 线上任意点 D 处的流速是沿半径 $O'D$ 方向,BB' 线上各点具有相同的马赫数。

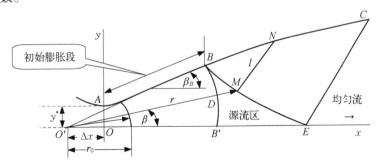

图 2.38　Foelsch 解析法的喷管壁面型线示意图

Foelsch 法和圆弧加直线的方法都是以假定转折点处能够得到源流为基础的,不同之处只是初始膨胀段曲线的实现方式,所以 Foelsch 法后部消波段的设计与圆弧加直线的方法完全相同。

用此方法得到的初始段曲线,在转折点处的实际流动与源流是有误差的,此误差虽然不大,但仍会对试验段气流马赫数的均匀性产生影响。

3）超声速喷管设计的 Cresci 法

从上面的设计过程可以看出圆弧加直线的喷管设计方法及 Foelsch 法的算法会导致轴线上的速度梯度间断,因此也导致了喷管壁面型线曲率的不连续。为了解决这个问题,Cresci 在源流区域后面加上了一个过渡区域,在过渡区域内轴线上的速度梯度从源流区开始减小,到达均匀流区域时减小到 0。

Cresci 法将喷管扩张段分为图 2.39 所示的三个区域:AODB 区源流逐渐形成,BDEC 区将源流整流矫直到具有相同马赫数的平行均匀流,壁面型线 BFC 的设计要求是要消除到达壁面上的所有膨胀波的反射。

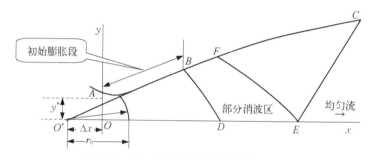

图 2.39　Cresci 法的喷管壁面型线示意图

初始膨胀段 AB 的设计采用的是 Foelsch 法的经验曲线。BDEF 区为部分消波区,其轴向的速度分布假设满足一个多项式。

4）基于 Sivells 法的喷管壁面型线设计方法

Sivells 法通过设置轴向马赫数分布而得到具有连续曲率的壁面型线,是目前国内外主要的喷管设计方法。

喷管壁面型线通过已知的边界点、假定的轴向马赫数分布及近似的声速喉道解析解三者之间的特征线网格的求解来确定。轴向马赫数分布分成图 2.40 所示的三个区域,沿 IE 和 BC 的马赫数分布,按沿喷管中心线距离的函数给出。从 I 点到 E 点源流区开始形成,其轴向马赫数分布假设满足一个四次多项式。E 点到 B 点之间的区域为源流区。从 B 点到 C 点均匀流开始逐渐形成,其马赫数分布假设满足一个五次多项式。根据喉部跨声速条件、过渡区的源流条件及喷管出口的设计流动条件合理选择多项式的系数,使马赫数分布的二阶导数始终保持连续且在 C 点为零。

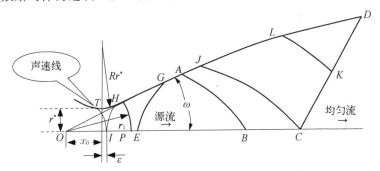

图 2.40　基于 Sivells 法的喷管设计流场结构示意图

因为假定 $EGAB$ 区域为源流区,所以特征线 EG 和 AB 之间的区域都是源流,而且从 G 点到 A 点的壁面型线是直线,与轴线之间的角度为 ω。这样便需要求解两组特征线方程:一组用来确定 H 点到 G 点的初始膨胀段壁面型线,其中 H 点位于从声速点 I 发出的左行特征线上,采用 Hall 的跨声速流动解计算喉部区域的流场;另一组用来确定 A 点到 D 点的下游流动壁面型线,其中 D 点为理论上的喷管终点,特征线 CD 为直线。根据这些设定的边界条件,利用特征线网格按质量守恒定律即可求解 $IHGE$ 和 $BADC$ 区域的流场,从而得到沿 HG 和 AD 的喷管壁面型线。TH 段壁面型线由跨声速解得到。

5) 基于 Bézier 曲线的喷管设计方法

基于 Bézier 曲线的喷管设计方法沿承 Sivells 法通过设置轴向马赫数分布计算壁面型线的思想,舍弃源流区假设,利用 Bézier 曲线构造轴向马赫数分布,其马赫数分布在理论上符合喉部跨声速条件及喷管出口的设计流动条件,设计区域的流场划分如图 2.41 所示,图中 BC 段对应的马赫数分布为 Bézier 曲线。

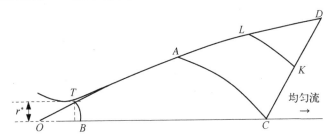

图 2.41　基于 Bézier 曲线的喷管设计方法流场区域分布示意图

此方法较以前常用的方法取消了一元跨声速流假设及源流区假设,摆脱了经验公式的束缚,增强了喷管气动设计的理论基础,此外轴向马赫数分布可以灵活控制,二阶导数在全场连续,这将保证喷管内部参数不会发生突变,从根本上杜绝内部产生集中膨胀和压缩波的可能,所以可以通过设计参数的选择使喷管达到短化、优化的目的。

采用 Hall 的跨声速流动解计算右行特征线 TB 上的流动参数,D 点为理论上的喷管终点,特征线 CD 为直线。以 TB、BC 和 CD 上的流动参数作为边界条件,利用特征线网格按质量守恒定律即可求解 $TBCD$ 区域的流场,从而得到沿 TD 的喷管壁面型线。

4. 喷管结构设计

喷管在结构上通常分为几段,分段设计考虑的因素有:① 易损部件的更换性;② 因受热不同而采取不同的冷却结构和材质;③ 加工的可行性;④ 不同试验流场参数的要求等。

喉道段经过长期使用后容易烧损,为此要求能够方便更换,因此通常设计为内、外壳结构。又因为喉道段是喷管受热、受压最严重的部件,所以内壳选用导热性能较好的材料(如紫铜),采用加强筋结构,外壳选用不锈钢材料。内、外壳之间加哈夫件以确保高压冷却水流动的均衡性,由于受热而引起内壳长度的变化,可通过外壳出口活动法兰与壳体螺纹进行调节。

喷管受热较严重的结构段,需要足够的冷却,因此宜采用内、外壳结构。内壳选用紫铜材料,采用加强筋结构,以保证足够的强度和高压冷却水流动的均衡性。外壳采用不锈钢材料,为补偿热胀冷缩引起的内壳长度的变化,同样可在外壳入口处采用活动法兰,并与壳体通过螺纹连接。

喷管受热、受压均不严重的结构段,需考虑适当的冷却和足够的强度,可以选用不锈钢材料,外表面焊接水冷槽兼加强筋。

为方便测量出口静压,在喷管出口法兰上需布设测压点;为保证喷管组装后各段内壳连接处的光滑过渡,在连接法兰上需设计直口和定位销。

2.6.4 试验段

试验段是把喷管和扩压段连接起来并在其中进行模型试验的场所,试验段形状、尺寸取决于风洞的形式和风洞的规模。试验段的设计要求是:

(1) 试验人员能自由进出舱体,便于进行试验前的准备作业;

(2) 应考虑高温热辐射对两侧壁观察窗造成的严重影响;

（3）具有足够的强度和刚度，同时在意外情况下采取防护措施；

（4）所有连接部分必须气密，满足高真空的要求；

（5）为试验及测试部件的更换提供方便和足够的空间。

1. 气动设计

电弧风洞一般采用闭口自由射流式试验段，使用自由射流式试验段有以下优点：

（1）减少了风洞堵塞，和具有同样喷管出口尺寸的固壁式试验段相比，有可能采用更大的试验模型；

（2）试验段尺寸大于喷管出口尺寸，敞开性好，试验人员容易接近试验模型；

（3）对高温气体风洞，试验段壁远离高温气体，观察窗玻璃受热情况和被污染情况较轻；

（4）启动和运行压力比几乎相等，无须超压启动；

（5）大幅度降低气流噪声。

大量的试验前准备工作都是在试验段完成的，同时试验段必须方便试验现象的观察和试验数据的获得。方盒式的试验段是最实用的，因为人习惯于在房间内工作，而方盒式结构恰似一个房间，同时方盒式结构也便于门、窗、口的开设。但若从结构强度来说，方盒式结构远比球形或柱形结构复杂，因为在巨大的压差作用下，方盒式结构很易变形，微小的变形也会对门、窗的密封造成破坏，而较大的变形则有可能使试验段失稳。采用超厚的钢板可以把变形控制在允许的范围内，但如此大的容器将重达几百吨，这不仅增加了造价，而且使加工、运输、安装都极为困难。

试验段的尺寸要选取恰当，不能太大或者太小。其尺寸主要由喷管出口直径、扩压段入口直径、喷管出口到扩压段入口的距离、模型尺度、模型安装支架及有利于人员安装模型和测试设备的条件来确定。一般试验段的宽度需大于喷管出口直径的 1.5~2.0 倍；高度要大于等于其宽度；长度由模型和支撑系统长度、喷管伸入试验段的长度、喷管出口到扩压段入口的距离及扩压段伸入试验段的长度等因素来确定。较大的试验段可以使用较大的试验模型，且有利于试验人员操作模型，当然也不可以任意扩大，还需要考虑经费和厂房规划。

2. 结构设计

典型长方体闭口自由射流式试验段上游壁面开孔插入喷管，喷管和试验段间用法兰连接；下游壁面开孔插入扩压段，亦用法兰连接。

试验段两边必须安装观察窗，观察窗的大小和位置要恰当，使常用的模型，尤其是它的头部处于观察范围之内。如果观察窗的大小受光学玻璃尺寸和强度的限制不能满足观察要求,则可以开多个窗或使用旋转窗盖。由于石英玻璃具有很大的抗热冲击能力,而且它的膨胀系数比较小,所以电弧风洞一般安装石英玻璃观察窗。由于高温气流热辐射和烧蚀产物在试验段壁面沉积很容易污染观察窗玻璃,为了减少污染,在试验段观察窗开口的地方用一段管道向外延伸一些,使观察窗玻璃离试验段壁面有一定的距离,或者在观察窗玻璃前面适当通一点冷气进行保护,也有的在观察窗玻璃前面用挡热板进行保护。

为了便于安装模型和检修设备,试验段侧壁上还要开足够尺寸的门。试验段开门后,强度受到削弱,因此门的四周要有加强框。门和侧壁的连接方式有两种:一种是螺栓连接,其特点是密封性好但装卸比较麻烦而且费力;另一种是铰链连接,其特点是使用方便但密封性差。除试验段的下底板外,其余板面还需开有不同尺寸的法兰接口,以便于对流场的观测和水气管道及电缆的进出;试验段还需配有传动系统以便于试验模型的送进与退出。

在低压、小功率和短时运行情况下,电弧风洞试验段因受热不严重,不需要采用复杂的水冷结构。但在中等功率或大功率情况下,气体辐射传热很严重,壁面温度可达 600 K 以上,因此必须予以冷却,冷却结构通常做成水套结构,通以一定压力的水进行冷却。

2.6.5　扩压段

扩压段位于喷管和试验段的下游,其作用是使高超声速气流压缩、减速,以提高扩压段出口压力,减小风洞运行所需要的压力比。它是电弧风洞的重要组成部分,其气动性能直接关系到风洞的启动和运行时间的长短,对扩压段的要求是空流场压力恢复系数必须高,等截面喉道直径和长度的选定是最关键的因素。

1. 气动设计

扩压段的种类繁多,结构亦各异,但其主要由超声速扩压段、第二喉道段和亚声速扩压段三部分组成。如图 2.42 所示,超声速扩压段常为倒截锥形,第二喉道段为一个等截面管道,亚声速扩压段也是一个截锥形。在超声速扩压段,气流被一系列斜激波压缩而减速,到扩压段的等截面段,气流减速到近声速,气流进入下游的亚声速扩压段,由声速进一步减速到亚声速。通过这样一种构型来提高扩压器的出口压力,减小风洞运行所需要的压力比(即风洞前室压力和扩压段出口压力之比)。

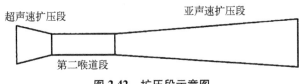

图 2.42 扩压段示意图

正常情况下,风洞启动时,一个正激波从喷管喉道向下游运动,在试验段建立高超声速流动,并在扩压段完成扩压。扩压段正常运行的条件是扩压段的喉道面积允许带有正激波的最大喷管质量流量通过,根据这样一个条件来确定扩压段的第二喉道段喉道截面积。

超声速扩压段入口直径一般取喷管出口直径的 1.2~2.0 倍,其收缩锥角可取 9°~16°,角度过大会引起气流分离和脉动反而增大能力损失。亚声速扩压段出口直径一般取喷管出口直径的 1.2~2.0 倍,扩散锥角可取 4°~5°,以尽量减少亚声速扩压段的气流分离,避免因气流分离而引起的不稳定。

扩压段的气动设计最关键的问题在于第二喉道段的喉道截面积确定,其直接影响到风洞的启动和稳定运行,并维持风洞运行的必要的压力比。流量关系式为

$$G = \left(\frac{2}{\gamma+1}\right)^{\frac{\gamma+1}{2(\gamma-1)}} \sqrt{\frac{\gamma}{R}} \frac{1}{\sqrt{T_0}} P_0 A'_* \tag{2.34}$$

其中,γ 为绝热系数;R 为气体常数;P_0 为气流总压;T_0 为气体总温;A'_* 为第二喉道段截面积。气流通过喷管喉道段的流量必须全部通过第二喉道段,由于从喷管喉道段到第二喉道段之间气流能量有损失,如启动时的激波损失、附面层摩擦、分离损失、试验模型、支架损失等,第二喉道段气流总压 P'_0 小于 P_0。若不考虑黏性和其他的影响,则 P_0/P'_0 最大值等于气流在喷管出口截面处出现正激波时的波前、波后总压之比,即

$$\frac{P_0}{P'_0} = \left(\frac{2\gamma}{\gamma+1}Ma^2 - \frac{\gamma-1}{\gamma+1}\right)^{\frac{1}{\gamma-1}} \left[\frac{(\gamma+1)Ma^2}{(\gamma-1)Ma^2+2}\right]^{\frac{-\gamma}{\gamma-1}} \tag{2.35}$$

实际上,考虑到各种损失,其值还要大些。假设没有热交换,总温保持不变,那么根据两喉道段通过的质量流量相等,第二喉道段截面积

$$A'_* = A_* \left(\frac{P_0}{P'_0}\right) = f(Ma, \gamma) \tag{2.36}$$

为马赫数和比热比的函数,其中,A_* 为喷管喉道截面积,喷管出口截面积和第二

喉道段截面积之比为

$$\frac{A_3^*}{A_1^*} = \frac{Ma^{\frac{\gamma+1}{\gamma-1}}}{\left(1 + \frac{\gamma-1}{2}Ma^2\right)^{\frac{1}{2}} \left(\gamma Ma^2 - \frac{\gamma-1}{2}\right)^{\frac{1}{(\gamma-1)}} \left(\frac{2}{\gamma+1}\right)^{\frac{\gamma+1}{2(\gamma-1)}}} \tag{2.37}$$

显然式(2.37)仅是试验段马赫数和比热比的函数,最大允许的启动收缩比随马赫数的增加而增加。在电弧风洞中,考虑到高温、黏性和传热等因素的影响,其比值一般取理论计算值的80%左右,内径尺寸通常应比喷管出口直径大,直管段的长径比$L/D = 10 \sim 15$。

理论上,一个马赫数对应一个第二喉道段面积,即需要一个扩压段。电弧风洞实际运行过程比较复杂,如不同马赫数、模型不同迎角范围、不同模型支撑及测试系统等,因此希望能有一个扩压段体系以满足各种条件下电弧风洞运行的需要。因此,电弧风洞常常设计一个或几个固定的扩压段,尽管扩压段效率有所降低,但从经济上考虑是合理的。

2. 结构设计

扩压段工作在高温、真空和长时间运行条件下,各段所处环境也各不相同。根据这一特点,扩压段各段的结构设计既要保证刚度和强度的要求,也要保证冷却的要求。

首先需要解决的是冷却水进出管理问题。高温风洞和各类管道目前绝大多数选用的是通过夹层点焊的方式进行水冷,这种冷却方式最大的不足是冷却不均匀。由于重力的原因,冷却水通常都是从下部流通,而上部很难有水通过,再者就是进出口都采用专用的集水管,使外表显得很杂乱、不美观,对此可以采用新型的集水法兰结构加以解决。

其次扩压段设计还需解决热胀冷缩和内外压差引起的轴向位移补偿问题。电弧风洞仅热胀冷缩现象所造成的轴向位移就很大,而内外压差造成的轴向收缩力也很大,扩压段的上游和下游分别是试验段和冷却器,各自的重量都很重,想移动这两个部件十分困难。因此,扩压段的热胀冷缩问题必须由扩压段本体通过特殊的结构设计来解决,例如,可以在试验段和扩压段之间安装波纹管。

为了详细了解扩压段的性能,探讨流场启动及破坏时各处静压的变化情况,还需在扩压段各段壁面上沿轴线方向布置静压的测量接口。在亚声速扩压段出口处需要布置总温和总压的测试接口,以便调试时安装测试探头。每段两侧集水环最上方均需设置一个放气口,需要时也可以将其作为测量进出水温度的接口,每段两侧法兰上均需设置吊装螺纹孔,安装设备时供吊装使用。

2.6.6　冷却器

在扩压段后气体温度仍然较高。由于真空系统对入口气体温度有一定限制,温度高将降低真空系统效率。因此,扩压后的气体不能直接进入真空系统,需用冷却器进行冷却后再进入。冷却器是将高温气流降温以达到降低压力目的而延长运行时间的关键部件,其主要功能是使自扩压段流出的高温气流通过换热的方式,把温度从高温降到 320 K 左右,然后通过排气管道进入真空系统。冷却器的效率直接影响电弧风洞运行时间,尽量降低排入真空系统气体的温度和减小对气流的阻力,是冷却器设计的重要技术指标。

对于工作在如此高温工作环境下的冷却器,目前还没有成熟的设计依据,一般需要考虑以下要求:

(1) 确保冷却器的安全运行,冷却器不会因高温气流而损坏;

(2) 冷却器要有足够的换热量,使冷却器出口处的空气温度降到 320 K 左右;

(3) 考虑气体的流动损失,其压降阻力要尽量小,以提高电弧风洞效率;

(4) 构造简单、紧凑,安装、清洗和维护方便。

1. 冷却器换热形式的选择

基于电弧风洞的工作特点,冷却器设计常采用比较简单的管壳式热交换器结构,箱体采用长方形结构,内部采用换热管通水进行冷却,高温空气在管外流动,冷却水在管内流动,换热管的排列方式为三角形叉排(图 2.43),换热管与气流方向垂直。这种类型的热交换器结构简单,便于流程的布置并采用传热强化措施,是工业上最常用的换热器类型。

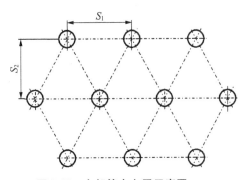

作为热流体的高温气体,要求温度从 2 000～5 000 K 降到 320 K 左右,压降阻力尽量小以保证电弧风洞的启动和运行时间。气体的压降阻力与气流速度关系密切,因此要使气体在冷却器内保持较低的流速则要有足够的通道面积。气体的热交换系数小,通常在 $10～30$ W/($m^2 \cdot$ K),因此一般需要较大的换热面积才能达到足够的换热量。作为冷流体的冷却水,热交换系数较高,一般在 2 000～10 000 W/($m^2 \cdot$ K),其经济

图 2.43　内部管束布局示意图

流速在 $1\sim2$ m/s,可以适当提高流速来加强换热和减少结垢现象的发生,为避免出现局部过热,冷却水管之间的流量分配要均匀。

2. 冷却器结构设计

冷却器根据电弧风洞的尺度和试验参数可以分为几组,各组之间采用段间法兰连接,每一段冷却器的底部需安装支撑轮,便于冷却器的组装,支撑轮放置在导轨上。在每一段冷却器的出口处需设置测量孔,以测量电弧风洞运行过程中冷却器内气流的压力、温度,在冷却器的底部需设置排污孔。如图 2.44 所示,在冷却器的内部,可以采用 U 型管作为最基本的换热单元,各段冷却器可以根据试验参数选择不同的换热管和换热单元排列方式。各段冷却器之间的冷却水可以采用串联的方式,也可以采用并联的方式,需要根据冷却水的供应能力和试验参数进行计算确定。为了调节冷却水的流量,在每段冷却器的冷却水出口处设置调节阀,并设置温度测量孔,实时监测冷却水的温度。

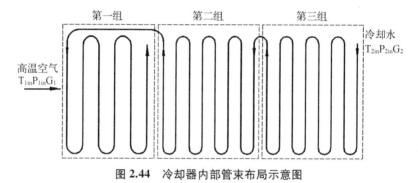

图 2.44　冷却器内部管束布局示意图

高温气体在冷却过程中状态参数变化较大,在换热初期,气流温度高、换热温差大、总的换热量比较大。但此时空气密度小、流速高、流动阻力大。因此,设计时要考虑尽量降低空气的流动速度。随着换热过程的进行,空气温度逐渐降低,密度增加,在换热后期温度降低到 100℃ 以下,与冷却水只有几十度的换热温差,因此换热变得非常困难,必须采用增加换热面积的方法来强化换热,此时空气密度大,通道面积可适当减少以保持气体的流速。

2.6.7　真空管道和挡板阀

真空管道通径的确定主要需要考虑电弧风洞试验中气体在管道中的流动阻力。影响管道流动阻力的主要因素有管道长度、管道通径、气体流速及管道系统中变径管、弯管处的局部阻力等。系统管路布局和管道变径及转弯的结构确定后,管道通径的尺寸就成了影响管道压降的主要因素。

为了给电弧风洞试验范围的扩大留有充分余地,首先根据风洞的性能参数计算出试验状态条件下的最大主气流流量和辅助气流流量,两项总计流量再乘以一个裕度系数作为真空管道计算时的气体流量。其次考虑风洞的结构和试验状态参数及经费等条件,初定一个主管道的尺寸,根据上述设计参数计算气流的流速,核定主管道的通径尺寸选择的合理性及经济性。

按下列公式计算气流速度:

$$V = \frac{G}{\rho \times A} \tag{2.38}$$

式中,ρ 为空气密度(kg/m^3);G 为气体质量流量;A 为管道流通面积;V 为空气流速(m/s)。

根据设计规范限定,气体在管道中的流速不得超过 100 m/s,以防止管道产生冲蚀、磨损、震动和噪声,一般工程管路设计中,气体在真空管道中的流速为 5~10 m/s。

挡板阀一般采用定型产品,根据电弧风洞的最大运行流量及真空管道的通径进行选择。

2.7　电弧风洞附属系统组成及特点

2.7.1　供气系统

供气系统是大功率电弧风洞的一个重要配套附属系统,用于在气动热地面模拟试验中为电弧风洞中的用气部件包括电弧加热器、混合稳压室提供试验用工作介质(高压气体),为气动阀门提供操纵气,并且可以根据任务书要求实现在一次试验过程中供气压力和供气流量连续变化,确保电弧风洞运行参数的实现。

1. 系统原理

电弧加热器运行原理就是在前后电极之间产生电弧,通过和气体介质的热交换对其进行加热,之后高温、高压气体通过喷管膨胀加速后,在试验段形成高温、超声速流场。电弧加热器的工作介质有空气、氮气、氩气等,最常用的工作介质是干燥高压空气。

高压气体的存储容器为高压气罐,使用时经高压管道由调压阀调定预定压力供给加热器使用,设计原则为保证当地气源压力大于两倍的弧室压力并保证气体流量足够。根据实际使用情况可设计若干供气管路,每路均设有手动截止阀和一个有连续调压功能的调压阀,阀门开度自动可调并安全可靠,并设有气体流量测量装置。

特种气体供给系统主要满足特种试验的要求,供气介质主要有氮气、氩气、氢气等,设有专门的气源及供给控制系统和测量装置。

2. 系统组成

供气系统主要由高压供气系统和中压供气系统两部分组成。高压供气系统主要提供电弧加热器用气、冷包罩试验用气、电弧风洞的引射用气、水瓶加压用气及气动阀门的操作气等;中压供气系统主要提供引射器用气。电弧风洞主要使用高压供气系统,下面介绍的供气系统指的是高压供气系统。

供气系统主要由气源系统、高压管道和阀门组成。

1) 气源系统

气源系统是电弧风洞的动力部分,气源压力高低和气源容量大小的确定是一座电弧风洞设计的重要部分。如图 2.45 所示,气源系统主要由空气压缩机、空气干燥器、储气罐、压力调节和控制系统组成。

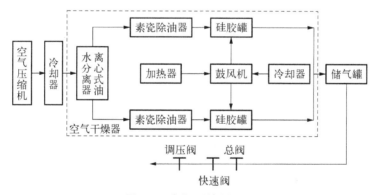

图 2.45   气源系统原理图

气源系统中用到的压缩机一般采用工业上通用的空气压缩机;空气干燥器主要用于干燥高压气体,防止试验段气体温度急剧降低导致气体中所含水蒸气液化或结冰,使局部马赫数和其他气流参数发生变化,致使风洞试验中所测量的气体参数发生偏差;储气罐是存放高压气体的高压容器,其总容量应根据风洞运行总用气量和运行时间来确定。

2) 高压管道

储气罐中的高压气经过高压管道输送给调节阀,调节阀后的气体经过很短的高压管道供给加热器使用。设计中一般坚持高压管道最短原则,以减少气体在管道中的流动损失。高压管道的压力损失与管道口径大小、气体流量、管道附件多少等因素有关。

3) 阀门

供气系统是通过各种阀门实现对各个气路的开、闭和调节控制的。常用的阀门按用途分为截止阀、闸阀、球阀、调节阀、减压阀、安全阀和分配阀等。

在供气系统中,常用电动截止阀、电动闸阀、电动球阀及气动切断阀等作为截断或接通介质的总阀;用截流阀或调压阀来进行流量及压力的调节;用电磁阀或电磁阀驱动的气动阀作为快速阀来实现气路的快速开闭;用减压阀来实现多压力梯度的调节;用安全阀来保证系统的安全。在供气系统设计和使用过程中,要根据管道直径、介质压力、介质用途等因素正确选择相应的阀门。

在选择调节阀时,必须使其对整个管路的最大有效通过流量都具有有效的可调节能力,而且需要在电弧风洞运行中储气罐压力不断下降的条件下保持调节阀后压力稳定,即保持前室压力稳定。同时,要求调节阀在运行过程中阀头开闭比保持稳定,这样可以减少对气流的扰动。因此,电弧风洞运行中对调节阀的性能要求比较高,一般都需要专门设计。

3. 供气系统轨道模拟方法

常规的高压供气装置通过电磁阀的矩阵切换完成流量的调节。但对于大功率的电弧风洞,供气流量大、气体流量变化范围大、台阶数多,采用电磁阀切换供气方式的系统过于复杂,不利于加热器的安全运行。同时,常规的高压供气装置采用同一管路对不同的用气部件进行供气,导致供气流量小、流量调节范围小、不同部件同时用气会产生相互干扰,导致管道内压力不稳,影响电弧风洞的运行参数。因此,需要根据电弧风洞的运行参数范围设计专用的供气系统,以满足电弧风洞运行过程中参数弹道轨道变化的要求。

典型供气系统原理如图 2.46 所示:包括气动球阀和 2 个并联的供气管路,每个供气管路包括电动截止阀、过滤器和 4 个并联的支气管路;每个支气管路包括压力计、调压系统和流量计;针对不同用气部件采用独立的供气管路,避免了不同部件之间的相互干扰;针对同一用气部件采用 4 个支气管路并联方式供气,提高了供气流量;针对同一用气部件的支气管路可以通过开启其中 1~4 个并联运行的方式提高供气流量调节范围;气动球阀安装于 2 个供气管路与气源之间,气动球阀开启后,气源内的空气经气动球阀、电动截止阀、过滤器、压力计、调压系统和流量计进入用气部件,为电弧风洞不同用气部件提供压力在 0~15 MPa

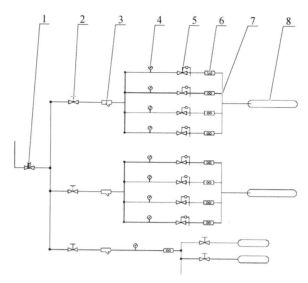

图 2.46　典型供气系统原理图

1. 气动球阀;2. 电动截止阀;3. 过滤器;4. 压力计;5. 调压系统;6. 流量计;7. 集气管;8. 用气部件。

连续可调、流量在 0~20 kg/s 连续可调的高压气体。

本系统的优点如下。

(1)可实现供气压力和流量的连续可调,克服了供气装置只能进行流量调节、无法进行压力调节且系统复杂的缺点。

(2)可实现大流量供气,克服了供气装置供气流量增加后管道压力容易波动的缺点。

(3)可实现大范围流量调节,克服了供气装置流量调节受限于单一管路和阀门的公称直径的缺点。

(4)可大大提高管路压力的稳定性,解决了不同用气管路同时使用时的相互干扰问题。

2.7.2　供水系统

电弧风洞中电弧加热器产生的超高温气流温度可以达到 6 000~10 000 K,压力可达 0.1~20 MPa,现有材料无法在如此苛刻的环境下生存,所以电弧风洞的本体部件一般采用水冷结构防止被烧坏。供水系统是大功率电弧风洞的一个重要配套附属系统,用于在气动热地面模拟试验中为电弧风洞中的受热部件提供冷却用水。其根据电弧风洞中各部件受热程度的不同分为高压供水系统和低压供水系统。

高压供水系统用于在气动热地面模拟试验中,为电弧风洞中受热最严酷的电弧加热器、混合稳压室、喷管喉道段和模型支撑系统等部位长时间提供高压冷却用水,确保电弧风洞的安全、可靠运行。

低压供水系统用于在气动热地面模拟试验中,为电弧风洞中受热较不严重的喷管后段、扩压段、冷却器、真空机组等部位长时间提供中/低压软化冷却用水,确保电弧风洞的安全、可靠运行。

由于高压供水系统和低压供水系统的基本原理一样,只是供水压力不同,本小节只介绍高压供水系统,低压供水系统可参照执行。

1. 系统原理

高压供水系统工作原理是: 由一定的供水方式提供高压水源,高压水通过一系列阀门的控制由供水管道输送到受热设备,完成冷却任务的高压水通过回水管道回到蓄水池。

高压冷却水供水方式一般有两种:一种是用高压容器储存水,如图 2.47 所示,在水上面加高压气体形成高压水;另一种是用高压水泵产生高压水,如图 2.48 所示。用高压容器压气供水,如果设备运行时间较长,则需要高压容器容积很大,设备造价很高。高压水泵如果提供的流量够大,则很适合给长时间受热的设备供水。

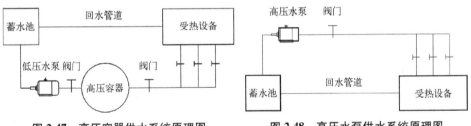

图 2.47　高压容器供水系统原理图　　图 2.48　高压水泵供水系统原理图

我国国内之前使用的电弧风洞主要针对常规弹道式导弹,尺度小、功率低(仅为 5 MW 左右)、运行时间短(在 100 s 左右),采用直连式高压水瓶提供高压冷却水,这样的电弧风洞只能对小尺度模型进行短时间加热考核。随着航天事业的发展,需要对特征尺寸为 500 mm 量级的模型进行 2 000 s 甚至更长时间的加热考核。这就需要建设大型的电弧风洞,电弧加热器的功率达到 50 MW,运行时间长,要求供水系统必须具有高压、长时间、大流量的供水能力,常规的高压水瓶供水方式无法满足要求,需要采用高压水泵循环供水方式。

2. 系统组成

典型高压供水系统如图 2.49 所示,包括散热系统、水处理系统、高压水池、涡轮蝶阀、软连接、高压水泵、调节阀、止回阀、液压截止阀、过滤器和测试元件

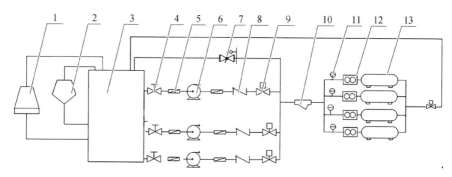

图 2.49　典型高压供水系统原理图

1. 散热系统；2. 水处理系统；3. 高压水池；4. 涡轮蝶阀；5. 软连接；6. 高压水泵；7. 调节阀；
8. 止回阀；9. 液压截止阀；10. 过滤器；11. 压力表；12. 流量计；13. 冷却设备。

（压力表、流量计、冷却设备）。

散热系统用于将高压水池内水温降至低于 35℃ ，一般采用闭式冷却塔，防止空气与冷却水接触污染水质。根据高压水池容积、水池内水的温度和试验间隔时间进行冷却塔的选型。

水处理系统用于对高压水池内的水进行去离子处理，将冷却水的电导率降低到小于 20 μs/cm，一般为反渗透处理系统，防止高压水池内水电导率过高导致加热器绝缘不足而影响电弧风洞的运行安全。根据高压水池容积、电弧加热器对水质的要求和计划储水时间进行水处理设备的选型。

高压水池为循环供水系统的储水装置，采用矩形结构便于结构设计与施工，内壁面贴不锈钢板或 PP 板防止墙体对水质造成污染。根据电弧风洞的最大运行功率、运行时间及单次试验允许的水池内水温升确定高压水池的容积。

涡轮蝶阀安装于高压水池与高压水泵之间，用于在高压水泵维修时，切断水池的供水，公称直径不小于高压水泵入口直径，公称压力不小于高压水泵前的压力。

软连接在高压水泵的进水口前、出水口后各安装一个，用于隔断高压水泵的振动，防止高压水泵的振动和噪声沿着管道传播，同时也便于涡轮蝶阀、止回阀和液压截止阀的拆卸和维修。根据管路公称直径和公称压力选型。

高压水泵为供水系统的关键部件，用于对冷却水进行增压，采用 1~3 台高压水泵并联运行，实现大流量、高压、长时间循环供水。根据受热部件对冷却水流量和压力的要求，结合现阶段高压水泵的技术现状选择高压水泵的型号和数量。

调节阀用于管道溢流，当下游水设备所需流量小于单台高压水泵所能提供的流量时，调整调节阀的开度，将多余的冷却水直接溢流到高压水池内，防止管道内压力过高破坏设备。根据受热部件的最小用水流量、压力和高压水泵的流量、扬程进行选型。

止回阀用于当高压水泵停机,液压截止阀未关闭时,截断管道内的水流,防止水流逆流导致水锤和水泵反转,破坏水泵。根据管路公称直径和公称压力选型。

液压截止阀用于将并联的各个水泵与主集水管隔离,便于维修水泵和灵活调整水泵的开机数量。液压截止阀是一种采用液压推杆实现分步开启、安全可靠、使用寿命长的高压大流量快开液压阀门。根据水泵出口直径和水泵扬程选型。

过滤器用于过滤管路内的杂质,防止杂质进入冷却设备堵塞水道、烧毁设备。根据管道公称直径、公称压力和允许通过的杂质粒径选型。

测试元件(压力表、流量计、冷却设备)用于对管路内的压力和流量进行测量,监测系统的运行状态,为控制系统提供控制参数。根据冷却水的压力范围、流量范围、管路的公称直径等进行选型。

其他管路配件是构成供水系统必不可少的部件,包括管道、管件、连接件、密封件、支架等。根据供水压力、供水流量进行选型和设计。

本系统的优点如下。

(1)可实现高压供水压力恒定,克服了高压水瓶供水随水瓶内水容量的降低压力容易波动的缺点。

(2)可实现长时间循环供水,克服了高压水瓶供水时间受水瓶容积限制的缺点,使电弧风洞的运行时间不受供水时间的限制。

(3)可实现大流量供水,克服了高压水瓶供水流量受水瓶容积限制的缺点,使电弧风洞的电弧功率不受供水流量的限制。

(4)可实现低电导率的高品质水质供水,克服了供水水质不高导致电弧加热器容易绝缘不够、烧毁设备的缺点。

2.7.3　真空系统

真空系统用于维持电弧风洞启动和运行时的压力比,保证电弧风洞流场的建立和稳定运行。电弧风洞运行参数范围广,因此真空系统的设计要在较大的参数范围内均维持良好的运行工况,一般采用大抽速的真空机组结合真空罐的运行方式,将真空管道和真空罐中的气体尽量实时排出,保证电弧风洞在长时间运行时背压满足运行要求。

1. 系统原理

真空系统的作用是在规定时间内能吸收电弧风洞的气体流量,并使风洞冷却器出口压力处于某一压力值下,以保证风洞运行(含启动)所需的压力比。

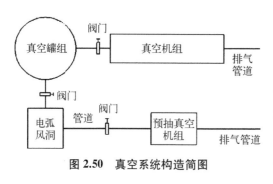

图 2.50　真空系统构造简图

如图 2.50 所示,真空系统的工作原理是:真空罐组接收来自电弧风洞的气体,通过真空管道将气体传递给真空机组,真空机组通过排气管道将气体排放到大气中,一般采用高空排放,如果气体对环境存在污染,则在排放之前还要经过处理。

2. 系统组成

典型真空系统原理如图 2.51 所示,包括真空机组、真空阀门、真空管道、真空罐、真空测量装置(真空压力表、各种规管等)和其他元件,如过滤器、消音器、真空继电器规头、密封件等。

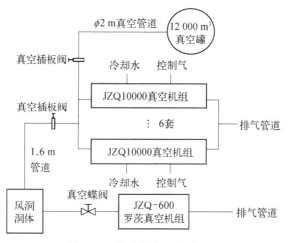

图 2.51　典型真空系统原理图

真空罐的压力变化可按下式计算:

$$dp = \frac{RT}{V}\left(G - S\frac{p}{RT}\right)dt \tag{2.39}$$

式中,p 为真空罐压力(Pa);S 为真空机组抽速($\mathrm{m^3/s}$);G 为气体流量(kg/s);V 为真空罐容积($\mathrm{m^3}$);R 为气体常数[J/(kg/K)];T 为气体温度(K)。

典型真空系统中,真空罐压力随试验时间的变化情况如图 2.52 所示。

图 2.52 表示在试验流量≤6 kg/s 的试验工况下,风洞出口背压可保持不变,试验时间不受真空系统限制,可进行长时间试验。

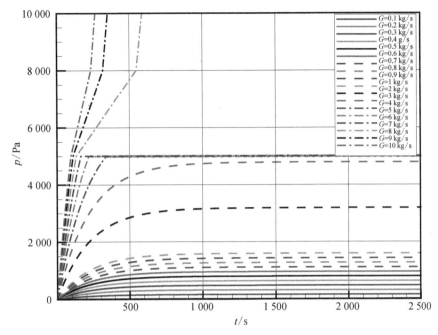

图 2.52　典型真空罐压力随试验时间的变化情况示意图

真空系统设计的主要内容如下。

（1）根据风洞的参数范围及运行时间,确定真空罐的容积。

（2）根据风洞运行气体流量及试验段压力,确定真空罐工作压力范围。

（3）根据风洞运行频率,确定真空罐抽真空时间。

（4）根据真空罐工作压力及抽真空时间选取真空机组、真空阀门。

（5）设计真空罐及真空管道。

真空系统的主要建设内容如下。

真空系统主要需要配套大抽速真空机组,以保证能够将试验时的气体实时抽出,同时需要为其配套附属系统,包括真空机组配电、冷却用附属设备,真空插板阀及附属设备,真空挡板阀及附属设备,真空管道及附属设备,管道除尘装置,机组隔震装置和机组消声装置。这些部分整体组成电弧风洞的真空系统,缺一不可。

真空系统设计中应该注意以下几个问题。

（1）真空元件,如真空阀门、真空罐和真空机组等相互连接时,应尽量做到真空管路短、流道大,直径一般不小于真空机组进出口直径,这是真空系统设计的一条重要原则,同时要考虑到安装和检修方便。

（2）真空机组有振动，要防止振动波及整个系统，通常用真空波纹管减震，同时真空机组采用隔震基础。真空波纹管有金属和非金属真空波纹管两种，不论采用哪种都要保证在大气压力作用下不被压瘪。

（3）真空系统建成后，应便于测量和检漏。真空系统在工作过程中，经常容易出现漏气而影响生产。为了迅速找到漏孔，要进行分段检漏，因此每一个用阀门封闭的区间，至少要有一个测量点，以便测量和检漏。

（4）真空系统中配置的真空阀门和真空管道，应使系统抽气时间短、使用方便、安全可靠。

（5）真空系统的设计应保证排气稳定、可靠，安装、拆卸、维修方便，操作方便，各元件间的连接有互换性。

（6）真空系统设计中要采用新技术，做到自动控制和联锁保护。

（7）真空系统设计中要做到节省能源、降低成本、使用方便可靠。

2.7.4　供电系统

1. 电弧加热器用电源技术的发展

德国在 20 世纪初期就进行了电弧放电、热等离子体和电弧加热技术的基础理论研究，从 20 世纪 50 年代开始，美国和苏联等国为了发展弹道导弹技术，竞相研制电弧加热器。最初应用于防热材料烧蚀试验的是短弧低电压型电弧加热器，具有代表性的是同轴磁旋型电弧加热器，这种电弧加热器需要镇定电阻来稳定电弧，其主要通过提高电弧电流来提高电弧功率和焓值，目前使用这种形式电弧加热器的主要是俄罗斯的 TsNIIMASH，功率为 6~50 MW。后来长弧理论的研究得到发展，管状电弧加热器、叠片式电弧加热器和分段式电弧加热器相继发展起来，这类电弧加热器电弧电压较高，电弧电流不必很大就可以达到大功率和高焓。现在国际上主流电弧加热器是大功率的管状电弧加热器、分段式电弧加热器和叠片式电弧加热器。比较有代表性的有美国的 AEDC HEAT H2 的 40 MW 管式直流电弧加热器、NASA Ames IHF 的 60 MW 叠片式直流电弧加热器、CIRA 的 70 MW 叠片式直流电弧加热器。这类电弧加热器采用直流电源供电，因此电弧加热器直流供电系统的发展与整流技术的发展紧密相连（现在世界上只有少量的交流电弧加热器）。

早期的电弧加热器由于功率不大，采用直流焊机的串并联而获得直流电弧。20 世纪 50 年代采用水银整流器作为直流电源，水银整流器是在一个密封的铁罐底部盛着水银，就是阴极；顶部装有阳极；在阳极和阴极之间（接近水银）有栅极,也称引弧极,阳极和栅极都经玻璃绝缘子引出。它的工作原理和晶闸管非常相似,也是在阳极加有正电压,由栅极触发,触发后,栅极至阴极形成一小电弧,小电弧在阴极面形成弧斑,弧斑具有极强的发射电子的能力,促使阳极至阴极导通,电流过零时熄灭,不过它的栅极触发不像可控硅那样省电,它的触发功率有上百瓦,电压也要 200~300 V。

20 世纪 60 年代后以硅元件为代表的电力电子技术得到迅猛发展,相继经历了以硅整流管和晶闸管为主的整流器时代、以巨型功率晶体管(GTR)和门极可关断晶闸管(GTO)为主的逆变器时代及以金属氧化物半导体场效应晶体管(MOSFET)和绝缘门极双极晶体管(IGBT)为主的变频器时代。20 世纪 70~80 年代以大功率的硅整流管和扼流式饱和电抗器组成的硅整流电源在电弧加热器上得到广泛应用,现在除了俄罗斯外主要电弧加热器都采用控制精度和整流效率更高的晶闸管整流电源,我国在近几年也建造了 60 MW 量级大功率的晶闸管整流电源。

2. 国内外主要电弧加热器用整流电源的情况介绍

1)美国国家航空航天局阿姆斯研究中心的耦合加热电弧风洞(NASA Ames IHF)

(1)电弧功率:60 MW;

(2)整流元件:晶闸管;

(3)整流容量:150 MV·A。

2)欧洲空间局/意大利航空航天研究中心共建的 70 MW 电弧风洞(ESA CIRA Scirocco)

该电弧风洞的整流电源采用晶闸管元件,其标称容量达 100 MV·A,主要参数见表 2.1。

表 2.1　CIRA 晶闸管整流电源性能指标

交流部分	交流网侧	额定电压	150(1±10%) kV
		额定频率	50(1±2%) Hz
		短路容量	2 546~4 754 MV·A
	主变压器	额定变比	150 kV/32.5 kV
		额定容量	90 MV·A
	交流阀侧	额定电压	32.5(1±5%) kV
		额定频率	50(1±2%) Hz
		短路容量	619~826 MV·A

（续表）

直流部分	整流单元	整流变压器数量	6 台
		额定电流	3 kA
		额定电压(3 kA 下)	6.75 kV
	输出结构一 (2 并×3 串)	额定电流	6 kA
		额定电压	20.25 kV
	输出结构二 (3 并×2 串)	额定电流	9 kA
		额定电压	13.5 kV

3. 供电系统设计

电弧加热器稳定燃烧呈现出非线性负阻特性,通过对电弧的伏安特性分析可知,如果采用恒压电源,在电路中必须串接电阻,因此电源的使用效率低。另外,恒压电源一般采用调压变压器进行电压调整,其时间常数较大,对于电弧加热器的运行是不适用的。要想使电弧稳定燃烧,最好采用恒流电源,良好的恒流特性是对直流电弧加热器用整流电源的基本要求。

电弧加热器对电源功率的需求是由其运行参数范围确定的。对于单台电弧加热器,如果弧室压力、弧室焓值、气体流量等参数确定,那么可根据能量平衡原理估算出电源功率为

$$W = \frac{GH_0}{\eta_1 \eta_2 \eta_3 \cos \varphi} \tag{2.40}$$

式中,G 为总气体流量;H_0 为气体总焓;η_1 为电源效率,常取 0.95~0.98;η_2 为电路效率,常取 0.6~0.7;η_3 为加热器效率,常取 0.5~0.7;$\cos \varphi$ 为电源功率因数,常取 0.90~0.95。

如果电弧加热器允许总的电流已知,则可估计弧室气体参数,估计电弧电压时,平流型电弧加热器可用:

$$U = \frac{12172 P_0^{0.5} L^{0.5}}{I^{0.25}} + 946 \left(\frac{G}{A} \right)^{0.5} \frac{L^{0.25}}{I^{0.25}} \tag{2.41}$$

式中,I 为电弧电流;L 为电弧长度;G 为气体流量;A 为喷管喉道截面积;P_0 为弧室压力。

同样,如果电弧电压确定,则电弧电流为

$$I = \frac{GH_0}{\eta_3 U} \tag{2.42}$$

饱和电抗器是一个带铁芯的非线性电路,有直流和交流绕组。利用直流激磁控制铁芯的饱和程度,从而控制、改变交流绕组电感(感抗)值。这种饱和电抗器与二极管串联组成整流电路,起到扼流作用,使整流电源输出较好的恒流特性,图 2.53 是电路原理图。

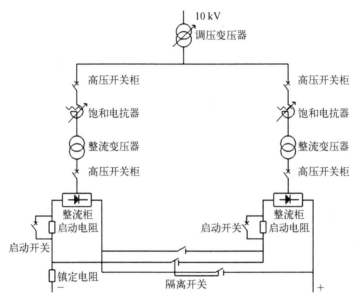

图 2.53 饱和电抗器整流电路原理图

供电系统首先由高压配电系统将 10 kV 高压交流电送到调压变压器,根据整流输出的空载电压设置调压变压器的档级,经高压开关柜送到扼流式饱和电抗器和整流变压器。整流机组由二极管组成整流电路,扼流式饱和电抗器控制其直流电压输出,并且具有恒流特性。整流机组和整流机组之间可以串、并联组合,以满足不同要求的输出电压、电流参数。硅整流器整流后,通过与整流变压器一次侧串联的扼流式饱和电抗器改变其吸收电压来调压和恒流,饱和电抗器吸收的电压可由激磁电流 I_k 来控制。电源电压的变化时间常数必须跟得上电弧电压的变化时间常数,否则电弧加热器将不能稳定工作。

为满足电源特性与电弧加热器特性的匹配要求,通常在供电主回路内串入大功率镇定电阻,一般选用不锈钢管水冷电阻器,它可以在大功率、大电流下可靠运行。

2.7.5　控制系统

1. 控制内容

控制系统主要控制电源主回路的电气开关如隔离开关及真空开关的分闸、合闸;调节电源的电流、电压参数;控制冷却水泵的运行和冷却水系统的阀门开、关及开度;控制真空机组和真空阀门的开启、关闭;控制供气系统阀门的开、关及开度;控制镇定电阻的运行;控制电弧加热器的运行、启动及紧急停车;实现供水、供电、供气系统的相关信号的联锁;进行各个子系统的信号指示,如要电、送电、要气、送气、水位高度、气源压力等。

另外,还必须有保护系统,如过电压、过电流保护,冷却水限压保护,供水、供气、供电联锁保护等控制。

2. 系统组成

控制系统通常由监测仪表、执行机构、自动控制回路、安全保护系统和计算机等部分组成,应用控制理论实现工业自动化的计算机控制。

控制系统的基本硬件组成如图 2.54 所示。

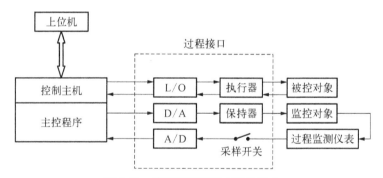

图 2.54　控制系统的基本硬件组成

控制主机是控制系统的核心,通过执行主控程序进行必要的控制运算、数据处理、逻辑判断和故障诊断等工作。

过程接口是控制主机与监控对象的联系单元,包括监控对象的状态控制。

外围设备包括手动控制台、按钮、指示灯等手动控制设备和人机接口输入、输出设备。

控制系统软件包括系统软件、控制软件、管理软件和后期数据处理应用软件。

电弧加热器控制系统需要测量和控制的参数较多,包括气流温度、压力、流量、电压、电流及各种开关量状态信号等。系统除传统的自动控制系统数据采集、实时监控、报警保护的基本功能外,针对电弧加热器的工作特性和试验使用要求还应具有以下特定功能：

（1）对试验过程中的电压、电流进行监控，并在超出范围或出现异常时能够报警保护和做出应急处理。

（2）高压气体流量可任意调节，通过 PID 控制能够快速响应并趋于稳定。

（3）冷却水要有温度和流量检测功能并有严格的压力监测和超压报警功能，能与试验运行系统进行安全互锁，在冷却水状态异常时能够及时启动保护措施。

3. 控制系统设计

控制系统总体包括主控系统、监测系统、安全互锁保护系统、数据分析处理系统和用户管理系统。

1）主控系统

为了方便调试和故障排除，也考虑到试验人员的操作习惯，主控系统分为手动控制和自动控制两种方式，由操作人员在实际运行中自由切换。

（1）手动控制依照传统的方式进行控制，其各部分功能由操作人员通过手动控制台操作实现。

（2）自动控制采用计算机配以适当的控制策略加以实现，主要分为开关量控制和模拟量控制两部分。

2）监测系统

监测系统主要负责控制系统运行时各项数据的采集和前期处理，如气流温度、压力、流量等。同时负责监视各个试验设备的运行工况。

3）安全互锁保护系统

在控制系统运行过程中，由于设备故障或试验人员操作不当等原因往往会造成一些不可预计的后果，因此控制系统必须设计一些安全保护措施，能在设备或控制系统出现异常状况时及时采取措施，阻止事故发生和扩大，保证试验设备和控制系统的安全运行。

安全互锁保护系统的主要作用就是在控制系统发生异常时，能够及时报警并能通过一系列的自动联锁动作，快速消除安全隐患，降低可能带来的不必要的损失，保护人身和设备安全。

控制系统的安全保护包括冷却水流量安全保护，隔离开关安全保护，过电压、过电流保护，冷却水限压保护，供水、供气、供电联锁保护等。

（1）联锁保护

为了保证控制系统的安全运行，设备之间、设备与实时参数之间必须遵守一定的联锁关系，当试验系统正常运行时，设备均在联锁条件下工作；当达到设定的条件后,某个设备才可能被启动;当正常运行条件被破坏时,该设备能停止运行以保护控制系统的安全。但是在调试阶段,控制系统又要能够解除这种联锁关系,以便单独控制各个设备进行试验测试。

联锁保护功能是控制系统必备的功能,包括硬件连锁保护和软件连锁保护。硬件连锁保护通常在现场电控设备中通过继电器和断路器实现。软件连锁保护一般在自动控制系统中实现。例如,自动控制系统要求在冷却水、高压气运行供给正常并且对应隔离开关都合好的情况下才能启动电弧加热器,各个设备在操作过程中出现错误或异常,系统会立即给出报警信号和报警信息,提示试验人员注意,直到故障排除后,系统才能正常运行。

(2)报警提示

控制系统要对主要设备的异常工作状态和错误操作流程进行报警提示,报警包括硬件系统报警和计算机软件报警。硬件系统报警采用声光报警,即在手动控制台上利用报警指示灯闪烁提示,同时发出报警提示音。计算机软件报警会在监控画面上用报警指示灯提示,同时会显示出错误信息,通知并指导试验人员进行正确操作和故障排除,将报警信息记录并保存在相应的文件中,记录内容包括报警时间、报警原因、报警时设备状态信息和参数值等,报警记录文件可以由操作人员调用读取,以备参考和记录。

(3)其他保护措施

① 不间断供电电源(uninterruptible power supply,UPS)的使用。控制系统采用大功率 UPS 为系统供电,保证控制系统在紧急情况下不会因突然断电而造成设备毁坏、人员伤亡或试验数据丢失等情况。

② 紧急停止开关。当试验系统出现严重故障并且自动和手动调节都难以使系统恢复时,需要通过紧急停止开关关闭整个试验系统,待故障修复后再重新启动,避免严重故障和危险的发生。

4)数据分析处理系统

数据分析处理系统主要完成实时报表和打印,以及试验结束后的数据回放和分析功能。

5)用户管理系统

用户管理系统为各个用户分配不同的操作和使用权限,防止人员的误操作,有利于控制系统的使用和管理。

4. 现场信号抗干扰设计

主控系统作为控制系统的主体,也是控制系统最底层和最重要的部分,由于现场数据采集时会遇到各种干扰,所以控制系统的功能不能局限于现场级的采集和控制,还应包括一定的抗干扰和滤波功能。硬件和布线上的抗干扰措施在系统设计和施工时应加以考虑;软件部分应在数据采样中添加一定的算法,增加抗干扰程序和滤波程序,提高现场控制系统的可靠性。

当大功率电弧加热器运行时,由于弧室压力的提高,将使放电的不稳定性增加,向外辐射的高频电磁场也增强,给控制系统带来很强的电磁干扰,影响系统的正常工作。同时,为了保证控制系统在工业电磁环境中免受或减少内外电磁的干扰,在设计阶段就必须进行现场信号的抗干扰处理,一般从以下几方面采取抑制措施:抑制干扰源;切断或衰减电磁干扰的耦合通道;提高装置和系统的抗干扰能力。

控制系统的抗干扰是一个系统工程,首先要选择抗干扰能力强的产品,其次要求在工程设计、设备安装和运行维护时予以全面考虑,结合具体情况进行综合设计,才能保证现场控制系统的电磁兼容性和运行可靠性。在进行具体工程的抗干扰设计时,应主要考虑以下两个方面。

1) 设备选型

在选择设备时,首先,要选择有较高抗干扰能力(包括电磁兼容性 EMC 和抗外部干扰能力)的产品以提高固有元器件的抗干扰强度,例如,采用浮地技术、隔离性能好的系统等使机电系统内的部件对于电磁干扰的敏感程度降低;其次,应了解系统给出的抗干扰指标,如共模抑制比、差模抑制比、耐压能力、允许在多大电场强度和多高频率的磁场环境中工作;最后,应考查设备在类似环境中的工作业绩,在选择国外产品时应注意:我国是采用 220 V 高内阻电网制式,而欧美地区是 110 V 低内阻电网制式;我国电网内阻大、零点电位漂移大、地电位变化大,工业企业现场的电磁干扰至少要比欧美地区高 4 倍,对系统抗干扰性能要求更高,因此在国外能正常工作的电气产品在国内就不一定能可靠运行,这就要求在采用国外产品时按我国的标准合理选择。主控单元选择可编程控制器(PLC)就有抗干扰能力强、环境适应性好、可扩展能力强和模块化程度高等优点。

2) 综合抗干扰设计

综合抗干扰设计主要采用来自系统外部的几种干扰抑制措施。对控制系统及外部引线进行屏蔽,防止空间辐射电磁干扰;对外部引线进行隔离、滤波,特别是动力电缆要分层布置,防止通过外部引线引入传导电磁干扰;正确设计接地点和接地装置,完善接地系统。另外,必须利用软件手段,进一步提高系统的安全可靠性。

主要的抗干扰措施如下。

（1）采用性能优良的电源

在控制系统中，电源占有极其重要的地位。电网干扰串入控制系统，主要是通过控制系统的供电电源、变送器供电电源和与控制系统具有直接电气连接的仪表供电电源等耦合进入的。因此，对于控制系统供电电源，一般采用隔离性能较好的电源。给变送器供电的电源，以及和系统有直接连接的仪表供电电源抗干扰性必须引起足够的重视，如果仍然使用分布参数大，抑制抗干扰能力差的隔离变压器，会串入共模干扰、差模干扰。因此，对于变送器和共用信号仪表供电应选择分布电容小、抑制大（如采用多次隔离和屏蔽及漏感技术）的配电器，以减少系统的干扰。

此外，为保证电网馈电不中断，可采用在线式 UPS 供电，提高供电的可靠性。并且，UPS 还具有较强的隔离干扰性能，是控制系统理想的电源。

（2）合理选择铺设电缆

为了减少动力电缆辐射电磁干扰，在工程中可采用铜带铠装屏蔽电力电缆。若电缆较长、电流较大，屏蔽层采用两点接地，否则采用一点接地。为了减少电磁干扰，不同类型的信号应由不同电缆传输，信号电缆应按传输信号种类分层铺设，严禁用同一电缆的不同导线同时传送动力电源和信号，信号线不宜与动力电缆靠近平行铺设。

（3）硬件滤波及软件抗干扰措施

信号在接入控制系统前，在信号线与地之间并接电容，以减少共模干扰；在信号两极间加装滤波器以减少差模干扰。

电磁干扰相当复杂，要从硬件上根本消除其影响是不可能的，因此在控制系统的软件设计和组态时，也应进行抗干扰处理来进一步提高控制系统的可靠性。

常用的软件抗干扰措施有：使用数字滤波和工频整形来有效消除周期性干扰；定时校正参考点电位，并采用动态零点有效防止电位漂移；采用信息冗余技术，设计相应的软件标志位；采用间接跳转，设置软件陷阱等提高软件结构的可靠性，等等。

（4）正确选择接地，完善接地系统

接地的目的通常有两个：一是为了安全；二是为了抑制干扰。完善的接地系统是控制系统抗电磁干扰的重要措施之一。

接地设计就是消除各支路电流流经公共地线时所产生的噪声电压，避免控制系统受磁场和地电位差的影响，目标是不使其产生接地环路。

控制系统接地方式有浮地方式、直接接地方式和电容接地方式。

在控制系统中的地线可以分为：数字地，作为数字电路的零电位；模拟地，作为 A/D 转换器、运放的能够模拟电路的零电位；电源地，即开关电源或线性电源直流输出的零电位；机壳地，即为防止静电感应和漏电所设计的地线。

对于控制系统的控制设备应采用直接接地方式。由于信号电缆分布电容和输入装置滤波等的影响，装置之间的信号交换频率一般都低于 1 MHz，所以控制系统设备接地线采用单点接地和多设备并联单点接地方式。在机箱底板上设三个接线柱分别作为数字地、模拟地和机壳地的接地点，以上地线分别引到各自的接线柱上，再将这三个接线柱短接，最后各装置的柜体中心接地点以扁平线编织带接地线将系统地接到统一的大地上。

当信号源接地时，应在信号侧接地；当信号线中间有接头时，屏蔽层应牢固连接并进行绝缘处理，一定要避免多点接地；当多个测点信号的屏蔽双绞线与多芯对绞电缆连接时，各屏蔽层应相互连接，做绝缘处理，选择适当的接地处单点接地。

（5）屏蔽

机箱屏蔽：屏蔽是从机械结构角度进行电磁兼容性设计的一种重要措施，它利用金属板、网或盒体将电磁场限制在一定空间内。在控制系统中的控制机箱均采用屏蔽式机箱。但由于控制系统有温控要求，控制机箱上留有通风口，这些通风口往往是控制机箱电磁波泄漏的主要原因。采用截止波导通风板是解决这个问题的理想办法，截止波导通风板是由许多六边形的截止波导拼接而成，本身通风效果好，又由于孔径小于干扰信号波长的 1/20，所以屏蔽效果也非常好，可以达到 60 dB 以上。

（6）滤波

滤波是抑制噪声干扰的有效手段之一。

① 电源滤波器

电源滤波器是一种低通滤波器，能够将 10 kHz 以上的高频电磁能量有效衰减，而对 50 Hz 的工频电流没有衰减。在控制机箱的三相电源进线处加入交流滤波器，可以抑制电网的噪声干扰。

② 软件滤波

利用 PLC 将软件和硬件结合是处理电磁干扰的重要手段之一，在 PLC 的硬件设置中就有分别针对数字量输入、模拟量输入的滤波器功能。

为了防止送入 PLC 的开关量受干扰而误触发的情况发生，在程序中利用定时器依据干扰持续时间的特征经一段时间延时后再读取该开关量,并通过数字量输入的多次读入来进行有效输入信号的判断。

在掌握了有用信号和干扰信号在时间上出现的规律后,对模拟量的采样,在程序设计上就可以在接收有用信号的时间段内打开输入口,而在干扰信号出现的时间段关闭输入口,并且在软件设计中可以使用较为常见的算术平均值的方法进行数字滤波,同时通过输入限幅滤波的方式限定输入信号的最大、最小限幅值来减少干扰对正常信号的影响。

(7)其他抗干扰措施

在控制机箱中的导线应根据电源等级、品种的不同分开捆扎,走线相距距离应尽可能远,避免平行走线。

在接触器线圈两端并接压敏电阻,对于通、断瞬间产生的电压尖峰可以起到吸收的作用。

2.7.6　测试系统

测试系统要求在试验现场建立一套安全、可靠的数据采集系统,不但要保证数据采集的快速、准确,同时还要保证现场数据采集设备和中央控制间上位机运行的安全、可靠。

1. 功能和作用

测试系统承担电弧风洞试验过程中针对模型及流场校测各种试验参数的测量及数据后处理工作,包括试验测量参数的配置、试验数据的存储、试验结果的分析计算、试验结果的可视化显示、打印输出等功能。具体功能如下:

(1)完成试验过程中各测量参数的采集和记录及常规数据的处理;

(2)完成流场压力分布校测、模型表面压力分布测量等工作;

(3)完成流场热流密度分布参数的高精度校测、模型表面热流密度分布参数的测量;

(4)完成试验模型表面和背面及内部温度分布的精确测量;

(5)对各测试设备的测量结果进行分析处理,包括试验数据的存储、试验结果的分析计算、试验结果的可视化显示、打印输出等。

整个测试系统包括满足试验基本测试需求的高精度数据采集系统、高精度热流密度测量系统、试验数据综合分析处理系统和各种类型传感器,以及满足测试需求的专用仪器设备,其中高精度数据采集系统和试验数据综合分析处理系统是测试系统的核心部分,下面简要介绍。

2. 高精度数据采集系统

电弧加热器在试验过程中,试验现场多种电气设备同时工作,产生的电磁干扰会对实际的测量信号造成很大影响,严重情况下会导致试验数据的失真;同时,因为试验现场的测试信号只经过信号端子箱转接后通过信号电缆直接进入试验采集系统,当有大的电压脉冲加载到线路上时,极易导致采集系统的毁坏,甚至烧毁数据采集工控机。因此,整个数据采集系统必须考虑到以上因素,单独设计和开发。

如图 2.55 所示,典型高精度数据采集系统采用 PXI 总线结构,包括信号调理模块、远程 PXI 数据采集系统、传输光缆、PXI 控制器、上位机、数据存储处理终端等部分。

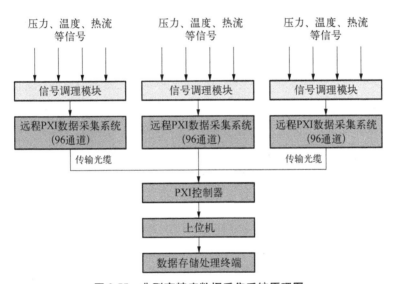

图 2.55　典型高精度数据采集系统原理图

高精度数据采集系统采用现场信号采集和中控间采集、分析系统独立分开的方式,在测试信号经传感器测量转换后,进入现场的信号调理端子箱,转换后的测量电流信号经信号电缆传输到 PXI 采集器前端信号端子箱,电流信号经信号端子板转换,将电流信号转换为采集板卡设定的标准电压信号后,连接进入PXI 采集卡。

测试信号被 PXI 采集器打包经以太网口输出,多路打包后的数据信号传输到中控间后,进入以太网集线器,由数据采集工控机中编译的采集软件以以太网数据编程方式将数据解包读出,并进行数据处理和相关试验状态监视。

3. 试验数据综合分析处理系统

如图 2.56 所示,试验数据综合分析处理系统包括数据库服务器、数据处理终端、数据显示终端、高速网络及专业数据分析处理软件等。试验数据综合分析处理系统用于对各测试设备的测量结果进行分析处理,结构复杂、内容多变,需要单独设计。

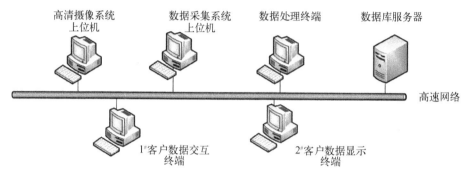

图 2.56　试验数据综合分析处理系统原理图

针对客户对各自单位试验数据和试验过程保密和敏感度要求,试验数据综合分析处理系统一般配备两套客户数据显示终端和实时试验视频显示终端在两个不同的房间;试验客户可以在相对独立和封闭的情况下实时观察试验的视频影像和流程,并且在一定受限权限范围内查看部分的试验数据和计算结果。

2.8　小结

高超声速飞行器,是未来航天飞行器发展的重要方向,其遇到的恶劣气动加热环境是制约各国高超声速飞行器研制的"瓶颈"技术问题;高超声速飞行器的防热设计必须经过严格充分的地面试验考核和验证;电弧气动加热试验设施是进行气动热地面模拟试验研究的主要试验设备,它可以在地面模拟与高超声速飞行器长时间飞行一致的气动加热环境,产生一定尺度、一定焓值的干净高温试验气流,对飞行器防热材料和结构的可靠性、有效性和适用性进行检验。

可以通过选择不同的电弧加热器或电弧风洞配套不同类型和尺度的喷管,选定特定的试验气体来满足试验运行参数的要求,试验气体类型、气流焓值、气流压力、气流速度、流场尺度、试验时间均可以根据型号要求进行调整,流场参数还可以根据飞行器的飞行弹道条件进行变轨道运行,这种试验方案的多样性进一步增强了电弧气动加热试验设施在大范围高超声速模拟方面的应用。随着高超声速飞行器性能的提高,电弧气动加热试验设施必将进一步发展,也将继续在高超声速飞行器材料、结构和部件的研究和评估中发挥重要作用。

符号表

符　号	名　　称	符　号	名　　称
$\overline{U}^{*}$	旁路击穿部位的平均击穿电压	$\eta_{总}$	(电弧加热器)总体效率
ρ	密度	$\eta_{电}$	(电弧加热器)电路效率
ρ_0	标准条件下的密度	$\eta_{热}$	(电弧加热器)热效率
h	焓值	St	斯坦顿数
I	电弧电流	F	电弧辐射系数
G	气体流量	e	电源电压
$\overline{U}_{\min}$	电弧在旁路击穿瞬时的最低电压	i	电流
δ^{*}	当地的边界层厚度	θ	电弧起弧相位角
$\overline{L}_0$	初始段相对长度	T	温度
$\overline{I}$	平均电流	β	喷管初始膨胀角
μ	黏性系数	β_{B}	最大膨胀角
σ	电导率的特征值	μ_1	喷管马赫角
D	管道内径	γ	比热比
V_{ψ}	气流圆周速度	R	气体常数
r	半径	T_0	气流总温
$V_{\psi a}$	进气室切向入口处的速度	P_0'	第二喉道段处气流总压
r_a	进气室的半径	P_0	气流总压
r_b	电极入口处的半径	Ma	马赫数
$F_{入口}$	进气室切向进气孔的总面积	A'_{*}	扩压段第二喉道段截面积
d	电极内径	A_{*}	喷管喉道截面积
P	压力	A_1	喷管出口截面积
$\overline{\eta}$	电弧加热器的综合热特性	V	空气流速
W	(加热器)功率		

参考文献

［1］Smith R T, Folck J L. Operating characteristics of a multi-megawatt arc heaters used with the Air Force Flight Dynamics Laboratory 50-megawatt facility［C］. AD687880, 1969.

[2] Smith R T, Doyle J P. A 50-MW arc heater: scaling parameters and performance prediction [C]. AD607710, 1964.

[3] Beachler J C. Operating characteristics of the air Force Flight Dynamics Laboratory reentry nose tip (RENT) facility[C]. Proceeding of 5th Space Simulation Conference, 1970.

[4] Beachlers J C, Kachel W A. A shrouded flow arc air heaters for simulation of a 250MW plasma jet heaters[C]. Proceeding of 7th Space Simulation Conference, 1973.

[5] Sarlitto J, Eschenbach R C. Development of high enthalpy high power arc air heater[C]. AD433212, 1964.

[6] Brown G A, Patton J B. Calibration and operation of the Linde model N-4000 arc heaters with 1/2-and 3/8-inch diameters constrictions[C]. AEDC-TR-65-102, 1965.

[7] Painters J H, Rinehart W A. Aerothermodynamic testing of heat protective systems in an arc tunnel[C]. Proceeding of the 11th National Symposium Society of Aerospace Material and Process Engineers, 1967.

[8] Painters J H, Ehmsen R J. Development of a high performance arc heaters for ground testing advanced for ground testing advanced strategic reentry vehicle components[C]. AIAA 71-259, 1971.

[9] Painters J H. Development of the MDC-200 arc air heaters[C]. MDCQ0432, 1972.

[10] Painters J H. High pressure arc heaters electrode heat transfer study [C]. AIAA 74-731, 1974.

[11] Painters J H. High performance arc heaters studies[C]. AIAA 75-705, 1975.

[12] Smith D M, Felderman E J. Aerothermal Testing of space and missile materials in the Arnold Engineering Development Center arc jet facilities[C]. AIAA 2006-3293, 2006.

[13] Shepard C E. The constricted arc supersonic jet[C]. NASA TM-X-56181, 1963.

[14] Richter R, Buhler R D. High enthalpy gas heater[C]. NASA 9-3564, 1965.

[15] Balter-Peterson A, Nichols F, Mifsud B, et al. Arc jet testing in NASA Ames Research Center thermophysics facilities[C]. AIAA 92-5041, 1992.

[16] Russo G. The scirocco wind tunnel project[C]. AIAA93-5117, 1993.

[17] Bruce W E, Horn D D, Felderman E J, et al. Arc heater development at AEDC[C]. AIAA 94-2591, 1994.

[18] Montgomery P, Smith D M, Sheeley J, et al. Justification and current development efforts for a higher pressure arc heater facility[C]. AIAA 2004-6815, 2004.

[19] Sheeley J, Whittingham K, Montgomery P, et al. Extending arc heater operating pressure range for improved reentry simulation[C]. AIAA 2006-3295, 2006.

[20] Dubreus M, Joseph M. S, Jeff H S. Development of a mid-pressure arc-heated facility for hypersonic vehicle testing[C]. AIAA 2010-1732, 2010.

[21] 茹科夫,科罗捷耶夫,乌柳科夫.等离子体实用动力学[M].赵文华,周立行,译.北京: 科学出版社,1981: 87-192.

[22] Winovich W, Carlson W C A. The 60-MW shuttle interaction heating facility[C]. Anaheim: Proceeding of 25th International Instrumentation Symposium, 1979.

[23] Winovich W. Experimental and analytical derivation of arc-heater scaling laws for simulating

high-enthalpy environments for aeroassisted orbital transfer vehicle application[C]. AIAA 85-1006, 1985.

[24] Painter J H. High-performance arc air heater studies[C]. AIAA 75-705, 1975.

[25] 王本榕.兆瓦级长分段电弧电弧加热器研制[R].北京：中国空间技术研究院,1990.

[26] 王本榕.大尺寸长分段电弧加热器第一阶段研制调试小结[R].北京：航天工业部第七零一所,1988.

[27] Chen D M, Hsu K C, Pfender E. The effects of cold gas injection on a confined column[J]. IEEE transactions on Plasma Science, 1980, (12). 425-430.

[28] Chen D M, Pfender E. Two-temperature modeling of the anode contraction region of high-intensity arcs[J]. IEEE transactions on Plasma Science, 1981, 12: 265-274.

[29] 卡拉捷耶夫,米罗诺夫,斯维尔丘克.电弧加热器[M].左光,阎喜勤,毛国良,译.北京：机械工业出版社,1993.

[30] 嵇震宇.高焓电弧等离子体技术[M].北京：中国科学技术出版社,1979.

[31] Russo G. The Scirocco wind tunnel project: progress report 1993[C]. Munich: AIAA/DGLR 5th International Aerospace Planes and Hypersonics Technologies Conference, 1993.

[32] Purpura C, Filippis F D, Graps E. The GHIBLI plasma wind tunnel: description of the new CIRA-PWT facility[C]. AIAA 93-5117, 1993: 331-340.

[33] Smith D M, Felderman E. Aerothermal testing of space and missile materials in the Arnold Engineering Development Center arc jet facilities[C]. AlAA 2006-3293, 2006.

[34] Montgomery P, Sheeley J, Felderman E. Update on current development efforts for a higher pressure arc-heated facility[C]. AIAA 2006-7911, 2006.

[35] Terrance M D. Joseph M S, Jeff H S. Development of a mid-pressure arc-heated facility for hypersonic vehicle testing[C]. AIAA 2010-1732, 2010.

[36] Federico D F, Antonio D V, Sebastiano C, et al. SCIROCCO arc-jet facility for large scale spacecraft TPS verification[C]. Vancouver: 55th International Astronautical Congress, 2004.

[37] Lu F K, Marren D E.先进高超声速试验设备[M].柳森,黄训铭,等,译.北京：航空工业出版社,2015.

第3章

电弧加热试验参数测量

    电弧加热设备常用于飞行器热防护材料和系统考核与验证,试验参数的准确测量是试验有效性的必要条件。自 20 世纪 50 年代开始,电弧加热设备就用于地球大气再入环境的模拟,至今依然在用的许多测量方法也源于那个时候,早期主要测量的参数包括热流密度、表面温度、焓和压力[1]。在航天飞机隔热瓦和翼前缘材料催化特性的研究中,人们对于高温气流的组分及其与热防护材料的相互关系越来越感兴趣,电弧加热射流常被认为是热和化学非平衡流,因此对于振动温度、转动温度、平动温度、电子温度和激发温度的测量也是十分必要的,这也导致现代的光谱诊断和激光测量技术在电弧加热试验中得到了应用。进入 21 世纪以来,以防热承力一体化、翼身组合体、长时间飞行等为代表的新型高超声速飞行器的发展,又对电弧风洞试验及其测量技术提出了新的挑战,要求在电弧风洞试验中测量模型烧蚀形貌、高温热应变和结构热变形的参数,因此基于计算机视觉的非接触测量方法也逐渐发展起来。

    电弧加热试验的参数测量主要包括热环境模拟参数和模型热响应参数两部分[2]。前者用来确定电弧加热器模拟的试验状态,包括气流总焓、模型表面热流密度、压力、气体组分和浓度、非平衡温度等;后者用来反映模型防隔热性能的优劣及结构的可靠性,包括:模型表面/背面温度,质量/线烧蚀率,碳化层、热解层或原始材料层的厚度,有效烧蚀热,热应变/热变形,烧蚀过程形貌变化等,本章将对这些测量项目的基本原理和测试方法进行介绍,参见表 3.1。

表 3.1　电弧加热参数及其测量方法

参　数	测 量 方 法 或 设 备
压力	皮托管,静压管,压力传感器
热流密度	塞式量热计,戈登量热计,水卡量热计

（续表）

参　数	测 量 方 法 或 设 备
焓	能量平衡法，平衡声速流量法，压力热流反推法，光谱法，总焓探针法
组分浓度	发射光谱，吸收光谱
原子激发温度	发射光谱，双线法，多线法
分子转动温度	发射光谱，激光诱导荧光
分子振动温度	发射光谱，吸收光谱，激光诱导荧光
电子温度	发射光谱，多普勒展宽，静电探针
气流静温	多普勒展宽，激光诱导荧光
电子密度	静电探针，发射光谱，斯塔克展宽
烧蚀形貌	三坐标仪，激光投影，计算机视觉，数字图像相关技术（DIC）
热应变参数	高温应变片，光纤光栅传感器（FBG）
烧蚀变形参数	光学 3D 测量法

3.1　热环境参数测量

在热防护试验中，常用的热环境模拟参数主要包括气流总焓、模型表面热流密度和压力等。近些年，电弧加热高温流场的组分浓度及非平衡温度等参数测量需求也越来越紧迫，下面分别介绍它们常用的测试方法。

3.1.1　气流总焓

在高超声速飞行器气动热防护地面试验中，气流总焓是试验的主要参数。从工程热力学角度讲，“焓”的定义是“随工质进出开口系所转移的能量”，它表示的是进出开口系流体的热力学能和流动功的总和，其地位同闭口系中的热力学能是类似的，具有能量的量纲。烧蚀理论分析指出，在材料烧蚀过程中气流总焓对烧蚀性能有很大影响。总焓可以表示为

$$h_0 = h_e + \frac{1}{2}u^2 \tag{3.1}$$

式中，h_e 表示静焓；$u^2/2$ 则代表动能。在真实飞行状态中，气流静焓所占的比重较小，动能部分占比较大；在地面试验中，电弧加热器对气流加热主要提高气流的静焓，而动能部分所占的比重较小。虽然地面试验与真实飞行状态有所

不同,但是地面试验只要保证与真实飞行状态的总焓相同,即可满足地面试验要求。因此,电弧加热风洞的总焓测量对于风洞试验状态与试验结果的可靠性至关重要。

在电弧加热器的热防护试验中,测量气流总焓有五种常用的方法,即能量平衡法、平衡声速流量法、压力热流反推法、光谱法、总焓探针法。

1. 能量平衡法[3-5]

根据热力学第一定律,气流焓值的增量应等于电弧加热器提供的能量与其能量损失之差。也就是说,如要得到气流的焓值(h_0)只需测得气流的质量流量(G)、电弧加热器的电压(V)和电流(I)及冷却水带走的热量(E)即可。

电弧的功率为

$$P = VI \tag{3.2}$$

所以气流的平均总焓为

$$h_0 = \frac{P - E}{G} = \frac{VI - E}{G} \tag{3.3}$$

冷却水带走的热量(E)包括加热器的前电极、后电极、喷管中冷却水带走热量的总和,即

$$E = \sum \omega_i \Delta T_i c_p \tag{3.4}$$

可以将式(3.1)改写为

$$h_0 = \frac{VI - \sum \omega_i \Delta T_i c_p}{G} \tag{3.5}$$

式中,ω_i 分别为前后电极和喷管中冷却水的流量;c_p 为冷却水的定压比热容;ΔT_i 为冷却水进出口温差。

利用高精度电流表和电压表可以测量出电弧的电流和电压;利用临界喷管或流量计可以测量出气体流量;用流量计(如浮子式、孔板压差式等)或直接称重可以测得冷却水流量;冷却水的温度可以用热电偶测量出来。把所测得的数据代入式(3.5),就可以得到气流的平均总焓。

此测量方法的优点是方法简便、直观,无须特殊的仪器仪表就能快速确定气流焓值。其主要的缺点是精度较低,特别是在空气流量较小的情况下更是如此,因为此时冷却水带走了大部分的热量,这一热损失中的微小误差就会带来较大的焓值误差。另外,能量平衡法所测得的是气流的平均焓值,该方法对于流场的

熔值分布和变化的测定就显得无能为力了。因此,在一般情况下此方法只用于估计流场总熔的数量级大小,而不用作气流总熔的精确测定。

2. 平衡声速流量法[6]

电弧加热的高温气流在喷管喉道达到声速,利用这一条件,从高温气体一维等熵平衡流动的方程出发,通过测量气流的质量流量(G,单位为 kg/s)、喉道前气流总压(P_0,单位为 Pa)和喷管喉道有效截面积(A_{eff},单位为 m^2)就能确定气流熔值(h_0,单位为 kJ/kg),计算方程见式(3.6)。该式适用的熔值范围为 2.3 ~ 23 MJ/kg。

$$h_0 = 4.532 \times 10^{-5} \times \left(\frac{P_0 A_{eff}}{G} \right)^{2.519} \tag{3.6}$$

其中,A_{eff}可用常温空气进行标定,当常温空气在喷管喉道处达到声速时,按式(3.7)计算。

$$A_{eff} = 25.22 \times \frac{\sqrt{T_{01}} G}{P_{01}} \tag{3.7}$$

式中,T_{01}为常温下空气温度(K);P_{01}为常温下喷管喉道前气流总压(MPa)。将式(3.7)代入式(3.6),还可以推导出气流总熔与常温及高温条件下喷管喉道前气流总压比值的关系,如式(3.8)所示。

$$h_0 = 193.5 \times \left(\frac{P_0}{P_{01}} \right)^{2.519} \tag{3.8}$$

3. 压力热流反推法[7]

该方法是利用半球头热流探针和总压探针的测量结果,通过半球头模型的驻点热流、驻点压力和气流总熔之间的关系式来确定总熔。这是一种间接测量方法,它在很大程度上取决于高温气体的理化性质、外部绕流和传热机理的数学描述。很多学者根据不同的假设,得到了各种不同简化程度的理论公式,经过多年的试验验证,目前常用的反推公式为

$$h_0 = q_s \bigg/ \left(K \cdot \sqrt{\frac{p_s}{R}} \right) \tag{3.9}$$

式中,h_0为气流熔值(kJ/kg);q_s为球头模型驻点热流(kW/m^2);p_s为驻点压力(atm);R为球头半径(cm);K为系数,一般取 1.14 ~ 1.23。值得注意的是,在应用该方法时,应了解热流传感器表面的催化复合特性并进行修正,当接近完全催

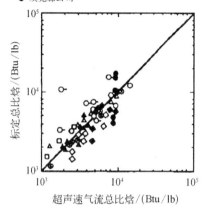

△ 阿姆斯实验室　　◆ 通用动力实验室
□ 兰利实验室ESB风洞　○ 吉安尼尼
◇ 兰利实验室磁流体　△ 马丁
　加速风洞　　　　　⊗ 北美
▲ 赖特帕特森空军基地
　FMD风洞
● 埃克森公司

图 3.1　平衡声速流量法与压力
热流反推法焓值对比

化时式(3.9)有效。

根据 Scott 在文献中的介绍,平衡声速流量法和压力热流反推法在不同的风洞中测量不确定度较大,图 3.1 为两种测量方法在典型电弧风洞中的焓值比较,因此适时选择合适的测量方法是十分重要的。

4. 光谱法[8-10]

很多光谱测试方法均可以获取气流温度数据,进而得到气流焓值,下面以可调谐二极管激光吸收光谱技术(tunable diode laser absorption spectroscopy, TDLAS)为例进行说明,TDLAS 总温测量技术利用工业上较为成熟的 TDLAS 技术可以测量气流总温。该技术基于 Beer-Lambert 定律建立,通过被测气体的入射光强与被测气体吸收后的出射光强的比值与气体浓度、温度等存在特定数学关系进行反演分析得到气流的温度,是一种新型的非接触式气体温度测量技术,具有受气体环境影响小、响应速度快、可靠性高、可实现气体温度与浓度同时测量等优点。但 TDLAS 技术的测量误差较大,且即使在其测量优势的高温气流中,如气流温度在 4 000 K 以上,测量误差依然较大。当测量总焓为 800~3 000 kJ/kg 的气流时,更不具有明显优势。

5. 总焓探针法[11]

总焓探针法包括水冷稳态总焓探针法和瞬态总焓探针法两类。水冷稳态总焓探针法与能量平衡法类似,是用冷却水吸收高温气流的热量,使得高温气流冷却到能用常规方法进行测量的较低温度,通过测量冷却水所带走的能量及冷却后气体的能量之和来确定高温气流的焓值,见式(3.10)。此方法的优点是测量精度较高,缺点是响应时间长、对于焓值的波动难以测量,冷却水的要求又使得探针设计复杂、加工困难且附属设备和环节较多。

$$h_0 = h_{01} + \frac{m}{G} \cdot c_p \cdot \Delta T \qquad (3.10)$$

式中,h_{01} 为冷却后气流焓值;m、c_p 和 ΔT 分别为冷却水质量流量、比热容和温升速率;G 为气流的质量流量。

在高参数状态的电弧加热试验中,即便是水冷的稳态总焓探针也是比较容易烧毁的,因此发展了瞬态总焓探针。它借助高速送进装置,可在探针未被烧毁前快速扫过气流,瞬态完成取样和测量,其测量原理与稳态总焓探针类似。探针一般采用长径比足够大的取样管,以保证抽取气样冷却至可测量的较低温度,与稳态总焓探针不同的是对气体的冷却方式,它是通过热量传递给取样管壁的方式来实现冷却的,利用取样管瞬时温升作为气样热容量的测量。因此,式(3.10)中 m、c_p 和 ΔT 则分别为取样管的质量、比热容和温升速率,取样管的温升速率可由热电偶、热电阻等温度传感器进行测量。

近年来,中国科学院力学研究所的戚隆溪等[12]提出了一种应用平衡声速流量法的瞬态焓探针,即双喉道瞬态焓探针,其工作原理如图 3.2 所示。值得注意的是,该方法不是去测定气样冷却时被移出的能量,而是测定探针入口处的总压(来流总压)和第二喉道前的总压、总温(用以计算流量)。由于两个喉道截面是已知的,根据相应的气动力学基本方程就可以求得来流总焓和所测参数之间的定量关系。为适应瞬态工作方法,该探针的热交换器使用一种多孔吸热材料。为了测量焓值剖面分布,它配有快速扫描装置。

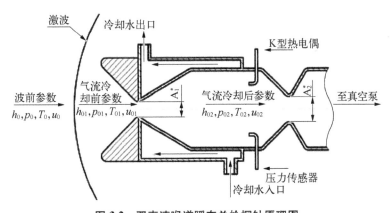

图 3.2　双声速喉道瞬态总焓探针原理图

A_1^* 第一喉道面积;A_2^* 第二喉道面积。

中国航天空气动力技术研究院研制了应用于电弧风洞的双声速喉道总焓探针,分别采用工程计算方法和数值计算方法对总焓探针内冷却换热条件进行计算,辅助焓探针冷却器部分的设计。瞬态总焓探针的测试试验分别在配备管状电弧加热器、长分段式电弧加热器和叠片式电弧加热器的电弧风洞中进行,验证总焓探针在不同来流总焓和压力区间内的测试性能。确定两种形式的

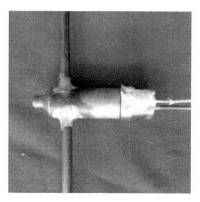

图 3.3 双声速喉道总焓探针照片

总焓探针可以用于来流总焓 1.0~13.0 MJ/kg 的测量试验。经误差分析,总焓探针测量的理论误差在 6%~8%。

与传统的水冷式总焓探针相比,该探针最大的优点在于:一是无须测量取样气体的质量流量;二是无须测量冷却水所带走的热量。这样既可以消除由于测量取样气体质量流量和冷却水流量带来的误差,又可以消除由于外部绕流给探针的传热带来的误差,从而大大提高测量精度。另外,总焓探针在得到气流总焓的同时,也可以得到气流的驻点压力,并且通过选择不同的工作方程,可以扩大探针的工作范围,使探针的应用更加广泛。

3.1.2 模型表面热流密度[13-17]

热流密度是材料承受热载荷的主要表征参数,它表示单位时间内加载到单位面积上的热量。模型表面热流测量技术可分为两类:一类采用传热传感器,如塞式量热计、水卡量热计、戈登量热计等,用于测量局部点的热流。这类技术发展历史较长,比较成熟,属于经典测量技术,但是,它要在模型上打孔用于安装传感器,从而破坏模型的整体性,加之传感器表面难以与模型表面平滑接触,多少改变了局部几何形状,因而会引起测量误差,这类技术对于如复杂模型干扰区等外形变化较为复杂和空间有限的区域无能为力。另一类是进行大面积测量的热图技术,如红外热图、相变热图、磷光热图等,这类技术一次试验就可以得到大面积的热流分布,无须破坏模型、温度显示直观,但这些技术测量系统往往比较复杂、价格较高。下面介绍电弧加热试验中常用的经典热流测量方法,如塞式量热计、水卡量热计、戈登量热计;也对目前仍处于发展阶段的红外热图技术进行一个简单的介绍。

1. 塞式量热计

塞式量热计结构简单、易于制造、成本低廉、性能可靠、使用方便且容易安装,是气动热试验中广泛采用的一种热流测量装置。它由一个质量和受热面积经过精确测定的圆柱形无氧铜量热柱塞、热电偶和隔热套等组成,如图 3.4 和图 3.5 所示。测量时柱塞表面接受的热量

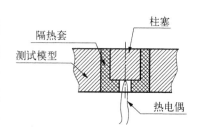

图 3.4 塞式量热计示意图

迅速传遍塞体,使其温度上升,通过下表面的热电偶记录温度随时间的变化。柱塞周围一般采取隔热套进行绝热保护,尽量防止探芯与周围产生热交换。

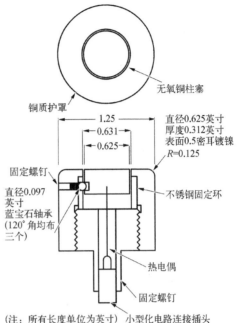

根据一维热传导公式,对端面受热表面积为 A 的塞块,在表面均匀加热而周围绝热的前提下,热流密度 q 可用下式表示:

$$q = c_p \cdot \frac{m}{A} \cdot \frac{\mathrm{d}T}{\mathrm{d}t} \qquad (3.11)$$

式中, c_p、m、A、$\mathrm{d}T/\mathrm{d}t$ 分别为塞块的比热容、质量、受热表面积和温升速率。

对于热流密度为 ρ,厚度为 δ 的圆柱形塞块,式(3.11)可变为

图 3.5　典型驻点塞式量热计结构图

$$q = \rho \delta c_p \frac{\mathrm{d}T}{\mathrm{d}t} \qquad (3.12)$$

塞块厚度 δ 的选取根据所测热流密度范围而定,高热流密度对应较大的厚度,试验中塞块温度变化一般在每秒几十摄氏度为宜,以此可以反推 δ 为

$$\delta = \frac{q}{\rho c_p \dfrac{\mathrm{d}T}{\mathrm{d}t}} \qquad (3.13)$$

按此式求得的 δ 可进一步确定合适的塞块直径。理论上塞块的长径比应不大于 1/4,这样才能较好地满足一维传热模型假设。但在实际工作中,由于试验模型形状、结构、尺寸的限制,采用这个比例往往不易做到,但至少要求塞块的直径不小于其厚度尺寸。

塞式量热计的测量基于以下假设:

(1) 塞块的热物性参数保持不变;

(2) 塞块的导热性能非常好,塞块内各部位的温度均匀一致;

(3) 塞块表面温度的升高对测量结果影响较小。

事实上,在被测热流密度较高时,塞块内温度梯度必然较大,并且随着塞块温度

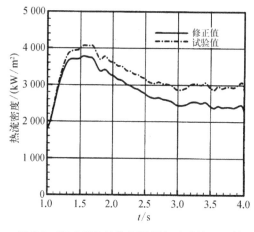

图 3.6　塞式量热计修正结果与试验结果比较

的增加塞块材料的热物性参数也将随温度变化,从而所获得的试验值与实际值的误差将会较大,所以必须对塞式量热计的测量结果进行修正。关于塞式量热计的修正方法,可参考陈连忠提出的一维瞬态导热模型和有限差分的离散方法[18],对试验数据进行理论分析与修正,可以获得比较真实的冷壁热流密度,从而可以提高模拟加热试验的准确性,如图 3.6 所示。

这种类型的量热计在电弧加热试验中应用广泛,如果将传感器表面覆盖不同涂层,还可以用于研究材料在低温下的催化特性。中国航天空气动力技术研究院采用塞式量热计分别测量在同一来流条件下不同表面溅射材料的表面热流,可直观显示不同催化壁材料对表面热流的影响趋势。如图 3.7 所示,球柱模型表面分别溅射 500 nm 的 Au(近完全催化壁)和 SiO_2(近非催化壁)来改变表面催化特性。

(a) 原始模型

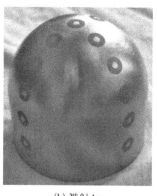
(b) 溅射Au

(c) 溅射SiO_2

图 3.7　球柱热流测量模型

双球柱模型测量结果如图 3.8 所示。将两个模型的热流密度测量结果放在一起对比,溅射 Au 的模型结果为白底,溅射 SiO_2 的模型结果为黄底。从图 3.8 可以看出,热流密度最大值为近完全催化壁的中心驻点 1#,为 1 301 kW/m^2。热流密度最小值为近非催化壁的 5#同心圆左点,为 89 kW/m^2。除个别点外溅射 Au 的模型热流密度测量值要大于溅射 SiO_2 的模型热流密度测量值,即近完全催化壁热流密

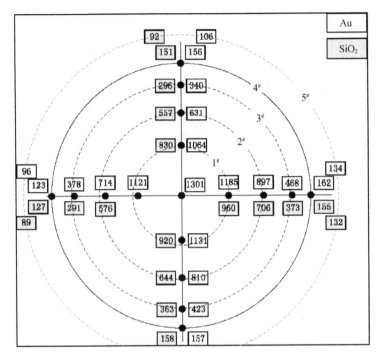

图 3.8　双球柱模型测量结果

注：图中数字的单位均为 kW/m^2。

度值要整体大于近非催化壁热流密度值。各测点中相差最大的 3# 同心圆的左点，近完全催化壁热流密度值大于近非催化壁热流密度值30%。各测点中相差最小的 4# 同心圆的下点，近完全催化壁热流密度值小于近非催化壁热流密度值1%。

　　将各同心圆上 4 个测点取平均值得到表 3.2 中的数据，可以明显看出半球面的热流密度值要大于圆柱面的热流密度值，且同心圆距离驻点越远，热流密度值越小。在半球面上，催化效应影响明显，近完全催化壁热流密度值大于近非催化壁热流密度值，3 个同心圆的平均热流密度值差异分别为24.58%、23.06%、21.82%。在圆柱面上催化效应影响较弱，4#、5# 同心圆的平均热流密度值相差很小。

表 3.2　同心圆平均热流值对比

测点位置	半球面			圆柱面	
同心圆	1#	2#	3#	4#	5#
近完全催化壁热流密度值/(kW/m^2)	1 125	763	402	149	112
近非催化壁热流密度值/(kW/m^2)	903	620	330	147	104
相差百分比/%	24.58	23.06	21.82	1.36	7.69

2. 水卡量热计

水卡量热计又称水冷卡路里计,在 20 世纪 60 年代就被发明了,是一种较成熟的量热计。它可以在高热流密度(大于 5 MW/m²)的环境下长时间工作,具有较高的测量精度和能够重复使用等优点;其缺点是尺寸较大、响应时间长、不能

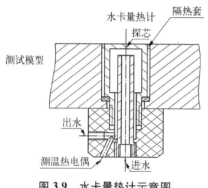

进行瞬态测量、结构也比较复杂。水卡量热计由探芯、隔热套、进水管、出水管及测温热电偶等组成,如图 3.9 所示。测量时,探芯表面接收的热量迅速被冷却水带走导致冷却水温度升高,并逐渐达到传热平衡,通过测温热电偶测量进出水温升,并用流量计测定水流量。探芯周围一般采取隔热套进行绝热保护,尽量防止探芯与周围产生热交换。

图 3.9 水卡量热计示意图

根据热平衡原理,高温气流传给水卡端面探芯的热量应等于测试冷却水所吸收的热量,因此测出水卡中水流量和水温升就能计算出热流密度,即

$$q = \frac{m}{A} \cdot c_p \cdot \Delta T \tag{3.14}$$

式中,q 为待测热流密度;A 为探芯受热面积;m、c_p、ΔT 分别为冷却水的质量流量、比热容和进出口温差。

实际应用中可以通过调节冷却水流量来控制进出口温差,一般使之低于 20℃,因此可以认为水卡量热计测量热流为冷壁热流密度。

3. 三段稳态塞式量热计[19]

一些研究者综合了以上两类量热计的优点,研制出一些基于一维稳态导热假设的第三类量热计。它们既可以承受某些试验场合难以避免的长时间稳态加热,又保持了尺寸小、测量精度高、可以进行布点测量的优点。

1957 年,Beckwith 将水卡量热计和瞬态塞式量热计相结合,在瞬态塞式量热计的底部通恒定流量和温度的冷却水,形成一个能测稳态热流的三段稳态塞式量热计。其具体结构如图 3.10 所示。从图 3.10 可以看出,该量热计的探芯由三个圆柱叠加在一起组成,各段材料分别为不锈钢-康铜-不锈钢。不锈钢和康铜的导热系数处于同一个量级。探芯的第一段结构与外套相连,且与外套材料相同,第二、三段结构均与外壳绝热。各段结构连接处镀锡,然后用银焊接,银的

厚度为 0.001 5 英寸 * (0.038 mm),再
加热加压,使连接处尽量薄。由于两
端的圆盘是相同的材料且与中间圆
盘的材料不同,所以热电偶的连接就
在这两个交界面上形成了。这可能
是这种量热计的首次尝试。

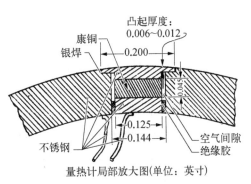

图 3.10　Beckwith 的三段稳态塞式量热计

1963 年,George 在 Beckwith 研究
工作的基础上发展了这种能测稳态
热流的三段稳态塞式量热计。George
的探芯与 Beckwith 所用的探芯结构几乎相同(图 3.11),不同之处在于:① 探芯
第一段结构是用水泥环与外套绝热的;② 探芯的材料是无氧铜-康铜-无氧铜。

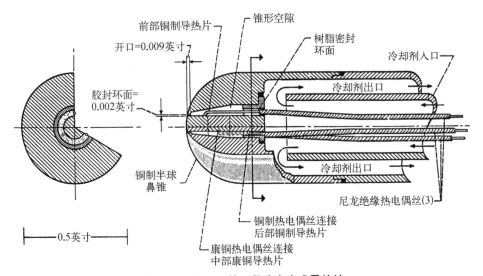

图 3.11　George 的三段稳态塞式量热计

值得一提的是,康铜和无氧铜的导热系数相差很大。试验热流密度范围为
80~800 kW/m^2,George 通过试验得到了热流输入与理论预估值之比为 1.3,测量
热流的标准偏差为±5%。George 认为在测量系统中大约有 30% 的热流损失,总
的损失可以归结为探芯的辐射热输出和气流通过前端环形空隙进入到半球壳体
内部的热输入。通过前端环形空隙的径向温度梯度将由康铜段的热阻提供。康
铜段的热阻将提高前段无氧铜的温度,使其大于周围半球壳体的温度,这个温差

---

* 1 英寸(in)= 2.54 cm

近似等于通过康铜段的轴向温差,同时也是引起辐射热输出的原因。

中国航天空气动力技术研究院设计并研究了一种基于一维稳态热传导原理的三段稳态塞式量热计。该量热计的探芯由三个圆柱叠在一起组成,各段材料分别为无氧铜-康铜-无氧铜,各段之间的连接方式采用了真空扩散焊接法,探芯的底部有冷却水射流冲击的强制水冷。它通过测量稳态时中间康铜段前、后表面上的温差来得到壁面热流密度。利用电弧风洞进行了三段稳态塞式量热计球头驻点的热流密度测量试验。将该量热计的热流密度测量结果与经典的 Fay-Riddell 半球驻点热流密度计算公式的理论值进行对比。结果显示在三个热流密度状态里,在来流参数存在至少±1%的波动情况下,三段稳态塞式量热计的热流密度测量值与 Fay-Riddell 半球驻点热流密度计算公式所得热流密度的理论值的偏差在11%以内。这表明三段稳态塞式量热计是一个测量精度较高,特别适合测量稳态、低热流密度的量热计。它既可以承受某些试验场合难以避免的长时间气动加热,又保持了尺寸小、可以在驻点及大面积的材料上进行多点布点测量的优点。较为适宜测量的稳态热流密度值一般小于 $1\,000\ kW/m^2$,其稳态热流密度测量值的精度在5%以内。

4. 戈登量热计

戈登量热计(膜片量热计或圆片形热流计)的核心元件是圆形薄膜箔片,依托在铜材的基体上,基体中空,依靠基体中的循环水来冷却基体,实质是一对圆箔与金属丝引线形成的热电偶。如图 3.12 和图 3.13 所示,用康铜片做成圆形,装配在铜锥体上,在康铜片中心及边缘上各有一个接点,中心接点焊上直径 0.125 mm 的铜丝构成测量中心温度的热电偶,在铜锥体上靠端口焊一根铜导线与中心焊接的那根导线构成差动热电偶。在稳定情况下,康铜片中心与边缘的温差正比于热流。戈登量热计适用于 $17\sim3\,400\ kW/m^2$ 的热流测量。

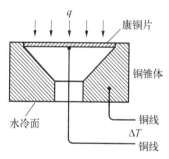

图 3.12 戈登量热计

戈登量热计设计加工的主要难点有以下几点:

(1) 传感器的康铜敏感箔片与水冷紫铜之间的连接;

(2) 康铜敏感箔片与中心铜丝的可靠连接;

(3) 测量铜丝的引线方式。

5. 红外热图技术[20-22]

红外热图技术是根据任何高于绝对零度的物体都会发射辐射能的原理来进

行测量的,该技术自 1967 年被瑞典航空研究院首次将该
技术应用于风洞试验以来,显示了强劲的生命力。它具
有非接触测量、测温范围宽、直观快速、不用干扰模型等
诸多优点。

　　红外热图技术在风洞试验上的应用主要分为确定边
界层转捩位置、判定流动分离和测量气动加热率等几个方
面。Gartenberg 和 Roberts[23]对近 25 年来红外热图技术在
风洞试验中的应用进行了回顾,认为红外热图技术已成为
一种常规的风洞测量手段。Lesant 等对红外热图技术在法
国国家宇航中心 ONERA 大型风洞试验中的应用情况进行
了总结,重点介绍了红外热图技术在高焓风洞试验中的
应用情况。美国阿诺德工程发展中心(AEDC)的 Bynum
等[24]在 VKF 的 B 风洞试验中用红外热图技术获得了圆
锥和半球圆柱表面的对流换热系数,与此同时,Bynum 还
分析了圆锥模型在有、无边界层拌线条件下的对流换热
系数和边界层转捩所发生的变化,并与理论结果进行了

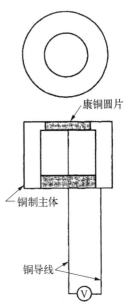

康铜圆片

铜制主体

铜导线

图 3.13　典型戈登量
热计结构图

比较。Kamran Daryabeigi 等成功利用红外热图技术在 20~200℃ 温度范围内测
量了半球模型表面的温度及气动加热率,并对其测量精度进行了研究,该试验是
在美国的 Langley 31 英寸风洞上进行的。俄罗斯 Mvrzinov 等在高频等离子体风
洞试验中用红外热图技术测量烧蚀模型的表面温度等。红外热图技术在国内起
步较晚,多应用于钢铁、医学等领域,曾学军和李明等[25,26]在高超声速低密度风
洞中利用红外热图技术获得了升力体模型、通用航空飞行器等的气动热参数。
但将红外热图技术运用于电弧风洞的气动热试验研究还少有报道。

　　红外热图技术是基于一维两层介质传热理论,根据模型表面温度变化求得
表面热流密度的。其数据处理的基本关系式为

$$\frac{T_w - T_i}{T_{aw} - T_i} = 1 - \exp(\beta^2)\,\mathrm{erfc}(\beta)$$

$$\beta = \frac{h}{\sqrt{\rho c k}}\sqrt{t}$$

$$q_w = h(T_{aw} - T_w) \tag{3.15}$$

式中,T_i 为模型初始温度;T_{aw} 为绝热壁温;ρ 为模型材料密度;c 为模型材料比热;

k 为模型材料的热传导系数。式中,T_i、T_{aw}、ρ、c、k 均为已知,erfc(β) 为互补误差函数,其值可查表得到。由测量时刻 t 的表面温度 T_w,可得到 h,进而得到表面热流密度 q_w。

由此可见,红外热图技术是以高精度表面温度测量为前提的,而关于电弧加热条件下高精度红外测温的叙述,可见后续章节。

3.1.3　压力[27,28]

压力是一个非常重要而又相对比较易测的参数,所以在各种热防护试验中都会安排压力测量。风洞气流的压力测量包括静压和总压两部分,总压是静压和动压之和,即当气流速度为零时的压力,一般在风洞驻室测量;静压是总压减去动压,可在气流垂直方向取样测量。风洞压力测量大都采用传感器法,即由待测位置的测压孔感受压力,通过测压管传导至传感器,将压力信号变为电信号输出而获得测量结果。不同的压力测量,主要表现在测压孔的开孔位置、方向和方式的不同。

1. 静压测量

静压测量一般有壁面和流场两种。壁面的静压测量,通常是在风洞待测位置的壁面或试验模型的表面沿与表面垂直的方向开测压孔来感受压力的。在壁面上开测压孔后,测压孔附近的边界层就发生了变化,测压孔的前缘边界层会发生分离,后缘边界层会发生气流的滞止。这些变化对当地静压的测量精度将会有一定的影响,试验发现,所产生的误差主要取决于测压孔的几何尺寸、内壁的光滑程度及气流的马赫数和雷诺数等。如图 3.14 所示,在一般情况下,测压孔直径 d 在 0.5~2 mm,h/d 大于 2,则可以获得较为准确的当地静压。

流场中的静压测量需要在被测点放置一个静压管。如图 3.15 所示,D_1 为测压管前端直径;D_2 为测压管后端直径。静压管是一根一端头密封而在侧壁上开有数个测压孔的管子,其测压孔的开设方法同壁面上开测压孔的方法一样,即测

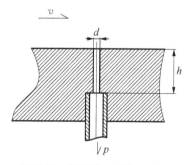

图 3.14　壁面静压测量示意图

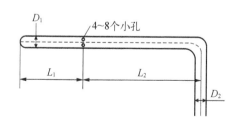

图 3.15　流场静压测量示意图

压孔轴线与壁面垂直,孔的内壁及孔口附近的壁面光滑。另外,测压孔在静压管上的位置、静压管的长度和静压管的密封端头的形状等对静压管测压的精度都有很大的影响。静压管为半球密封端头,根据试验经验,一般取 L_1 为 $3D_1 \sim 8D_1$,L_2 为 $8D_2 \sim 20D_2$。当气流马赫数较小时,采用半球型密封端头效果较好,对测量的影响较小,而在跨声速和超声速流场中静压管头部会产生激波影响测量,这时静压管采用尖锥形密封端头,其尖锥顶角分别不超过 20° 和 10°。

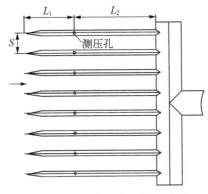

在流场校测时,往往需要测量多个点的静压,这就要用到静压耙。静压耙就是将数根静压管安装在同一支架上,组成的钉耙状的静压排管,如图 3.16 所示,图中 S 为耙间距。为减小各静压管之间的相互影响,根据经验可取 $S/D \geqslant 5, L_2/D \geqslant 12(D$ 为静压管直径)。当气流的速度提高时,这两个值也需相应增大。

图 3.16　流场静压耙测量示意图

2. 总压测量

当需要测量气流流场中的总压时,可在待测流场中放置一总压管(或称皮托管)。最简单的总压管是顺气流方向放置开口圆管,管的开口端面垂直于气流速度方向,另一端用导管同传感器连通,因为当气流进入开口端时不能再流动而滞止,所以总压管测量的实际是管端开口处的滞止压力。在超声速气流中,总压管端面前会出现弓形脱体激波,它所测得的是正激波后面的亚声速流的总压,需要进行计算才能得到激波前的超声速气流的总压。对于气动热试验,模型驻点实际的压力正好就是总压管测得的压力。

根据待测气流的流速、马赫数等条件,总压管被做成平头、半圆头等形状。当待测点不是太靠近壁面且马赫数不是太低时,选用半圆头总压管较好;当气流的偏角较大时用平头总压管较好。总压的测量也有单点测量和多点测量之分,单点测量只需用一个总压管就可以了,而多点测量则与静压耙类似,需要把多个总压管按一定的规则组合起来同时使用,称为总压耙。

在高焓气流的压力测量中,为避免热气流在未达到稳定之前将测压管烧坏,需要在测压管外加上水套,内通高压冷却水,或采用前述瞬态总焓探针的方式,借助高速送进装置在探针未被烧毁的时间内快速扫过气流以实现安全测量。

3. 压力扫描阀

压力扫描阀是利用多通道的传感器进行多点压力的测量和数据采集,并利用数模转换系统和微处理器对数据进行处理。系统采用多通道压力模块、数字传感器阵列压力测试模块或数字服务模块进行数据转换,不确定度可达±0.05%FS,输出为公制单位,利用温度传感器和补偿软件降低整个系统的不确定度,保证系统的稳定性。

典型的测压设备如美国 PSI9816 智能压力扫描阀多通道压力采集系统,如图 3.17 所示。该系统共配有 4 个机箱,每个机箱配有 8 个模块,每个模块上集成有 16 个硅压阻传感器(即 16 个压力测量通道),并带有一个 32 bit 的微处理器。这个微处理器用于归零校准和满量程校准,以保证系统的测量精度。该系统最多可以测量 512 个压力点,量程都为 ±1 psi*,校零以后精度为±0.05%,最大采样频率为 100 Hz,实际应用时,可将采样频率设为 10 Hz,每采 100 个数据点取一次平均。

图 3.17   美国 PSI9816 智能压力扫描阀多通道压力采集系统

系统通过以太网传输数据,每个智能压力扫描阀有一个 10Base-T 以太网主通信接口,使用工业标准 TCP/IP 或 UDP/IP 协议。这个接口能提供很高的数据传输率(10 Mbit/s)和系统连通性。当试验中使用的测量通道比较少,只使用了一个机箱的模块,则可通过网线直接将智能压力扫描阀与计算机相连接;当在试验中使用的测量通道比较多,则需先将从压力扫描阀接出的网线接到一个交换机上,再从交换机接到计算机上。系统内部的信号调节器能够将每个通道传感器获得的模拟信号进行调理转换成数字量输出到计算机上。

在数据采集之前,要对系统各个通道的传感器压力零点进行自动校准。要

---

* $1 \text{ psi} = 6.894 \times 10^3 \text{ Pa}$

求各通道零点值小于 0.001 4 kPa，如果发现零点不良的通道，要将该通道上的测压管更换到好的通道上。另外，为降低零漂的影响，通常在该系统使用两三个小时后再检查一下零点，并对零漂较大的通道进行调零。

3.1.4　气体流量[29]

在气动热试验中，气体流量是一个重要的参数，它一方面直接关系到电弧加热器的正常运行，另一方面在确定高温流场参数如计算气流的总焓时，它是一个输入参数，较小的气体流量误差会引起较大的气流总焓误差。在目前的工业生产中，测量气体流量的方法很多，比如差压式流量计、浮子(转子)流量计、容积式流量计、速度式流量计、靶式流量计和漩涡流量计等。这些测量方法都较为成熟、各有特点，在不同领域有着不错的应用价值。目前在气动热试验中，多数情况下是采用声速流量法和差压式流量计来测量气流流量。

声速流量法是利用气体在声速喷嘴的临界截面处达到声速的原理来测量气体流量的。在电弧加热器的进气管道中安装一个声速喷嘴，测量出气体在声速喷嘴前的总压与总温(储气罐压力和温度)，利用式(3.16)即可计算出气体流量为

$$G = \left(\frac{2}{\gamma + 1}\right)^{\frac{\gamma+1}{2(\gamma-1)}} \left(\frac{\gamma}{R}\right)^{\frac{1}{2}} \frac{p_0 A^* C_d}{\sqrt{T_0}} \tag{3.16}$$

式中，G 为气体质量流量(kg/s)；γ 为气体绝热指数；R 为气体常数(J/(kg·K))；p_0 为气流总压(Pa)；A^* 为喷嘴的喉道截面积(m^2)；C_d 为流量系数；T_0 为气流总温(K)。

当气体为常温、常压空气时，式(3.16)可以简化为

$$G = 0.04 \times \frac{p_0 A^* C_d}{\sqrt{T_0}} \tag{3.17}$$

如果气体的性质发生了改变，如使用氮气或氩气等，气体的绝热指数和气体常数应进行相应改变。

只要声速喷嘴上、下游压力之比超过 2(常温空气)，就可以使用式(3.17)计算气体流量，而不必考虑下游压力，这是声速流量法最大的优点。

另外，声速流量法可以很方便地控制气体流量，尤其是在轨道模拟试验中，更能显示出它的优点。使用声速流量法测量气体流量的关键是声速喷嘴的设计、加工和标定。如图 3.18 所示，声速喷嘴的内型面可以采用圆弧加锥面的设

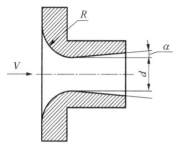

图 3.18　声速喷嘴结构示意图

计：在圆弧的底处气流截面积最小，气流达到声速，气流的膨胀段是一个半锥角（α）为 4°～6° 的锥段。这样的内型面可以减小气流的压力损失。内型面的表面粗糙度应控制在 $Ra = 1.6$ 以内，以减小气流阻力。推荐选用耐磨性能较好的 3Cr13 或 11Cr17 不锈钢加工声速喷嘴。

声速喷嘴的流量系数需要标定。中国计量科学院的标定多数为负压标定或常压标定，而在气动热试验中声速喷嘴的上游压力通常在几兆帕甚至十几兆帕，因此要想得到较为准确的流量系数，需要自己设计一套标定装置。如果没有标定流量系数，那么其值可以取 0.90～0.98。

在高压试验中，电弧加热器的弧室压力能够达到 10 MPa 左右，如果采用声速流量法测量气体流量，那么声速喷嘴前的气源压力就要达到 20 MPa 以上，需要配备特殊的高压气源系统，此时声速流量法已经失去了它的优势。另外，如果测量主气管路中的流量，无法使用声速流量法。因此，对于上、下游压力比不易达到 2 的情况，必须考虑采用其他的测量方法，如采用差压式流量计进行测量。

差压式流量计是由节流装置和差压计组成的一种流量测量仪表，又称孔板流量计。节流装置包括节流件、取压装置和前后测压管。节流件分为孔板、喷嘴和文丘里管三种。将节流件（如孔板）安装在管道内部，当充满圆管的单相气体流经孔板时，流束在孔板处形成局部收缩，流速增大、静压下降，于是在孔板前后产生静压力差（差压），该静压力差可以通过差压计测量。流体的质量流量与差压计所测得的差压值有确定的数值关系，这数值关系即为孔板流量计的流量测量基本方程：

$$G = \frac{\pi}{4} \alpha \varepsilon d^2 \sqrt{2\rho \cdot \Delta p} \tag{3.18}$$

式中，G 为气体流量（kg/s）；α 为工作状态下的实际流量系数；ε 为流束膨胀系数，对于不可压缩气体，$\varepsilon = 1$，对于可压缩气体，$\varepsilon < 1$；d 为孔板工作状态下的开孔直径（m）；ρ 为孔板上游侧工作状态下的气体密度（kg/m³）；Δp 为孔板上、下游侧压力差（Pa）。

孔板流量计的特点是结构简单、使用寿命长、适应性较广；其缺点是测量范围窄、安装要求严格、压力损失较大、刻度非线性等。

孔板流量计一般是购买成品，测量相对误差取其精度等级。声速流量法的

测量相对误差需要根据误差传播理论计算,其相对误差传播理论计算表达式为

$$\sigma_0(G) = \sqrt{\sigma_0^2(p_0) + \sigma_0^2(A^*) + \left(-\frac{1}{2}\right)^2 \sigma_0^2(T_0)} \qquad (3.19)$$

式中,$\sigma_0(G)$ 为气体流量的相对误差;$\sigma_0(p_0)$ 为压力测量的相对误差,取压力传感器的精度为 0.2%;$\sigma_0(A^*)$ 为面积的相对误差,由直径的测量相对误差决定,取为 0.4%;$\sigma_0(T_0)$ 为温度测量误差,取热电偶的测量精度为 0.2%。

经计算可得气体流量的相对误差为 0.46%。在上面的计算中,没有考虑流量系数误差的影响,如果计及流量系数误差的影响,声速流量法的测量相对误差可达 2%。

3.1.5　等离子体参数诊断[30-32]

电弧加热器内部的高温气体以及受到激波压缩的飞行器驻点区域的高温空气都会发生离解和电离,从而成为等离子体。等离子体参数如电子密度等对高温流场参数测量、烧蚀透波、突防气动物理现象研究具有十分重要的意义。等离子体诊断技术是随着等离子体科学的进展而发展起来的。20 世纪初,开始观测宇宙等离子体。20 世纪 20 年代,为了研究气体放电开创了试验室等离子体诊断。从 20 世纪 50 年代起,在受控热核反应和空间技术研究的推动下,等离子体诊断的研究进入全盛时期。等离子体诊断的方法有静电探针法、微波法、激光法、光谱法、光学法和粒子束法等。诊断的参量包括微观参量(如碰撞频率)和宏观参量(如密度、温度、压力等热力学参量,以及黏性、扩散、热导率和电导率等输运系数)。一般表征部分电离等离子体特性的参量主要是电子密度、电子温度和碰撞频率。电子密度和电子温度的范畴不同,所用的测量方法也不同(图 3.19、图 3.20)。

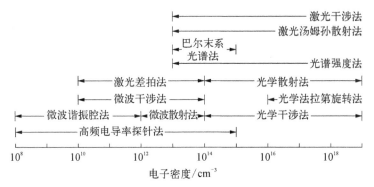

图 3.19　测量电子密度的各种方法

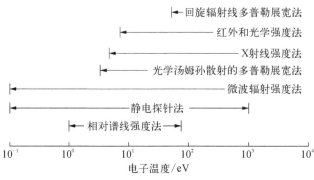

图 3.20 测量电子温度的各种方法

1. 静电探针法

将静电探针放入等离子体中以获得所需参量是等离子体诊断的基本手段之一。此法优点是可以得到有关等离子体内部细致结构的信息和各种参量的分布情况,缺点是会干扰被测等离子体,如改变流动图像、形成空间电荷包鞘、产生杂质污染等。静电探针法是朗缪尔等在研究低气压气体放电时创制的,现在已在高气压、高温、有流动、有磁场等各种复杂情况中得到广泛的应用。

图 3.21 是典型静电探针结构及测试电路。通过电路将偏置电压加在探针和补偿电极(如等离子体的金属器壁或放电电极等)之间,探针就从等离子体中收集带电粒子,形成电流。

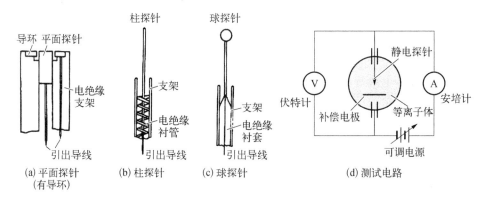

图 3.21 典型静电探针结构及测试电路

用适当的仪表记录下电压和电流,便可得到探针的电流-电压特性(伏安特性)曲线(图 3.22)。特性曲线可以分为三个不同特点的区域: ① 饱和离子电流区: 探针电位远低于等离子体的空间电位,探针基本上只收集正离子。② 过渡区: 探针电位逐渐增高,但仍低于等离子体空间电位,探针同时收集电子和正离子。当电子电流和离子电流相等时,探针总电流为零,相应的探针电位称为浮置电位。以上两个区的特性统称为"负探针特性"。③ 饱和电子电流区:当探针电位等于等离子体空间电位时,带电粒子完全凭借自身的热运动到达探针表面,因此探针收集的是无规电流。由于电子质量远小于离子质量,电子的无规电流远大于离子的无规电流。

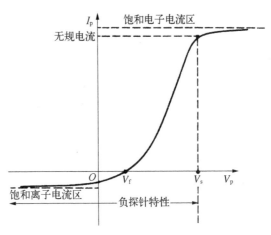

图 3.22　探针的电流-电压特性

当探针电位高于等离子体空间电位时,几乎全部离子都被拒斥,探针只收集电子电流。静电探针理论给出等离子体参量和探针特性之间的定量关系。利用静电探针可以测量等离子体中带电粒子(电子或离子)的数密度、电子温度及空间电位等。移动探针还可以测知上述参量的分布情况。

中国航天空气动力技术研究院研制出应用于电弧风洞的静电探针阵列(图 3.23),选用高熔点的纯钨丝镀金以适应流场的高温氧化环境,在一次开车中获得多个流场截面的等离子体参数[33]。从测得的典型的静电探针伏安特性曲线(图 3.24)便可计算出流场的电子温度和电子密度分布。数据处理中首先采用 Laframboise 自由分子流理论,再根据试验状态进行修正,结果显示在无模型流场中的电子温度和电子密度都比较均匀,而在有模型烧蚀时尾迹区电子温度较无模型流场略有增加,但在激波两侧不发生跃变,等离子体激波具有等电子温度

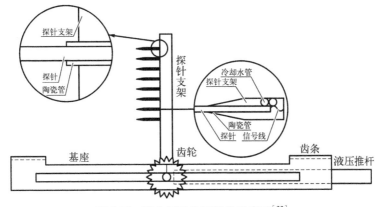

图 3.23　静电探针阵列结构示意图[33]

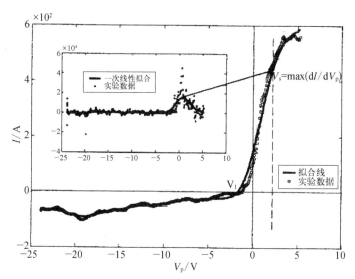

图3.24   典型的静电探针伏安特性曲线

的特点;电子密度和被烧蚀材料有关且在激波两侧会发生跃变。通过几个不同状态间的比较,还发现电子温度和电子密度都会随着流场焓值的增大而增大。

2. 微波法

对于电弧加热等离子体,静电探针法除对被测等离子体存在干扰之外,其自身也可能受到破坏,而微波法属于非接触测量,具有不干扰等离子体的先天优势。一类微波法是利用电磁波频谱中的微波与等离子体相互作用的原理来测量等离子体参量。当微波在等离子体中传播时,会使微波器件的工作状态发生变化(如值下降等)并发生吸收、相移及反射、折射、散射等过程。相应的衰减量、相移量和反射量等物理量可由试验测定,而等离子体的电子密度、碰撞频率等参量可由理论分析给出。基于这类现象的诊断称为微波传输测量,它分为空腔法和自由传播两种。图3.25为自由传播法的三种基本方法,可进行衰减测量、反射测量和相移测量等。另一类微波法是测量等离子体的微波辐射(如黑体辐射、轫致辐射、回旋辐射和相干辐射等),从而获得有关等离子体温度、不稳定性等特性的信息。

如果一束频率为 ω 的平面电磁波在无磁场、均匀的等离子体中沿 x 方向传播时,那么电子在平面电磁波的电磁场中的运动方程为

$$m_e \frac{dV}{dt} = -eE - m_e V v_e \tag{3.20}$$

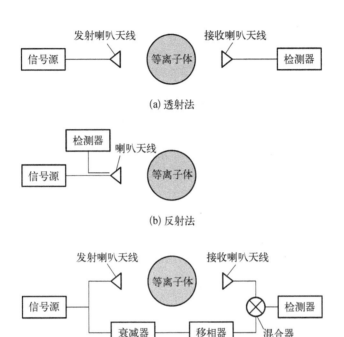

(a) 透射法

(b) 反射法

(c) 干涉法

图 3.25　自由传播法示意图

式中,V 为电子运动速度;v_e 为电子的碰撞频率。这里假设 $V = v_e$,对于简谐波,式(3.20)的稳态解为

$$V = -\frac{eE}{m_e(j\omega + v_e)} \qquad (3.21)$$

因为电流密度 J 为

$$J = -\frac{n_e e^2}{m_e(j\omega + v_e)}E \qquad (3.22)$$

$$J = -\sigma E$$

则等离子体等效电导率 σ 及介电常数 ε 为

$$\sigma = \frac{v\varepsilon_0\omega_{pe}}{\omega^2 + v_e^2} = v_e\varepsilon_0 B$$

$$\varepsilon = \varepsilon_0\left(1 - \frac{\omega_{pe}^2}{\omega^2 + v_e^2}\right) = \varepsilon_0(1 - B)$$
$$(3.23)$$

式中, $B = \dfrac{\omega_{pe}^2}{\omega^2 + v_e^2}$; ω_{pe} 为等离子体频率。

入射电磁波在该等离子体中的传播特性就可以表示为

$$E_{x,t} = E_0 \exp(j\alpha x) \cdot \exp[j(\beta + j\alpha)x] = E_0 \exp(-\alpha x) \cdot \exp[j(\omega t + \beta x)]$$
$$(3.24)$$

式中, α 为衰减系数(dB/m), β 为相位系数(rad/m)。

$$\alpha = 2.05\omega \times 10^{-8}\left[(B-1)^2 + \sqrt{(1-B)^2 + \left(B\frac{v_e}{\omega}\right)}\right]^{\frac{1}{2}} \quad (3.25)$$

$$\beta = \frac{\omega}{\sqrt{2}C}\left[(1-B) + \sqrt{(1-B)^2 + \left(B\frac{v_e}{\omega}\right)^2}\right]^{\frac{1}{2}} \quad (3.26)$$

其中, C 为光速。

相应的等离子体的折射率 n 为

$$n = \left[\frac{1}{2}(1-B)^2 + \frac{1}{2}\sqrt{(1-B)^2 + \left(B\frac{v_e}{\omega}\right)^2}\right]^{\frac{1}{2}} \quad (3.27)$$

因此,试验中通过测量透过等离子体微波束的衰减系数 α 或折射率 n 就可以获得所要研究的等离子体密度变化的信息,可见微波透射测量是最简单而又很有用的等离子体诊断方法。

3. 光谱法[34,35]

光谱法的全称为光谱诊断法,具有非接触测试的特点,是低温等离子体诊断的重要方法之一。它是利用等离子体的发射光谱或吸收光谱诊断等离子体温度、密度和化学组分等参量的方法。此法是在 20 世纪 50 年代初期由迈克等较为系统地提出的,起初应用于天体物理和基础试验研究,后来又应用于航天环境模拟、化工冶炼、热加工和能源等方面的试验中。20 世纪 60 年代开始用光谱法对等离子体状态和输运性质进行试验研究。下面只介绍较为常用的、成熟的、经典的光谱测量温度的方法。

通常的光谱法测温,总是假定等离子体处于局部热力学平衡和光薄状态。光谱法测量通常是通过测量谱线强度、谱线位移、谱线加宽的宽度或连续谱的强度来得到所要求的等离子体参量。光谱法测温可分为谱线加宽法、相对强度法、绝对强度法、谱线反转法、连续谱法、离轴峰值法等。

相对强度法是选定两种谱线的相对强度比来计算温度。在等离子体的局部热力学平衡已建立的情况下,属于相同原子的两条谱线 λ_1 和 λ_2 的强度关系,有

$$\frac{I_1}{I_2} = \frac{A_1 g_1 \lambda_1 U_1 N_1}{A_2 g_2 \lambda_2 U_2 N_2} \exp\left(-\frac{\varepsilon_1 - \varepsilon_2}{kT}\right) \tag{3.28}$$

式中,下角标 1、2 分别代表两条谱线;A 是跃迁概率;g 为能级;U 为配比函数;N 为基态数密度;ε 为简并度;k 为玻尔兹曼常量;T 为热平衡温度。如果两条谱线属于同一电离级次,则 $U_1 N_1 = U_2 N_2$,在此状态下对式(3.28)取对数,可以得到同一原子的两条谱线强度之比的对数与对应的能级间距成正比,称为玻尔兹曼斜线,其斜率就是电子温度。因此,可以利用原子的一组谱线的相对强度来确定等离子体的电子温度。

基于光谱线的宽度是等离子体电子密度的函数,因此可以从谱线展宽计算得到等离子体的电子密度。根据测量谱线的线型(线宽,线移量) $a = 2.61 \cdot \Delta\lambda e n_e^{\frac{2}{3}}$,通过归一化求得电子密度 n_e。

3.1.6　高温流场非平衡温度诊断

在电弧加热高温流场这种非平衡、非定常流动条件下,粒子间的高速碰撞不仅使气体分子平动自由度被激发,其转动自由度和电子自由度也被全面激发。分子从高能级跃迁到低能级时发射出相应频率的发射光谱,其发射光谱如同人类的“指纹”一样,蕴含了高温气体分子的结构特征、温度和浓度等信息,因此通过分析该发射光谱可以得到高温气体分子的转动温度、振动温度等参数。

分子发射光谱谱线强度 $I_{v'', J''}^{v', J'}$ 定义为辐射源每秒所发射出的能量,即

$$I_{v'', J''}^{v', J'} = hc v_{v'', J''}^{v', J'} A_{v'', J''}^{v', J'} N_{v', J'} \tag{3.29}$$

式中,h 为普朗克常量;c 为光速;$v_{v'', J''}^{v', J'}$ 为跃迁波数;$A_{v'', J''}^{v', J'}$ 为爱因斯坦跃迁概率;$N_{v', J'}$ 为高能级粒子数。$N_{v', J'}$ 可由下式计算:

$$N_{v', J'} = \frac{N_0 g_e}{Q_e Q_v Q_r} \exp\left(-\frac{hcT_e}{kT_{ex}}\right) \cdot \exp\left(-\frac{hcG(v)}{kT_{vib}}\right) \cdot (2J+1) \exp\left[-\frac{hcF(J)}{kT_{rot}}\right] \tag{3.30}$$

式中,N_0 为分子总数;g_e 为电子简并度;k 为玻尔兹曼常量;Q_e、Q_v、Q_r 分别为电子态、振动态和转动态的配分函数;T_{ex}、T_{vib}、T_{rot} 分别为电子温度、振动温度和转动

温度;T_e、$G(v)$、$F(J)$分别为电子态、振动态和转动态的能量。由式(3.29)、式(3.30)可知,分子发射光谱的强度分布是由分子结构和分子各自由度温度决定的,对给定的分子而言,其爱因斯坦跃迁概率和跃迁波数是确定的,因此光谱强度分布仅由各自由度(转动、振动、电子)温度决定。因此,结合光谱理论对目标分子发射光谱强度进行分析,在精确计算其分子结构的基础上即可获得高温气体分子的各自由度温度。

图 3.26 为意大利 CIRA 利用发射光谱诊断其电弧风洞喷管出口气流转动温度示意图。选用 NO 分子作为目标组分,测量其 220~310 nm 波长下 $A^2\Sigma^+-X^2\Pi$ 电子带系发射光谱,通过与理论计算光谱拟合的方法得到其转动温度,结合 CFD 计算结果,对气流非平衡特性进行评估。

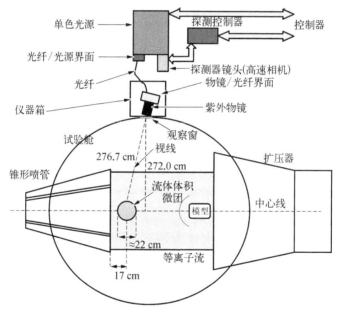

图 3.26 CIRA 发射光谱测量系统示意图[36]

针对 ICP 风洞搭建的发射光谱测量系统示意图如图 3.27 所示。图 3.27 中试验舱左侧窗口在试验中用于光谱采集,但为方便光路设计和保证测量精度,试验前需利用右侧窗口用氦氖激光器进行光路调节,调整后即可拆掉氦氖激光器。试验中,腾出的右侧窗口可加装红外高温计、红外热像仪、录像机等其他测量设备。

采集系统被安装在一个电动位移机构上,在试验中通过调节此电动位移机构(位移平台)可采集来流不同位置处的发射光谱,对于诊断等离子体来流状态及分布,特别是对于材料表面催化效应的研究是非常有必要的(材料表面不同

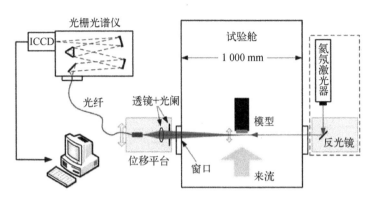

图 3.27　针对 ICP 风洞搭建的发射光谱测量系统示意图

高度处的氧原子发射光谱强度分布与其催化复合系数密切相关）。

　　此外，该发射光谱测量系统还可用于监测电弧加热器工作状态，并利用双原子测温法或者玻尔兹曼绘图法测量电弧加热器内部电子激发温度，其测量方案如图 3.28 所示。

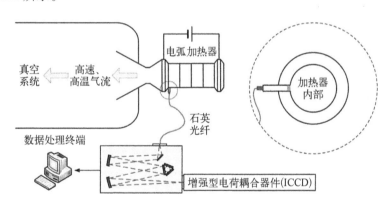

图 3.28　电弧加热器发射光谱测量系统

3.1.7　高温流场及材料烧蚀组分浓度诊断

可调谐半导体激光器吸收光谱技术（tunable diode laser absorption spectroscopy，TDLAS）是利用激光能量被待测气体分子“选频”吸收的原理来实现气体组分相关参数的测量。TDLAS 采用窄线宽的半导体激光器，其线宽远小于被测气体吸收谱线展宽（不仅可获得转动谱线精细结构，还可以轻松避开其他辐射及吸收的干扰），通过被测气体的入射光强与穿过待测气体吸收后的出射光强的比值与气体浓度、温度等存在的特定数学关系进行反演分析，可同时实现气体温度和浓度的测量,并具有高频率响应、高测量精度及良好的环境适应性等优点。

在吸收测量中,激光辐射强度和透射强度需精准测定。气体吸收量依赖能吸收这种特定波长的粒子数目。当一束频率为 v 的激光通过流场,其出射光强 I 和入射光强 I_0 满足 Beer-Lambert 关系式:

$$(I/I_0)_v = \exp(-k_v \times L) \tag{3.31}$$

式中,k_v 为吸收系数;L 为吸收长度。吸收系数 k_v 是与对应原子光谱常数及流场参数相关的函数,即

$$k_v = \frac{\lambda^2}{8\pi} \frac{g_j}{g_i} A_{ji} n_i v \tag{3.32}$$

式中,λ、g、A、v、n_i 分别代表波长、统计权重、爱因斯坦自发辐射系数、吸收谱线线型函数及低能级粒子数密度;下标 i、j 分别代表低能级、高能级。在热力学平衡状态下,低能级粒子数密度与总粒子数密度 n 满足以下关系式:

$$n_i = n \cdot \frac{g_i \mathrm{e}^{-E_i/kT}}{Q(T)} \tag{3.33}$$

式中,E_i 为低能级能量;$Q(T)$ 为配分函数;k 为玻尔兹曼常量。

事实上,光谱谱线在频率坐标上并不是无限狭窄的,而是具有一定的频率宽度,吸收谱线线型函数是一个描述谱线展宽的物理量,且满足归一化条件,即

$$\int \phi(v) \mathrm{d}v = 1 \tag{3.34}$$

单线 TDLAS 测量温度是通过测量谱线的多普勒展宽实现的,多普勒展宽可根据气体分子热运动推算得到,即

$$\Delta v_{\mathrm{D}} = 2 \times \frac{v_0}{c} \left(\frac{2kT \ln 2}{m} \right)^{\frac{1}{2}} = 7.1623 \times 10^{-7} v_0 \sqrt{\frac{T}{M}} \tag{3.35}$$

式中,v_0 为谱线中心频率;Δv_{D} 为多普勒展宽的半宽(Gauss 线型);c 为光速;m 为原子质量;k 为玻尔兹曼常量;M 为原子摩尔质量;T 为温度,K。由式(3.35)可知,对于选定的吸收组分,多普勒展宽仅与气体的温度有关,温度越高,多普勒展宽越大。在试验中,通过调谐激光频率使之扫过整条谱线,通过测定目标吸收谱线的多普勒展宽即可由式(3.35)得到气体温度,进而通过计算积分吸收率得到氧原子总粒子数密度 n_i 为

$$n_i = \int \ln(I_0/I)_v \mathrm{d}v \tag{3.36}$$

吸收谱线的选择是建立 TDLAS 测量系统至关重要的一步,流场的不同特征参数(n_i、T、L)及其本身的特点,如流场均匀性、随时间波动速率等都会给吸收谱线的选择提出要求。总的来说,吸收谱线的选择主要考虑以下三个方面:一是高信噪比;二是避免干扰;三是高灵敏度。虽然看起来只有三个约束条件,但还应充分结合试验条件,以实现控制成本、数据易处理及试验操作简单等目标。

2005 年,NASA 埃姆斯 IHF(60 MW)进行了氮原子和氧原子的可变激光吸收光谱测量。在假设热平衡条件下,电弧加热器内气体温度由测得的 O 原子和 N 原子的摩尔分数推算,这是第一次在电弧加热器内基于吸收的温度测量结果。温度为 5 000~9 000 K,压力为 1.5~6 bar。

2013 年,斯坦福大学的 Hanson 研究团队在 NASA Ames IHF 还发展了多通道 TDLAS 测量装置(图 3.29),获得了多路光谱信号,并进行反演分析,获得了电弧加热器混合室内的高温气体温度分布和氧原子浓度分布,如图 3.30 所示。

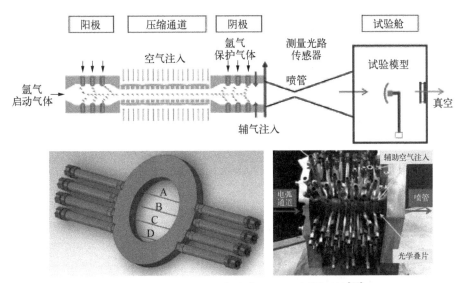

图 3.29 NASA IHF 多通道 TDLAS 测量系统[37]

在电弧风洞测量中,大多数工作都以氧原子为测量组分,主要原因有两个:① 在以空气或者 CO_2 为试验气体的电弧风洞试验中,氧原子是重要的离解组分;② 烧蚀材料表面催化复合系数与氧原子的浓度密切相关。在电弧加热器内部这种高温、高压的测量环境下,为了验证线型拟合得到 Δv_D 的可靠性,可与热平衡计算及壁面压力测量结果相互验证,一方面可以评测 TDLAS 测量结果的准确性,另一方面也利于更加准确地评估加热器的工作状态。

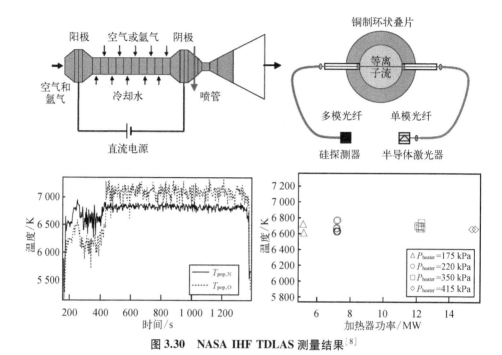

图 3.30 NASA IHF TDLAS 测量结果[8]

中国航天空气动力技术研究院针对电弧加热器及材料烧蚀的 TDLAS 测量试验系统如图 3.31 所示,该 TDLAS 测量系统主要由可调谐二极管激光器、激光

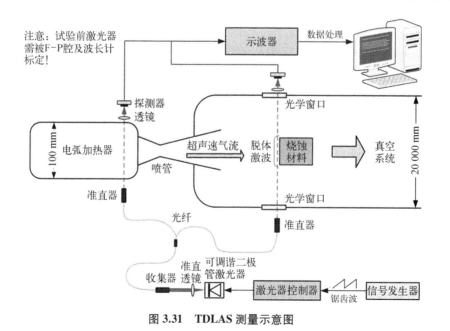

图 3.31 TDLAS 测量示意图

器控制器、信号发生器、收集器、光纤、准直器、探测器、示波器等组成,其中可调谐二极管激光器为其核心部件。

激光器控制器通过控制可调谐二极管激光器的温度和电流来改变激光输出波长,激光器在试验前需要被 F-P 腔和波长计精确标定,确定输出 777.19 nm 附近波长的激光所需的控制器温度和电流。在本试验中,激光器的温度稳定在设定温度,利用信号发生器输出的周期性锯齿波信号调制激光器控制器输出电流。在此调制下,激光器控制器调制可调谐二极管激光器的电流随时间变化,因此激光器的输出波长也呈现周期性变化,并使之能扫过整个吸收线型。值得注意的是,在电弧风洞这种试验台进行试验时,存在非常强的电磁干扰,为了避免这种干扰带来的测量误差,激光器、控制器、探测器等电子设备均需远离试验现场并加装电子屏蔽箱。在试验中,使用光纤来实现光路的搭建:将激光器输出激光导入一根单模光纤中,此光纤输出端为准直器,输出光束被准直,使之穿过流场后光斑不会扩散太大,最终激光被透镜聚焦导入一根多模光纤后分别由探测器探测、示波器记录,通过测量光强的变化量,可定量测量气体参数。

3.1.8　基于 LIF 的电弧风洞自由流参数诊断

激光诱导荧光(laser induced fluorescence,LIF)是分子光谱和反应动力学研究强有力的方法之一,其基本原理就是用特定波长的激光辐射被测粒子,使之发生由低电子态向高电子态的共振跃迁,被激发粒子随即经过自发辐射回到较低的电子态,同时发射荧光。LIF 信号是温度、压力、摩尔浓度、激光能量等试验参数的函数,涉及的变量较多,因此对 LIF 信号的标定非常困难。长期以来,在复杂流场的 LIF 测量中,定量获得温度和浓度的信息具有很大的难度。随着科技的发展,特别是近年来,利用惰性气体免标定策略使得双光子 LIF 技术有了长足的进步,降低了之前荧光试验复杂的标定程序并显著提高了测量精度,极大地推动了 LIF 在电弧风洞中的应用发展。

如图 3.32 所示,O 原子和 Xe 原子具有非常接近的激发波长,约为 225.6 nm,通过获得已知浓度的惰性气体 Xe 的荧光信号,消除电弧风洞试验中的氧原子荧光的相关不确定量,即可获得氧原子浓度为

$$N_l(\mathrm{O}) = \frac{K_\lambda(\mathrm{Xe})}{K_\lambda(\mathrm{O})} \frac{S(\mathrm{O})}{S(\mathrm{Xe})} N_l(\mathrm{Xe}) \tag{3.37}$$

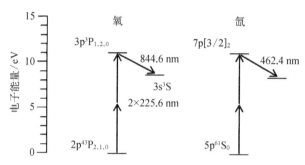

图 3.32　O、Xe 原子激光诱导荧光产生机制示意图

式中，$K_\lambda(\mathrm{Xe})$、$K_\lambda(\mathrm{O})$ 分别为 Xe、O 原子的荧光标定常数；$S(\mathrm{Xe})$、$S(\mathrm{O})$ 分别为试验获得 Xe、O 原子的荧光信号强度；$N_l(\mathrm{Xe})$ 为已知的 Xe 原子浓度。

　　试验中激光通过染料激光器调谐输出波长，获得完整的荧光轮廓，如图 3.33 所示，通过获得多普勒频移及多普勒展宽即可计算出气流速度及气流平动温度，见式（3.38）和式（3.39）：

$$v = \frac{\Delta\lambda_0}{\lambda_0}\frac{c}{\cos\theta} \tag{3.38}$$

$$\Delta\lambda_\mathrm{D} = \frac{2\sqrt{\ln2}\,\lambda_0}{c}\sqrt{\frac{2k_B T_\mathrm{tr}}{M_A}} \tag{3.39}$$

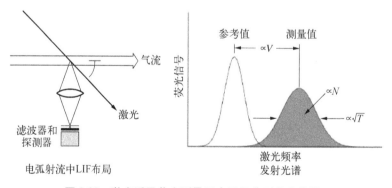

图 3.33　激光诱导荧光测量示意图及典型荧光信号

NASA 利用双分子 LIF 诊断 IHF 电弧风洞气流参数，分别对 14.9 MJ/kg 和 26.6 MJ/kg 两种试验状态下的气流参数进行测量[38]。通过惰性气体免标定策略，获得 O、N 原子的原子数密度；通过试验获得多普勒频移和多普勒展宽，获得气流速度及平动温度。在保证试验状态不变的情况下，LIF 试验结果具有优异的重复性，证明了双分子 LIF 方法具备了诊断大功率电弧风洞的试验能力和足够的可靠性。

针对电弧风洞气流参数诊断的 LIF 测量试验方案如图 3.34 所示,该 LIF 测量试验方案可分为以下四个部分: ① 激光光源系统,包括一台激光器及由它泵浦的液体染料激光器;② 数据采集处理系统;③ 比较复杂的光路搭建;④ 至关重要的时间同步系统(精度在皮秒量级)。

拟采用的 225.6 nm 激发激光可由 YAG 激光器泵浦的液体染料激光器的输出光三倍频得到,激发激光经过分光系统同时对标定腔体的惰性气体和试验舱内试验气流进行激发,在已知分光后激光能量的基础上可实时对 LIF 信号进行标定。通过调谐液体染料激光器输出光即可获得整个荧光信号的真实线型,进而对其进行分析处理,得到气流转动温度和氧原子密度。为了获得更加精确的试验结果,图 3.34 中使用的光电倍增管(photo multiplier tube,PMT)可由配有 ICCD 的光谱仪代替。

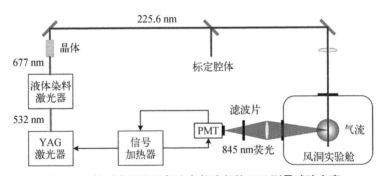

图 3.34　针对电弧风洞气流参数诊断的 LIF 测量试验方案

3.2　热响应参数测量

热响应参数,是指在加热条件下热防护材料或结构受热而发生变化的那些量,如材料烧蚀、温度上升、形状变化和结构破坏等。对不同的气动热试验,所关注的热响应参数也有所不同,如考核材料的防热性能,一般需要测量表面温度、背面温度、质量烧蚀率、线烧蚀率、烧蚀热效率及材料烧蚀形貌变化等;考核结构的可靠性,一般需测量表面温度、背面温度、局部热应变和整体外形变化等。

3.2.1　质量烧蚀率和线烧蚀率测量
防热材料烧蚀率包括材料的质量烧蚀率和线烧蚀率。通过电子天平测量材料在烧蚀试验前后的质量变化,通过游标卡尺等测量材料在烧蚀前后的长度(厚度)变化,同时记录发生烧蚀作用的时间即可完成测量。

质量烧蚀率是指防热材料制成的烧蚀试验模型在单位试验时间内损失的质量,其表达式为

$$V_mA = \frac{m_1 - m_2}{t} \tag{3.40}$$

式中,V_m 为质量烧蚀率;t 为试验时间;m_1、m_2 分别为烧蚀试验模型烧蚀前和烧蚀后的质量。

不同试验模型的受热面积可能有所不同,为了便于比较,需要给出模型单位受热面积 A 的质量烧蚀率,其表达式为

$$V_{mA} = \frac{m_1 - m_2}{t \cdot A} \tag{3.41}$$

线烧蚀率是指防热材料制成的烧蚀试验模型上某一参考点在单位试验时间内损失的长度(厚度),其表达式为

$$V_L = \frac{L_1 - L_2}{t} \tag{3.42}$$

式中,V_L 为线烧蚀率;t 为试验时间;L_1、L_2 分别为烧蚀试验模型烧蚀前和烧蚀后的长度(厚度)。

对于驻点类烧蚀试验模型,参考点通常选为驻点,称为驻点线烧蚀率或驻点烧蚀后退率。对于平板类或翼前缘类烧蚀试验模型,有时需要选取多个参考点,分别给出各点的线烧蚀率或给出多点线烧蚀率的平均值。为了保证数据的可靠性、消除偶然误差,对同一材料一般要进行 3~5 次重复试验。不同材料具有不同的烧蚀率,一般数值越小,其抗烧蚀性能越优。

3.2.2 有效烧蚀焓和烧蚀热效率测量

材料的有效烧蚀焓代表防热材料在高温环境中消耗每单位质量材料时所带走的热量,或者代表单位质量烧蚀材料所能吸收和阻隔的热量。它是防热材料烧蚀性能中的一个重要参数,主要取决于防热材料的性质,并受外界条件的影响,如气流的总焓、压力和气流的流态等。

烧蚀材料有效烧蚀焓定义为在烧蚀温度下,烧蚀材料表面无烧蚀的热流密度与烧蚀材料质量烧蚀率之比,即

$$H_{eff} = \frac{q_{cw}}{\dot{m}_t}\left(1 - \frac{H_w}{H_0}\right) \tag{3.43}$$

式中,H_{eff} 为材料的有效烧蚀焓;q_{cw} 为冷壁热流密度;$\dot{m}_t$ 为材料质量烧蚀率;H_w 为材料表面烧蚀温度下的焓,称为热壁焓;H_0 为气流总焓。

上述定义忽略了材料表面辐射的能量。如果考虑材料表面辐射的能量,记 q_r 为表面辐射热流,则有效烧蚀焓就写为

$$H_{eff} = \frac{q_{cw}}{\dot{m}_t}\left(1 - \frac{H_w}{H_0}\right) \cdot \frac{1}{1 - \dfrac{q_r}{q_{cw}}} \tag{3.44}$$

由于在烧蚀过程中材料表面辐射系数很小,这使得

$$\frac{1}{1 - \dfrac{q_r}{q_{cw}}} \approx 1 \tag{3.45}$$

另外,在烧蚀试验数据处理中,经常利用试验测得的烧蚀材料有效烧蚀焓数据、气流焓差、气流压力等数据,利用最小二乘法拟合出有效烧蚀焓的试验关系式。其通常有如下形式:① $H_{eff} = aH_r^b P_s^c$;② $H_{eff} = a + b(H_0 - H_{hw})$ 等。美国学者对特氟龙(Teflon)材料做了大量烧蚀试验,得到图 3.35 所示有效烧蚀焓的试验关系式。

准确地测定有效烧蚀焓及其试验关系式,为较为准确地计算防热材料烧蚀量和合理给出烧蚀外形提供必要条件,这对有效使用烧蚀材料、合理减轻飞行器质量具有至关重要的意义。

烧蚀热效率是衡量材料隔热性能的指标。

3.2.3　表面温度测量[40~43]

飞行器热防护材料的表面温度是地面气动热试验考核的主要参数,是试验要获取的关键数据,对于防热材料的研制和热结构的设计具有重要的指导意义。传统采用热电偶、热电阻等的接触法显然在电弧加热试验中是不合适的,目前常用的是基于普朗克定律的辐射测温法,主要包括用于单点表面温度测量的红外高温计和表面温度分布测量的红外热像仪。

1. 辐射测温原理

物体表面温度通常采用辐射温度仪测量。一切温度高于绝对零度的物体都在

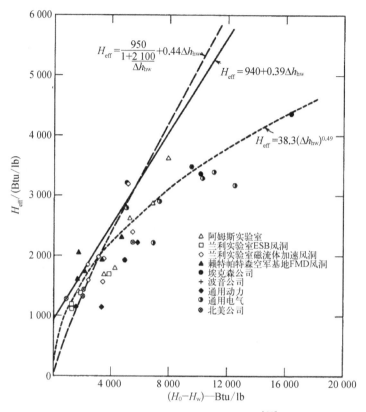

图 3.35 有效烧蚀焓的试验关系式[39]

以电磁波的形式向外辐射能量,普朗克公式揭示了黑体辐射能量在不同温度下按波长的分布规律,见式(3.46),因此测得某一波长下的辐射能量即可得到温度值。

$$E_{b\lambda} = \frac{C_1 \lambda^{-5}}{e^{C_2/\lambda T} - 1} \tag{3.46}$$

当温度在 3 000 K 以下时,普朗克公式可用维恩公式代替,即

$$E_{b\lambda} = \frac{C_1 \lambda^{-5}}{e^{C_2/\lambda T}} \tag{3.47}$$

式中,$E_{b\lambda}$ 为黑体光谱辐射力;C_1、C_2 为辐射常数;λ 为波长;T 为绝对温度。将普朗克分布对波长从 0 至 ∞ 积分,得全部波长范围内的黑体辐射力为

$$E_b = \sigma T^4 \tag{3.48}$$

式中,E_b 为黑体辐射力;σ 为斯特藩-玻尔兹曼常数。

实际物体的辐射不同于黑体,其光谱辐射力往往随波长进行不规则的变化,把实际物体的辐射力与同温度下黑体辐射力的比值称为实际物体的发射率,记为 ε,而 $\varepsilon(\lambda)$ 则为实际物体随波长变化的光谱发射率。

$$\varepsilon = \frac{E}{E_b} = \frac{\int_0^\infty \varepsilon(\lambda) E_{b\lambda} \mathrm{d}\lambda}{\sigma T^4} \tag{3.49}$$

2. 测量仪表

辐射测温仪按工作原理可分为全辐射测温仪、单色测温仪、双色测温仪和多光谱辐射测温仪等。其中,全辐射测温仪是根据被测目标在全部波长范围内辐射力的大小而确定温度的。它易受外界干扰、测温范围窄,现在已经很少被采用。多光谱辐射测温仪则是假定在较小的波段范围内发射率是波长的某一特定函数,在此基础上通过对被测目标表面辐射力进行反演分析、确定材料表面温度。该技术从原理上避免了由于发射率的人为设定所导致的随意性,可以提高测试结果的准确度,但因为其测试仪器复杂、发射率假定函数还需要理论支持等,目前大多还停留在试验室研究阶段。下面主要对目前常用的单色测温仪、双色测温仪和红外热像仪进行简单介绍。

1) 单色测温仪

这类测温仪是根据被测目标在一定波长范围内(确定的中心波长 λ 和波长间隔 $\Delta\lambda$)黑体辐射力的大小确定其温度的。带宽窄,因此减少了背景辐射的影响,还可根据应用要求选择波长范围,是目前测温仪的主流。表面发射率是影响表面温度测量最主要的因素,而表面发射率又是测量波长和表面温度的函数,与材料表面状况也有很大关系。另外,因为电弧风洞试验段的真空限制,所以单色测温仪还受到窗口玻璃透过率的影响。

2) 双色测温仪

双色测温仪的工作原理依据是:在选定的两个波长和一定的带宽下物体辐射能量之比 R 随温度 T 变化的规律,由维恩公式可得

$$R = K \cdot \frac{\varepsilon_1}{\varepsilon_2} \cdot \exp^{-\frac{c_2}{T(\lambda_1 - \lambda_2)}} \tag{3.50}$$

一般而言,当两个波长下物体表面发射率相等或者成比例时,双色测温仪可以较好地消除由被测目标发射率难以确定、被测目标尺度小、运动、振动、因测量通道受阻而不能充满现场及光路上尘埃颗粒等造成能量衰减等原因引起

的测量误差。

3）红外热像仪

红外热像仪可以将接收到的红外波段的热辐射能量转换为电信号,经过放大、整形、数/模转换后成为数字信号,在显示器上通过图像显示出来,如图 3.36 所示。图像中的每一个点的灰度值与被测目标上该点发出并到达光电转换器的辐射能量相对应。经过运算就可以从红外热像仪的图像上读出被测目标表面每一个点的温度值,能获取试验模型整个加热面的表面温度分布,极大地增强了电弧风洞地面试验的数据输出信息。

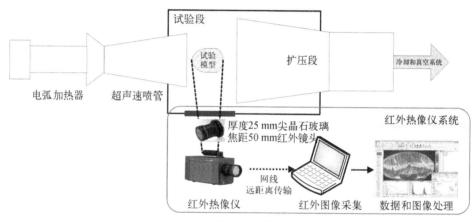

图 3.36　红外热像仪系统工作原理图

早期的红外热像仪是采用移动或扫描的方式获取图像的,响应较慢。随着红外探测器的发展,目前常用的红外探测器包括锑镉汞探测器和锑化铟探测器,并可采用斯特林循环制冷或液氮进行制冷,进一步提高红外探测器的信噪比,常用的光谱为中红外 3~5 μm 和近远红外 7~14 μm。

3. 仪器参数和选择

辐射测温需根据实际试验要求对测温仪的参数进行选择,主要包括:

（1）测温范围。每种测温仪都有自己的测量范围,不同的温度范围要选用不同的工作波段。低温段一般选用 7~14 μm;中温段选用 3~5 μm;高温段选用 1 μm 或 2 μm。

（2）距离系数。距离系数定义为测量距离与测量光斑直径之比。在相同的测量距离下,距离系数越大的测温仪,其测量光斑的直径越小,空间分辨率越高。

（3）温度分辨率。温度分辨率表示测温仪能够辨别被测目标最小温度变化的能力。

（4）响应时间。响应时间表示测温仪对被测目标温度变化的反应速度。

（5）测温精度。测温精度,即允许误差,包括系统误差和随机误差。误差可用绝对误差和相对误差来表示,其中相对误差又分为对实测值的相对误差和对满量程的相对误差两种。

4. 光谱发射率测定

红外测温最大的不确定因素是目标发射率,而目标发射率不仅与物质组分有关,还与物体的表面条件(粗糙度)有关,而且与物体的温度和考察的波长等因素有关,即发射率是以上诸多因素的多元函数。

根据不同的测试原理,通常将发射率测量方法分为量热法、反射率法、辐射能量法和多波长测量法等。电弧风洞中常采用能量法测量材料光谱发射率,其基本原理是直接测量样品的辐射功率,根据普朗克或斯特藩-玻尔兹曼定律和发射率定义计算出样品表面发射率。目前辐射的绝对测量尚难达到较高精度,故一般均采用能量比较法,即在同一温度下用同一探测器分别测量绝对黑体及样品的辐射功率,两者之比就是材料的发射率,见式(3.49),图 3.37 中探测器可以根据要求选用可见光或红外傅里叶光谱仪。

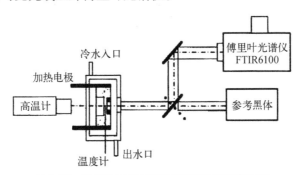

图 3.37　能量比较法测定材料高温光谱发射率

5. 定向发射率测定

兰贝特(Lambert)定律表明,黑体的辐射能在空间不同方向的分布是不均匀的,法线方向最大,切线方向最小。然而,实际物体发射按空间方向的分布也不尽符合兰贝特定律。图 3.38 给出了一些有代表性的非导电材料定向发射率的极坐标图。由图 3.38 可见,对于非导电材料,从辐射面法向 $\theta = 0° \sim \theta = 60°$ 内,定向发射率基本不变,当 θ 超过 60° 以后,$\varepsilon(\theta)$ 的减小才是明显的,直至 $\theta = 90°$ 时 $\varepsilon(\theta)$ 降为零。

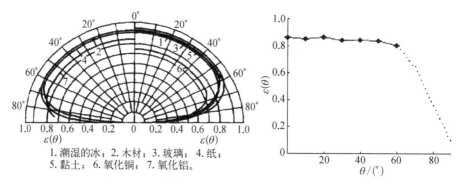

图 3.38　几种非导电材料在不同方向的定向发射率

由此可见,实际物体辐射的复杂性被归结为发射率的光谱复杂性和方向复杂性。表面温度测量采用辐射计法,即首先分别测试同一温度下黑体和试样的定向辐射强度,获得定向发射率,测试时先将试样加热至某一温度,调节转轴到所需测角。然后从红外热像仪读出读数即代表该样品在此发射角下的辐射能。最后移去试样,将处于同一温度下的黑体辐射源置于光路中,调节转轴使黑体表面法向与图 3.38 中所示光路轴心线一致,这时仪器的输出即是黑体表面法向辐射能。

6. 流场本底辐射干扰

在电弧加热等离子体射流中,气体在高温、高压条件下不断发生电离及复合,在原子或离子中的电子由高位能级跃迁到低位能级的过程中,会发射出特定的谱线;防热材料在气动加热试验过程中,材料表面在高温条件下发生烧蚀、热解并生成新物质,在这个过程中会发射出特征光谱并与等离子体流场本身发射出的光谱混合在一起。开展防热材料表面温度的高精度测量,必须要分析电弧射流的发射光谱辐射强度的特征规律,了解试验状态下电弧射流的组分特征,为高温电弧风洞环境下辐射测温的校正、边界层烧蚀产物的诊断提供基础数据。

流场本底辐射干扰可以采用以光谱分析为基础的发射光谱检测技术。如 3.1 节所述,这是一种非接触式的诊断方法,不会干扰试验流场,能够实现对流场的实时在线诊断,具有较高的时空分辨率。利用光谱诊断系统采集这些特征谱线及其分布规律,通过与粒子(分子、原子和离子)标准谱线图库进行相似对比可确定射流中的成分。

参考文献中计算所得到的 Scirocco 电弧风洞全部运行条件下几种主要气体

组分的最高摩尔分数,如图 3.39 所示,考虑气体组分的红外辐射特性以选择最合适的波段来提高测量精度。

根据 HITRAN 光谱数据库查得 1 000 K 条件下的各成分的谱线强度,如图 3.40 所示。并由此利用 E-TRANS 程序计算了一定热动力条件下电弧射流的透过率,图 3.41 显示在静温为 300 K 和 1 000 K 条件下的红外波段为 1 ~ 12 μm 的透过率。根据以上结果及表 3.3 和表 3.4 中数据,长波为 8 ~ 14 μm 更适合于等离子射流中模型表面温度的测量。但对于更高试验条件,根据普朗克定律,辐

气体组分	最高摩尔分数
N_2	7.8×10^{-1}
O_2	2.2×10^{-1}
N	4.5×10^{-1}
O	3.5×10^{-1}
Ar	2×10^{-2}
NO	2×10^{-2}
CO_2	1×10^{-3}
CO	1×10^{-3}
C	1×10^{-3}
NO_2	1×10^{-5}
CN	1×10^{-5}
N_2O	1×10^{-6}
O_3	1×10^{-7}

图 3.39　Scirocco 电弧风洞全部运行条件下几种主要气体组分的最高摩尔分数(计算值)[44]

射能将逐步偏于短波,此时电弧射流的辐射特性,需要进一步研究和分析。

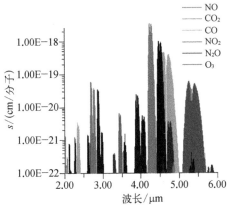
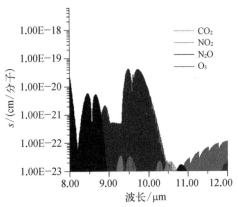

图 3.40　各成分在中波和长波区域的谱线强度

7. 电弧风洞中辐射测温的影响因素

使用辐射测温仪测温,物体表面温度不是直接测得的,而是通过测量辐射能计算出来的。因此,在电弧风洞试验的实际测量中,会受到被测目标表面的发射率、辐射过程中的辐射介质衰减以及被测物的背景条件等多因素的影响。

1) 发射率的影响

辐射测温中最大的不确定因素是被测目标的发射率。影响发射率的因素很多,主要有材料的种类、材料表面状况、观测角度和物体的表面温度等。表 3.3

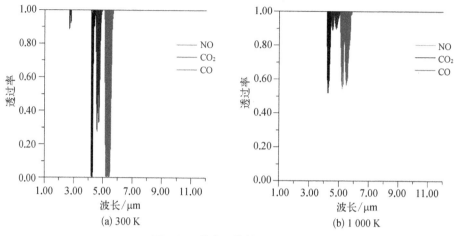

图 3.41 等离子体射流透过率

和表 3.4 分别给出了常用非金属和金属材料在常温条件下的光谱发射率,可在试验中参考设定。高温条件下材料的发射率一般未知,可采用比较方法进行简单测定。例如,利用热电偶和辐射测温仪测量材料同一位置的温度,调节辐射测温仪发射率,使其显示温度等于热电偶所测温度,此时得到的发射率即为被测目标的发射率。或者将材料表面的一部分用无光碳黑涂黑(发射率约为 0.98),并测量涂黑部分的温度,然后再测量其邻近区域未涂部分的温度,调整发射率直到所显示温度与涂黑部分的温度相等,此时即可得到物体表面的发射率。即便如此处理,由发射率变化导致的温度测量误差也是难以避免的,后期数据处理可根据下式进行修正。

$$\Delta T = \frac{\lambda T^2}{C_2} \cdot \frac{\Delta \varepsilon_\lambda}{\varepsilon_\lambda} \quad (3.51)$$

式中,λ 为辐射测温仪的工作波长;T、ΔT 分别为被测目标表面温度及其误差;ε_λ、$\Delta \varepsilon_\lambda$ 分别为被测目标表面发射率及其变化;C_2 为第二辐射常数。

表 3.3　常用非金属材料在常温条件下的光谱发射率

材　料	1.0 μm	5.0 μm	7.9 μm	8~14 μm
石　棉	0.9	0.9	0.95	0.95
未氧化碳/碳	0.8~0.95	0.8~0.9	0.8~0.9	0.8~0.9
石　墨	0.8~0.9	0.7~0.9	0.7~0.8	0.7~0.8
陶　瓷	0.4	0.85~0.95	0.95	0.95
平板玻璃	—	0.98	0.85	0.85
木　材	—	0.9~0.95	0.9~0.95	0.9~0.95

注:"—"表示此数据不具有参考意义。

表 3.4　常用金属材料在常温条件下的光谱发射率

材　料	1.0 μm	1.6 μm	8~14 μm
氧化的铝	0.4	0.4	0.2~0.4
氧化的铜	0.2~0.8	0.2~0.9	0.4~0.8
氧化的钢	0.8~0.9	0.8~0.9	0.7~0.9
氧化的钼	0.5~0.9	0.4~0.9	0.2~0.6
氧化的钛	—	0.6~0.8	0.5~0.6
不锈钢	0.35	0.2~0.9	0.1~0.8
氧化的镍基合金	0.4~0.9	0.6~0.9	0.7~0.95

注："—"表示此数据不具有参考意义。

2）窗口玻璃透过率的影响

电弧风洞上窗口玻璃的光谱透过率受反射、散射和吸收三个因素的影响。常用的石英玻璃的反射率约为 8%，散射率比较小，一般可以忽略，因此石英玻璃在可见波段和近红外波段（0.3~3 μm）的透过率一般不大于 92%；在中波 3 μm 之后透过率降低很快，此时中波区（3~5 μm）常选用尖晶石、蓝宝石等作为窗口玻璃，其透过率大于 80%；长波区（7~14 μm）常选用锗玻璃、硫系红外玻璃等，其透过率大于 80%。

除透过波段外，窗口玻璃透过率还受到本身温度的影响，试验中应尽量将窗口玻璃远离高温流场，如无法远离，应该设计专门的冷气膜用以保护窗口。

3）高温气流和背景的影响

电弧风洞试验中的表面温度测量还会受到高温气流及试验段背景的影响，被测目标的发射率越高，背景的影响越小；当被测目标温度与背景温度相近时，背景影响引起的误差最大。高温气流的干扰光谱多为高温气体离解或电离所产生的线状光谱，如氧原子谱线、氮原子谱线等，在温度测量和温度计算中应该尽量避免。

3.2.4　内部温度测量

内部温度或层间温度是防热材料试验中极其重要的测量参数，一般采用热电偶、热电阻等接触法测量，近年来也兴起了一种基于光纤的测温方法，下面逐一进行简要介绍。

1. 热电偶

热电偶测温基本原理图如图 3.42 所示。将两种不同材料的导体（或半导体）A 和 B 两端焊接起来，构成一个

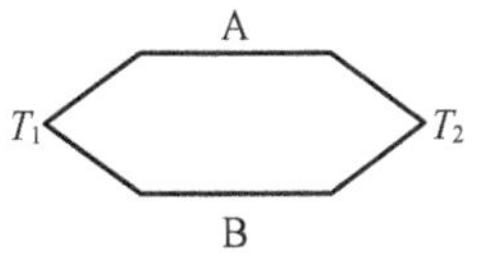

图 3.42　热电偶测温基本原理图

闭合回路,当两个焊接点 T_1 和 T_2 之间存在温差时,两导体之间便产生电动势,进而在闭合回路中形成电流,这种现象称为热电效应。通过测定热电势的大小即可得到两焊接点间的温差,固定一个焊接点的温度(如将其置于冰水混合物中)即可得到另一焊接点(测温点)的温度值。

热电偶可分为标准热电偶和非标准热电偶两大类。标准热电偶是指国家标准规定了其热电势与温度的关系、允许误差、并有统一标准分度表的热电偶,它有与其配套的显示仪表可供选用。非标准热电偶在使用范围或数量上均不及标准热电偶,一般也没有统一的分度表,主要用于某些特殊场合的测量。我国从 1988 年 1 月 1 日起,热电偶和热电阻全部按国际电工委员会(International Electrotechnical Commission, IEC)国际标准生产,并指定 S、B、E、K、R、J、T 七种标准化热电偶为国家统一设计型热电偶。

为了保证热电偶可靠、稳定地工作,对它的结构要求如下:① 组成热电偶的两个热电极的焊接必须牢固;② 两个热电极彼此之间应很好的绝缘,以防短路;③ 补偿导线与热电偶自由端的连接要方便、可靠;④ 保护套管应能保证热电极与有害介质充分隔离。

作为试验室最常用的温度检测元件,热电偶的显著优点有:① 测量精度高,这是由于热电偶直接与被测目标接触,没有中间介质的影响;② 测量范围广,常用的热电偶从 $-50℃ \sim +1\,600℃$ 均可连续测量,某些特殊热电偶最低可测温度达 $-269℃$(如金铁镍铬热电偶),最高可测速度达 $+2\,800℃$(如钨铼热电偶);③ 构造简单、使用方便,热电偶通常由两种不同的金属丝组成,外有保护套管,用起来非常方便。

热电偶与被测目标表面接触方式常用的有 4 种,如图 3.43 所示。图 3.43(a)为点接触,热电偶的测量端直接与被测目标表面相接触。图 3.43(b)为面接触,先将热电偶的测量端与导热性能良好的金属薄皮(如铜片)焊在一起,然后再与被测目标表面接触。图 3.43(c)为等温线接触,热电偶测量端固定在被测目标

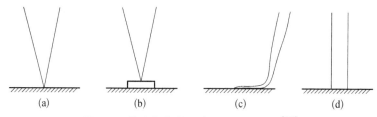

| (a) | (b) | (c) | (d) |

图 3.43　热电偶与被测表面的接触方式[29]

表面后沿被测目标表面等温线铺设至少 20 倍线径的距离再引出。图 3.43(d)
为分立接触,两热电极分别与被测目标表面接触。

不管哪种接触方式,引起测量误差的主要原因是沿热电偶丝的导热损失。
热电偶的热接触点从被测目标表面吸收热量后,其中一部分热量沿热电偶丝导
出散逸到周围环境中,从而使热接触点温度低于被测目标表面的实际温度。经
常采用安装系数 Z 来衡量测量的准确性。

$$Z = \frac{T_s - T_r}{T_s - T_0} \tag{3.52}$$

式中,T_s 为被测目标表面的实际温度;T_0 为环境温度;T_r 为热电偶的指示温度。

显然 Z 的数值与热电偶材料的性质、尺寸、安装方法及被测目标表面材料的
性质等因素有关。Z 表示测量误差($T_s - T_r$)同表面和环境温差($T_s - T_0$)之比。图
3.43 中 4 种接触方法以图 3.43(c)的误差最小,因为它的热电偶丝沿等温线铺设,
热接触点的导热损失达到最小;图 3.43(b)次之,热电偶丝的热损失由导热性能良
好的金属片补充;图 3.43(a)的误差最大,因为导热损失全部集中在一个接触点上,
热量不能得到充分的补充;而图 3.43(d)有两个接触点,其误差将小于图 3.43(a)。

2. 光纤温度传感器[45]

热电偶测温存在测温上限低、易受电磁干扰等缺点。例如,对测量温度范围
较高的钨铼热电偶而言,高温、高压下容易氧化变脆,机械强度变坏,在电弧加热
条件下会受到电磁干扰。中国航天空气动力技术研究院发展了一种将辐射测温
技术和光纤传感技术有机结合起来的光下测温传感器——蓝宝石光纤黑体腔温
度传感器,它将接触式和辐射式测温相结合,以黑体辐射理论为基础,通过测定
物体的辐射强度,得到辐射体的亮度温度。该传感器在单晶蓝宝石光纤的一端
镀制一层氧化锆陶瓷薄膜形成黑体腔探头,并用耐高温材料制作蓝宝石光纤外
壳。试验时将黑体腔探头放入被测温度场中,由黑体腔快速感知热量并辐射出
光信号,辐射光信号经蓝宝石光纤传输至传光光纤,通过干涉滤光片,再由光电
倍增管接收,最后经信号处理电路输出。

选择由氧化锆等多组分氧化物构成的混合材料,利用等离子喷涂工艺在蓝
宝石光纤端部制作黑体腔,腔长 5 mm。设计并加工了打毛工装、喷涂夹具,对等
离子工艺参数进行了优化,保证了涂层结合强度,完成了关键器件——黑体腔传
感头的制作。光纤高温传感系统建立后,先进行地面测试,评价该传感系统的可
行性。测试系统的热源采用酒精灯和丁烷高温喷枪,将光纤传感头和对比测温

计置于同一温度点上。对比测温计采用 B 型 WRR-130 铂铑热电偶,温度测量范围为 0~1 800℃,连接热电偶数据采集卡直接输出温度值。光纤高温传感系统通过数据采集卡连接电脑采集到同一时刻该系统输出的电压值。地面试验证明,蓝宝石光纤温度传感系统在 800℃ 以下中低温区域由于黑体辐射信号较弱,不适用于此区域的温度测量,而在 800~1 600℃ 的高温区,蓝宝石光纤试验数据与热电偶测量结果保持较好的一致性。

　　光纤温度传感系统由四大主体部分组成: ① 传感部分; ② 光学部分; ③ 光电转换及放大部分; ④ 数据处理部分,如图 3.44 所示。

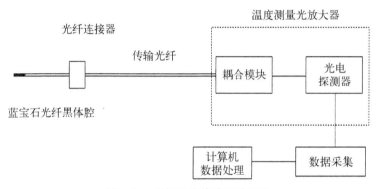

图 3.44　光纤温度传感系统组成

3.2.5　热应变测量

　　应变测量是电弧风洞热结构试验的主要测量参数之一。目前,热应变的测量主要有高温应变片和光纤光栅传感器等方法。

　　1. 高温应变片[46]

　　电阻应变片测量技术自 20 世纪 30 年代问世后经历了长期的发展,是目前应变测量的一种成熟技术。电阻应变片由敏感栅、基底、引出线、表面覆盖层和黏结剂等组成,见图 3.45。它具有精度高、测量范围广、频率响应特性好等优点,已广泛应用于各种工程结构的应变分析。

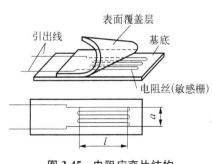

图 3.45　电阻应变片结构

　　与常温应变测量相比,高温应变测量具有如下特点。

　　(1) 需采用专门的高温应变片,常温

应变片工作温度一般在-30~60℃,在更高温度下,应变片所用材料与性能都不大适用。因此,需要根据测试要求选择合适的高温应变片,并需要考虑高温带来的热输出影响,目前采用不锈钢或铁铬铝合金作为基底材料,测量温度可达800℃左右。

（2）构件处在高温环境中,除了应变片本身外,其安装方法也与常温应变片不同,即需用点焊固定或者高温固化处理,且连接需用专门的高温导线。

（3）构件在高温工况下温度分布不均匀并随时间变化,因此需要在测量应变的同时测量各测点的温度分布,这样做一方面是由于应变片性能与温度有关,另一方面热输出修正也需要以温度分布情况为依据。

（4）高温测量时数据受多种因素影响,所以需要对数据进行相应的修正。因此,高温应变测量在试验前需要对传感器、黏结剂、温度效应等进行静态和动态的标校,以期获得准确的结构应变数据。

2. 光纤光栅传感器[47,48]

光波传感技术是 20 世纪 70 年代伴随光纤通信技术的发展而迅速发展起来的,光纤光栅传感器是以光波为载体,光纤为介质,感知和传输被测量信号的一种新型传感器。光纤布拉格光栅(fiber Bragg grating, FBG)传感器是新一代进行应变测量的传感器,它可以直接测量传感温度和应变测量,也可实现与温度和应变测量有关的其他参量的间接测量。FBG 传感器的基本原理是利用宽带光源照射光纤及光栅,当光栅受到拉伸、挤压或热变形时,通过解调仪测量反射波长峰值的变化即可得出被测目标温度和应变的变化。如图 3.46 所示,其中,λ 为波长;l 为光强;Λ 为光栅间距。

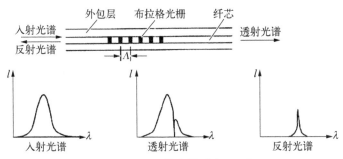

图 3.46　FBG 传感器测试原理图

在电弧风洞气动热试验中使用时,普通光纤光栅在高温环境下会逐渐退化,例如,写制在普通硼-锗共掺光纤中的 I 型光纤光栅只适用于200℃以下的工作环境。当温度高于200℃时,其反射率随温度的上升而下降;在350℃的高温环境下几小时光栅就可以被完全擦除,因此Ⅰ型光纤光栅仅适用于常温环境,不能用于高温测量。为了满足高温领域的传感测量需求,开发了多种具有不同高温稳定性的光纤光栅。例如,使用飞秒激光器刻写的Ⅱ型光纤光栅,能够在800℃的高温环境下正常工作;利用光纤对紫外(UV)激光的双光子吸收效应产生折射率负调制的Ⅱ型光纤光栅,能够承受500~700℃的高温;由纤芯中化学组分的周期性分布规律调制的化学组分光纤光栅,其制作过程包括光栅的退化和再生过程,也称为再生光纤光栅,具有优越的高温稳定性,能够在1000℃的高温环境下正常工作。

另外,不管是高温应变片还是FBG传感器,传感器的安装工艺都是在实际使用过程中普遍存在的应用难题。传统采用聚酯胶、酚醛胶、聚酰亚胺、环氧-酚醛胶等高温黏结剂最多能测到300℃左右,更高的使用温度将使高温黏结剂自身产生膨胀与裂纹等,从而影响应变测量的准确性。近年来,点焊、火焰热喷涂和等离子体喷涂工艺等在传感器安装上得到了广泛应用,NASA Dryden采用新的安装工艺,对X-37尾翼进行了热结构试验,其测量温度可达1000℃[49]。

光纤光栅传感系统包括FBG传感器、光路系统、光电转换系统、数据采集处理系统、上位机波长计算分析系统,另外还包括光纤熔接机及光纤接头等附件。FBG传感器测试系统构成如图3.47所示。

图 3.47　FBG 传感器测试系统构成

模型内表面高温应变测量主要研究内容是进一步提升光纤光栅传感器在热结构试验中的使用温度,关键技术为光纤传感器高温安装和封装技术、高温光纤传感器的研制、高温下的温度和应变信号分离技术及动态验证技术等。

1) 光纤传感器封装及高温安装技术

光纤传感器的安装采用高温胶黏接的方式只能达到300℃的使用温度,因此光纤传感器的安装考虑采用在光纤表面溅射金属膜,通过金属膜将光纤传感器与封装机体连接,封装好的传感器通过激光焊接或螺纹连接的方式连接到模型内表面上。

2) 高温光纤传感器的研制

更高使用温度范围的高温光纤传感器需要进一步提高光纤材料的使用温

度,以及光纤外涂覆层的材料和工艺。

3) 高温下的温度和应变信号分离技术

FBG 传感器温度对反射波长 λ_B 的影响主要是热光效应引起的光纤折射率的变化及热膨胀效应引起的光栅周期的改变,当温度升高时,由于光纤材料的热光效应,其折射率会增大,而由于热胀冷缩效应,光栅周期也会变大,使 λ_B 向长波长方向漂移。光栅波长的漂移幅度与周围环境温度的变化可用下面的公式进行修正。

$$\Delta\lambda_T = (\alpha_f + \xi) \cdot \Delta T \lambda_B = K_T \cdot \Delta T \lambda_B \tag{3.53}$$

式中,$\Delta\lambda_T$ 为温度变化引起的 λ_B 漂移幅度;α_f 为光纤材料的热膨胀系数;ξ 为光纤材料的热光系数;ΔT 为周围环境温度的变化量;K_T 为光栅温度的响应系数。

通过对 FBG 传感器在高温静态下进行标定,获得相应使用温度下的标定系数,对风洞试验过程测量的高温应变结果进行修正。

4) 动态验证技术

同时采用 EFPI(extrinsic Fabry & Perot interferometry,非本征法布里-珀罗干涉法)光纤传感器进行高温应变测量,对光纤光栅应变传感器在高温状态下的测量结果进行验证。EFPI 是一种干涉型光纤传感器,通过测量宽带光源在两个反射面反射光的双光束干涉光谱来获得两个反射面间的距离变化。因此,该类型的传感器具有动态范围大、分辨力高、不易受外界干扰等优点,尤其是温度变化对测量结果的影响较小,更便于温度信号和应变信号的分离;其缺点是只能进行单点测量,无法形成测量网络。

3.2.6　烧蚀变形测量

烧蚀变形测量从被测目标的角度来看可分为烧蚀后退测量和烧蚀变形测量。飞行器的头部、翼前缘等驻点烧蚀区将承受很高的来流压力和热流密度,从而出现烧蚀后退,该类型的烧蚀变形材料会有较大的后退量;飞行器的大面积区域暴露在高焓气流中,由于表面热流不高,并不会出现严重的材料烧蚀,但整体结构可能发生高温热变形。

从测量结果可分为静态测量和动态测量。静态测量是指通过测量试验前、后模型的尺寸特征,得出一个整体的平均烧蚀变形情况。静态方法能够方便、快捷地获取一些烧蚀变形信息,然而模型在冷却过程中烧蚀层会发生各种物理、化学反应使得烧蚀外形发生变化,此外,静态方法也不能体现烧蚀全过程。动态测量获得的数据更为丰富、立体及更接近真实的烧蚀情况,因此逐渐成为国内外烧蚀变形研究的热点。动态测量是在模型烧蚀试验过程中实时地测量模型表面的外形特征变化,测量结果是实时的、动态的。

从测量实施对模型的损伤程度可分为接触式测量和非接触式测量。接触式测量是指测量仪器的传感设备直接接触被测目标,测量结果快捷、灵敏,但安装困难,并可能在测量接触面造成损伤;非接触式测量则是通过声、光、电、磁等方式对被测目标进行测量,不需要直接接触被测目标,测量过程洁净,几乎零损伤,目前烧蚀变形测量的研究热点主要集中在动态非接触式测量方向。

1. 传统测量方法

1) 尺具

最为常规的手段是通过游标卡尺、分度尺等工具对某一类特定烧蚀变形进行测量分析。例如,常见的平板、端头及驻点类模型烧蚀后退量测量,通过尺具测量模型烧蚀前、后的厚度、长度等信息,从而计算整个烧蚀时间段的平均烧蚀速率。

2) 三坐标测量机

尺具测量通常只能获得某些稀疏位置的烧蚀变形情况,测量结果也过于单调,不能开展大面积烧蚀变形的评估分析。

得益于逆向工程技术的发展,三坐标测量机(three, coordinate measuring machine, 3D CMM)也开始应用到烧蚀变形的静态测量中,该测量的原理是利用三坐标测量机测量模型烧蚀后表面的一些离散点的三维坐标与烧蚀前的模型三维数据进行对比,获得烧蚀模型情况。

在接触式测量中,三坐标测量机是广泛使用的一种测量设备,可以人工逐点测量或用计算机控制系统作为辅助接触被测目标取得数据。扫描方式的测量过程如下: 建立零件坐标系,移动测头至测量起始点,固定某一坐标(如 y)值,使测头沿着曲面在相应的坐标平面(o-x-z 平面)内以扫描方式采点测量至曲面边界;接着在坐标 y 轴方向移动测头一个增量,继续以上述方式在 o-x-z 平面内扫描测量,依次遍及整个待测平面。三坐标测量机能够快速获得大量的烧蚀变形数据,并可以开展烧蚀面的烧蚀变形分析,其测量系统如图 3.48 所示。

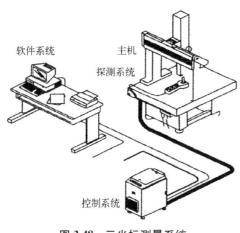

图 3.48　三坐标测量系统

3）植入式传感器

上述两类方法都只能应用于烧蚀变形的静态测量，随着航天技术朝着高、精、尖的目标发展，型号和材料部门已不再满足于简单的静态测量结果，对地面试验单位提出了动态、实时、在线测量烧蚀变形的新要求。

最为直接的解决思路是在测试模型内部植入传感器，通过传感器实时反馈烧蚀后退量。日本航天专家 Oishi 等[50,51]从接触式测量着手，在球头模型内植入电阻式传感器，随着烧蚀试验测量的进行，传感器动态地反馈烧蚀后退量，如图 3.49 所示。该方法测量直观，能够获得实时的烧蚀后退量，但在文中作者指出了该方法存在缺陷：传感器安装要求高，防热层高温会提前熔断传感器使得实际测量值偏高。

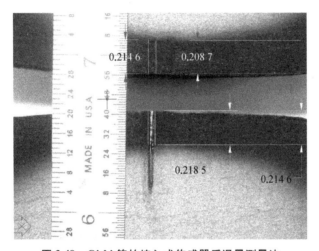

图 3.49　Oishi 等的植入式传感器后退量测量法

2. 光学 3D 测量法

近年来，光学 3D 测量技术发展迅速，一些航天专家和学者也将该技术应用到烧蚀变形的测量中[52,53]。比较常见的光学 3D 测量方法有摄影测量法、双目立体视觉法、激光扫描法、散斑数字图像相关匹配法等。

相机的镜头为一个凸透镜，其在相机成像工程中运用的物理规律可简述为：当物体位于透镜 2 倍焦距以外时，在透镜的另一侧成倒立缩小的实像，在真实的相机成像过程中物距远大于像距，因此镜头的成像模型可作为小孔成像模型。在这样的模型中，光线从场景或很远的物体发射过来，但仅是来自某点的一条光线，在实际的针孔相机中，该点被投影到成像平面上，在图像平面聚焦。因此，成像平面上物体的大小与该物体距离透镜的远近相关，可用焦距进行描述。

在成像平面上建立一个二维的笛卡儿坐标系可以准确地描述物体在相机成像平面上的大小及位置关系,以光轴与成像平面的交点(光心)为原点,成像平面的垂直向右方向为 x 方向,竖直向上方向为 y 方向建立平面坐标系。根据小孔成像模型易得

$$
\begin{cases}
x = f \cdot \dfrac{X_C}{Z_C} \\[2mm]
y = f \cdot \dfrac{Y_C}{Z_C}
\end{cases}
\tag{3.54}
$$

式中,X_C、Y_C、Z_C 分别为摄像机三维坐标系下的三个坐标分量。

实际上,数字图像在计算机中是以数组的方式存储的,数组中的每一个元素称为像素,像素不仅有色彩、灰度等信息,而且具有尺度信息。考虑到单个像素的长与宽不一样,利用矩形来描述像素的几何尺寸,并记单个像素的长为 δ_x,宽为 δ_y,单位均为(毫米/像素)。图像的坐标系通常选取图像左上角的起始像素点为原点 O,水平向右方向为横坐标方向 x,竖直向下方向为纵坐标方向 y。由于在相机的安装过程中镜头平面与成像平面不可能达到绝对平行,所以光心不一定位于成像平面的中心处,光心的位置是一个待标定的量,记为 $C(u_0, v_0)$。

式(3.54)经平移变换整理后得

$$
\begin{cases}
u = \dfrac{f}{\delta_x} \cdot \dfrac{X_C}{Z_C} + u_0 \\[2mm]
v = \dfrac{f}{\delta_y} \cdot \dfrac{Y_C}{Z_C} + v_0
\end{cases}
\tag{3.55}
$$

由于精度要求,不能简单地利用相机厂家提供的镜头焦距及成像平面个体像素的形状数据,而是把焦距与个体像素的长度作为一个组合量进行参数标定,式(3.55)可写成矩阵相乘的形式,即

$$
Z_C \begin{bmatrix} u \\ v \\ 1 \end{bmatrix} = \begin{bmatrix} f_x & 0 & u_0 \\ 0 & f_y & v_0 \\ 0 & 0 & 1 \end{bmatrix} \begin{bmatrix} X_C \\ Y_C \\ Z_C \end{bmatrix}
\tag{3.56}
$$

式(3.56)对单相机建立了初步的线性模型,式中的焦距和光心参数很好地描述了单相机采集图像的重要过程。

1) 摄影测量法

光学 3D 测量法比较简单的应用是利用单个相机平行正对地拍摄待测模

型,并假定单个像素的宽度和长度相同,相机的成像平面成为物体被拍摄平面的等比例缩放。利用该原理,中国航天空气动力技术研究院开展了驻点球头模型的动态烧蚀率测量,测量误差小于 0.16 mm,测试结果显示防热材料在长时间烧蚀下的后退速率逐渐增大。

单相机的摄影测量法适用范围较窄,对于模型烧蚀面不平整的情况则会失效,基于双相机的摄影测量法可以有效解决这一难题。单相机经过投影变化后,三维信息被折叠成二维信息,而位于不同位置的两个相机同时拍摄则可以结合两组二维信息反算出物体的三维信息,如图 3.50 所示。

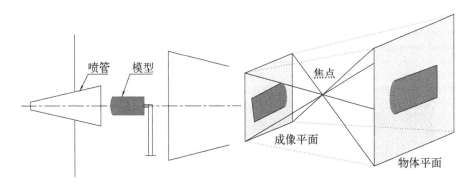

图 3.50　单相机摄影测量应用

美国 NASA 阿姆斯研究中心的 Schairer 等开展了相关工作[54]。如图 3.51 所示,相机位于试验段上方和试验段侧方两个方位,通过喷管两侧提前布置好的平面镜拍摄球头模型,通过直接线性变换系统建立相机的数学模型,并对每一个相机的多帧图像进行逐帧数字图像相关匹配,以固定特征点位置,同时数字图像相关匹配在同一时刻的不同角度下获取的两幅图像上的特征点,计算该时刻该点的三维坐标,以获得模型的动态烧蚀变化。

2) 双目立体视觉法

双目立体视觉法是基于视差原理,由两幅图像来获取物体三维几何信息的方法[55, 56],即由两个摄像机对同一景物从不同方位成像获得周围景物的两幅数字图像,再通过相关算法匹配出相应像点,从而计算出视差并重建出物体的三维形状与位置变化,进而找出模型烧蚀前、后的对应点,两者的差值即为模型的变形量,其测量原理示意图如图 3.52 所示。在电弧风洞高温高速流场扰动、复杂背景光等恶劣条件下对热变形进行的测量,针对具体应用环境,技术难点主要集中在复杂环境下如何获取清晰图像及获取清晰图像之后的后期算法处

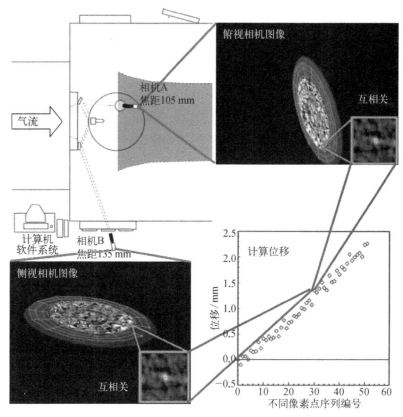

图 3.51 双相机摄影测量应用

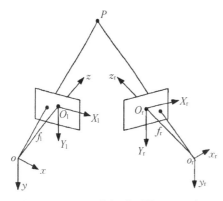

图 3.52 双目立体视觉测量原理示意图

理两个问题上。

双目立体视觉系统包括两台高分辨率的高速摄像机、摄像机同步控制系统、图像采集卡、补光系统、滤光系统、计算机和图像分析软件等,其原理见图 3.53 图中,O 表示焦点;f 表示焦距;x、y、z 表示方向;下角标 l、r 分别表示左、右方向。

3)激光扫描法

激光扫描法是物体三维表面数据非接触式测量中最为广泛使用的测量方法,结构简单、测量精度高、获得的点云数据稠密。20 世纪 90 年代美国阿诺德工程发展中心的 Peter 等[57]利用 3D 扫描技术周期性地扫描平板模型,动态地测量了

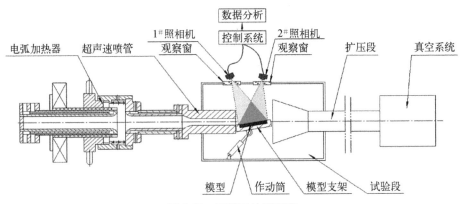

图 3.53　测量系统原理图

整个烧蚀过程中模型表面的后退情况。如图 3.54 所示,激光器从某一固定角度向模型的烧蚀面投影一束面阵激光,相机从另一个角度拍摄带有烧蚀面高度信息的光条线,通过后续计算得到光条线上每一个点的三维坐标。该方法假定材料表面在一个扫描周期内

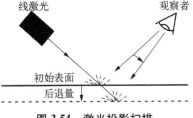

图 3.54　激光投影扫描

模型表面的烧蚀变形是一个微小量,通过计算每个扫描周期的三维面型来定义材料的变形量。该方法获得了每隔 2 s 一幅的模型烧蚀轮廓点云图,测量误差约为 1.5 mm。

4) 散斑数字图像相关匹配法

近年来,散斑相关匹配方法在金属材料热变形测量中应用广泛[58]。中国科学技术大学张青川等在试验室条件下在金属材料表面喷涂随机散布的斑点,拍摄不同受热时刻的材料图像,并利用相关匹配法匹配图像,从而计算材料在该高温条件下的变形量。

热变形引起的形状变化不仅会导致飞行器热荷载的突然变化,还可能会引起结构的振动甚至造成结构破坏。因此,热结构设计的一个重要约束就是要把结构的热变形控制在合理的范围内。目前的变形测量技术可分为接触式与非接触式两大类,采用传统的接触式三坐标测量机或者探针法在电弧加热试验过程中测量显然是行不通的。光学方法因其固有的非接触、精确和迅速的特点使测量成为可能,它主要包括飞行时间法、干涉测量法、结构光法、立体视觉法等,其中立体视觉法相对比较成熟,而且可以快速地进行面测量,不像基于干涉原理的

干涉测量法那样对环境振动、噪声和光线要求很高。双目、多目及多帧图像序列等立体视觉已经成为目前研究的热点和重点。

符号表

符　号	名　　称	符　号	名　　称
h_0	气流总焓	ΔP	压力差
h_e	气流静焓	α	工作状态实际流量系数
$\bar{h}$	平均容积焓	ε	流束膨胀系数;介电常数;物体发射率
h	焓		
u	气流速度	d	直径
P	功率	σ_0	相对误差
$\bar{\omega}_i$	冷却水流量	m_e	电子质量
c_p	比热容	V	电子运动速度
ΔT	温差	ν_e	电子碰撞频率
P_0	气流总压	j	电流密度
A_{eff}	有效截面积	ω_{pe}	等离子体频率
T	热力学温度	k	玻尔兹曼常量
q_s	驻点热流密度	n_e	电子密度
P_s	驻点压力	h	普朗克常量
q	热流密度	M	摩尔质量
R	半径	V_m	质量烧蚀率
ρ	密度	V_{mA}	单位受热面积质量烧蚀率
A	受热面积	t	时间
δ	厚度	V_L	线烧蚀率
γ	气体绝热指数	H_{eff}	有效烧蚀焓
R	通用气体常数	$E_{b\lambda}$	黑体光谱辐射力
A^*	喷嘴的喉道面积	λ	波长
C_d	流量系数		

参考文献

[1] Scott C D. Survey of measurements of flow properties in arc jets[J]. Journal of Thermophysics and Heat Transfer, 1993, 7(1): 9-24.

[2] 李锋,等.疏导式热防护[M].北京:中国宇航出版社,2017.

[3] Chul P, David M, Joseph O, et al. Comparison of enthalpy determination methods for arc-jet facility[J]. Journal of Thermophysics and Heat Transfer, 2006, 20(4): 672-679.

[4] Martin M N, Chang L S, Jeffries J B, et al. Monitoring temperature in high enthalpy arc-heated plasma flows using tunable diode laser absorption spectroscopy [C]. AIAA 2013-2761, 2013.

[5] 刘雨翔.电弧加热实验气流总焓测试技术研究[D].北京:中国航天空气动力技术研究院,2015.

[6] Winovich W. On the equilibrium sonic-flow method for evaluating electric-arc air-heater preformance[J]. NASA TN D-2132, 1964.

[7] Filippis F D, Serpico M. Air high-enthalpy stagnation point heat flux calculation[J]. Journal of Thermophysics, 1998, 12(4): 608-610.

[8] Suhong K, Jay B, Jeffries R K, et al. Measurements of gas temperature in the arc-heater of a large scale arcjet facility using tunable diode laser absorption[C]. AIAA 2005-900, 2005.

[9] Martin M N, Jeffries J B, Hanson R K, et al. Monitoring temperature in high enthalpy arc-heated plasma flows using tunable diode laser absorption spectroscopy [C]. AIAA 2013-2761, 2013.

[10] Hanson R K. Diode laser sensors for arc-jet characterization [R]. NASA Ames Research Center, 2005.

[11] Craig M G, Henry L M, James D M, et al. Enthalpy probe for arc heater flow diagnostics [C]. AIAA 93-2785, 1993.

[12] 戚隆溪,王柏懿.高温气流总焓的测量及微型瞬时探针的研制[J].流体力学实验与测量,1997,11(1): 70-76.

[13] Standard test method for measuring extreme heat-transfer rates from high-energy environments using a transient, null-point calorimeter[S]. ASTM E 598-96, 1996.

[14] Standard test method for measuring heat-transfer rate using a thermal capacitance (slug) calorimeter[S]. ASTM E 457-96, 1996.

[15] Standard test method for measuring heat transfer rate using a thin-skin calorimeter[S]. ASTM E 459-05, 2005.

[16] Standard test method for measuring heat flux using a water-cooled calorimeter[S]. ASTM E 422-83, 1983.

[17] 刘初平.气动热与热防护试验热流测量[M].北京:国防工业出版社,2013.

[18] 陈连忠.塞块式瞬态量热计测量结果修正方法的研究[J].计量学报,2008,29(4): 317-319.

[19] 涂建强.三段稳态塞式量热计的实验研究[D].北京:中国航天空气动力技术研究院,2007.

[20] Thomann H, Frisk B. Measurement of heat mass transfer with and infrared camera. [J] International Journal of Heat & Mass Transfer, 1968, 11(5): 819-826.

[21] Antonio I R, Thermographic measurements of temperatures in hypersonic large-scale plasma flow[C]. AIAA 2003-6926, 2003.

[22] Susan M W, Douglas B. Infrared thermographic techniques for arc-jet testing[J]. Journal of

Spacecraft and rockets, 1993, 30(4)：262-273.

[23] Gartenberg E, Roberts A S. Twenty-five years of aerodynamics research with infrared imaging [J]. Journal of Aircraft, 1992, 29(2)：161-171.

[24] Bynum D S, Hube F K, Key C M, et al. Measurement and mapping of aerodynamic heating in VKF tunnel B with an infrared camera[C]. AEDC-TR-76-98, 1976.

[25] 李明.高超声速低密度风洞红外热图技术初步研究[J].流体力学实验与测量,2003, 17(4)：51-55.

[26] 李明.红外热图技术[D].长沙：国防科学技术大学,2002.

[27] 陈连忠.气动热性能测试培训教材[Z].北京：国防理化检测培训教材,2014.

[28] 恽起麟.实验空气动力学[M].北京：国防工业出版社,1991.

[29] 吕崇德.热工参数测量与处理：第二版[M].北京：清华大学出版社,2011.

[30] 杨幼桐,杜凯,张菲,等.等离子体的诊断方法[J].哈尔滨学院学报,2005,26(10)：132-135.

[31] Auciello O, Flamm D L. Plasma diagnostics[M]. New York：Academic Press. 1989.

[32] Heald M A, Wharton C B, Furth H P. Plasma diagnostics with microwaves[J]. Nuclear Physics, 1966, 75(3)：695.

[33] 欧东斌.电弧风洞等离子体电子密度测试技术研究[D].北京：中国航天空气动力技术研究院,2005.

[34] Zafar A, Martin E H, Shannon S C. A temporally and spatially resolved electron density diagnostic method for the edgeplasma based on Stark broadening[J]. Review of Scientific Instruments, 2016, 87(11)：11E505.

[35] Zhang N, Zhu L, Planche M P, et al. Electron temperature and density plasma measured by optical emission spectroscopy in VLPPS conditions[J]. Journal of Thermal Spray Technology, 2011, 20(6)：1321-1327.

[36] Filippis F D, Purpura C, Viviani A, et al. Chemical species and nonequilibrium temperatures for airflows in a plasma wind tunnel[J]. Journal of Thermophysics and Heat Transfer, 2010, 24(2)：271-280.

[37] Martin M N, Jeffries J B, Hanson R K, et al. Monitoring temperature in high enthalpy arc-heated plasma flows using tunable diode laser absorption spectroscopy[C]. AIAA 2013-2761, 2013.

[38] Grinstead J H, Porter B J, Carballo J E. Flow property measurement using laser-induced fluorescence in the NASA Ames interaction heating facility[C]. AIAA 2011-1091, 2011.

[39] Hiester N K, Clark C F. Feasibility of standard evaluation procedures for ablating materials [C]. NASA CR-379, 1966.

[40] 杨世铭.传热学：第3版[M].北京：高等教育出版社,2006.

[41] 戴景民.辐射测温的发展现状与展望[J].自动化技术与应用,2004,23(3)：1-7.

[42] 王文革.辐射测温技术综述[J].宇航计测技术,2005,25(4)：20-24.

[43] 刘占增,曾汉生,丁翠娇.红外辐射温度测量技术[J].武钢技术,2006,44(1)：21-24.

[44] Antonio D V. IR Thermographic measurements of temperatures in hypersonic large-scale plasma flow[C] AIAA 2003-6926, 2003.

［45］王楠楠,师钰璋.蓝宝石光纤高温测量技术进展［J］.计测技术,2018,38(06)：64-71.

［46］尹福炎.高温应变片在高温下的性能特性［J］.衡器,2011,40(9)：5-12.

［47］姜志刚.FBG 光纤光栅的原理和应用［J］.中国水运,2008,8(5)：128-129.

［48］Juergens J, Adamovsky G, Bhatt R. Thermal evaluation of fiber Bragg gratings at extreme temperatures［C］. AIAA 2005-1214, 2005.

［49］Anthony P, Richards W L, Hudson D L. High temperature strain sensing for aerospace applications［R］. NASA Dryden Flight Research Center, 2008.

［50］Oishi T, Martinez E, Santos J. Development and application of a TPS ablation sensor for flight ［C］. AIAA 2008-1219, 2008.

［51］Martinez E, Venkatapathy E, Oishi T. Current developments in future planetary probe sensors for TPS［C］. Proceedings of the International Workshop Planetary Probe Entry and Descent Trajectory Analysis and Science, 2003.

［52］Lavelle J P, Schuet S R, Schuet D J. High speed 3D scanner with real-time 3D processing ［J］. Proceedings of SPIE the International Society for Optical Engineering, 2004, 5393：13-17.

［53］Hori T, Sakakibara J. High-speed scanning stereoscopic PIV for 3D vorticity measurement in liquids［J］. Measurement Science and Technology, 2004, 15(6)：1067-1078.

［54］Schairer E T, Heineck J T. Photogrammetric recession measurement of ablative materials during arc-jet testing［C］. AIAA 2007-1158, 2007.

［55］王希亮,何国强,李江,等.基于 RTR 技术的绝热层烧蚀实时测量实验［J］.固体火箭技术,2006,29(5)：384-390.

［56］孙翔宇.绝热材料动态烧蚀试验方法［J］.固体火箭技术,2006,29(5)：384-390.

［57］Peter S, Dwayne C. Demonstrated real-time recession measurements of flat materials during testing in high-enthalpy flows ［C］. AIAA 1992-0765, 1992.

［58］于妍妍,卢荣胜.数字散斑干涉法测量金属热变形［J］.光学仪器,2009,31(3)：18-22.

第 4 章

端头烧蚀试验技术

高超声速飞行器端头是整个飞行器受气动加热最为严重的部位,其最高驻点热流密度超过 10 MW/m^2,最大驻点压力超过 0.5 MPa,最高气流温度超过 8 000 K。如此严重的气动加热,即使采用抗烧蚀性能最佳的碳基复合材料,材料也将发生剧烈的燃烧、机械剥蚀、热解等烧蚀行为,飞行器端头的外形将发生明显的变化,可能引起飞行器滚转异常,会导致落点精度发生变化,严重时甚至会导致飞行器失控并解体。因此,必须对高超声速端头防热材料的烧蚀性能、端头的烧蚀形貌及端头材料的隔热性能进行详细的研究,为端头热防护理论分析和飞行器热防护设计提供技术支撑。本章主要分析高超声速飞行器端头热环境,介绍端头材料烧蚀试验技术和端头外形烧蚀试验技术。

4.1 端头热环境分析

高超声速飞行器端头外形的发展经历了尖锥体向钝头体演变的过程,这两种外形所面临的气动热环境大有不同。如图 4.1 所示,早期随着飞行速度的不

图 4.1 尖锥体端头外形飞行器

断提高,飞行器端头外形逐渐向尖锥体发展,以达到减小阻力的目的。

在相同来流条件下,尖锥体高超声速飞行器的热环境比较恶劣,如图 4.2 所示,其附体的锥形激波非常贴近飞行器表面,使得大部分的边界层气动加热量传导到飞行器表面,预测的尖锥头部的最高温度达 6 600℃(已知太阳表面温度约为 5 500℃),如此高的温度是目前任何材料都无法承受的。在严酷的气动加热环境下,尖锥体飞行器的头部会熔化,导致飞行器失控,最终使飞行器解体。

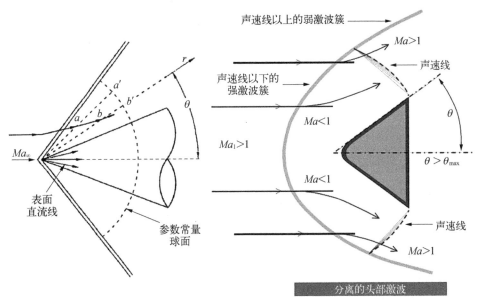

图 4.2　尖锥体外形飞行器流场　　　　图 4.3　钝头体外形飞行器流场

钝头体外形于 1951 年由 NASA 的工程师 Harvey Allen 提出,如图 4.3 所示,他认为相对的钝头体外形会在飞行器头部的声速线下部形成强激波,而在声速线上部形成弱激波,这两道激波统称为头部激波(bowl shockwave)。该头部激波距离飞行器表面较远,使得大部分的气动加热量被气流带走,大幅降低了飞行器的表面温度,气动加热环境不再如尖锥体那样恶劣。

图 4.4 为尖锥体和钝头体在 Ames 中心的地面试验结果,在相同来流条件下,可以看出两类外形的流场有明显的区别:

(1)尖锥体端头流场为较弱的锥形激波,激波层很薄并十分贴近端头表面,激波层和边界层混合在一起,其气动加热环境极为严酷;

(2)钝头体端头流场为较强的脱体激波,激波层很厚且远离端头表面,激波层和边界层分离,其气动加热环境在可承受范围内。

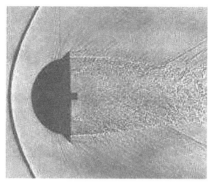

图 4.4　尖锥体和钝头体的地面试验结果

目前的高超声速飞行器端头主要分为两类,如图 4.5 所示。一类是带有小钝头的尖锥弹道式端头,其再入阻力小、再入时间短、突防能力强,主要用于战略导弹的战斗部;另一类是具有大面积、大底部的钝头升力式端头,其再入阻力大、再入时间长、具有一定的姿态调整能力,主要用于航天飞船的返回舱。

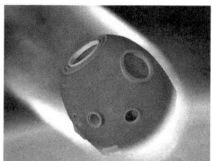

图 4.5　尖锥弹道式端头和钝头升力式端头

尖锥弹道式再入端头的峰值气动加热高度一般在 15 km 以下,其驻点区域为层流状态,而锥身大部分被湍流边界层覆盖。钝头升力式再入端头的峰值气动加热高度在 60~70 km,这时大气比较稀薄,边界层均为层流状态。本小节主要对两类外形端头的典型再入气动热环境进行介绍。

4.1.1　尖锥弹道式端头热环境

典型的尖锥弹道式再入端头的外形示意图如图 4.6[1],其外形为头部带有小球头的球锥,其热环境主要包括三部分:首先为端头最前端的驻点位置热环境;其次为球头表面的热环境;最后为锥身表面的热环境,其中驻点位置热环境是气

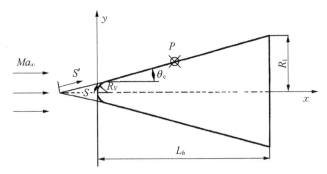

图 4.6 尖锥弹道式再入端头的外形示意图

动热试验最受关注的部分。在此提到的热环境分析,主要是热流密度的工程估算方法。

1. 零攻角驻点热流密度

目前工程上常用到的零攻角驻点热流密度计算公式有 Fay-Riddell 公式、Kemp-Riddell 公式、Scala 公式和 Lees 公式等[2,3]。

1) Fay-Riddell 公式

利用多罗德尼津-曼格勒变换和相似性假定,将高温气体边界层偏微分方程化为常微分方程,和气体热力学特性、输运特性有关的无因次参数假设为一系列常数,如普朗特数 $Pr = 0.71$,刘易斯数 $Le = 1.0 \sim 2.0$,$(\rho_s \mu_s)/(\rho_w \mu_w) = 0.17 \sim 1.0$,利用萨特兰黏性定律,在总焓 $h_s = 1\,549 \sim 24\,158$ kJ/kg,表面温度 $T_w = 300 \sim 3\,000$ K 时,对驻点边界层方程进行数值计算,并总结出在上述参数范围内与数值结果误差为±3%的经验公式为

$$q_{ws} = 0.763 \, Pr^{-0.6} \left(\frac{\rho_w \mu_w}{\rho_s \mu_s} \right)^{0.1} \sqrt{\rho_s \mu_s \left(\frac{\mathrm{d}u_e}{\mathrm{d}x} \right)_s} \times \left[1 + (Le^{0.52} - 1) \frac{h_D}{h_s} \right] (h_s - h_w)$$

$$(4.1)$$

和

$$q_{ws} = 0.763 \, Pr^{-0.6} \left(\frac{\rho_w \mu_w}{\rho_s \mu_s} \right)^{0.1} \sqrt{\rho_s \mu_s \left(\frac{\mathrm{d}u_e}{\mathrm{d}x} \right)_s} \times \left[1 + (Le^{0.63} - 1) \frac{h_D}{h_s} \right] (h_s - h_w)$$

$$(4.2)$$

式中,s 为驻点条件;w 为壁面条件;ρ 为密度;μ 为黏性系数;h_D 为离解焓;$(\mathrm{d}u_e/\mathrm{d}x)_s$ 为驻点外缘速度梯度。

式(4.1)和式(4.2)对离解空气冻结边界层进行了详细计算,根据有关计算结果,在完全催化壁条件下给出的在形式上与平衡边界层驻点热流密度公式相类似的驻点热流密度计算公式。

2) Kemp-Riddell 公式

Kemp 和 Riddell 用 Fay-Riddell 公式对实际卫星再入大气层轨道进行了大量计算,并用来流条件和几何参数进行数据相关拟合,得到与原公式相差5%的公式,即

$$q_{ws} = \frac{131\,884.2}{\sqrt{R_N}} \left(\frac{\rho_\infty}{\rho_0}\right)^{0.5} \left(\frac{V}{v_c}\right)^{3.25} \left(1 - \frac{h_w}{h_s}\right) \tag{4.3}$$

式中,$\rho_0 = 1.225 \text{ kg/m}^3$;$v_c = 7\,900 \text{ m/s}$;$R_N$ 为驻点曲率半径(m)。

然后,Kemp 和 Riddell 又根据 Rose-Stark 激波管试验结果,对式(4.3)做进一步修正,修正后的公式比式(4.3)误差小15%,而与试验数据更符合,其修正公式是

$$q_{ws} = \frac{110\,311.7}{\sqrt{R_N}} \left(\frac{\rho_\infty}{\rho_0}\right)^{0.5} \left(\frac{V}{v_c}\right)^{3.15} \left(\frac{h_s - h_w}{h_s - h_{300\,K}}\right) \tag{4.4}$$

式中,h_{300K} 为温度为 300 K 时空气的焓值。式(4.4)中各参数量纲同式(4.3)。

3) Scala 公式

Scala 根据自己的驻点层流边界层的精确解,用飞行高度 h、来流速度 V 和壁温 T_w 作为相关参数,给出了驻点热流密度的经验公式。在他的解里允许普朗特数 Pr 和刘易斯数 Le 在边界层内是变化的,速度梯度用修正牛顿理论给出,空气黏性采用美国国家标准局的曲线拟合式表示成温度的函数。Scala 给出的经验公式为

$$q_{ws} = \frac{12.488}{\sqrt{R_N}} (10.0)^a (3.281 \times 10^{-3} V)^b \tag{4.5}$$

式中,$a = -(0.968\,9 + 6.99 \times 10^{-5} T_w)(5.626 + 3.228\,5 \times 10^{-5} h)$;$b = (0.968\,9 + 4.671\,5 \times 10^{-5} T_w)(2.838 + 9.843 \times 10^{-7} h)$;$R_N$ 为驻点曲率半径(m);h 为飞行高度(m);V 为飞行速度(m/s);T_w 为壁温(K)。

4) Lees 公式

由高冷壁假设出发,$\rho_e/\rho \ll 1$,在边界层内压力梯度对速度、焓剖面的影响很小,因此在运动方程中压力梯度项可略去,并假设 $(\rho_s \mu_s)/(\rho_w \mu_w) = 1$,则在平衡流条件下能量方程和动量方程与零压力梯度、等物理特性解相同,在不考虑组元

扩散影响的情况下得到的驻点热流密度公式为

$$q_{ws} = \frac{0.5\sqrt{2}}{Pr^{2/3}} \sqrt{\rho_s \mu_s \left(\frac{du_e}{dx}\right)} \ (h_s - h_w) \tag{4.6}$$

然后,在计算热力学平衡空气驻点热流密度时,对式(4.6)又进行了如下修正: 按照参考焓(*)计算当地空气的热物性,而不是按照边界层外缘条件计算空气的热物性,该方法适用于再入体速度小于或等于 7 914 m/s 的情况,并采用美国国家标准局的曲线拟合式来表示黏性(μ,单位为 Pa·s)随温度(T,单位为 K)的变化。

$$\mu = 2.49 \times 10^{-7} T^{0.63} \tag{4.7}$$

修正后的 Lees 驻点热流密度公式为

$$q_{ws} = \frac{0.5\sqrt{2}}{Pr^{2/3}} \sqrt{\rho_s^* \mu_s^* \left(\frac{du_e}{dx}\right)_s} \ (h_s - h_w) \tag{4.8}$$

将根据 Fay-Riddell 公式和 Scala 公式两种公式算出的值和用修正后的 Lees 公式算出的值归一化后进行比较。总的来看,Fay-Riddell 公式和 Scala 公式算出后的驻点热流密度要比 Lees 公式算出的值高。若把修正后的 Lees 公式的值增加 10%,则两种公式算出的结果在整个高度和速度范围内偏差不超过±8%。

在实际应用中,常使用简化的 Fay-Riddell 公式,其中驻点速度梯度可从修正的牛顿公式获得,即

$$\left(\frac{du_e}{dx}\right)_s = \frac{1}{R_N} \sqrt{\frac{2(P_s - P_\infty)}{\rho_s}} \tag{4.9}$$

式中,R_N 为半球半径;P_s 为正激波后总压,即驻点压力;P_∞ 为来流静压。在化学平衡流动条件下,Sutton 和 Graves 给出的任意气体混合物的驻点热流密度公式,常被用来估算驻点热流密度。

$$q_{ws} = K \sqrt{\frac{P_s}{R_N}} \cdot (h_s - h_w) \tag{4.10}$$

2. 无攻角球面热流密度

根据等熵外流条件和修正牛顿压力分布理论及半球的几何关系,Lees 钝体层流热流密度分布公式在球头可以表示为

$$\frac{q_{ql}}{q_s} = \frac{2\theta\sin\theta\left\{\left[1 - \left(\frac{1}{\gamma_\infty Ma_\infty^2}\right)\right]\cos^2\theta + \frac{1}{\gamma_\infty Ma_\infty^2}\right\}}{[D(\theta)]^{\frac{1}{2}}} \tag{4.11}$$

式中,

$$D(\theta) = \left(1 - \frac{1}{\gamma_\infty Ma_\infty^2}\right)\left[\theta^2 - \frac{\theta\sin(4\theta)}{2} + \frac{1 - \cos(4\theta)}{8}\right] +$$

$$\frac{4}{\gamma_\infty Ma_\infty^2}\left[\theta^2 - \theta\sin(2\theta) + \frac{1 - \cos(2\theta)}{2}\right] \tag{4.12}$$

q_{ql} 表示球头部热流密度;θ 是从锥体轴线测得的圆心角;γ_∞ 为来流绝热系数;Ma_∞ 为来流马赫数。

3. 零攻角锥面热流密度

利用等熵外流条件与修正牛顿压力公式,由式(4.11)可得在锥面部分热流密度分布表达式为

$$\frac{q_{zl}}{q_s} = A(\theta_c)\frac{s'/R_N}{[B(\theta_c) + (s'/R_N)^3]^{(1/2)}} \tag{4.13}$$

s' 与 s 的几何关系为

$$\frac{s'}{R_N} = \cot\theta_c + \left[\frac{s}{R_N} - \left(\frac{\pi}{2} - \theta_c\right)\right] \tag{4.14}$$

式中,q_{zl} 为锥身热流密度;θ_c 为半锥角,即锥身与弹体轴线的夹角;s' 为从虚构的锥顶点量起的沿表面的距离;s 为由球头驻点量起的沿弹实体的表面距离。其中,

$$A(\theta_c) = \frac{\sqrt{3}}{2}\left[\left(1 - \frac{1}{\gamma_\infty Ma_\infty^2}\right)\sin^2\theta_c + \left(\frac{1}{\gamma_\infty Ma_\infty^2}\right)\right]^{\frac{1}{2}}\sqrt{\frac{\pi}{2} - \theta_c} \tag{4.15}$$

$$B(\theta_c) = \frac{(3/16)}{\sin^2\theta_c\left\{\left[1 - \left(\frac{1}{\gamma_\infty Ma_\infty^2}\right)\right]\sin^2\theta_c + \left(\frac{1}{\gamma_\infty Ma_\infty^2}\right)\right\}}\left[\frac{D(\theta)}{\theta}\right]_{\theta = \frac{\pi}{2} - \theta_c} - \cot^3\theta_c$$

$$\tag{4.16}$$

4. 带攻角热环境

尖锥弹道式再入端头在实际飞行过程中,必然存在有攻角的状态。当有攻

角时,在迎风面将会产生更加严重的
气动加热效果,而且攻角会使得迎风
面转掠点前移、湍流区域更广,导致迎
风面的热流密度更大、热环境会进一
步恶化;而背风面可能出现的分离、再
附和复杂流态对气动热环境都有较大
的影响。有攻角状态下超声速尖锥端
头流场如图 4.7 所示[4]。

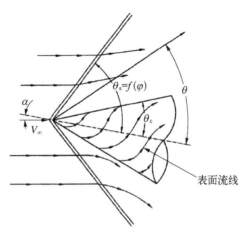

表面流线

θ_s 为从圆锥中心线开始测量的激
波角,跟零攻角状态下的一样,流场也
是锥形的,沿着从圆锥顶点发出的射
线,攻角的存在并不破坏流场的锥形性质。

图 4.7　有攻角状态的尖锥端头流场

有攻角状态与零攻角状态下的流场有以下显著不同。

(1) 在图 4.7 中有攻角状态下的流场是两个独立变量 θ 和 ψ 的函数,而零
攻角状态下的流场是唯一独立变量 θ 的函数。

(2) 每个子午面激波角 θ_s 不同,即 θ_s 是 ψ 的一个函数。

(3) 沿锥形表面上的流线,从圆锥体的底部(迎风面母线)卷曲到圆锥体的
顶部(背风面母线),而且每一个沿锥形表面的弯曲流线起点都是圆锥体的顶
点,其中只有两个表面流线是直的,一条是沿着顶部的射线,另一条是沿着底部
的射线。

(4) 在激波和锥体之间流动的流线不再是平面的,它们是在激波和锥体之
间三维空间弯曲的流线。

在实际应用中经常采用的工程方法为等价锥法和试验数据相关法,这两种
方法使用简便且有一定的精度。

(1) 等价锥法。等价锥法是将绕有攻角锥的流动用绕零攻角等价锥的流动
代替,等价锥是攻角和圆锥角的函数,用该方法计算迎风母线和背风母线上的热
流密度分布是非常有效的。

(2) 试验数据相关法。试验数据相关法是根据有限的试验数据,选择适当
的关联参数,把在不同来流条件和不同几何形状下的试验结果用一条或数条曲
线关联起来,以便推广到更广泛的范围。对于流动条件复杂、理论上难以处理的
流动,都采用该方法。对于有攻角尖锥体,国外发表了众多的关联曲线,例如
Heins 方法、Cleary 方法和 Widhopf 方法[5]等中所发表的曲线。

4.1.2 钝头升力式端头热环境

具有钝头升力式端头的典型高超声速飞行器是载人飞船的返回舱。返回舱是载人飞船的核心舱段,由于载人飞船对最大飞行过载的要求和防热系统设计的要求,返回舱总是以浅再入角和升力弹道式再入,所以返回舱的再入热环境的特点是高熵、低热流密度、低压、长时间和大热载荷。峰值加热高度出现在 $60 \sim 70 \, \mathrm{km}$ 高空,在重要的加热高度范围内,化学非平衡效应比较严重,对气动加热有重要影响。

在考虑气动加热的严重性时,不仅要考虑局部热流密度的大小,而且要考虑总加热量的大小。局部热流密度的大小是选择防热材料的重要依据,总加热量的大小则是防热层厚度设计的重要依据。从美国和苏联历代所发展的载人飞船来看,大钝头加倒锥外形是减小局部热流密度和总加热量的较理想的外形,肩部要尽量光滑连接,不能出现尖点台阶和过小的局部曲率半径,以免出现过大的局部热流密度。

1. 外形及热环境

返回舱防热技术突出的问题是如何处理动能和位能向热能的转化及采用何种有效的防热措施[5]。最好的办法是设计一个具有大尺寸钝角的迎风面,在舱体被制动的同时,把本身的机械能转化为周围空气的热能。舱体的钝角大,所以空气不可能将热量大量传输给舱体,因此流经舱体周围的空气成为以升高本身温度的形式大量转移舱体机械能的载体。同时,与大钝角迎风面相接的是一个倒锥体,其大部分表面处于背风面,该处的热流密度明显较迎风面低。

把返回舱外形设计成大钝头加倒锥体的另一个优点是减速阶段发生在高空,其峰值热流密度出现在高空,由于此时属于层流加热,使得热流密度大大减小。图 4.8 和图 4.9 分别为“联盟”号和“阿波罗”号返回舱外形示意图。其中,L 为返回舱长度;D 为返回舱大底直径;r_{ckp} 为拐角处半径;θ_0 为大底半锥角;α 为

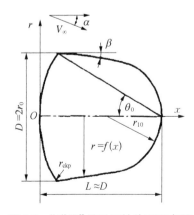

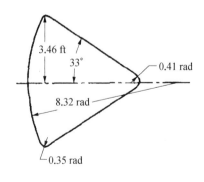

图 4.8　“联盟”号返回舱外形示意图　　图 4.9　“阿波罗”号返回舱外形示意图

攻角;V_∞为飞行速度;β为倒锥角;r为锥段内径;r_{10}为顶部半径。从图4.8和图4.9可以看出,两个返回舱外形均是用一段小圆弧将大钝头和倒锥连接起来,这种特定的返回舱外形和大攻角($\alpha \geqslant 20°$)的再入飞行条件,必然导致其峰值加热部位出现在肩部(大钝头和倒锥连接处),在俯仰平面内,从大底对称点到肩部加热率迅速增大,到肩部达到最大值,过了肩部,由于气流的迅速膨胀,加热率急速下降,攻角越大,肩部的峰值加热率越大。

图4.10为"联盟"号在攻角$\alpha \geqslant 25°$时,大底上的无因次热流密度分布。图4.11为"阿波罗"号返回舱在攻角$\alpha = 0°$时,大底上的无因次热流密度分布。

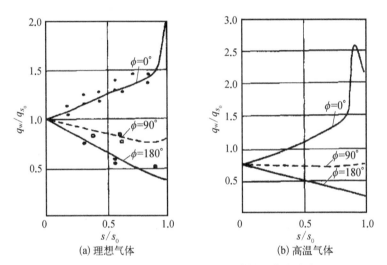

图 **4.10** "联盟"号返回舱大底上的热流密度分布

$V_\infty = 7\sim 10 \text{ km/s}$, $h = 30\sim 60 \text{ km}$, $\theta_0 = 30°$, $\beta = -7°$, $r/R_N = 0.022\,5$

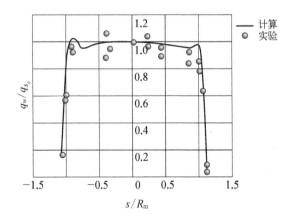

图 **4.11** "阿波罗"号返回舱大底上的热流密度分布($\alpha = 0°$)

从图4.11可以看出,在大底上无因次热流密度q_w/q_{s_0}基本上为1,其中,q_{s_0}为攻角$\alpha=0°$时的驻点热流密度;s为测量位置到大底对称点的距离;s_0为大底对称点到肩部的最大弧长;q_w为测量位置的热流密度;R_m为大底半径。(图中连接线为计算值;离散点为试验值。)。

图4.12为"阿波罗"号返回舱在攻角$\alpha=20°$和$\alpha=28°$时大底上俯仰平面内无因次热流密度分布。从图4.10和图4.12可以看出,"联盟"号和"阿波罗"号大底上的热流密度分布规律是一致的。

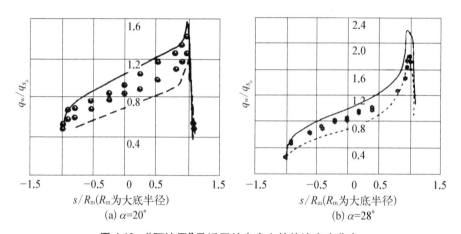

(a) $\alpha=20°$　　　　　　　　(b) $\alpha=28°$

图4.12　"阿波罗"号返回舱大底上的热流密度分布

—— 轴对称Lees热流密度分布; ···· 二维Lees热流密度分布; ● 试验数据。

2. 特征点热环境工程预测方法

返回舱的重要加热区间在高空边界层为层流状态,当攻角一定时,模型表面上每一点的归一化热流密度(q_w/q_{s_0})不随马赫数和雷诺数变化(在试验测量误差范围内)。因此,可以将由试验或其他方法得到的q_w/q_{s_0}应用于实际飞行条件。为了确定沿轨道真实返回舱外形表面上每一点的局部热流密度,可利用如下关系式。

$$(q_w)_{cal} = (q_w/q_{s_0})_{exp} \cdot (q_{s_0})_{cal} \tag{4.17}$$

式中,$(q_{s_0})_{cal}$为用计算方法得出的真实返回舱外形在实际飞行条件下的零攻角驻点热流密度;$(q_w/q_{s_0})_{exp}$是由地面试验数据或试验数据关联式确定。显然,零攻角驻点热流密度的正确性确定是很有必要的。

1) 零攻角驻点热流密度

Fay-Riddell驻点热流密度公式被国内外公认为是适用于计算球头驻点热流

密度的。对于返回舱外形,在 $\alpha = 0°$ 时,驻点位于返回舱大底对称点。如果返回舱大底球冠中心角 θ_0 超过球冠上的声速点角 $\theta^* = (34 + 40\kappa)°$ 时,这种球冠的绕流图将与球体相应部分的绕流图相同,这里的 κ 是激波前、后密度比,在高马赫数时,$\kappa = (\gamma - 1)/(\gamma + 1)$($\gamma$ 为绝热系数),$\theta^* = 36° \sim 41°$。而一般返回舱球冠中心角 $\theta_0 \approx 30° < \theta^*$,此时,拐角后边的压力突降将传到亚声速绕流区,对驻点热流密度产生影响,但 θ_0 和 θ^* 相差不大,肩部流动对驻点区流动的影响也比较弱,故可以认为在 $\alpha = 0°$ 时,绕返回舱驻点的流动就等同于绕圆球的流动。因此,之前列出的驻点热流密度公式均可用来预测零攻角返回舱驻点热流密度 q_{s_0}。

2) 有攻角驻点热流密度

对于球头绕流,攻角对驻点热流密度没有任何影响;对于返回舱这种特定外形,攻角对驻点热流密度却有明显的影响,这是由于返回舱的大底球冠中心角 θ_0 只有30°。当攻角不为零时,如 $\alpha = 20°$ 时,驻点距离肩部很近,肩部的几何参数和流动会对驻点区域流动产生明显影响,该影响主要表现在:使驻点附近激波更加贴体、黏性层更薄、壁面温度梯度增大、热流密度增加。攻角越大,驻点距离肩部越近,肩部几何参数对驻点流动的影响越大,驻点热流密度就越大。绕圆球流动的激波脱体距离与圆球的曲率半径成正比,若肩部圆弧部分的曲率半径越小,则会导致热流密度越大,因此攻角与大底球冠中心角之比(α/θ_0)和肩部圆弧半径与大底半径之比(r/R_N)是影响归一化驻点热流密度($q_{s\alpha}/q_{s_0}$)的两个关键参数,根据有关试验数据和 N-S 方程(Navier-Stokes 方程)及边界层方程的数值计算结果,归一化的驻点热流密度可以用下式方便地给出。

$$\frac{q_{s\alpha}}{q_{s_0}} = 1 + 0.08 \frac{\left(\dfrac{\alpha}{\theta_0}\right)^3}{\left(\dfrac{r}{R_N}\right)^{\frac{4}{5}}} \tag{4.18}$$

应当指出,对于绕圆球的流动,实际驻点与牛顿驻点重合,而对于返回舱这个特殊的外形,牛顿驻点与实际驻点却不重合,在攻角 $\alpha = 20°$ 时,二者相差 $5° \sim 6°$,如图 4.13 所示。这种差异是由肩部的流动特性引起的,实际驻点距离肩部要远些。式(4.18)给出的是牛顿驻点热流密度。

3) 肩部峰值热流密度

从图 4.10 和图 4.12 可知,不论是试验数据还是计算结果都显示在肩部热流

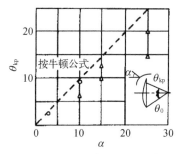

图 4.13　攻角 α 变化时迎风球冠上的驻点位置 θ_{kp}

○：实验值　马赫数为 6，$r = 1.4$，$\theta_0 = 30°$　△：计算值　马赫数为 6，$r = 1.4$，$\theta_0 = 25°$

密度达到最大值，而且 (α/θ_0) 和 (r/R_N) 仍然是影响肩部峰值热流密度的关键参数。利用这两个参数可以把不同外形、不同攻角下的返回舱肩部峰值热流密度关联起来。应当指出的是，由于肩部几何尺寸较小，测量传感器不方便安置，在进行试验时，常常会漏掉肩部的峰值热流密度点，而给出较低的肩部热流密度，或者是由于测量传感器的埋置，改变了肩部表面的局部物面曲率，影响了测量的精度，所以肩部峰值热流密度的测量是很困难的。"联盟"号返回舱在 $\alpha = 20°$ 时，肩部峰值热流密度 q_{pk} 是零攻角驻点热流密度 q_{s_0} 的 2.4 倍，国内也得到了类似的试验和计算结果，考虑到参数 (α/θ_0) 和 (r/R_N) 对肩部峰值热流密度的影响，在综合试验数据和计算结果的基础上，可用如下公式来预测肩部峰值热流密度。

$$\frac{q_w}{q_{s_0}} = 1 + 0.08\left(\frac{\alpha}{\theta_0}\right)^3\left(\frac{\theta}{\alpha}\right)^{2.5}\Big/\left(\frac{r}{R_N}\right)^{0.8} \tag{4.19}$$

式中，θ 为从大底球冠对称点量起的中心角。显然有

$$\frac{q_w}{q_{s_0}}\begin{cases} 1, & \text{球冠对称点热流} \quad (\theta = 0°) \\[2mm] \dfrac{q_{s_\alpha}}{q_{s_0}}, & \text{牛顿驻点热流} \quad (\theta = \alpha) \\[2mm] \dfrac{q_{pk}}{q_{s_0}}, & \text{肩部峰值热流} \quad (\theta = \theta_0) \end{cases}$$

4）倒锥迎风母线上的热流密度

在 $\alpha = 20°$ 时，"联盟"号返回舱倒锥迎风母线上的平均热流密度为零攻角驻点热流密度的 48%，国内的有关试验和 N-S 方程及边界层方程数值计算也给出了相近的结果。图 4.14 显示了 $\alpha = 30°$ 时"联盟"号返回舱倒锥上 ϕ 为 0°、45° 和 90° 三条迎风母线上的热流密度分布情况。

迎风母线上的最大热流密度达到了 $0.62q_{s_0}$，利用修正的后掠圆柱理论，倒锥迎风母线上的热流密度分布可用如下公式来预测，即

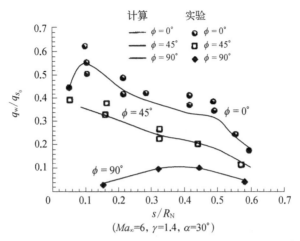

$(Ma_\infty=6,\ \gamma=1.4,\ \alpha=30°)$

图 4.14　"联盟"号返回舱倒锥迎风母线上的热流密度分布情况

$$\frac{q_{cyl}}{q_{s_0}} = \frac{0.25}{\sqrt{2}} \sqrt{\frac{R_N/D}{r/R_N}} \cos^n \Lambda \left[1 + m\left(1 - \frac{x}{L_0} \right)^8 \right] \qquad (4.20)$$

式中,Λ 为倒锥有效后掠角,其值为 $90° - (\alpha - \theta_c)$;$\theta_c$ 为倒锥角,联盟号的倒锥角为 $7°$;x 为从肩部开始向后量起的轴向距离(m);L_0 为倒锥的轴向全长(m);$n = 1.25 - 0.007\ 7\Lambda$;$m = 23\left(\dfrac{r/R_N}{\alpha/\theta_0}\right)$。

4.2　端头烧蚀试验参数测量

端头烧蚀试验模拟的主要参数包括模型表面的热流密度、流场的气流总焓及模型表面的驻点压力等。本节对主要的模拟参数测量技术进行介绍,其中常规的测量原理不再赘述,只介绍与端头热环境相关的测量技术。

4.2.1　热流密度测量

热流密度是决定模型表面温度和烧蚀量的重要参数,在端头烧蚀试验中普遍采用热流密度探头结合塞式量热计进行热流密度测量,并且在热流密度探头表面布置多个热流密度测点,如图 4.15 所示。但由于端头烧蚀试验中的热流密度较高,基本为 MW/m^2 量级,所以其测量技术经历了从固定式测量到送进式测量的发展历程。

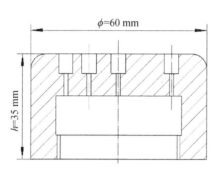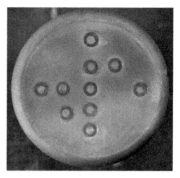

图 4.15　热流密度探头结构图及实物图

1. 固定式热流密度测量方法

固定式热流密度测量方法为长期使用的传统方法,如图 4.16 所示。首先将热流密度探头安装在支架上,然后通过螺杆或焊接的方式将支架固定在正对喷管出口的位置,期间调整支架的前后位置以满足测量要求。支架采用高压水冷却,测量时间不宜过长,一般小于 6 s,否则会损坏塞式量热计。在测量

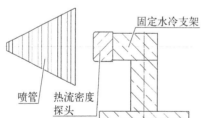

图 4.16　固定式热流密度测量方法示意图

时,支架和热流密度探头会产生较大的温升。由于热流密度探头不能采用水冷降温,所以需要较长时间的冷却才能进行下一次测量试验。采用固定式热流密度测量方法调试出试验状态后,进行模型烧蚀考核试验,试验结果显示防热材料的线烧蚀率高出参考值40%,可见固定式热流密度测量方法精度较低。

对探芯在要求热流密度下的温度分布进行瞬态有限元模拟计算[6,7],建模、网格划分和求解均用 ANSYS 商业软件进行。计算结果如图 4.17 所示。

从图 4.17 可以看出,在受热表面为均匀热流密度的情况下,探芯温度沿轴线递减,受热表面与绝热表面的温差为7℃,对所有测点进行同样的数值模拟,结果见表 4.1,各测点热流密度数据已经无量纲化。由表 4.1 可以看出,数值模拟温升均小于试验测量温升,最小相差为03#探芯的 16.6%,最大相差为06#探芯的 24.3%。由于探芯温升的差异代表热流密度的差异,数值模拟的基础是导热

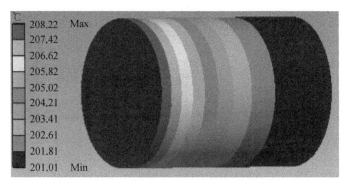

图 4.17　数值模拟探芯温度分布彩图

方程求解,所以其得到的温升结果更接近理论真实值。因此,可以推断固定式热流密度测量方法存在较大误差。

表 4.1　固定式热流密度测量的试验测量温升与数值模拟温升对比

测点编号	02#	03#	05#	06#	07#	09#	10#
无量纲热流密度值	1.057	1.000	1.056	1.040	1.045	1.026	1.049
试验测量温升/℃	273	241	272	276	273	249	272
数值模拟温升/℃	213	201	212	209	210	206	211
温升差异/%	−22.0	−16.6	−22.1	−24.3	−23.1	−17.3	−22.4

2. 固定式热流密度测量误差分析

数值模拟结果显示,探芯的试验测量温升平均比数值模拟温升高出 21%,这说明采用固定式热流密度测量方法进行热流密度测量的流场参数,确实高于要求值。图 4.18 为固定式热流密度测量方法采集的原始热流密度曲线。从图 4.18 可以看出,各测点的热流密度曲线在整个测量过程中都有较大的波动,且热流密度变化历程基本一致:在初始阶段的 0.8 s 内急剧上升;到达最大值后,在随后的 1.8 s 内逐渐下降,且下降的速率逐渐变小;在最后的 0.5 s 内,热流密度趋于平稳。

试验中,电弧风洞从启动到建立稳定流场需要过渡时间(1~2 s),因此前、中期波动较大的热流密度曲线部分,在确定热流密度值时应避开,而从后期较平稳部分的热流密度曲线取值,如在图 4.18 横坐标为 9.7~10.0 s 内取值。这样的取值方法将前期的高热流密度值忽略了,同时也导致了测量误差的出现。

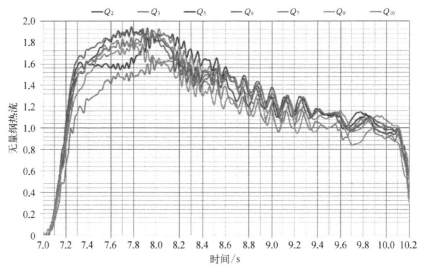

图 4.18 固定式热流密度测量方法采集的原始热流密度曲线

图 4.19 为固定式热流密度测量方法探芯的温升曲线,同样可以反映出测量误差的产生过程。由于热流密度测量原理是建立在偏微分方程求解的基础上,偏微分方程为一维非稳态无内热源常物性的,所以需要得到温度对时间的导数。但实际测量中,很难将温升曲线拟合出方程并求导,只能采用短时间内的曲线斜率来代替单点的导数项。从图 4.19 可以看出,温升曲线的斜率是先大后小的,计算得到的热流密度值也应是先高后低。

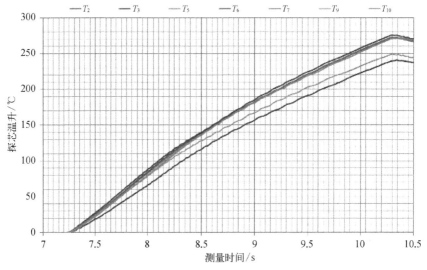

图 4.19 固定式热流密度测量方法探针的温升曲线

多种因素的耦合作用最终导致固定式热流密度测量存在较大误差[8]，最根本的原因是探芯在整个测量过程中不能保持相对恒定的温升速率，这主要由两方面因素导致。一方面是外在因素：首先，整个测量过程要经历风洞的启动，期间的流场参数变化剧烈，探芯要承受严酷的冲击热载荷；其次，测量时间过长会导致玻璃钢隔热套因温度过高而部分熔化，使得探芯侧壁也小部分受热，严重影响探芯的一维传热假设。另一方面是内在因素：探芯自身的比热容很小，在测量过程中会由于受热时间过长而产生较高的温升，这样就会和玻璃钢隔热套产生不可忽略的热传导；而且探芯物性也会随温度的升高发生变化，铜的导热系数会在高温时减小为 385 W/(m·K)，从而影响测量精度[9]。

3. 送进式热流密度测量方法

为了减小误差，在热流密度测量时需满足以下要求：

（1）待流场稳定后再进行测量；

（2）探芯要承受均匀热流密度载荷；

（3）尽可能缩短探芯受热载荷的时间；

（4）探芯的最高温升应在 150℃ 以内。

送进式热流密度测量装置及方法可以达到以上要求，图 4.20 为纵向送进式热流密度测量装置结构示意图。

纵向送进式热流密度测量方法的主要目的是使得热流密度探头可以在一定空间内上下移动，该目的通过气缸带动活塞实现，改变气缸内高压气的进气方向即可使得通过支架连接在活塞上的热流密度探头向上或向下运动。试验前将热流密度探头放置在喷管上方不会被流场加

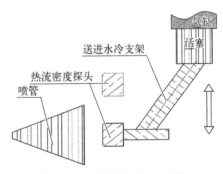

**图 4.20　纵向送进式热流密度
测量装置结构示意图**

热的位置，在风洞启动并建立稳定流场后，调节高压气的进气方向，此时热流密度探头快速向下运动，最终停留在喷管轴线位置，在流场中央进行热流密度测量。高压气作用的气缸反应灵敏，在 1 s 内可以完成整个送进过程，使热流密度探头被加热时间大大减少。图 4.21 为纵向送进式热流密度测量装置实物安装图。

由于活塞运动的快慢，在一定程度上与其下方连接物的质量成反比，所以要提高热流密度探头移动速度，就要最大程度地减轻支架质量，传统的支架已不能满足要求。采用斜臂式配合细窄冷却通道的结构可以达到减轻质量、强化冷却

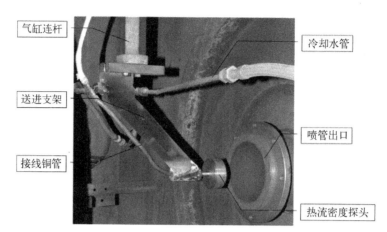

气缸连杆

冷却水管

送进支架

喷管出口

接线铜管

热流密度探头

图 4.21　纵向送进式热流密度测量装置实物安装图

和提高刚度的效果。此外,支架和活塞通过滑动法兰连接,可以在水平方向上小幅度调整位置。纵向送进式热流密度测量装置试验中的流场图如图 4.22 所示。

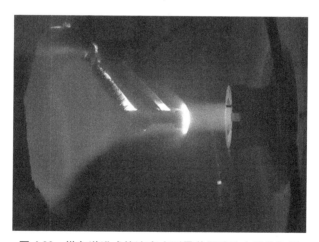

图 4.22　纵向送进式热流密度测量装置试验中的流场图

采用送进式热流密度测量方法进行热流密度测量,当流场建立后,将热流密度探头快速送到喷管前的中心位置,随即停止风洞运行,结束测量,所得探芯温升曲线如图 4.23 所示。

图 4.23 中温升曲线显示,探芯的有效被加热时间在 5.84~6.44 s 的 0.60 s 内,同时探芯的最大温升小于 70℃。在 6.44 s 之后的温升曲线斜率明显减小,此时测量已经结束,探芯不再被加热,该小部分温升称为过余温升[10],这是探芯热阻和热惯性引起的。出于相同的原因,在初始阶段的 0.08 s 内,也有小部分斜率

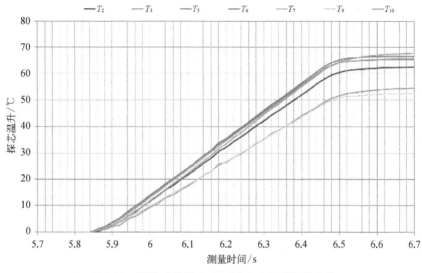

图 4.23 送进式热流密度测量方法探芯温升曲线

较小的温升曲线,此阶段温升称为滞后温升,同时滞后温升阶段也是热流密度探头在下降时经历开始被加热到均匀被加热的阶段。由于滞后温升曲线斜率非常接近有效温升线斜率,且持续时间很短,所以不影响探芯的最高温升判据。

图 4.24 为送进式热流密度测量曲线。由于在计算热流密度过程中,需要通过前、后几个温升数据点得到该段曲线的斜率,所以热流密度曲线的有效时间段要小于温升曲线。由图 4.24 可以看出,在 5.98~6.28 s 时间内的热流密度曲线

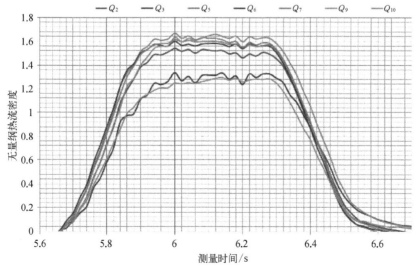

图 4.24 送进式热流密度测量曲线

较为平直,此时热流密度相对稳定。平直的热流密度曲线是送进式热流密度测量方法的最大特征。

与固定式热流密度测量曲线不同,送进式热流密度测量曲线有较为平直的一段,可以更准确地读取热流密度值,测量结果以曲线平直段中 6.0~6.2 s 时间内的平均值为准。送进式热流密度测量结果的有限元分析见表 4.2。

表 4.2 送进式热流密度测量的试验测量温升与数值模拟温升对比

测点编号	02#	03#	05#	06#	07#	09#	10#
无量纲热流密度值	1.512	1.294	1.616	1.573	1.592	1.28	1.628
试验测量温升/℃	56.2	47.5	60.7	58.9	59.6	47.1	59.4
数值模拟温升/℃	56.9	48.7	60.8	59.2	59.9	48.2	61.2
温升差异/%	+1.24	+2.52	+0.16	+0.50	+0.50	+2.33	+3.03

结合固定式热流密度测量的数据可以看出,送进式热流密度测量各点的热流密度值都比固定式热流密度测量的值大 30%~60%,且各点热流密度有较大差异。数值模拟温升与试验测量温升吻合得很好,试验测量温升略低,两者相差 1.24%~2.52%。对比结果表明,采用送进式热流密度测量方法得到的探芯温升更接近理论值。试验测量与数值模拟相比,温升仍然存在微小误差的原因:一是数据采集和测试设备存在系统误差;二是在受热初始阶段,热流密度探头的温升曲线斜率略小。

目前,在端头烧蚀试验中均采用送进式热流密度测量方法,以提高热流密度的测量精度。送进式分为纵向送进和横向送进两种方式,横向送进与纵向送进的原理相同,只是横向送进的装置的热流密度探头在水平方向上运动,如图 4.25 所示。

图 4.25 横向送进式热流密度测量装置安装图

4.2.2　气流总焓测量

在端头烧蚀试验中,弹道式端头试验的气流总焓一般在 10 MJ/kg 以下,因此采用常规的测量技术;而升力式端头试验的气流总焓较高,可达 50 MJ/kg,因此多数常规测量技术(平衡声速流法[11,12]、总温热电偶法和水冷总焓探针法等[13])都无法应用到高焓流场中。本小节介绍的高焓流场气流总焓测量技术包括热流-压力反算法和能量平衡法。

1. 热流-压力反算法

通过简化驻点热流密度计算公式[14-16]反算气流总焓,该方法和平衡声速流法得到的气流总焓相差在 10% 以内。在高焓流场中测量驻点热流密度和驻点压力,得到气流总焓的关系式为

$$H_0 = \eta \cdot q_s \cdot \left(\frac{P_s}{R_B} \right)^{-0.5} + H_w \tag{4.21}$$

式中,H_0 为气流总焓(kJ/kg);q_s 为驻点冷壁热流密度(kW/m²);P_s 为驻点压力(kPa);R_B 为模型圆柱半径(mm);H_w 为气流壁焓(kJ/kg);η 为等热流球面系数。

中国航天空气动力技术研究院采用半球外形[式(4.21)]进行了验证,同试验中实际气流总焓相比较得到偏差,以此来验证热流-压力反算法的精度,实际气流总焓由平衡声速流法得出。

首先,在中、低焓(小于 6 MJ/kg)范围内,在不同热流密度条件下进行验证。具体试验数据见表 4.3,在六个不同的试验状态下,气流总焓为 2.40~4.38 MJ/kg,可以看出,各状态反算总焓偏差为 -6.7%~+0.1%,平均偏差为 -2.4%。

表 4.3　中、低焓热流-压力反算法验证试验数据

热流密度/ (kW/m²)	驻点压力/ kPa	实际总焓/ (MJ/kg)	反算总焓/ (MJ/kg)	反算总焓偏差/ %
1 210	51	2.40	2.24	-6.7
2 020	99	2.65	2.63	-1.0
1 885	50	3.35	3.35	+0.1
2 810	108	3.50	3.40	-3.0
4 100	143	4.35	4.23	-2.8
2 820	64	4.38	4.34	-1.0
反算总焓平均偏差				-2.4

　　其次,在中、高焓范围内,在不同热流密度条件下进行验证。具体试验数据见表4.4,在四个不同的试验状态下,气流总焓为 7.66~16.38 MJ/kg,可以看出,各状态总焓偏差为−2.4%~+7.2%,总焓平均偏差为+2.6%。

表 4.4　中、高焓热流−压力反算法验证试验数据

热流密度 /(kW/m²)	驻点压力 /kPa	实际总焓 /(MJ/kg)	反算总焓 /(MJ/kg)	反算总焓偏差 /%
2 200	18.5	7.66	8.05	+5.1
3 950	27.1	11.01	11.79	+7.2
5 000	24.4	16.02	15.63	−2.4
5 500	26.7	16.38	16.42	+0.3
反算总焓平均偏差				+2.6

　　将两次验证试验中气流实际总焓绘制成等值线,反算总焓为离散点,如图4.26所示。可见,在气流总焓为 2.40~16.38 MJ/kg 时,反算总焓的点状分布同实际总焓十分吻合,不仅趋势一致且差距很小,结合表4.3 和表4.4 中的数据得出,反算总焓的最大偏差为+7.2%,平均偏差为+2.6%。

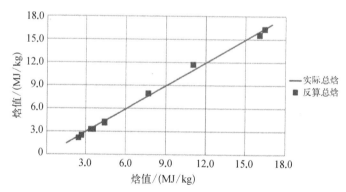

图 4.26　热流−压力反算总焓验证结果

　　意大利宇航研究中心在气流总焓为 2~39 MJ/kg 时,对热流−压力反算法进行了验证和修正[17],如图4.27 所示。其研究人员以 CFD 数值模拟结果为基准,对平衡流 Fay-Riddell 公式、冻结流 Fay-Riddell 公式和简化的 Fay-Riddell 公式计算结果进行了验证。给出的研究结论是当气流总焓小于 23 MJ/kg 时,完整 Fay-Riddell 公式的计算结果和 CFD 结果吻合度较好,当气流总焓在 23~39 MJ/kg

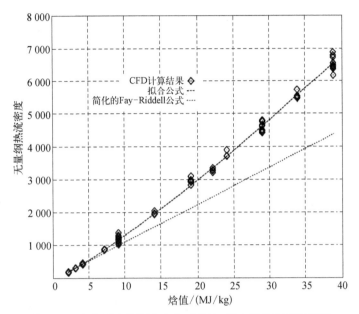

图 4.27　意大利宇航研究中心对热流-压力反算法研究数据

时,该公式的计算结果同 CFD 结果差距较大。

　　基于 CFD 的模拟结果,意大利宇航研究中心给出了修正的简化公式(图 4.27 中粗虚线),用于计算气流总熔,得出的计算结果同 CFD 的模拟结果十分吻合。具体公式如下:

$$(H_0 - H_w)^{1.17} = 36\,364 \cdot q_s \cdot \left(\frac{P_s}{R_B}\right)^{-0.5} \tag{4.22}$$

式(4.22)中物理量均为国际标准单位。

　　2. 能量平衡法

　　在端头烧蚀试验中,当气流总熔较高时,也可以采用能量平衡法进行测量。意大利宇航研究中心是国际上少数几家采用该方法的单位,其 70 MW 加热器系统如图 4.28 所示,该方法基于能量守恒定律,投入加热器的总能量一部分被冷却系统消耗,另一部分则转化为气流的能量。投入加热器的总能量由电源电压和电源电流得出,而冷却系统消耗的能量包括稳定电阻耗散能量、冷却管路耗散能量和加热器冷却耗散能量,最终剩余的能量转化为气流总熔。

　　气流总熔计算公式如下,可以在气流总熔为 0~40 MJ/kg 应用。

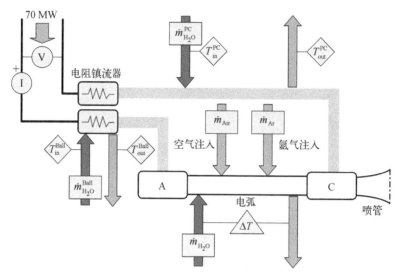

图 4.28   意大利宇航研究中心 70 MW 加热器系统示意图

$$H_0 = \frac{V \cdot I}{(\dot{m}_{Air} + \dot{m}_{Ar}) \cdot k_1} - \frac{(T_{out}^{Ball} - T_{in}^{Ball}) \cdot \dot{m}_{H_2O}^{Ball}}{(\dot{m}_{Air} + \dot{m}_{Ar}) \cdot k_2} -$$

$$\frac{(T_{out}^{PC} - T_{in}^{PC}) \cdot \dot{m}_{H_2O}^{PC}}{(\dot{m}_{Air} + \dot{m}_{Ar}) \cdot k_2} - \frac{\Delta T \cdot \dot{m}_{H_2O}}{(\dot{m}_{Air} + \dot{m}_{Ar}) \cdot k_2} \qquad (4.23)$$

4.2.3　驻点压力测量

在端头烧蚀试验中,驻点压力是重要的状态参数,直接影响模型的烧蚀量和烧蚀外形,因此驻点压力的精确测量至关重要。驻点压力除了作为常规的状态参数被测量外,还有以下两方面特殊的应用。

一方面,在应用热流-压力反算法计算气流总焓时,驻点压力 0.5 kPa 的波动就会对气流总焓造成 10% 的误差,因此需要得到精确稳定的驻点压力值。

另一方面,自由射流驻点处流场近似满足正激波关系,其激波前、后总压关系式为[18]

$$\frac{P_s}{P_0} \approx \frac{P_2}{P_1} = \frac{2\gamma}{\gamma + 1} Ma^2 - \frac{\gamma - 1}{\gamma + 1} \qquad (4.24)$$

式中,P_1 和 P_2 分别为正激波前、后总压,对应着试验中的前室总压 P_0 和驻点压力 P_s;Ma 为来流马赫数;γ 为气流绝热系数。在无法通过喷管面积比计算来流马赫数时,通过测量驻点压力和前室总压并利用式(4.24)估算马赫数。

常规压力测量探头只能进行短时间测量,测量误差较大,且无法对试验流场进行全时间段的监测。中国航天空气动力技术研究院为了提高驻点压力测量精度,减小端头烧蚀试验中的状态波动,设计了水冷式驻点压力测量探头,如图 4.29 所示。首先将出水管和进水管焊接在密封连接件的冷却水流通孔处,同时将引出测压管一端焊接在压力感应球面的内部延长驻点测压孔处。然后将小密封圈和大密封圈分别放置在密封连接件相应的矩形密封槽内。随后将引出测压管另一端从密封连接件内部的通孔穿出,并将压力感应球面拧紧在密封连接件上。

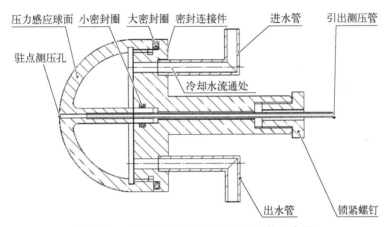

图 4.29 水冷式驻点压力测量探头结构示意图

图 4.30 为水冷式驻点压力测量探头安装示意图,将探头的圆柱连接段插入风洞支架,并通过锁紧螺钉固定,将探头安装在风洞支架上后,需连接风洞系统的高压冷却进水管、高压冷却出水管和数据采集系统。

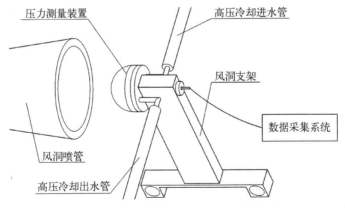

图 4.30 水冷式驻点压力测量探头安装示意图

图 4.31 为水冷式驻点压力测量探头进行 700 s 长时间的测量,可见驻点压力曲线平直,波动非常小,说明试验流场稳定,水冷式驻点压力测量探头工作正常。

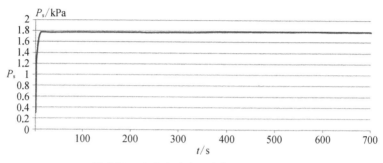

图 4.31　水冷式驻点压力探头测量曲线

4.2.4　热流-压力共同测量

驻点热流密度和驻点压力是端头烧蚀试验中极为重要的参数。驻点热流密度采用常规热流密度探头测量,其测量原理的限制是测量时间需在 2 s 内,这样才能保证较高的测量精度。驻点压力采用水冷式驻点压力测量探头进行测量,测压管路较长,测压管内径较小,所以测量时间要维持 15 s 以上,才能得到稳定、准确的数据。同时,由于在电弧风洞试验中,需要不断地调整驻点热流密度和驻点压力以满足试验的需要,所以要对驻点热流密度和驻点压力进行多次测量。常规的送进支架只能安装一个探头,在一次电弧风洞试验中,只能对驻点热流密度或驻点压力中的一个参数进行测量,而且在转换测量参数时,需要耗费大量时间进行探头的拆卸、变换和安装,其探头拆装所需的时间要远远大于参数测量所需的时间。

驻点热流密度和驻点压力共同测量技术包括两种形式:一种是分体式热流-压力共同测量技术;另一种是组合式热流-压力共同测量技术。两种形式的测量技术均可以实现在一次电弧风洞试验中先后对驻点压力和驻点热流密度进行精确测量。

分体式热流-压力共同测量装置如图 4.32 所示,在试验段内上、下壁面安装两个纵向的气缸送进机构,分别连接水冷支架。上部支架安装水冷式驻点压力测量探头,用于测量驻点压力;下部支架安装等热流密度球面探头,用于测量驻点热流密度,等热流密度球面探头前部还装有冷却气管,管内接通高压气,用于在调试间隙冷却热流密度探头。试验调试时先将水冷式驻点压力测量探头放置在流场中,进行长时间的驻点压力测量。待所测驻点压力稳定后,将水冷式驻点压力测量探头移出流场,然后将等热流密度球面探头快速送入流场,当等热流密度球面探头到达流场中心区域后立即停止试验,完成驻点热流密度的瞬态测量。

组合式热流-压力共同测量装置示意图如图 4.33 所示,装置由连接板和水冷前缘作为装置的主体,水冷前缘通过连接螺钉和连接板连接;进水管和出水管穿过连接板的水管通孔,通过螺纹和水冷前缘连

图 4.32　分体式热流-压力共同测量装置

接;连接板背面沿竖直中轴线有凹槽,用于布置测压管;测压管带有两个半圆形弯曲部分,目的是绕过进水管和出水管,测压管的测量端通过焊接连接到驻点压力测量探头内部;连接板两端分别带有探头通孔和开口缝隙,上端安装常规驻点热流密度探头,用于短时间测量驻点热流密度,下端安装水冷式驻点压力测量探头,用于长时间测量驻点压力,两个探头通过带有定位键的圆柱连接段安装在连接板两端,并通过连接板两端开口缝隙处的紧固螺钉固定探头,驻点热流密度探头的圆柱连接段带有竖直方向的开槽,用于将测压管和热电偶引出,引出后的测压管和热电偶连接到采集系统中。

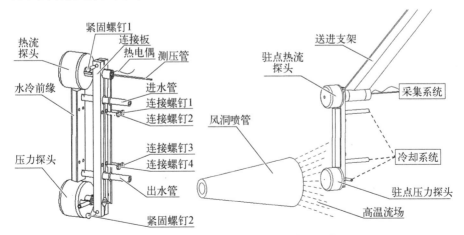

图 4.33　组合式热流-压力共同测量装置示意图

组合式热流-压力共同测量装置实物图见图4.34,试验中通过驻点热流密度探头内的塞式量热计测量驻点热流密度,通过水冷式驻点压力测量探头内的测压管测量驻点压力。该装置使用方法为:在一次电弧风洞试验中,首先在电弧风洞启动到稳定运行的期间,将水冷式驻点压力测量探头置于高温流场中数十秒,进行驻点压力测量,此时驻点热流密度探头置于高温流场外;其次在得到稳定的驻点压力数据后,通过送进支架使得整个装置向下运动,将驻点热流密度探头送入高温流场,进行驻点热流密度的测量;最后在驻点热流密度探头到达高温流场中心1 s后,立刻停止电弧风洞运行,完成整个测量过程。

图 4.34　组合式热流-压力共同测量装置实物图

4.2.5　背面温度测量

模型的背面温度是端头烧蚀试验中重要的试验数据,由于模型大多是球柱或球锥的外形,且带有较细的连接段,所以模型内部一般为细长的狭小空间(直径小于15 mm,长度大于40 mm),给背面温度的精确测量带来困难,且需要解决热电偶的安装难题。一方面,在细长、狭小的模型内部空间内,由于焊接设备体积较大、没有操作空间,同时大部分端头模型为非金属材料,所以金属热电偶无法通过焊接固定。另一方面,若采用高温胶粘贴热电偶,则会在模型背面和热电偶节点之间造成接触热阻,同时固化后的高温胶也具有一定的热容量,严重影响背面温度的测量精度。

中国航天空气动力技术研究院在测量背面温度时,设计了整体内插式温度测量元件,实现了小面积大纵向距离的温度精确测量,如图 4.35 所示。首先分别将热电偶 1 和热电偶 2 的正负极电阻丝焊接在一起;其次将四根电阻丝放置在隔热塞块的凹槽中,并用绝缘胶固定,保证每组热电偶的焊接节点处与隔热塞块的裸露端接触;然后将四根电阻丝的自由端穿过测温外壳相对应的热电偶引出孔,此时在隔热塞块的粘贴端涂上绝缘胶,将其插入测温外壳自由端的空腔,保证隔热塞块的凹槽和测温外壳相应的热电偶引出孔同轴,并保证隔热塞块的裸露端表面和测温外壳自由端的侧表面重合;最后当绝缘胶固化后,将柔性垫圈安装在测温外壳的凹槽内,并将插拔螺钉安装在测温外壳的螺孔处。组装完成后可以进行模型安装。

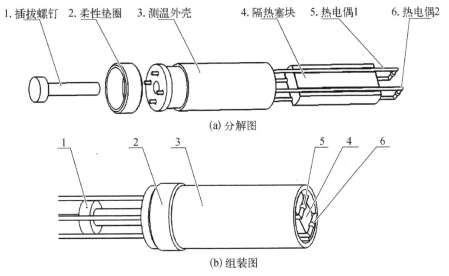

1. 插拔螺钉　2. 柔性垫圈　3. 测温外壳　　4. 隔热塞块　5. 热电偶1　6. 热电偶2

(a) 分解图

(b) 组装图

图 4.35　整体内插式温度测量元件示意图

如图 4.36 所示,当模型安装时,通过插拔螺钉施力将测量装置插入模型测温孔,可以选用不同厚度的柔性垫圈调节摩擦力和松紧度。当柔性垫圈完全没入模型测温孔时安装完成,此时,温度测量装置自由端的两组热电偶节点正好接触到防热材料背面。将热电偶的自由端接入风洞数据采集系统,即可进行温度测量。

该背面温度测量元件可在试验过程中重复使用,缩短了试验中模型准备和安装的时间,使得试验效率大幅提高,同时也提高了热电偶丝的利用率,一对热电偶丝可以应用于多个试验模型,大大节约了试验成本。

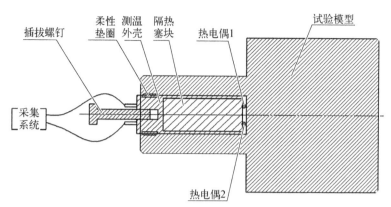

图 4.36 内插式温度测量元件使用示意图

4.3 端头烧蚀试验模型外形

传统的端头烧蚀试验模型一般采用平头圆柱和半球圆柱的外形,但这两类外形烧蚀表面的热流密度分布不均匀,模型烧蚀结果存在较大误差。目前广泛使用的是等热流球面圆柱外形,可以大幅提高烧蚀表面热流密度均匀度及烧蚀结果精度。

由 4.1 节的计算公式可知,半球球面的热流密度均比驻点位置热流密度小,并且随着角度的增大而减小,而平头圆柱的烧蚀表面为平面,工程经验表明,该表面的热流密度情况为中心低、四周高。

4.3.1 平头圆柱外形表面热流密度分布

采用直径为 60 mm 的平头圆柱外形的热流密度探头对表面热流密度进行测量,测量结果如图 4.37 所示。可以看出,同心圆直径为 22 mm 的测点与中心点相比,平均热流密度比中心点大 11.3%,各测点波动分别为 +13%、+10%、+11% 和 +11%。同心圆直径为 43 mm 的测点与中心点相比,平均热流密度比中心点大 19%,各测点波动分别为 +15%、+25%、+19% 和 +17%。

采用直径为 60 mm 的平头圆柱模型,进行

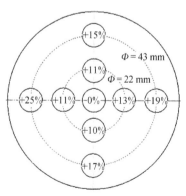

图 4.37 平头圆柱外形表面
热流密度测量结果

时间为 700 s 的试验,试验结果如图4.38 所示。可以看出,模型的烧蚀量很大,接近原始模型长度的30%,而且烧蚀面在试验后为球面,其烧蚀量试验结果远远超出理论参考值,试验过程中模型外形的变化也意味着试验状态的波动。

热流密度测量结果和模型烧蚀结果均显示,平头圆柱外形的表面热流密度分布不均匀,从中心点

图 4.38　平头圆柱模型烧蚀前后照片

到肩部表面热流密度是逐渐增大的。这是导致平头圆柱模型的烧蚀面在试验过程中变为球面的根本原因,由于防热材料的烧蚀量和表面热流密度成正比,所以肩部高热流密度下的烧蚀量要大于中心区域烧蚀量。

4.3.2　球面圆柱外形表面热流密度分布

对图 4.38 中烧蚀后的模型表面弧度进行测量,设计球面热流密度探头进行验证,球面曲率半径为 64 mm,如图 4.39 所示,在球面热流密度探头表面同一母线上,布置五个测点。从测量结果可以看出,在相同的气流参数下,与平头圆柱外形的中心点热流密度值相比,球面曲率半径为 64 mm 的表面平均热流密度比平头圆柱外形表面热流密度高 20% 以上,球面中心点位置的热流密度比平头圆柱增大 35%,其他各点的热流密度分别增加 34%、28%、17% 和 13%。由此可见,模型外形在试验过程中一旦发生变化,表面热流密度也随之发生变化,且热流密度在整个烧蚀面呈不均匀分布。

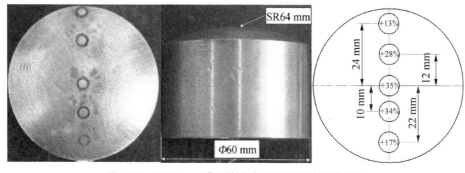

图 4.39　SR64 mm 球面热流密度探头及其测量结果

图 4.40 为在不同表面曲率半径下驻点热流密度的比值[19]，横坐标为 R_B（模型圆柱体半径）和 R_N（模型表面曲率半径）的比值，纵坐标为 q_{BB}（球面圆柱外形驻点热流密度）和 q_{Hemi}（半球圆柱外形驻点热流密度）的比值，而 R_C 为顶面和侧壁倒角半径。

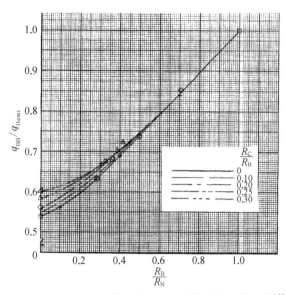

图 4.40　在不同表面曲率半径下驻点热流密度的比值[19]

从图 4.40 中可以查到，SR64 mm 模型外形特征：$R_C/R_B = 0/30 = 0$、$R_B/R_N = 30/64 = 0.47$ $q_{BB\,64}/q_{Hemi} = 0.75$，同时可以查到 $q_{BB\,平面}/q_{Hemi} = 0.545$，所以此时 $q_{BB\,64}/q_{BB\,平面} = 1.32$，说明球面曲率半径为 64 mm 的驻点热流密度比平头表面驻点热流密度高 32%，该结果与图 4.39 中的试验结果 35% 相符。由此可知，当平头圆柱模型的烧蚀表面在试验中变为球面时，烧蚀面的热流密度会显著增加。

通过 CFD 数值模拟来确定烧蚀表面的曲率半径。从图 4.41 的计算结果可以看出，球面曲率半径不同的模型，其表面热流密度分布有较大差异。等热流线最稀疏的是 SR90 mm 模型，说明当球面曲率半径为 90 mm 时，表面热流密度分布最为均匀。

表 4.5 为圆柱底面直径是 60 mm 的情况下，四种外形模型的表面热流密度对比，其中 q_{Hemi}/q_{BB} 为球面驻点热流密度同平头圆柱驻点热流密度的比值，q_c/q_s 为同一外形下，肩部热流密度同驻点热流密度的比值。从表 4.5 中数据可以看出，在相同来流参数下，SR90 mm 模型的 q_{Hemi}/q_{BB} 为 1.21，SR70 mm 模型的 q_{Hemi}/q_{BB} 为 1.29，说明随着表面曲率半径的减小，球面驻点热流密度逐渐增加。而

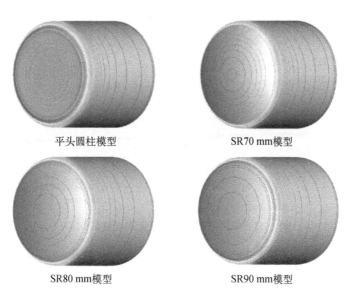

平头圆柱模型　　　　　　　　　SR70 mm模型

SR80 mm模型　　　　　　　　　SR90 mm模型

图 4.41　不同外形模型的表面热流密度分布 CFD 数值模拟结果

表 4.5　圆柱直径为 60 mm 情况下,不同外形模型的表面热流密度对比

模 型 外 形	q_{Hemi}/q_{BB}	q_c/q_s
平头圆柱模型	—	1.36
SR70 mm 模型	1.29	0.89
SR80 mm 模型	1.25	0.95
SR90 mm 模型	1.21	1.01

SR90 mm 模型的 q_c/q_s 为 1.01,说明该模型的肩部热流密度最接近驻点热流密度,表面热流密度分布最为均匀。

4.3.3　等热流球面圆柱外形表面热流密度分布

根据 CFD 结果确定等热流球面圆柱热流密度探头的外形,如图 4.42 所示。烧蚀表面采用 SR90 mm 球面,底部直径为 60 mm,高度为 42 mm,探头表面共设置 9 个热流密度测点。

测量结果如图 4.43 所示。同心圆 $\Phi22$ mm 的测点与中心点相比,平均热流密度比中心点小 2%,各测点波动分别为 -2.0%、-2.5%、$+0.7\%$ 和 -3.0%。同心圆 $\Phi43$ mm 的测点与中心点相比,平均热流密度比中心点大 0.2%,各测点波动分别为 $+0.1\%$、$+3.9\%$、-2.5% 和 -0.5%。可以看出,等热流球面上各测点的热流密度差别很小,且热流密度在流场四周和中心的分布是均匀的。

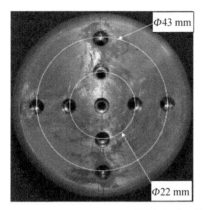
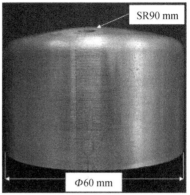

图 4.42　等热流球面圆柱热流密度探头外形

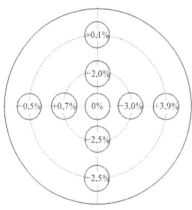

图 4.43　等热流密度探头表面
热流密度测量结果

目前,试验中模型大都采用 SR90 mm 的等热流球面圆柱外形,图 4.44 显示的是在时间为 700 s 的试验中,平头圆柱模型和等热流球面圆柱外形模型烧蚀图像对比,时间点分别为 1 s、350 s 和 700 s。由图 4.44 可以看出,平头圆柱模型在 350 s 时,其烧蚀表面已经开始向球面转化,而在 700 s 试验结束时,烧蚀表面的球面圆柱形状已非常明显,且 700 s 时的球面曲率半径比 350 s 时的小;同时可以看出,平头圆柱模型后 350 s 的烧蚀量要明显大于前 350 s 的烧蚀量。而球面圆柱模型的表面形,在 700 s 烧蚀过程中基本

不变,在整个烧蚀过程中,球面圆柱模型的线烧蚀率基本保持稳定。

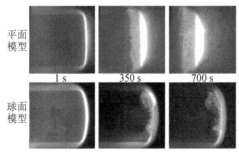

图 4.44　平头圆柱模型和等热流球面圆柱模型长时间烧蚀图像对比

试验后的照片显示,在相同状态、相同材料的情况下,经过 700 s 的烧蚀后,平头圆柱模型和球面圆柱模型的烧蚀形貌差异明显。平头圆柱模型和球面圆柱模型的烧蚀面均呈现球面,但平头圆柱模型的表面曲率半径要小于 90 mm,而球面圆柱模型的表面曲率半径仍然接近 90 mm。球面圆柱模型的烧蚀后退量仅为平头圆柱模型的 40%~50%。

平头圆柱模型在试验中出现烧蚀量过大的原因主要有两方面:

(1) 在试验初始阶段,平头圆柱模型的表面热流密度分布不均匀,导致烧蚀面各区域的烧蚀量不同,肩部区域大于中心点区域,因此烧蚀面逐渐转化为带有一定曲率的球面;

(2) 在平头圆柱模型烧蚀面逐渐转化为球面的过程中,整个烧蚀表面的热流密度会显著增加 20% 以上,导致平头圆柱模型一直在高于要求的热环境中进行烧蚀考核,因此平头圆柱模型的烧蚀量会急剧增加。

在端头烧蚀试验中需要采用不同直径的模型,而等热流球面圆柱外形对于不同的圆柱直径,球面圆柱的曲率半径也不同。通过 CFD 方法分别将圆柱直径为 40 mm 和 80 mm、球面曲率半径为 90 mm 的模型进行表面热流密度模拟,结果如图 4.45 所示。

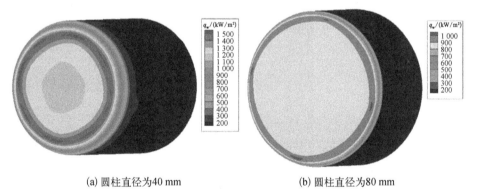

(a) 圆柱直径为 40 mm　　　　　　　(b) 圆柱直径为 80 mm

图 4.45　不同圆柱直径的 SR90 mm 球面模型 CFD 热流密度模拟结果

圆柱直径为 40 mm 的模型其烧蚀表面直径为 30 mm,在其表面直径为 0~27 mm 的范围内,热流密度从中心点向边缘逐渐增大,最大波动为 +8%,在其表面直径为 0~15 mm 的范围内,热流密度波动仅为 +0.2%。

圆柱直径为 80 mm 的模型其烧蚀表面直径为 70 mm,在其表面直径为 0~56 mm 的范围内,热流密度从中心点向边缘逐渐减小,最大波动为 −6%,随后热流密度逐渐增大,在其表面直径为 56~68 mm 的范围内,热流密度波动为 +3%。

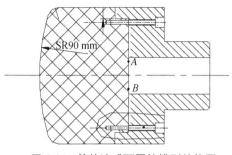

图 4.46 等热流球面圆柱模型结构图

CFD 模拟结果显示,SR90 mm 球面圆柱模型的烧蚀表面热流密度分布较为均匀,达到了端头烧蚀试验中烧蚀表面热流密度分布波动在 10% 以内的试验要求,因此圆柱直径在 40~80 mm 内的模型,均可采用 SR90 mm 的等热流球面圆柱外形。等热流球面圆柱模型结构如图 4.46 所示。防热材料后部有玻璃钢连接件,两者通过螺钉连接,连接件中心有 $\Phi16$ mm 的通孔,用于布置测温热电偶。

4.3.4 等热流外形球面系数验证

在端头烧蚀试验中,模型大都采用 SR90 mm 等热流球面圆柱外形[20],在调试试验状态和计算气流总焓时需要引球面热流密度系数 η,从文献[9]中可以查得圆柱直径为 60 mm 的球面热流密度系数为 0.672,圆柱直径为 80 mm 的球面热流密度系数为 0.713,中国航天空气动力技术研究院通过试验对该系数进行验证。

球面热流密度系数 η 由圆柱直径相同的 SR90 mm 驻点热流密度和半球驻点热流密度计算得出,即

$$\eta = \frac{q_{SR90}}{q_s} \tag{4.25}$$

式中,η 为球面热流密度系数;q_{SR90} 为 SR90 mm 驻点冷壁热流密度(kW/m^2);q_s 为半球驻点冷壁热流密度(kW/m^2)。

试验中 q_{SR90} 采用 SR90 mm 等热流外形探头实际测量得到;q_s 采用简化 Fay-Riddell 公式,通过测量驻点压力和气流总焓计算得出;驻点压力由压力传感器测量得到;气流总焓通过平衡声速流法得到。试验验证数据见表 4.6。

当模型直径为 80 mm 时,五个不同试验状态下的验证数据显示,SR90 mm 外形的热流密度为 750~3 507 kW/m^2,计算得到的球面热流密度系数分别为 0.708、0.729、0.711、0.712 和 0.720,球面热流密度系数平均值为 0.716。

当模型直径为 60 mm 时,五个不同试验状态下的验证数据显示,SR90 mm 外形的热流密度为 1 000~5 850 kW/m^2,计算得到的球面热流密度系数分别为 0.665、0.687、0.669、0.695 和 0.659,球面热流密度系数平均值为 0.675。

表 4.6　**SR90 mm 球面热流密度系数试验验证数据**

模型直径/mm	SR90 mm热流密度/(kW/m²)	气流总焓/(kJ/kg)	驻点压力/kPa	半球热流密度/(kW/m²)	球面热流密度系数	球面热流密度系数平均值	球面热流密度系数参考值
80	750	15 776	1.23	1 060	0.708	0.716	0.713
	1 525	16 380	4.44	2 092	0.729		
	2 100	17 520	7.71	2 953	0.711		
	2 530	18 418	10.1	3 556	0.712		
	3 507	19 897	16.2	4 871	0.720		
60	1 000	16 279	1.74	1 503	0.665	0.675	0.672
	1 510	19 268	2.64	2 198	0.687		
	3 595	19 190	15.9	5 371	0.669		
	5 010	19 005	29.2	7 207	0.695		
	5 850	19 687	41.2	8 873	0.659		

　　图 4.47 为 SR90 mm 球面热流密度系数验证值与参考值的比较。平直实线为直径 80 mm 模型的参考值 0.713，可见，五个验证值均匀分布，验证值偏离参考值最多的是 0.792，偏离 +2.2%。平直虚线为直径 60 mm 模型的参考值 0.672 可见，五个验证值均匀分布，验证值偏离参考值最多的是 0.695，偏离 +3.4%。

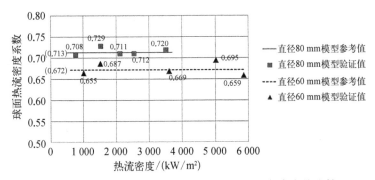

图 4.47　**SR90 mm 球面热流密度系数验证值与参考值比较**

4.4　端头烧蚀考核试验技术

　　端头烧蚀考核试验技术特别适合作为防热材料筛选的试验技术，因此在高超声速飞行器研制过程中得到了广泛应用。通过端头烧蚀试验考核防热材料在气动加热条件下的烧蚀性能、隔热性能、抗冲刷性能、抗氧化性能及结构热匹配性能等。端头烧蚀试验均采用自由射流试验技术,并且根据热环境模拟要求不同一般分为两类:直接在大气环境中进行的中、高压端头烧蚀试验技术和在电弧风洞中进行的中、低压端头烧蚀试验技术。前一种技术主要用于弹道式端头烧蚀考核;后一种技术主要用于升力式端头烧蚀考核。

端头烧蚀试验一般采用拉瓦尔轴对称锥形喷管,应根据试验模型尺寸、气流参数要求及电弧功率确定喷管的几何尺寸和气流名义马赫数,超声速喷管名义马赫数一般宜取 $1.5 \sim 5.0$。

试验模型的厚度应大于烧蚀后退量,烧蚀后模型原始材料层一般不小于 5 mm。用于防热材料考核的试验模型数量应不少于 5 个,试验结果为 3 个或 3 个以上模型的平均值;用于防热结构考核的试验模型数量可视具体情况而定,一般应不少于 2 个。对于同一试验状态下不同防热材料的考核对比试验,试验模型应保持外形一致。

试验模型支架应满足以下要求:

(1)支架可长时间承受高温气流的作用力而不失稳;

(2)支架可长时间暴露在高温气流中而不被烧毁;

(3)支架应尽量避免对流场和模型产生干扰;

(4)支架不可与试验模型直接接触,应采取隔热措施,避免影响模型温度分布。

试验模型安装和拆卸应满足以下要求:

(1)模型安装在距喷管出口一定距离 L 的均匀区内;

(2)由于喷管出口流场衰减,距离 L 一般应小于喷管出口直径 D_e 的 60%,如果模型线烧蚀率较大,还应该增设模型自动送进装置,保持 L 基本不变,消除由于沿轴向产生的压力梯度造成流场参数变化的影响。

4.4.1 试验数据处理

端头烧蚀试验中常用的数据处理方法包括质量烧蚀量、线烧蚀量、烧蚀热效率、有效烧蚀热、表面温度、背面温度等。碳化热解类端头模型烧蚀后内部有清晰的分层结构,如图 4.48 所示。表面是坚硬黑色的碳化层,由防热材料热解氧化后形成;中间是稀疏的热解层,是正在热解但还没有形成碳化层的防热材料;最后是原始材料层,这部分防热材料还没有发生化学反应,主要起隔热作用。

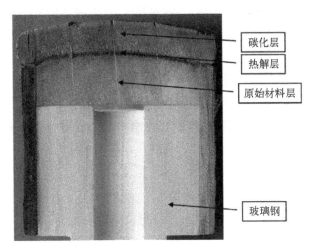

碳化层
热解层
原始材料层
玻璃钢

图 4.48　端头模型烧蚀后内部结构

　　试验后将模型沿中轴线剖开,采用游标卡尺测量其内部的碳化层厚度、热解层厚度和原始材料层厚度,得到的数据可以为防热材料烧蚀机理的研究提供有力支持,提高烧蚀数值预测精度。

4.4.2　大气环境端头试验

　　战略导弹弹头一般采用弹道式再入大气层,其受热情况十分严重,端头驻点热流密度最高可达 $400\,\mathrm{MW/m^2}$,最高驻点压力为 $8.0\,\mathrm{MPa}$,最高气流总焓为 $30\,\mathrm{MJ/kg}$。

　　弹道式端头烧蚀一般采用直接在电弧加热器上进行的中、高驻点压力的试验技术,喷管出口静压或试验模型驻点压力高于环境标准大气压。试验设备由电弧加热器、喷管、模型支架等组成,如图 4.49 所示。被电弧加热器加热的高温气体(一般为空气),经喷管加速后,在喷管出口形成高温、高速流场,对试验模

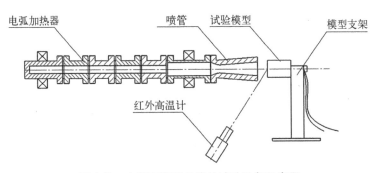

电弧加热器　　　喷管　试验模型　　　模型支架

红外高温计

图 4.49　大气环境端头烧蚀试验设备示意图

型进行加热考核。根据试验大纲的要求,首先调试出需要模拟的气流参数,然后将试验模型放在距喷管出口一定距离的均匀超声速流场区域内,进行烧蚀考核试验。

大气环境端头烧蚀试验模型一般为平头圆柱体,模型直径 D_m 由喷管出口直径 D_e 确定,当采用亚声速喷管时,模型直径 D_m 与喷管出口 D_e 直径之比为 1.5∶1,当采用超声速喷管时其比值为 1.1∶1,模型底部直径一般规格为 15 mm、30 mm 或 50 mm。

4.4.3 电弧风洞端头试验

升力式高超声速飞行器的热环境特点是高焓、低压和长时间,气流总焓可以高达 60 MJ/kg,驻点压力一般低于 10 kPa,试验时间一般为百秒量级或千秒量级。当喷管出口静压或试验模型驻点压力低于环境标准大气压时,试验需在电弧风洞的真空环境中进行。试验设备包括电弧加热器、喷管、真空试验段、模型支架、扩压段、冷却器、真空系统等,如图 4.50 所示。被电弧加热器加热的高温气体(一般为空气),经喷管加速后,在喷管出口形成高温、高速流场,对试验模型进行加热考核。试验时,首先调试出需要模拟的气流参数,然后将试验模型放在距喷管出口一定距离的均匀超声速流场区域内,进行烧蚀考核试验。

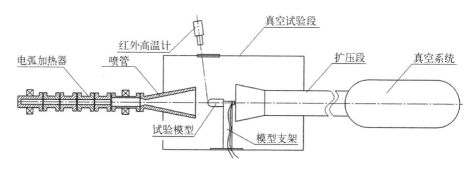

图 4.50 电弧风洞端头烧蚀试验示意图

电弧风洞端头烧蚀试验模型一般为平头圆柱体、半球圆柱体或等热流球柱,模型底部直径一般规格为 30~300 mm。

在电弧风洞中进行端头烧蚀试验要控制喷管前室总压和喷管出口静压的比值,只有当该压比值大于临界值(是拉瓦尔喷管形成超声速流场的重要参数,由喷管面积比和气体绝热系数决定)时,才能在试验段形成均匀稳定的超声速流场。喷管前室总压主要由加热器总压决定,通过改变加热器运行参数进行调节,而喷管出口静压取决于试验段静压,主要由风洞下游的真空系统能力决定。

当风洞的真空系统正常运行时,其抽吸能力是基本固定的,所以风洞试验段内的静压也基本不变,在风洞启动时能否形成所需的超声速流场主要取决于喷管上游加热器的运行压力,如图 4.51 所示。图 4.51(a)中加热器在较低压力下运行时,喷管前室总压和喷管出口静压的比值小于临界值,在喷管出口会有斜激波出现,此时扩压段无法正常工作,斜激波经过反射后会形成菱形流场区域,该菱形流场区域可能是超声速也可能是亚声速,而且很不稳定,所以无法满足端头烧蚀试验要求。图 4.51(b)中加热器在较高压力下运行时,喷管前室总压和喷管出口静压的比值大于临界值,在试验段内形成稳定、均匀、略微膨胀的超声速流场区域,此时扩压段正常工作,正激波处在扩压段喉道处,该流场可以满足端头烧蚀试验要求。

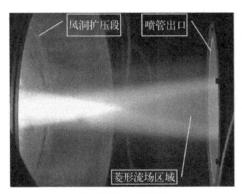
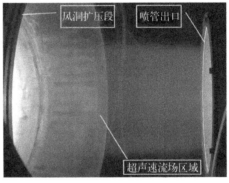

(a) 压比值小于临界值　　　　　　　　(b) 压比值大于临界值

图 4.51　电弧风洞流场受压比值影响

由于风洞真空系统能力的制约,在试验段静压无法降低的情况下,提高加热器运行压力是获得稳定均匀超声速流场的有效手段,但不能超过加热器运行能力范围。不同喷管有不同的压比临界值,该压比临界值主要由喷管出口与喉道的面积比和流场气体绝热系数决定。在千秒量级的长时间端头烧蚀试验中,大量的气体会排入真空系统,造成真空系统的运行负担加重,使得试验段静压随试验时间的加长而上升,在加热器运行压力不变的情况下导致喷管前室总压和喷管出口静压的比值减小,有可能使得已经形成的超声速流场遭到破坏。因此,在电弧风洞端头烧蚀试验中要长时间保持稳定、均匀的超声速流场必须综合考虑试验状态参数、模型尺寸、加热器运行能力、喷管尺寸和真空系统能力等因素。

　　由于风洞尺寸和模型尺寸的不同,在电弧风洞端头烧蚀试验中经常采用斜臂和竖直两种模型支架。图 4.52 为前向斜臂模型支架及其试验模型烧蚀流场。

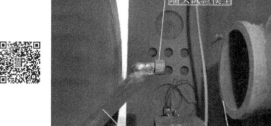
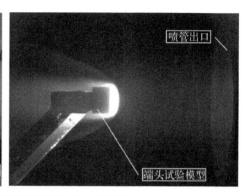

图 4.52　前向斜臂模型支架及其试验模型烧蚀流场

　　图 4.53 为后向斜臂模型支架及其试验模型烧蚀流场。

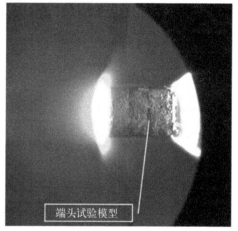

图 4.53　后向斜臂模型支架及其试验模型烧蚀流场

　　图 4.54 为竖直模型支架及其试验模型烧蚀流场。

　　图 4.55 为竖直长距离模型支架及其试验模型烧蚀流场。

　　部分试验中为减弱模型侧壁的加热效果,提高模型内部温度测量精度,必须在模型外周加装水冷套筒,一般用外径为 4 mm、内径为 2 mm 的铜管缠绕而成,如图 4.56 所示。

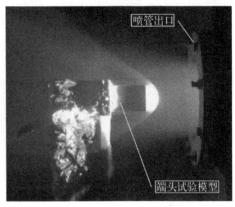

图 4.54　竖直模型支架及其试验模型烧蚀流场

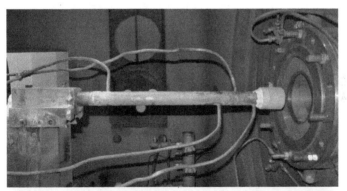
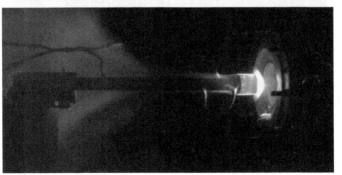

图 4.55　竖直长距离模型支架及其试验模型烧蚀流场

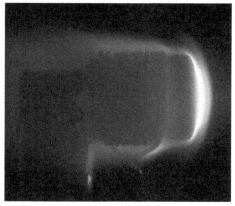

图 4.56 带侧壁水冷套筒的模型及其试验流场

4.5 端头烧蚀外形测量技术

高超声速飞行器的一个重要特点是具有较高的升阻比,该特性使得飞行器必然具有一个大升力面且具有控制翼的翼身组合体或翼身融合体的复杂外形。复杂结构区是激波-激波、激波-边界层的复杂热环境区域,图 4.57 是某典型航天飞行器飞行过程中的模型表面温度场分布图,图中头部温度最高可达 2 200℃,背身大面积区域温度普遍在 1 500℃左右,高温高热流将会烧蚀飞行器表面的防热材料,受热变形也会对飞行器的力学结构造成破坏,影响飞行器的正常运行。地面电弧风洞试验是飞行器防热材料和防热结构考核的重要手段,试验中针对

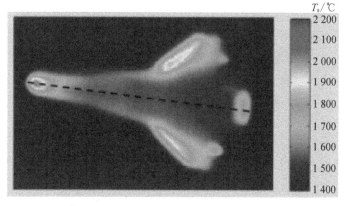

图 4.57 典型航天飞行器在轨道上的模型表面温度场分布图

特定部位开展烧蚀外形测量。

烧蚀外形测量从待测对象角度来看可分为烧蚀后退测量和烧蚀变形测量。飞行器的头部、翼前缘等驻点烧蚀区将承受很高的来流压力和热流密度,从而出现烧蚀后退;飞行器的大面积区域暴露在高焓气流中,由于表面热流不高,并不会出现严重的材料烧蚀,但整体结构可能发生高温热变形。

从测量结果角度来看可分为静态测量和动态测量。静态测量是指通过测量试验前、后模型的特征尺寸,得出一个整体平均的烧蚀外形变化情况,静态测量能够方便、快捷地获取一些烧蚀变形信息,然而静态测量时,烧蚀层在模型冷却过程中会发生各种物、化反应使得烧蚀外形发生变化,静态测量也不能体现烧蚀全过程。动态测量由于获得的数据更为丰富、立体及更接近真实烧蚀情况,逐渐成为国内、外烧蚀变形研究的热点。动态测量是在模型烧蚀试验过程中实时测量模型表面的外形特征变化。

从测量实施对模型的损伤程度角度来看,测量可分为接触式测量和非接触式测量。接触式测量是指测量仪器的传感设备直接接触被测目标,测量结果快捷、灵敏,但安装困难并可能在测量接触面造成损伤;非接触式测量则是通过声、光、电、磁等方式对被测目标进行测量,由于不需要直接接触被测目标,所以测量过程无污染,几乎零损伤。

本部分内容已在第 3 章进行了详细介绍。

符号表

符　号	名　　称	符　号	名　　称
q	热流密度	V	飞行速度
Pr	普朗特数	Ma	马赫数
Le	刘易斯数	θ	从锥体轴线测起的圆心角
μ	黏性系数	θ_c	半锥角;倒锥角
ρ	密度	θ_s	从圆锥中心线开始测量的激波角
h	气流比焓;飞行高度	θ_0	返回舱大底球冠中心角
R_n	驻点曲率半径	γ	比热容比
R_N	半球半径	α	攻角
T	热力学温度	r	返回舱大底肩部圆弧半径

（续表）

符　号	名　　称	符　号	名　　称
q_{pk}	肩部峰值热流密度	P_s	驻点压力
q_{s_0}	驻点热流密度	R_B	模型圆柱半径
q_{cyl}	倒锥迎风母线上的热流密度	ΔT	温差
Λ	返回舱大底倒锥有效后掠角	$\dot{m}$	质量流量
H_0	气流总焓	η	球面热流密度系数
H_w	气流壁焓	L	模型与喷口的距离

参考文献

[1] 彭文杰.高超声速弹头气动热工程算法与数值传热[D].南京：南京理工大学,2010.

[2] 姜贵庆.高速气流传热与烧蚀热防护[M].北京：国防工业出版社,2003.

[3] 庞冬晔.高超声速再入弹头驻点热流密度优化[D].哈尔滨：哈尔滨工程大学,2009.

[4] 高翔.攻角下高超声速弹头气动热和温度场的计算与研究[D].南京：南京理工大学,2015.

[5] 张志成.高超声速气动热和热防护[M].北京：国防工业出版社,2003.

[6] Zienkiewicz O C, Taylor R L, Zhu J Z. The finite element method[M]. 北京：清华大学出版社,2008.

[7] Larsson S, Thomée V. Partial differential equations with numerical methods[M]. Heidelberg: Springer-Verlag, 2009.

[8] 陈连忠.塞块式瞬态量热计测量结果修正方法的研究[J].计量学报,2008,29(4)：317-319.

[9] 杨世铭,陶文铨.传热学[M].第四版.北京：高等教育出版社,2006.

[10] 曹炳阳,胡锐锋,过增元.基于热质理论的热波传递现象研究[J].工程热物理学报,2008,29(8)：1351-1353.

[11] 稽震宇.高焓电弧等离子体技术[D].合肥：中国科学技术大学,1979：82-83.

[12] 陈连忠.风洞流场品质指标[Z].北京：中国航天空气动力技术研究院,2009.

[13] 柳凤凤,须平,郭文康.焓探头测量特性研究[J].核聚变与等离子体物理,2000,20(4)：198-202.

[14] 吴子牛.空气动力学[M].北京：清华大学出版社,2007.

[15] 彭锦龙.电弧风洞气动热实验设计方法[D].北京：中国航天空气动力技术研究院,2011.

[16] 毛根旺.高焓气动热力学[D].西安：西北工业大学,2005.

[17] Filippis F D, Serpico M. Air high-enthalpy stagnation point heat flux calculation [J]. Thermophysics, 1998, 12(4), 608-611.

[18] 潘锦珊.气体动力学基础[M].北京：国防工业出版社,1995.

[19] Ernest V Z, Edward M S. Effects of corner radius on stagnation-point velocity gradients on blunt axisymmetric bodies[C]. NASA TM X-1067, 1966.

[20] William C, Donald M C, Douglas A R. Validation arc-jet testing and thermal-response modeling of advanced lightweight charring-ablator families[R]. AIAA 2002-2999, 2002.

第5章

高超声速飞行器典型部位烧蚀试验技术

本章重点针对高超声速飞行器典型部位的防热材料或部件,如飞船返回舱、航天飞机及导弹大面积、锥身、空气舵、天线罩、舵轴及其他活动部件的地面烧蚀试验考核需求,介绍在电弧加热设备上所发展和使用的相关试验技术。

5.1 大面积材料烧蚀试验技术

高超声速飞行器大面积材料的防热考核一般使用电弧风洞超声速自由射流平板试验技术,按使用的喷管不同可以细分为超声速矩形喷管自由射流平板试验技术(使用超声速矩形喷管)、超声速钝楔试验技术(使用超声速锥形喷管)和超声速半椭圆喷管自由射流平板试验技术(使用超声速半椭圆喷管)。这些试验技术可以进行防热材料的防隔热性能、抗热冲刷性能、防热材料间的匹配性能以及大面积防热区域的缝隙、沟槽、局部突起的影响等试验研究。

5.1.1 超声速矩形喷管自由射流平板试验技术

超声速矩形喷管自由射流平板试验技术的试验装置基本组成如图 5.1 所示,有电弧加热器、混合稳压室、超声速矩形喷管、模型支架、试验模型、试验段、扩压段、冷却器和真空系统等[1]。

由电弧加热器加热的高温、高压气流(一般为空气)流经混合稳压室后经超声速矩形喷管加速,在试验段内形成高温、高速流场,对平板状试验模型进行烧蚀考核。试验模型安装在模型支架内,模型支架暴露于高温气流部分设计为水冷结构。模型支架前端与喷管出口下缘齐平,试验模型与模型支架四周及背面进行隔热密封处理,模型支架一般安装有转动机构,用于改变试验模型与来流夹角,在喷

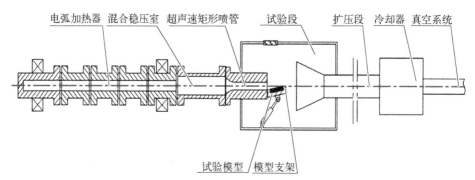

电弧加热器　混合稳压室　超声速矩形喷管　　试验段　　扩压段　冷却器　真空系统

试验模型／模型支架

图 5.1　超声速矩形喷管自由射流平板试验技术的试验装置基本组成

管来流不变的情况下,通过转动机构增大试验模型与来流的夹角,可以提高试验模型表面压力、热流密度等参数,为避免来流产生压缩拐角分离,夹角一般不超过 20°。试验后的高温气流经过扩压段增压和冷却器降温后进入真空系统。

超声速矩形喷管自由射流平板试验模拟参数主要有恢复焓、热流密度、表面压力和剪切力等。以上模拟参数条件能否实现与超声速矩形喷管、电弧加热器的类型和功率紧密相关。

对于使用的超声速矩形喷管,其出口宽度一般应大于试验模型宽度(如对于宽度为 100 mm 的试验模型,通常选取出口宽度为 120 mm 的喷管;对于宽度为 150 mm 的试验模型,通常选取出口宽度为 180 mm 的喷管),高度方向主要考虑达到试验模拟参数条件下加热器的功率限制和模型支架转角变化范围。超声速矩形喷管喉道的选取应结合加热器的总焓和总压模拟能力。对于一定出口宽度的喷管,在相同的加热器功率和总焓条件下,喷管喉道越小,气流总压越高,出口马赫数越高。

电弧加热器类型的选取一般先从总焓模拟能力考虑,焓值低于 20 MJ/kg 通常选取管式加热器、交流加热器或分段加热器;焓值为 20~45 MJ/kg 通常选取叠片加热器;高频感应加热器总焓可达 55 MJ/kg;总焓高于 55 MJ/kg 可以选取磁等离子体动力(magneto plasma dynamic, MPD)加热器。其次,电弧加热器通常都具有低压、高焓特征,即在越低的弧室总压下,越能产生高的气流焓值。对于某个选定的喷管喉道尺度,电弧加热器必然存在两个限制条件,即气体流量限制条件和功率限制条件,每台电弧加热器在其限制范围内都具有特定的焓压特性,即总焓模拟能力和总压模拟能力。因此,电弧加热器的选择应由电弧功率、气体流量、喷管喉道尺度、总压和总焓综合确定。

一方面,试验段应能满足试验模型的安装需求、表面温度和背面温度等测试需求及试验过程中的录像需求;另一方面,所选工位应能满足所需电弧加热器对于配套的供电能力、供气能力、冷却能力及真空能力等的需求。

如图 5.2 所示,试验的输入文件为试验任务书,输出文件为试验报告,中间过程分为试验准备和试验实施两个阶段。

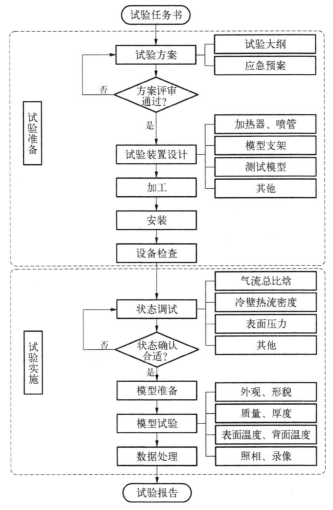

图 5.2　超声速矩形喷管自由射流平板试验流程

试验任务书是进行气动热试验的来源和依据,通常由试验提出方根据具体试验需求确定试验周期、试验目的、试验模型尺度、试验模拟参数(如气流总焓、冷壁热流密度、表面压力和剪切力等)、试验测量参数(如表面温度、背面温度、线烧蚀率、质量烧蚀率等)等。

试验准备阶段重点在于制订试验方案。试验方案包括试验大纲和应急预案,试验大纲需要明确试验任务书的周期要求和试验要求,并根据试验任务书指定试验所用具体工位和试验装置(包括电弧加热器、超声速矩形喷管、模型支架和测试模型等);明确给出为实现试验模拟参数所需的电弧加热器的输入参数,即气体流量、电弧功率等;明确给出试验模拟参数和试验测量参数的测试方法、测试传感器数量及量程等。应急预案制定试验可能出现的异常情况。

试验方案的制订关键在于如何将试验任务书上要求的试验模拟参数转换到实际试验流场参数,需要通过计算确定试验工位、试验装置及电弧加热器的输入参数等。

在一定的总焓条件下,如果设定了电弧加热器的总压,对于选定或新设计的超声速矩形喷管,其喉道面积与电弧加热器的输入参数直接相关。

气体流量由平衡声速流关系得

$$h_0 = 4.532 \times 10^{-2} \times \left(\frac{P_0 C_d A_*}{G} \right)^{2.519} \tag{5.1}$$

电弧功率可由下式得

$$W = G \times h_0 / \eta \tag{5.2}$$

由式(5.1)、式(5.2)可以分析出,一旦超声速矩形喷管的喉道面积确定,在一定的总焓和总压情况下,电弧加热器的输入参数是确定值,即上述关系式可以将试验任务书要求的总焓转换到实际试验流场。

在上述计算的基础上,由超声速矩形喷管的长度和出口面积最终确定实际试验流场的其他参数,即热流密度、压力或剪切力等。若上述参数满足试验要求的模拟参数,则制订的试验方案满足试验需求。

通过相关图表或计算可以得到喷管出口的比热容比、马赫数、压力、速度、密度等气流参数。

通过以下工程计算方法计算试验流场参数。其中,ρ_e 为当地气流密度;μ_e 为当地气流速度。

平板层流气动加热的热流密度[2]为

$$q_x = 0.332 Pr^{-\frac{2}{3}} \rho_e u_e \left(\frac{\rho^* \mu^*}{\rho_e \mu_e} \right)^{0.5} (Re_x)^{-0.5} (h_r - h_w) \tag{5.3}$$

平板湍流气动加热的热流密度为

$$q_x = 0.029\ 6\ Pr^{-\frac{2}{3}} \rho_e u_e \left(\frac{\rho^*}{\rho_e}\right)^{0.8} \left(\frac{\mu^*}{\mu_e}\right)^{0.2} (Re_x)^{-0.2} (h_r - h_w) \tag{5.4}$$

式中，ρ^*、μ^* 分别为参考焓对应的密度和黏性系数。参考焓取 Eckert 提出的公式：

$$h^* = 0.28 h_e + 0.22 h_r + 0.5 h_w \tag{5.5}$$

恢复焓由下式计算：

$$h_r = h_0 - \frac{1}{2}(1 - r) \times u_e^2 \tag{5.6}$$

若增加试验模型与来流的夹角，由于斜激波压缩导致的压力升高，可按普朗特斜激波关系式进行计算，峰值热流可按压力干扰法进行估算[3]，见式(5.7)，层流时 $n = 0.5$；湍流时 $n = 0.2$。平板剪切力可按式(5.8)进行计算：

$$\frac{q_2}{q_1} = \left(\frac{p_2}{p_1}\right)^{1-n} \tag{5.7}$$

$$\tau = \frac{Pr^{\frac{2}{3}} q_{cw} \cdot u_e}{h_r - h_{cw}} \tag{5.8}$$

通过上述工程计算进行迭代，直到实际试验流场参数满足试验要求的模拟参数，用于电弧加热器和超声速矩形喷管的选取或设计。

试验工位的确定如前文所述，除工位试验段需要满足试验模型安装和试验模型测试及录像需求外，试验工位还需满足电弧加热器、超声速矩形喷管等核心设备参数，供电能力、供气能力、冷却能力及真空能力等是需满足需求，对于运行时间长、气流量大的试验，一般使用高压水泵持续供水冷却，试验时间的长度主要取决于真空能力，相应工位所配备真空罐能力与运行时间的关系利用下式计算：

$$\tau = \frac{V P_H}{R T_H G}\left(\frac{P_K}{P_H} - 1\right) = \frac{V}{R T_H G}(P_K - P_H) \tag{5.9}$$

式中，V 为真空罐总体积；P_H、P_K 分别为真空罐的起始压力和扩压段的恢复压力，依据使用的真空泵状况选取，一般 $P_H = 10\ Pa$，参考目前试验结果和国外的经验，取 $P_K = 0.7 P_s$（P_s 为驻点压力）；R 为气体常数；G 为气体流量；T_H 为真空罐内气体温度。

试验方案通过评审后，进行试验装置选取，若现有试验装置不能满足试验要求，则需要进行相应的设计和加工，在试验装置安装和检查完毕后，试验准备阶段结束。

试验实施阶段首先对气流总焓、冷壁热流密度、模型表面压力和剪切力等进行实际流场参数的状态调试。

状态调试是将试验大纲中预先计算的空气流量和电弧功率作为输入条件投入电弧加热器中,采集相关的数据,通过计算和测试的方法校验超声速矩形喷管实际输出的流场参数。其中,气流总焓由采集的总压结合空气流量和喷管喉道面积根据式(5.1)进行计算得到;冷壁热流密度和表面压力由安装在矩形喷管出口的流场测试模型上的瞬态量热计和压力传感器直接测量;剪切力通过气流总焓、总压结合喷管的面积比计算或查表得出;气流速度根据式(5.6)计算得到;恢复焓最后根据式(5.8)计算得到。

调试结果满足试验需求并经任务提出方确认后,进行模型试验前准备,先使用相应量程和精度的天平和游标卡尺测量模型试验前的质量和外观尺度,再进行模型试验前的测温热电偶安装。对于带有金属底板的模型,其背面测温热电偶的热结点直接由点焊机进行焊接,若模型没有金属底板,则选取合适的高温剂将热电偶的热结点黏结在模型背面。对于距模型背面一定深度的测温点,一般从模型背面先打一定孔径的安装孔,将热电偶的正、负极测温线分别穿过双孔陶瓷管,在陶瓷管前端形成热结点,最后将陶瓷管塞入安装孔使热结点与测温点紧密接触并使用高温剂对陶瓷管和安装孔的间隙进行填充固定。以上工作结束后,使用相机对试验模型进行拍照。

试验前将模型安装在模型支架内,模型支架与来流夹角和试验状态调试时相同,试验模型与模型支架四周及背面进行隔热密封处理,对试验模型上引出的测温热电偶进行防隔热处理。试验模型的安装如图5.3所示。

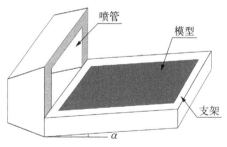

图 5.3 超声速矩形喷管自由射流平板模型安装示意图

在试验过程中,使用录像机对模型受热表面进行录像和观察,使用红外热像仪或红外测温仪测量模型表面的温度,采集和显示模型内部或背部热电偶的测温数据,检测加热器的运行参数。

模型试验后进行试验数据处理,试验实施阶段结束。

试验报告通过汇总试验任务书需求、试验完成过程等,重点对试验结果(主要包括试验模型表面/背面温度、线烧蚀率、质量烧蚀率、烧蚀热效率、有效烧蚀焓、烧蚀形貌等烧蚀防热材料或结构的防热性能)进行客观评价。除试验中通过热电偶直接测量或光学方法间接测量的表面/背面温度和试验后需要通过三维扫描测量的烧蚀形貌外,其余试验结果由以下公式得出。

线烧蚀率按下式计算:

$$\dot{l}_{ab} = \frac{l_1 - l_2}{t} \tag{5.10}$$

质量烧蚀率按下式计算:

$$\dot{m}_{ab} = \frac{m_1 - m_2}{t} \tag{5.11}$$

烧蚀热效率按下式计算:

$$E_{eff} = \frac{q_{cw}}{w} \times \Delta t \tag{5.12}$$

有效烧蚀焓按下式计算:

$$h_{eff} = \left(1 - \frac{h_w}{h_t}\right) \times \frac{q_{cw}}{\dot{m}_{ab}} \times \frac{1}{1 - \frac{q_r}{q_{cw}}} \tag{5.13}$$

为了对超声速矩形喷管自由射流试验技术有更为直观的认识和理解,下面对使用该试验技术进行的几种常见试验进行介绍。

1. 防热材料筛选考核试验

防热材料筛选考核试验的主要目的是针对高超声速飞行器不同部位的热环境要求,在对应这些部位的特定试验状态下对拟采用的不同防热材料进行筛选考核,以便于设计者选择合适的防热材料。

图 5.4 为三种不同蜂窝材料在相同试验状态下进行的筛选考核试验前、后的照片。从图 5.4 可以看出,三种蜂窝材料试验前、后模型的表面状态都发生了较大变化,单从试验前模型的表面状态难以推测和预估试验后模型的表面状态,试验后模型的表面状态往往能比较直观地反映材料的抗烧蚀和抗冲刷性能。从图 5.4 观察到,试验后三种蜂窝材料都显示出明显的蜂窝结构,蜂窝材料(a)表面有明显的烧蚀和局部冲刷现象,蜂窝材料(b)有局部烧蚀而蜂窝材料(c)烧蚀和冲刷现象不明显。若单从蜂窝材料表面烧蚀现象来看,蜂窝材料(a)抗烧蚀和抗冲刷性能最差,蜂窝材料(c)具有最好的抗烧蚀和抗冲刷性能,蜂窝材料(b)的性能介于蜂窝材料(a)和蜂窝材料(c)之间。

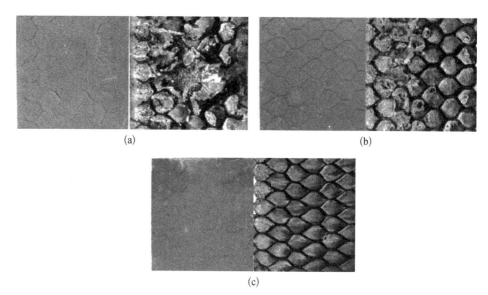

图 5.4   三种不同蜂窝材料在相同试验状态下筛选考核试验前、后的照片

当然,只要是防热材料在试验过程中没有整体破坏和局部烧穿,出现明显烧蚀和冲刷是常见现象,在对上述三种蜂窝材料进行具体选择时,还需结合高超声速飞行器相应部位对防热层的质量、厚度及背部温度的需求及三种蜂窝材料的原始质量、原始厚度、质量烧蚀率、线烧蚀率及背部温度响应等综合考虑。

经过防热材料筛选考核试验选择出的防热材料具有在特定热环境中的适应性。因此,若选择的防热材料的生产工艺或材料配方等发生变化时,需要再进行相应的考核试验。

2. 防热材料修补方案的有效性考核试验

防热材料在实际制作或使用过程中,由于生产工艺限制或高超声速飞行器对应部位的结构特点,难免会有对防热材料进行局部修补的情况,例如,防热材料表面某些较大的孔洞、较宽的沟槽等都需要进行修补。

与防热材料的制作一样,防热材料的修补一般也包括材料选择和成型工艺两部分。在材料选择上,一般应该选择与需要修补的防热材料有相近的抗烧蚀和抗冲刷性能的修补材料,这样在实际使用中可以避免修补部位与周围的防热材料由于抗烧蚀性能和抗冲刷性能不匹配而出现突起或凹坑,进而引起局部过热破坏,在成型工艺上既要保证修补材料的安装牢固,又要尽量避免对修补部位防热材料的破坏。

防热材料修补方案的有效性考核试验是针对高超声速飞行器不同部位的热环境要求,在对应这些部位特定的试验状态下对进行过局部修补的防热材料进行试验,以考核并验证修补方案的有效性。防热材料修补方案的有效性考核试验除观察修补区域的抗烧蚀和抗冲刷性能外,还应在修补区域的背部安装较多热电偶,测量其背部温度响应,为隔热效果分析提供数据。

图 5.5 给出了防热材料修补方案的有效性考核试验的两个例子。其中,图5.5(a)是基于图 5.4 的试验结果,进一步考核了蜂窝材料(c)在局部有十字形修补情况下的抗烧蚀性能和抗冲刷性能,图 5.5(b)是考核某涂层防热材料在具有两条一字形局部修补情况下的抗烧蚀性能和抗冲刷性能。

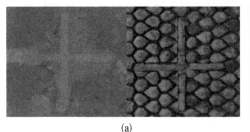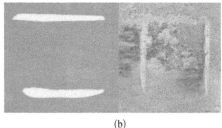

(a)　　　　　　　　　　　　(b)

图 5.5　防热材料修补方案的有效性考核试验

3. 防热材料表面局部损伤考核试验

防热材料在搬运或安装过程中,表面难免会有轻微的局部损伤,如较小的划痕或较浅的压痕,这些轻微的局部损伤往往难以修补,其是否会影响防热材料在实际使用时的防隔热性能,需要进行试验考核验证。与防热材料修补方案的有效性考核试验一样,该试验除关注防热性能外,还应在局部损伤区域的背部安装较多热电偶,为隔热效果分析提供数据。

图 5.6 为两种不同涂层材料在表面局部有损伤时的考核试验情况,图 5.6(a)为表面有两道一字形损伤的防热材料试验前、后照片,图 5.6(b)为表面有五处圆形压痕损伤的防热材料试验前、后照片。

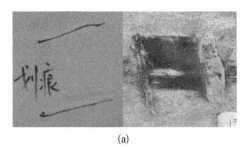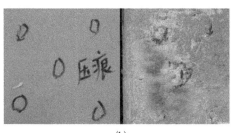

(a)　　　　　　　　　　　　(b)

图 5.6　两种不同涂层材料表面局部损伤的考核试验

4. 防热层缝隙考核试验

高超声速飞行器防热层的某些部位会存在一些缝隙,如导弹各舱段间防热层的连接部位,航天飞机各防热瓦间的连接部位,飞船返回舱的口盖、舱门及防热大底周围等部位。

既然缝隙使防热层表面出现了局部不连续区域,缝隙的存在势必会影响防热层表面气流的流动状态及其传热特性,缝隙入口处产生边界层分离与再附,导致局部热流升高;缝隙干扰会增加湍流度,加速边界层转捩;由于缝隙狭小,辐射散热效应被阻塞,即使缝隙内热流密度很低也可能产生较高的温度,从而影响结构防热性能。

对缝隙的研究可以从二维空腔内流动及热环境进行分析[4],二维空腔有两个参数起主要作用:空腔的深度 H 和空腔沿流动方向的长度 L。H 和 L 的大小不同,形成的空腔流动的类型也不同。流过空腔的超声速稳定流动有两种形式:闭合空腔流和开放空腔流。当空腔沿流动方向的长度 L 与空腔的深度 H 之比很大时,气流先在第一个台阶,即背风台阶处膨胀,随后在第二个台阶即迎风面台阶前某一距离,再附着在空腔底部,最后气流在迎风台阶处分离,这种流动称为“闭合空腔流动”。当空腔沿流动方向的长度 L 与空腔的深度 H 之比较小时,气流从第一个台阶直接跳跃到第二个台阶,其间并不发生膨胀,也不与空腔底部再附着,这种流动称为“开放空腔流动”。区分这两类流动的 (L/H) 临界值不同的研究者得出的结果略有差别。但是,一般的结论是:当比值 $L/H \geqslant 5$ 时发生开放空腔流动。流动的马赫数在较大范围变动时,以上结论都是正确的。

L 远小于 H 的空腔显然是开放空腔流动。但由于这种空腔特别狭窄,故常称为缝隙。当气流流过缝隙时,气流分离同时向缝隙内膨胀,由于缝隙沿流动方向的长度很小,所以来流还没有完全膨胀到缝隙内较远的地方就碰到了下游侧壁,从而这部分气流就形成一股逆向流,当这股逆向流再回到上游侧壁时由于受到主流的黏性剪切作用就从分离角处随主流一起向下游流动,再次碰到下游侧壁时又回流,这样在缝隙入口处形成了一个封闭的漩涡。这个旋涡位于缝隙入口处,因此受主流的黏性剪切作用的影响较大,从而旋涡的能量强度也较大。同时,这个较强的旋涡又要剪切其下层气体,在下层又形成一个比自身强度较弱而旋向相反的漩涡,这样漩涡一层一层向下传递,在缝隙中就形成了垂直排列的漩涡系列。

文献[5]对不同来流攻角、来流偏转角下缝隙流动结构及其机理进行了分析,将缝隙流动结构用垂直排列的漩涡系列描述且缝隙底部存在“死水区”,该区域内的气体可以看作是静止的。经过适当和合理的简化,得出了缝隙内的传热模型及热环境计算模型,用有限差分方法对缝隙内热环境进行了数值计算,得出不同外流条件下缝隙内热环境受外界气流影响的深度与来流参数的关系曲线,并经分析和试验证明提出的计算方法满足工程实用精度。

文献[6]对航天飞机热防护组件之间的缝隙气动加热问题建立了二维局部网格模型,利用 CFD 方法研究了二维定常可压缝隙内高超声速气动热环境规律,主要分析了来流攻角、来流马赫数、缝隙宽度、倒角和台阶等因素对流场和气动热环境的影响规律,给出了一种工程设计中可用的缝隙热环境设计方法。

文献[7]利用脉冲风洞在来流马赫数分别为 9.85、12.0、15.5 及相应不同雷诺数下,分别用平板和平头圆柱模型测量了狭窄缝隙内的详细热流分布。缝隙宽 2 mm,深 25 mm,模型攻角在 0°～90°,缝隙相对气流的偏转角在 0°～90°[7]。文献[7]给出了缝隙内典型热流分布结果,讨论了马赫数、攻角和偏转角对缝内热流分布的影响,并与已有计算方法和试验数据进行了比较。

从以上介绍可以看出,防热层缝隙的存在使得气流的局部流场发生变化,即使缝隙的形状在实际飞行时不发生变化,其气动热环境的预测和评估都十分困难,而在实际使用时,缝隙结构因受热可能会产生局部变形或过热破坏,随之引起的缝隙外形变化会进一步影响流场变化,气动热环境更加难以预测和评估。因此,防热层缝隙设计的合理性往往需要地面试验考核验证。

防热层缝隙考核试验首先要选用或设计相应的喷管对缝隙热环境进行模拟,应尽量模拟当地马赫数、雷诺数及缝隙与来流的相对摆放位置(攻角、偏转角)。其次需要具有与高超声速飞行器受气动热环境加热状态下相当的试验时间,对实际设计的缝隙防热层部件进行试验,考核其防热性能。

图 5.7 为两种同时具有横向和纵向缝隙的防热材料在相同试验状态下试验前、后的照片,气流方向从左向右。

(a) 横向和纵向缝隙相通　　　　　　　(b) 横向和纵向缝隙不相通

图 5.7　两种同时具有横向和纵向缝隙的防热材料在相同试验状态下试验前后照片

材料(a)试验前横向和纵向缝隙相通,试验后由于纵向缝隙的局部过热导致前部缝隙周围尤其是缝隙入口周围的防热层烧蚀严重,纵向缝隙下游与横向缝隙的交汇区域及横向缝隙的迎风面也出现了局部烧蚀严重的现象。

材料(b)试验前横向和纵向缝隙不相通,试验后纵向缝隙相对完好,横向缝隙的迎风面出现了局部烧蚀严重的现象。

5. 防热层突起物考核试验

由于结构和应用的需要,高超声速飞行器防热层表面局部常常会有突起物,如导弹弹身表面的电缆罩、飞船返回舱防热大底的连接件、各类返回式航天器防热层表面伸出的探测器和天线等。这些突起物会干扰周围的流场,产生不同于大面积加热环境的干扰加热现象,使局部加热过程变得十分复杂。理论和实践均已证实,无论是超声速条件还是亚声速条件,无论来流是层流还是湍流,突起物都会引起局部热流密度的增大。更为严重的是,当来流为层流时,表面的突起物会加速流动转捩,这时热流密度的增大就会从局部范围扩大到整个防热层表面。实际上,任何防热系统的失效,都是从某些局部结构的破坏开始的。因此,在防热系统结构设计的考察中,对局部结构进行试验研究和考核是十分重要的[8]。

突起物一般可分为两大类:一类为细高的突起物,它伸出表面的高度 H 远大于突起物的横向尺寸 D 和当地边界层的厚度 δ;另一类为短粗的突起物,即高度 H 远小于横向尺度 D 和当地边界层的厚度 δ。突起物试验状态模拟中,除了常规气动热参数外,一些对突起物周围热环境有较大影响的参数也应该予以模拟,如热流密度、总加热量、当地马赫数、流动状态和几何形状等[9]。

图 5.8 为典型的不同高度(中间高,两边低)方柱突起物模型烧蚀过程及烧蚀后照片(气流方向自右向左)。峰值热流位于突起物前缘平板内,中间最高突起物(高度 $H = 15$ mm)干扰峰值热流最大,干扰因子 $q_{max}/q_u = 5.1$,对应位置底板防热材料已经出现明显烧蚀,产生烧蚀坑;两边较低突起物(高度 $L = 8$ mm)干扰处烧蚀较少。同时,可以看出突起物前缘弓形干扰区的大概外形,分离线逐渐向后延伸,绕拐角时存在膨胀区,当地局部热流密度低于未扰动平板值,随后迅速偏向下游,在突起物两侧及下游再附区可见明显热流增量。

6. 不同匹配结构考核试验

图 5.9 为三种不同匹配结构试验前后的照片。结构(a)后部材料与黏接层脱落;结构(b)在后部用螺钉与背部材料固定,后部材料与黏接层未出现脱落现象;结构(c)进一步优化了各材料及结构匹配,试验后整体结构相对完好。

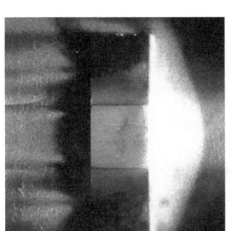

图 5.8　不同高度方柱突起物模型烧蚀过程及烧蚀后照片

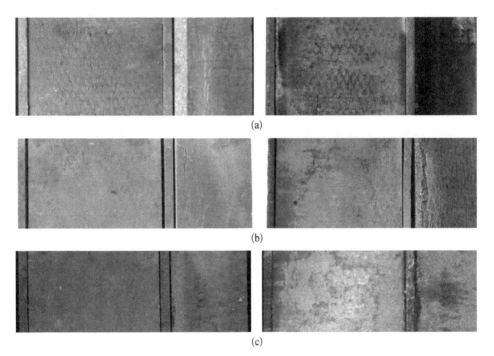

(a)

(b)

(c)

图 5.9　三种不同匹配结构试验前、后照片

5.1.2　超声速钝楔试验技术

超声速钝楔试验技术的试验装置如图 5.10 所示,由电弧加热器、混合稳压

室、超声速锥形喷管、钝楔、试验模型等组成。若超声速锥形喷管出口静压低于大气压力,则试验装置还需连接试验段、扩压段、冷却器和真空系统等。

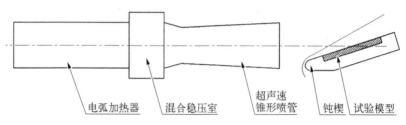

电弧加热器　混合稳压室　超声速锥形喷管　钝楔　试验模型

图 5.10　超声速钝楔试验技术的试验装置示意图

超声速钝楔试验技术可用于防热材料的筛选、防隔热性能、烧蚀匹配、组合接缝及局部热结构部件等考核试验。

超声速钝楔试验技术的基本原理是将钝楔置于超声速锥形喷管产生的高温、超声速流场中,钝楔头部产生斜激波,沿钝楔表面形成高温边界层流动,距钝楔头部前缘一定距离的热流密度和表面压力分布比较均匀,这个区域可以模拟航天飞机、飞船返回舱大面积材料再入地球大气或火星进入舱大面积材料进入火星大气的表面热流密度或表面压力环境。钝楔表面形成的压力梯度可以模拟一定的表面剪切力,在相同来流情况下,改变钝楔的攻角,其模拟参数随之改变。

试验过程与超声速矩形喷管自由射流平板试验相同,试验的主要模拟参数包括气流焓值、热流密度、表面压力、剪切力等。

钝楔表面的参数与钝楔外形、安装攻角和来流条件等紧密相关,气流焓值和剪切力的预估与计算与前面相同,表面压力与热流密度的基本计算方法[10-12]介绍如下。

零攻角情况的表面压力为

$$\frac{p_w}{p_\infty} = \left(\frac{1}{18}\right)^{\frac{1}{3}} A^{\frac{1}{3}} \gamma K_\varepsilon^{\frac{2}{3}} \tag{5.14}$$

零攻角情况的热流密度为

$$\frac{q_w}{\rho_\infty u_\infty (H_0 - H_w)} = \frac{0.119 A^{\frac{1}{6}} \gamma^{\frac{1}{2}} K_\varepsilon^{\frac{1}{3}} X_\varepsilon}{\varepsilon \left(0.664 + 1.73 \frac{H_w}{H_0}\right) Ma_\infty} \tag{5.15}$$

非零攻角情况的表面压力为

$$\frac{p_{\mathrm{w}}}{p_{\infty}} = \left(1 + \frac{0.382}{\xi} \right) A \gamma Ma_{\infty}^2 \alpha^2 \tag{5.16}$$

非零攻角情况的热流密度为

$$\frac{q_{\mathrm{w}}}{\rho_{\infty} u_{\infty} (H_0 - H_{\mathrm{w}})} = \frac{0.332 \left(1 + \dfrac{0.382}{\xi} \right)}{\xi^{\frac{1}{4}} (1.145 + \xi)^{\frac{1}{2}}} \left(\frac{\bar{x}_t}{Ma_{\infty}^2} \right) \left(\frac{\alpha^5}{\varepsilon k} \right)^{\frac{1}{2}} \gamma^{\frac{1}{2}} A \tag{5.17}$$

以上计算需用到以下关系式：

$$A = \frac{\gamma + 1}{2} \tag{5.18}$$

$$\varepsilon = \frac{\gamma - 1}{\gamma + 1} \tag{5.19}$$

$$X_{\varepsilon} = \varepsilon \left(0.664 + 1.73 \frac{H_{\mathrm{w}}}{H_0} \right) Ma_{\infty}^3 \left(\frac{C}{Re_{\infty_x}} \right)^{\frac{1}{2}} \tag{5.20}$$

$$\xi = \alpha^2 \left(A \frac{x}{kt\varepsilon} \right)^{\frac{2}{3}} \tag{5.21}$$

$$K_{\varepsilon} = Ma_{\infty}^3 \varepsilon k \left(\frac{t}{x} \right) \tag{5.22}$$

式中，C 为黏性系数与温度比例常数，$\dfrac{\mu}{\mu_{\infty}} = C \dfrac{T}{T_{\infty}}$；$H$ 为焓（J/kg）；k 为前缘阻力系数，$k = D_n \bigg/ \left(\dfrac{1}{2} \rho_{\infty} u_{\infty}^2 t \right)$；$\bar{x}_t$ 为附面层位移参数，$\bar{x}_t = Ma_{\infty}^3 C^{\frac{1}{2}} R_{e_t}^{-\frac{1}{2}}$；$t$ 为平板前缘厚度或柱形前缘直径（m）；Ma_{∞} 为自由流马赫数；P 为压力（Pa）；q_{w} 为热流密度（W/m²）；Re_{∞} 为自由流雷诺数；T 为温度（K）；x 为坐标原点位于前缘，平行于来流的坐标值；α 为攻角（rad）；ρ 为密度（kg/m³）；u 为速度（m/s）；μ 为黏性系数（Pa·s）；γ 为比热比。

下标"0""∞""w"分别表示气流滞止参数、自由流参数和壁面参数。

文献[13]给出了 AEDC 在 H_1 电弧加热器上钝楔试验模拟能力，热流密度可高达 10 MW/m²，总焓可高达 18 MJ/kg，因此钝楔试验技术可用于再入飞行器（如再入弹头锥身大面积）的热防护系统试验。此外，通过使用不同的电弧加热器或电弧风洞、不同的喷管组合、不同的钝楔外形及摆放位置,钝楔试验具有宽广的热环境模拟区域。该文献还对钝楔的设计、试验流场校测、试验模型设计及测量等进行了介绍。

钝楔试验技术在航天飞机轨道器热防护系统的应用实例参见文献[14],试验在 NASA/JSC 的 10 MW 电弧风洞中进行,针对区域主要是航天飞机机身侧面和顶部的三个特定区域:货舱门区域、乘员舱门区域和隔热瓦交接区域。试验通过不同攻角的钝楔试验,模拟了流向、热载荷和表面温度的影响,考核了热防护材料的可重复使用性能和压力密封性能。

钝楔试验技术在火星科学试验室(Mars Science Laboratory, MSL)热防护系统的应用实例参见文献[15],使用 NASA/Ames 的 60 MW 电弧风洞,在具有特定剪切力的热环境下,对超轻烧蚀材料 SLA-561V 和酚醛浸碳烧蚀材料 PICA 进行了试验。试验发现 SLA-561V 的烧蚀率远远超过预测值,而 PICA 试验结果较好,平均烧蚀率比预测值大 50%,某些情况下比预测值大 150%。此外,对 PICA 在具有缝隙填充情况、不同损坏情况及修补情况等进行了试验,验证了 PICA 材料在火星科学试验室热防护系统的适应性。

5.1.3　半椭圆喷管试验技术

半椭圆喷管试验技术原理:由电弧加热器加热的高温气体通过半椭圆喷管产生超声速高温流动,试验时将试验模型安装在喷管出口的模型支架内,由喷管出口流出的高温气流对模型进行烧蚀试验。

半椭圆喷管试验技术所使用的试验技术与超声速矩形喷管自由射流平板试验技术相似,差别在于使用半椭圆喷管代替了超声速矩形喷管。半椭圆喷管具有收缩-扩张型内型面,喷管入口段前端与电弧加热器相连,内型面沿流向由圆形逐步收缩过渡到喉道处为半椭圆。通常半椭圆的长轴为宽度方向,短半轴为高度方向,经喉道以后喷管内型面在宽度方向和高度方向均不断扩张,直至出口喷管的内型面均为不断扩张的半椭圆。模型支架一般设计为水冷结构,安装在喷管出口,模型支架上表面与喷管出口底面平齐,在流场测试或烧蚀试验过程中,模型支架与喷管出口底面的夹角可以变化,构成需要的流场参数条件。

半椭圆喷管底面靠近出口段一般由耐高温陶瓷瓦平板组成,用于产生高温热附面层,其余部分为分段金属水冷结构。在喷管的前期设计中,一般都要先对喷管内部和喷管出口的试验流场进行 CFD 计算,计算分为喉道段、流场发展段、热附面层发展段及试验段四个区域,计算结果包括马赫数分布、压力分布、热流密度分布、附面层厚度、剪切力等。实际使用前需加工试验测试模型实际校测试验区域的压力分布、热流密度分布等,用于确定模型的有效区域,有利于对试验流场进行分析。正式模型烧蚀试验时需测量模型的表面温度分布、背面温度分布,根据试验需求还可测量模型的缝隙或凹腔内温度分布、压力分布等。

半椭圆喷管试验技术可用于高超声速飞行器大面积防热材料的防隔热性能试验、热匹配试验及热密封试验、大面积局部突起物和凹坑结构部件试验等。在X33 可重复使用运载器(reusable launch vehicle, RLV)迎风面大面积热防护材料试验[16]、高超声速气动充气减速器(hypersonic air inflatable decelerator, HAID)使用的柔性热防护系统(flexible thermal protection system, FTPS)气动热剪切试验[17]、猎户座飞船防热大底的 PAD 结构防热考核试验[18,19]等均得以使用。

5.2　湍流导管试验技术

弹体表面受热严重区域(如弹体锥身前部,激波干扰区域等)的防热材料,在相同的高焓气流条件下,其热流密度较高,在设备功率限制下,使用电弧加热射流试验技术往往不能满足模拟需求,需要使用湍流导管试验技术。

当使用湍流导管试验技术进行试验时,试验模型放置在导管段,导管的气流通道可以是圆形、弓形或矩形。因此,导管按气流通道形状分为圆形导管、弓形导管和矩形导管,如图 5.11 所示。

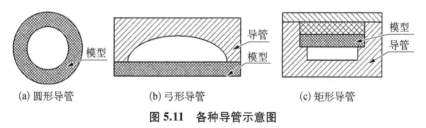

(a) 圆形导管　　　　　　　(b) 弓形导管　　　　　　　(c) 矩形导管

图 5.11　各种导管示意图

圆形导管直接由试验模型构成,使用圆形湍流导管存在三个问题:一是当模型发生烧蚀时,导管的内壁管径随时间变化,导致气流通道面积随内壁管径的平方变化,使得试验模型表面的热流和压力变化较大;二是所需试验件的用料比较大、材料浪费多、模型制作工艺复杂,有些试验件还需要特殊加工;三是试验模型烧蚀表面热辐射散发不出去,与飞行器表面受热条件存在差别,更适合用于如发动机喷管等内流条件的模拟。弓形导管和矩形导管的试验模型均为平板,其优点是在不增加电弧加热设备使用功率的条件下,能有效地增加气流与模型的接触面积,从而达到在相同的高温气体流量下进行更大尺寸模型试验的目的。由于弓形导管的结构设计及内型面加工较复杂,所以目前使用较少。矩形湍流导管是在圆形湍流导管的基础上发展起来的,与圆形湍流导管相比,矩形湍流导管所需的试验件是一块平板,节约了烧蚀材料,并且加工简单、容易制作,在材料发生烧蚀时,导管内只有一个壁面进行烧蚀;与圆形导管相比,矩形湍流导管气流通道面积变化的影响较小,试验流场参数更稳定。因此,目前常采用矩形湍流导管。

湍流导管试验技术由喷管段形成亚声速和超声速流动,亚声速喷管具有收缩型气流通道,前端与导管气流通道相同,后端逐渐收缩,在出口达到声速。超声速喷管气流通道为先收缩后扩张,前端与加热器出口气流通道相同,然后逐渐收缩,在喉道处气流通道最小,过喉道后气流通道逐渐扩张,后端与导管入口气流通道相同。

本节根据流速不同,将湍流导管试验技术分为亚声速湍流导管试验技术和超声速湍流导管试验技术两类,下文中重点介绍亚声速矩形湍流导管试验技术和超声速矩形湍流导管实验技术。

5.2.1 亚声速矩形湍流导管试验技术

亚声速矩形湍流导管试验技术原理:由电弧加热器加热高温气体通过亚声速矩形湍流导管装置形成亚声速湍流试验流场,试验时将试验模型安装在导管的一侧,高温气流对试验模型进行烧蚀试验后由喷管段流出。

试验模拟参数主要有气流焓值、表面冷壁热流密度、表面压力、气流剪切力等。

1. 亚声速矩形湍流导管装置的设计

亚声速矩形湍流导管装置由矩形导管和亚声速矩形喷管组成,导管前端与电弧加热器相连,后端与亚声速喷管连接。

亚声速矩形湍流导管装置的设计分为两个步骤:第一步要设计满足试验模拟参数的气流通道,用于确定内型面;第二步进行结构设计。

喷管喉道气流通道面积需要根据气流焓值的模拟要求由平衡声速流关系结合加热器能力确定,具体计算方法参见式(5.1)、式(5.2)。

导管的气流通道面积基于表面冷壁热流密度、表面压力、气流剪切力等模拟需求设计。其中,表面压力可以根据喷管的气流通道面积比结合气流焓值和来流总压查表得到,气流剪切力的计算方法参见式(5.8),表面冷壁热流密度的计算方法及过程如下[20]。

亚声速湍流导管雷诺数为

$$Re_d = \frac{\rho u d}{\mu} \tag{5.23}$$

式中,d 为导管气流通道截面积的水力直径,且

$$d = \frac{4A}{P} \tag{5.24}$$

式中,A 为导管气流通道截面积;P 为导管气流通道的周长。

当 Re_d 在 $5 \times 10^3 \sim 3 \times 10^4$ 时,按照布拉休斯(Blasius)方程计算湍流摩擦系数为

$$C_f = 0.079\, Re_d^{-\frac{1}{4}} \tag{5.25}$$

当 Re_d 在 $3 \times 10^4 \sim 1 \times 10^6$ 时,按照 Karman-Nikuradse 方程计算湍流摩擦系数为

$$C_f = 0.046\, Re_d^{-\frac{1}{5}} \tag{5.26}$$

按修正的雷诺系数关系按下式计算斯坦顿(Stanton)数得

$$St = \frac{1}{2} C_f \left[1 + (L^{0.52} - 1) \frac{h_r}{h_e} \right] \tag{5.27}$$

式中,L 代表刘易斯数,一般情况下近似为 1。所以

$$St = \frac{1}{2} C_f\, Pr^{-\frac{2}{3}} \tag{5.28}$$

努塞尔(Nusselt)数按下式计算得

$$Nu = Re_d Pr St \tag{5.29}$$

热流密度与努塞尔数有以下关系式:

$$q_w = \frac{Nu \mu (h_e - h_w)}{Pr d} \tag{5.30}$$

综上所述,若 Re_d 在 $5 \times 10^3 \sim 3 \times 10^4$ 时,则

$$q_w = \frac{0.039\,5\, Re_d^{\frac{3}{4}} \mu (h_e - h_w)}{Pr^{\frac{2}{3}} d} \tag{5.31}$$

若 Re_d 在 $3 \times 10^4 \sim 1 \times 10^6$ 时,则

$$q_w = \frac{0.023 \, Re_d^{\frac{4}{5}} \mu (h_e - h_w)}{Pr^{\frac{2}{3}} d} \tag{5.32}$$

若引入质量守恒关系式:

$$m = \rho u A \tag{5.33}$$

雷诺数改写为以下形式:

$$Re_d = \frac{md}{A\mu} \tag{5.34}$$

则 Re_d 在 $5 \times 10^3 \sim 3 \times 10^4$ 时,

$$q_w = \frac{0.039 \, 5\mu^{\frac{1}{4}} m^{\frac{3}{4}} (h_e - h_w)}{Pr^{\frac{2}{3}} A^{\frac{3}{4}} d^{\frac{1}{4}}} \tag{5.35}$$

若 Re_d 在 $3 \times 10^4 \sim 1 \times 10^6$ 时,则

$$q_w = \frac{0.023\mu^{\frac{1}{5}} m^{\frac{4}{5}} (h_e - h_w)}{Pr^{\frac{2}{3}} A^{\frac{4}{5}} d^{\frac{1}{5}}} \tag{5.36}$$

式(5.23)~式(5.36)中,A 为导管气流通道截面积(m^2);C_f 为湍流摩擦系数;d 为导管气流通道截面的水力直径(m);Ma 为自由流马赫数;P 为导管气流通道截面周长(m);Pr 为普朗特数;Nu 为努塞尔数;St 为斯坦顿数;q_w 为壁面热流密度(W/m^2);Re_d 为导管气流雷诺数;ρ 为密度(kg/m^3);u 为速度(m/s);μ 为黏性系数($Pa \cdot s$);h_e 为气流总焓(J/kg);h_r 为恢复焓(J/kg);h_w 为壁面焓(J/kg)。

导管一般设计为整体水冷结构,按气流流动方向分为前、中、后三段。前段与加热器出口连接,为气流的过渡段,使气流通道由圆形过渡到矩形;中段和后段的气流通道均为矩形,形状与前段相同,中段壁面单面开口,用于安装试验模型或测试模型,后段与亚声速喷管相连。

亚声速喷管的气流通道均为矩形,宽度不变,高度沿气流方向不断缩小,在尾端面形成喉道,喷管段结构形式一般设计为双层结构,内层与外层之间设计水冷通道进行冷却。

2. 亚声速矩形湍流导管装置的使用

试验前需要进行试验流场测试,测试内容包括表面冷壁热流密度、表面压力、气流焓值、气流剪切力等。其中,表面冷壁热流密度和表面压力使用测试模型直接测量,测试模型的外形与试验模型相同,根据具体试验参数要求安装相应

的热流传感器和压力传感器进行测量,气流焓值和气流剪切力等通过计算得到。

正式试验时一般需要测量模型的背面温度或模型层间温度,若有需要,也可以在正对试验模型的导管壁面开孔安装窗口进行表面烧蚀过程观察和表面温度测量,试验后除温度测量值外,还应给出试验模型的线烧蚀率、质量烧蚀率等。

5.2.2　超声速矩形湍流导管试验技术

超声速矩形湍流导管试验技术的试验原理:由电弧加热器加热高温气体通过超声速矩形湍流导管装置的超声速矩形喷管加速,在矩形导管内形成湍流边界层,试验时将试验模型安装在导管的一侧,高温气流对模型进行烧蚀试验后流出。

试验模拟参数主要有气流焓值、表面冷壁热流密度、表面压力、气流剪切力等。

试验装置由电弧加热器、超声速矩形湍流导管装置、试验模型组成,如图 5.12所示。如果导管内静压低于一个大气压,在导管后还应接引射器或真空设备以保证流场的均匀性。

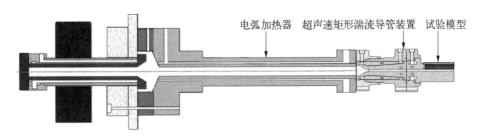

图 5.12　超声速矩形湍流导管试验装置示意图

1. 超声速矩形湍流导管装置的设计

超声速矩形湍流导管装置是指气流通道横截面为矩形、附面层处于超声速湍流状态、通常一侧为试验模型、其余为水冷壁的试验装置。其主要由两大部件组成:超声速矩形喷管和矩形湍流导管,如图 5.13 所示。其中,矩形湍流导管的主要几何尺寸包括导管内气流通道的长度 L、宽度 W 和高度 H。

1)超声速矩形喷管的设计

超声速矩形喷管前端与加热器出

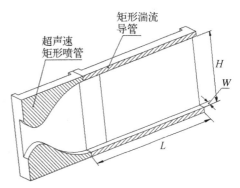

图 5.13　超声速矩形湍流导管
试验装置示意图

口相连,后端与矩形湍流导管相连,超声速矩形喷管的喉道气流通道截面积根据试验流场参数的要求及现有的电弧功率确定,超声速矩形喷管的名义马赫数一般取1.5~3.5。超声速矩形喷管出口气流通道与矩形湍流导管相同,高度 H 与宽度 W 之比一般为4~5。

为了得到较好的超声速高温流场,超声速矩形喷管应按型面喷管来设计。将气流在喷管内前部的流动状态视为源流,流经扩张段后,气流转变为平行均匀的流动。在设计中必须考虑真实气体效应,气流的绝热指数 γ 随气流焓值的大小而定。

一般情况下,超声速矩形喷管的亚声速收缩段气流通道采用修正的维托辛斯基公式计算得到。为了加工方便,可以采用两个圆弧相切的方法。

超声速矩形喷管扩张段气流通道的宽度固定不变,高度变化。上、下壁为型面,采用圆弧、直线和曲线的变化方法。从超声速矩形喷管的喉道开始,依次将超声速矩形喷管分为前段和后段,如图5.14所示。其中,r 为源流半径;r_0 为对应夹角为初始膨胀角且弧长等于一般喉道高度的源流半径;Δx 为源流起点到喷管喉道的横向距离。

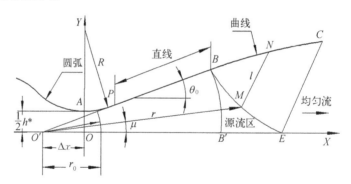

图5.14 超声速矩形喷管气动轮廓示意图

前段曲线 AB 由圆弧和直线组成。用大于或等于 $4h^*$ 作为圆弧半径 R,圆心位于通过喉部的 y 轴上。直线的斜率为 $\tan\theta_0$,θ_0 为超声速矩形喷管的初始膨胀角。圆弧与直线的切点为 P。用下列公式表示切点 P 前、后的解析式:

P 点以前为圆弧段,表示为

$$y = R + \frac{1}{2}h^* - \sqrt{R^2 - x^2} \qquad (0 \leqslant x \leqslant x_P) \tag{5.37}$$

P 点以后为直线段,表示为

$$y = (x - x_P)\tan\theta_0 + y_P \qquad (x_P \leqslant x \leqslant x_B) \tag{5.38}$$

P 点坐标为

$$\begin{cases} x_P = R\sin\theta_0 \\ y_P = R + \dfrac{1}{2}h^* - R\cos\theta_0 \end{cases} \tag{5.39}$$

B 点的坐标为

$$\begin{cases} x_B = r_B\cos\theta_0 - \Delta x \\ y_B = r_B\sin\theta_0 \end{cases} \tag{5.40}$$

根据几何关系可求得

$$\Delta x = \frac{1}{2}h^*\cot\theta_0 - R\tan\frac{\theta_0}{2} \tag{5.41}$$

初始膨胀角 θ_0 取值的大小直接决定喷管的长度,θ_0 取值越大,喷管越短。初始膨胀角不宜超过 7.5°,膨胀角的选取应根据喷管出口处的气流马赫数而定,可参见表 5.1。

表 5.1　固定式膨胀角的选取原则

序 号	出口马赫数	初始膨胀角 θ_0
1	1.5~2	3°~5°
2	2~3	6.5°
3	3~3.5	7.5°

在后段曲线 BC 设计中,B 点的马赫数 Ma_B 由式(5.42)确定:

$$\phi(Ma_t) - \phi(Ma_B) = \theta_0 \tag{5.42}$$

式中,

$$\phi(Ma) = \left(\frac{\gamma+1}{\gamma-1}\right)^{\frac{1}{2}}\arctan\left[\frac{\gamma-1}{\gamma+1}(Ma^2-1)\right]^{\frac{1}{2}} - \arctan(Ma^2-1)^{\frac{1}{2}} \tag{5.43}$$

源流区的控制方程为

$$\begin{cases} r_0 = \dfrac{h^*}{2\theta_0} \\ r_B = r_0\dfrac{1}{Ma_B}\left(\dfrac{2}{\gamma+1} + \dfrac{(\gamma-1)}{(\gamma+1)}Ma_B\right)^{\frac{\gamma+1}{2(\gamma-1)}} \end{cases} \tag{5.44}$$

根据式(5.44)可以确定 B 点的源流半径 r_B，然后确定 BC 曲线上其他各点 B' 的坐标值。

B' 的马赫数 $Ma_{B'}$：$Ma_B \leqslant Ma_{B'} \leqslant Ma_t$，给定任意一个 $M_{B'}$ 可以得到 $\phi(Ma_{B'})$，然后由式(5.45)得到 θ。

$$\theta = \phi(Ma_{B'}) - \phi(Ma_B) \tag{5.45}$$

源流区控制方程见式(5.46)：

$$\frac{r}{r_0} = \frac{1}{Ma_{B'}} \left(\frac{2}{\gamma+1} + \frac{\gamma-1}{\gamma+1} Ma_{B'}{}^2 \right)^{\frac{\gamma+1}{2(\gamma-1)}} \tag{5.46}$$

质量守恒方程和马赫角计算见式(5.47)：

$$\begin{cases} l = Ma_{B'} \cdot r(\theta_0 - \theta) \\ \mu = \arcsin\left(\frac{1}{Ma_{B'}}\right) \end{cases} \tag{5.47}$$

式中，l 为 MN 的长度；μ 为 $Ma_{B'}$ 的马赫角；最后根据式(5.48)得到 BC 曲线上其他各点 B' 的坐标值。

$$\begin{cases} x_{B'} = x_B + r\cos\theta - r_B\cos\theta_0 + l\cos(\theta+\mu) \\ y_{B'} = r\sin\theta + l\sin(\theta+\mu) \end{cases} \tag{5.48}$$

超声速矩形喷管一般采用水冷夹层结构，内部壳体选用紫铜 T2，采用薄壁加筋的方法，既加强了强度，又加强了对流换热；外部壳体可选用不锈钢、黄铜 H62 或普通碳钢，选用普通碳钢时应做表面防锈处理。内、外壳体之间通高压冷却水，采用 O 形橡胶圈密封。

2）矩形湍流导管设计

根据超声速矩形喷管出口的几何尺寸，设计矩形湍流导管。矩形湍流导管的入口尺寸等于超声速矩形喷管的出口尺寸。模型的前缘与矩形湍流导管的入口之间留有一过渡段（长度一般大于 40 mm），以保证模型前缘附面层处于湍流状态。用超声速矩形喷管的喉道至模型前缘的距离 x 来计算雷诺数 Re_x，若 $Re_x \geqslant 10^5$，则判定为湍流；用超声速矩形喷管的喉道至矩形湍流导管出口的距离来计算附面层厚度，如果附面层没有交汇，则判定为可用的湍流流态。

附面层厚度由以下关系式进行计算：

$$\delta = 0.37 \left(\frac{\mu_\infty}{\rho_\infty u_\infty} \right)^{\frac{1}{5}} \left(\frac{\mu^*}{\mu_\infty} \right)^{\frac{1}{5}} \left(\frac{\rho_\infty}{\rho^*} \right)^{\frac{1}{5}} \cdot X^{0.8} \tag{5.49}$$

$$\frac{\mu^*}{\mu_\infty} = \left(\frac{T^*}{T_\infty} \right)^n \tag{5.50}$$

$$\frac{\rho_\infty}{\rho^*} = \frac{T^*}{T_\infty} \tag{5.51}$$

$$\frac{T^*}{T_\infty} = 1 + \frac{(\gamma - 1)}{2} Ma_\infty^2 \left(\frac{1}{2} + 0.22r \right) \tag{5.52}$$

式中，$r = 0.89$，为湍流温度恢复系数；$n = 0.76$，为温度指数；$\gamma = 1.4$，为空气绝热指数；X 为沿喷管轴向的长度（从喉道起）。

矩形湍流导管采用整体水冷结构，采用打孔冷却方式，除安装试验模型的一侧外，其余三面均需水冷。其材料采用紫铜 T2。

2. 超声速矩形湍流导管装置的使用

1）试验模型

试验模型由防热材料制成，受热面为平面，安装就位后模型成为导管的一个侧壁。每一种材料的模型应不少于五个，试验结果为三个或三个以上模型的平均值。模型高度应不小于（$H+8$）mm，长度应不大于（$L-40$）mm，厚度由试验委托方确定。

2）测试模型

测试模型的平面尺寸与试验模型的相同。测试模型有两种：一种为压力测试模型，测量导管内气流静压，一般设置 3~5 个测压孔，测压孔直径一般为 1.0~1.2 mm；另一种为热流密度测试模型，测试模型的中间位置安装量热计，如果空间位置许可，可以多安装量热计。

3）模拟参数及测量方法

湍流导管试验模拟的气流特征参数通常包括喷管前室总压 P_0、导管内气流静压 P_e、喷管出口处气流名义马赫数 Ma_t、气流总比焓 H_0、恢复焓 H_r、冷壁热流密度 q_{cw}、雷诺数 Re 和导管内冷壁剪切力 τ_{cw} 等。

使用压力传感器测量气流压力参数。当气流总比焓 $H_0 < 2.3$ MJ/kg 时，采用总焓探针测量气流的总比焓 H_0，利用 B 型热电偶制作总焓探针，根据测量得到的温度查找热力学函数表，最后得到气流总比焓 H_0；当气流总比焓 H_0 在 2.3~

23.3 MJ/kg 时,采用平衡声速流量法计算气流的总比焓 H_0。一般采用塞式量热计和水卡量热计测量导管内材料表面的冷壁热流密度 q_{cw}。用雷诺比拟关系计算冷壁剪切力为

$$\tau_{cw} = \frac{1}{2} p_e u_e^2 \cdot C_f \tag{5.53}$$

$$C_f = 2St \cdot Pr^{\frac{2}{3}} \tag{5.54}$$

$$q_{cw} = St \cdot p_e u_e (H_r - H_{cw}) \tag{5.55}$$

可得冷壁剪切力计算公式如下:

$$\tau_{cw} = \frac{q_{cw} \cdot u_e \cdot Pr^{\frac{2}{3}}}{H_r - H_{cw}} \tag{5.56}$$

式中,τ_{cw} 为导管内冷壁剪切力(N/m^2);q_{cw} 为冷壁热流密度(W/m^2);H_r 为气流恢复焓(J/kg);H_{cw} 为壁面焓(J/kg);u_e 为来流速度(m/s);Pr 为普朗特数;St 为斯坦顿数;C_f 为摩擦阻力系数。

4)气流通道截面积变化对流场参数的影响

在实际试验时,超声速喷管和矩形湍流导管安装模型的前端均为水冷铜结构,矩形湍流导管喉道气流通道截面积不变,喉道前来流参数(总压、总焓、气流量等)不变。但随着模型受热面的不断烧蚀,对应部位的气流通道截面积变大,将引起流场参数的变化。对于非烧蚀或微烧蚀的试验模型,其流场热环境参数不变或变化不大,对于烧蚀类模型,其变化的趋势及幅度应该予以重视。

根据经验,在总焓 $H_0 \leqslant 34$ MJ/kg 时,气流通道的矩形横截面的变化范围为 $1 \leqslant A_f/A_i \leqslant 1.45$。热流密度随气流通道的横截面的变化通常由下式进行估算。

$$q_i/q_f = (A_f/A_i)^{0.8} \tag{5.57}$$

式中,q_i 为初始状态的热流密度;q_f 为后退状态的热流密度;A_i 为初始状态的横截面积;A_f 为后退状态的横截面积。

文献[21]通过对超声速矩形湍流喷管的计算分析,研究了在试验模型发生烧蚀时,气流通道的初始面积比和绝热指数对流场参数的影响,在总焓不变的情况下,对初始面积比为2.0和3.0的两套超声速矩形湍流导管,分别计算了绝热指数为1.1、1.2和1.3时的流场参数变化。

计算结果显示:由于试验模型发生烧蚀,超声速矩形湍流导管的气流通道面积增大,马赫数升高,而其他气流参数下降。当气流通道面积增幅为20%时,

马赫数的增幅在 9% 以内,超声速矩形湍流导管表面压力降幅超过 20%,静焓和恢复焓的降幅分别在 8% 和 1% 以内,冷壁热流密度和剪切力的降幅分别在 20% 和 15% 以内。剪切力的降幅随着初始面积比和绝热指数的升高而升高,其他参数的增幅或降幅均随着初始面积比的升高而降低,随着绝热指数的升高而升高。计算结果如图 5.15 所示,其中,Y 为气流绝热系数;A^* 为喉道面积;H_e 为气流静焓;H_r 为气流恢复焓;p_e 为表面压力;q_{cw} 为冷壁热流密度;τ_{cw} 为导管内冷壁剪切力。

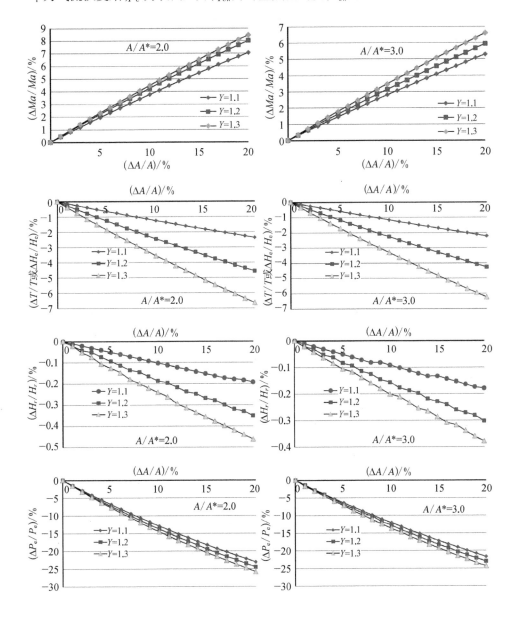

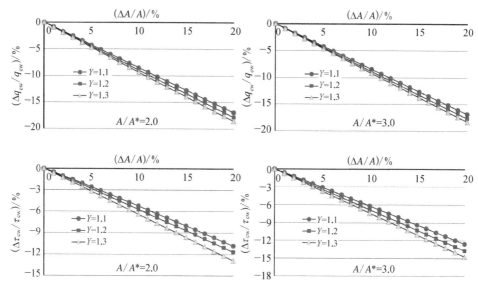

图 5.15　超声速矩形湍流导管流场变化

5.3　包罩试验技术

弹头再入大气层的过程中,除驻点附近的一个小区域外,其余部分都处于湍流流态之下。如果采用超声速自由射流或者超声速风洞进行气动热地面模拟试验,大部分能量消耗在无黏流场的建立上,而直接与烧蚀有关的附面层气流能量仅占 10%左右,也就是说 90%左右的能量没有被很好地利用。从烧蚀角度来讲,这 90%的能量是可以节约的,因为烧蚀是由气流对模型的加热引起的,模型壁面气动加热产生的机理是壁面附近气体的气体动能由于黏性的作用转化为热能的物理现象。

在地面模拟试验中,由于设备能力的限制,通常还不能采用射流试验技术对大尺寸的模型进行烧蚀热结构试验。因此,必须采用其他试验方法,将有限能量的气体投入高温附面层内,才能够对大尺寸的模型进行烧蚀热结构试验,包罩试验技术就是基于上述理论而发展起来的地面模拟试验技术。

使用包罩试验技术可以进行弹头锥身截短或缩比模型试验、带攻角飞行的天线罩部件试验及空气舵舵面部件试验等。

5.3.1　包罩试验技术分类

以形成试验流场的包罩结构形式划分,包罩试验技术可以分为固壁包罩试验技术和气壁包罩试验技术。

固壁包罩试验技术的原理是:将电弧加热器加热的高温气流限制在喷管内壁与试验模型表面之间的通道内,在高温气流流过通道时,对试验模型表面进行气动加热。气流通道的横截面宽度很小,这样就可以用比较小的质量流率覆盖具有模拟飞行热环境的较大尺寸的试验模型。

气壁包罩试验技术,即冷气流包罩试验技术,主要用于弹头大尺度端头的试验考核,详见相关章节。

从高温气流的流态划分,固壁包罩试验技术还可以分为超声速包罩试验技术和亚声速包罩试验技术。

采用超声速包罩试验技术进行地面烧蚀模拟试验时,超声速气流在试验模型的前面产生一道弓形激波,激波后的气流总压有一定的损失,由于试验过程中模型的外形在不断地变化,超声速流场中会不可避免地出现激波干扰现象,这对烧蚀试验是很不利的,因此本小节介绍的包罩试验技术是指亚声速固壁包罩试验技术,简称亚声速包罩试验技术。

亚声速包罩试验技术的原理:将电弧加热器加热的高温气流限制在喷管内壁与试验模型表面之间的通道内,包罩喷管入口处的气流通道横截面积最大,沿流动方向通道横截面积逐渐变小,在模型的底部通道横截面积最小,形成声速喉道,高温气流流过通道对试验模型表面进行烧蚀试验后由声速喉道流出。

主要试验模拟参数包括气流焓值、表面冷壁热流密度和表面压力等。

根据气流通道横截面形状不同,本节将亚声速包罩试验技术分为常规亚声速包罩试验技术和异型亚声速包罩试验技术两类。

常规亚声速包罩试验技术的气流通道横截面为圆环形,主要用于弹头锥身模型的烧蚀-滚转试验研究和材料筛选及工艺考核等试验研究[22-24]。

异型亚声速包罩试验技术的气流通道横截面为非圆环形,进一步分为半包罩试验技术和空气舵包罩试验技术两种,前者用于模拟带攻角飞行的球锥形模型(如天线罩的烧蚀试验研究等),后者用于空气舵烧蚀试验研究。

5.3.2　常规亚声速包罩试验技术

弹头防热层的质量是弹头先进性的一个重要指标,虽然弹头锥身部的热流密度要比端头部位小很多,但由于表面积大,在弹头防热层总质量中,弹头锥身部位所占比重最大。减轻弹头锥身的防热材料的质量是先进弹头研制中的一个关键技术。

弹头锥身防热材料烧蚀后表面会形成一定的烧蚀形貌,烧蚀形貌反过来影响材料表面的气体流动,从而产生附加的力及力矩。某些再入弹头利用烧蚀形貌产生的力矩进行被动滚转来控制落点精度,因此需要在地面试验中开展弹头锥身模型的烧蚀-滚转试验研究,得出材料烧蚀形貌对气动力尤其是滚转力矩的影响。

弹头锥身防热材料的研制过程中,材料的组分构成、编织方式、缠绕角度、成型工艺等都会对材料性能产生影响,为了减轻弹头锥身防热材料的质量,除研究烧蚀形貌引起的气动力变化外,对防热材料进行烧蚀性能试验研究以及筛选出合适的材料体系和工艺考核等也十分重要。

弹头锥身防热材料试验研究的试验模拟对象外形为球锥体,试验模型尺度过小不能反映实际情况,所以需要较大的模型尺度才能够得到比较真实的试验结果。模型的形状、尺度加上产生烧蚀和测力的需求为地面试验研究带来了极大挑战。

常规亚声速包罩试验技术的开发和应用,较好地解决了以上难题,已成功地应用于弹头锥身模型的烧蚀-滚转试验研究和弹头锥身模型烧蚀性能试验研究。

常规亚声速包罩试验技术是指针对球锥体试验模型在热环境无周向梯度分布试验时采用的亚声速包罩试验技术。其特点是球锥体试验模型外表面与包罩喷管内型面形成的气流通道在平行于模型底部的任一截面形状均为圆环形,包罩喷管入口处圆环形面积较大,沿气流方向圆环形面积逐渐减小,在模型底部圆环形面积最小,包罩内的高温气流为亚声速。

1. 弹头锥身模型的烧蚀-滚转试验研究

试验需要模拟的参数主要有模型表面热流密度、表面压力和气流恢复焓。试验要求模型表面必须有一定的烧蚀量,形成烧蚀形貌,以产生必要的滚转力矩。通过测量模型烧蚀过程中的滚转力矩,研究烧蚀过程对滚转性能的影响。

试验装置由电弧加热器、气流稳压室、亚声速包罩喷管、试验模型、测力天平、模型自动送进控制系统组成。试验时测力天平的测力部件安装在试验模型内,天平的尾支杆支撑模型和天平测力部件并和模型一起与模型自动送进控制系统相接,由电弧加热器产生的热气流流过包罩喷管与试验模型之间的缝隙,模拟弹头锥身附面层内的湍流流动,在试验模型表面产生烧蚀的同时进行气动力测量。

1) 电弧加热器高温气流的消旋和稳压

电弧加热器的弧室一般采用切向打孔的方式进入高压空气,因此经电弧加热产生的高温气流在流动过程中通常是有旋转的,若不消除高温气流的旋转,则由于试验模型外形为球锥体,试验模型表面气流通道截面为圆环形,高温气流的旋转势必会在圆环形气流通道内形成旋转流动,试验模型表面将产生一个附加的切向力,这一附加切向力会使得烧蚀形貌的形状与真实情况发生大的变化,相应的试验模型滚转力矩由烧蚀形貌和附加切向力共同叠加,与真实情况存在更大差别,对烧蚀-滚转试验研究极为不利。

高温气流的消旋一般采用两种途径:一种是将试验所需的高温气流一分为二,使两台功率相同的电弧加热器共同作用,两台电弧加热器的出口相对,高温气流的旋向相反,通过 T 形的连接段进行消旋;另一种是使用一台电弧加热器进行试验,在电弧加热器出口使用半 T 形的过渡段使高温气流折转 90° 进行消旋。

电弧加热器高温气流的消旋过程难免会存在一些局部脉动,这对试验也是不利的,通常在包罩喷管上游设置一个气流稳压室,高温气流经过气流稳压室消除局部脉动、实现整流稳压后再进入包罩喷管进行烧蚀-滚转试验。

2)包罩喷管

包罩喷管的内型面是与模型外形相匹配的锥形,其内锥角略小于模型的锥角,声速点控制在模型的底部,模型的中心轴线应与包罩喷管的中心轴线重合。

在具体的包罩喷管的内型面设计中,声速喉道的截面积设计十分重要,声速喉道由模型底部和对应处的喷管内壁构成,因此可以由声速喉道的截面积结合气流焓值模拟需求评估已有电弧加热器的试验模拟能力,确定试验模型的底部尺度,也可以根据实际需要的模型底部尺度来计算所需的电弧功率(以后者情况居多)。

当电弧功率确定后,对于某一确定的声速喉道截面积和试验模型外形,在对应的气流焓值下,来流总压和气流量为确定值,因此对于已有的包罩喷管内型面,可以通过试验模型外形得出通道分布,从而计算试验模型表面的压力分布和热流分布。对于需要重新设计的喷管,可以根据试验模型表面的压力分布和热流分布需求设计相应的通道分布,再结合试验模型外形设计出包罩喷管内型面。

由于烧蚀-滚转试验需要采用自动送进控制系统,所以在包罩喷管的内型面设计时,还需综合考虑烧蚀量尤其是线烧蚀率的影响,一般情况下,模型具有两个特定位置:一是初始位置,即试验刚开始,试验模型表面还未发生烧蚀,此时的设计为初始设计状态,应满足试验模拟参数要求;二是自动送进最终位置,即试验刚结束,试验模型表面发生烧蚀,由自动送进控制系统送入的最大位置,此位置由设定的模型底部最大线烧蚀率确定,需要复核在此位置时由初始位置设计的包罩喷管内型面是否满足试验模拟参数的要求。除上述两个特定位置外,其余位置随模型底部线烧蚀率的加大逐渐变化,但变化区间位于两个特定位置之间,一般只要初始位置和最终位置满足试验参数要求,其余位置的设计也能满足试验参数要求。

在包罩喷管的内型面确定后,在材料使用上,对于中、高热流密度的亚声速包罩试验,包罩喷管应采用紫铜 T2 材料,对于低热流密度的亚声速包罩试验,包罩喷管可以采用 20 碳钢。材料一般需要经过锻造工艺处理,无论采用何种材料,材料内部均不得有缺陷。在结构上,为减小喷管在高温环境下使用过程中的变形,一般喷管设计为整体结构,内型面采用车加工工艺或线切割成型,喷管壁面采用打孔通冷却水的方法进行冷却,为方便机械加工,设计时可以将喷管分为若干段。在喷管的壁面上可以设置测压孔,用于研究试验过程中流场的压力变化,根据试验具体参数要求,在可能的情况下,还可以在包罩喷管壁面上设置窗口,用于模型表面温度的非接触测量和试验过程的观察。

3)试验模型自动送进控制系统

在进行烧蚀-滚转试验时,试验模型随烧蚀而产生外形变化,模型底部声速喉道截面积逐渐变大,在电弧加热器参数不变的情况下,烧蚀过程直接导致模型前方来流总压逐渐降低,影响试验流场参数,导致试验的模拟参数发生变化,偏离原设计参数。

由于试验模型在试验过程中的烧蚀外形变化各不相同,烧蚀率变化非常复杂,简单的送进方式不能满足试验要求。为了控制模型底部声速喉道截面积,保持试验状态的稳定,必须采用能够承受大载荷、高热载、自动反馈、精确定位的模型自动送进控制系统,解决模型动态烧蚀量的影响问题,以实现稳定的试验流场参数。

试验模型自动送进控制系统利用计算机控制液压伺服机构,采用试验段压力点平衡控制方法,实现了大推力、高精度的模型实时送进补偿控制,成功地解决了烧蚀-滚转试验中边烧蚀、边送进的难题[25]。

试验模型自动送进控制系统工作原理:采用压力平衡法,在模型烧蚀试验过程中,实时采集试验段气流混合室的压力参数,与预先给定的控制压力值进行比较,通过动态调整试验模型位置,从而保持气流出口喉道大小不变,达到稳定气流混合室压力参数的目的。试验模型自动送进控制系统工作原理如图 5.16 所示。

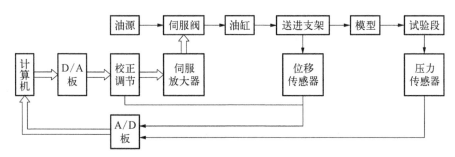

图 5.16　试验模型自动送进控制系统工作原理图

试验模型自动送进控制系统由液压伺服机构(用来精确控制模型位移的执行机构,由油源、伺服放大器、伺服阀、油缸及位移传感器等部件构成)、送进支架、计算机等部分组成。

系统整体设计采用双闭环控制,即由伺服放大器、电磁阀、位移传感器等构成模拟量位置环控制回路;由压力传感器、A/D 板、计算机、D/A 板和伺服放大器等构成数字量压力环控制回路。位置环控制回路对试验模型的位置进行精确定位,压力环控制回路则对试验模型的送进位移量进行精确控制。

在实际使用时对试验模型自动送进控制系统的切入与退出时间一定要明确,并且试验模型自动送进控制系统反应必须精确,否则将造成模型送进机构误操作。该系统通过采用互感器和分流器分别监视电弧加热器主回路的电压和电流,并以此作为试验模型自动送进控制系统的触发信号。在电弧加热器开车启动时,试验模型自动送进控制系统被触发,此时压力控制环并不立即切入,而是不断地采集气流混合室的压力变化参数,当压力上升到工作压力点时,压力控制环才切入。同样,在电弧加热器停车或异常情况造成试验中断时,立即触发试验模型自动送进控制系统切断控制回路,并控制伺服阀动作,使试验模型停送或后退,避免试验模型因混合室压力突然下降而前冲,造成试验段喷管出口堵塞。

除烧蚀-滚转试验研究外,一般的亚声速包罩试验不采用测力天平和试验模型自动送进控制系统。

4) 测力天平

在烧蚀-滚转试验中,由于测力天平需要承受大轴向力和小滚转力矩,需要有针对性地进行整体结构和测量单元的设计。实际使用时试验模型放置在包罩内,模型表面被高温气流包围,而测力天平放置于试验模型内,其热环境极为恶劣。为保证天平正常使用,一方面在设计时需考虑防热问题;另一方面在每次试验后要及时将天平从试验模型中取出,避免试验模型高温壁面向内传递的热量导致天平毁坏。

5) 流场测试及试验

试验前需设计测试模型进行流场参数测试,测试内容主要包括气流焓值、表面压力和表面冷壁热流密度分布等。

测试模型外形与试验模型相同,采用紫铜整体打孔水冷结构,在测试模型表面打测压孔、焊接测压管用于安装相应量程的压力传感器测量表面压力,在测试模型上安装水卡热流传感器用于表面冷壁热流密度的测量。

在流场测试时,将测试模型安装在模型自动送进控制系统上,由于测试模型不发生烧蚀,其喉道截面积不会发生变化,试验模型自动送进控制系统只需将测试模型送至试验设计的初始位置并锁定即可进行流场测试。气流焓值由加热器流量、混合室压力和喉道截面积计算得出,表面压力和表面冷壁热流密度由相应传感器直接测量。

流场测试满足试验要求后,将试验模型与测力天平配套安装,由试验模型自动送进控制系统自动送进试验模型,进行烧蚀-滚转试验,试验中采集测力天平的输出值,试验后迅速将试验模型退出,取出测力天平。

试验后得到试验模型的质量烧蚀率、线烧蚀率、烧蚀形貌、轴向力、滚转力矩等结果。

2. 弹头锥身模型烧蚀性能试验研究

该类型试验没有气动力测量要求,主要使用亚声速包罩试验技术考核弹头锥身防热材料的烧蚀性能,用于材料筛选和工艺考核分析、研究。

与弹头锥身模型的烧蚀-滚转试验研究相比,在试验装置上,该类型试验通常不采用测力天平和试验模型自动送进控制系统。

基于该类型试验和本书后面将要介绍的亚声速异型包罩试验的特点,开发了水冷喉道技术、轨道模拟试验技术和等效喉道试验技术。

1) 水冷喉道技术

水冷喉道技术是为了将亚声速包罩试验技术应用于不需要测量气动力的烧蚀试验项目而研发,水冷喉道是一个试验装置,试验时水冷喉道安装在试验模型的底部,用作试验模型与喷管相连的模型支架并解决试验过程中声速截面的控制难题。

水冷喉道装置一般采用紫铜材料整体水冷结构,大体分为两个部分:前部与试验模型底部相接,具有一定长度,外形为试验模型表面沿气流方向的延伸,前部端面布置与试验模型底部安装螺孔相同分布的圆孔,利于使用螺钉将试验模型进行固定;后部端面布置与包罩喷管出口端面安装孔相同分布的圆孔,使用螺栓将支撑有试验模型的水冷喉道装置安装、固定在包罩喷管上,用于支撑试验模型并承受模型在试验过程中的大轴向气动力。两部分之间开局部圆环孔用于试验气流流出。圆环孔与圆环孔的连接部位使用打孔水冷结构。

水冷喉道装置的使用使试验过程中喉道气流通道截面积不发生变化,保证模型完全处于亚声速流场且保证上游流场参数的相对稳定。

由于有安装固定限制,水冷喉道装置、试验模型和包罩喷管需要配套设计。在具体使用时,水冷喉道装置的前部在包罩喷管内,在设计时需要通过计算给出试验模型底部的气流通道大小,确定喷管对应试验模型底部的轴向距离,用以确定水冷喉道装置前部的长度。此外,需要根据来流参数计算轴向气动力的大小,用于水冷喉道装置的整体承力设计,用以确定安装螺钉的强度、水冷喉道装置后部的长度,圆环孔与圆环孔的连接部位还需计算冷却水喉道和结构受热后的强度。

2) 轨道模拟试验技术

除采用水冷喉道技术外,在实际使用中,随着试验时间的加长和再入飞行轨道的精细化模拟需求,亚声速包罩试验技术通常与轨道模拟试验技术共同使用。

轨道模拟试验技术的原理: 将高超声速飞行器飞行轨道热环境参数划分为若干时间段,在每个小时间段内表面冷壁热流密度变化不大,用其表面冷壁热流密度平均值代表该时间段内的气动加热环境。将各时间段平均表面冷壁热流密度值连起来,构成一条台阶式的折线来代替连续变化的加热曲线,用于近似模拟高超声速飞行器沿轨道飞行的热环境,对应的气流焓值和表面压力也通过相应时间段的轨道热环境取值给出。该技术的约束条件除了需要保证典型的平均热流台阶外,飞行轨道和台阶模拟的总加热时间和总加热量也应该基本相同。与定态试验相比,轨道模拟试验技术更能满足飞行轨道热环境的实际模拟需求。

轨道模拟试验技术的实现途径是: 通过台阶方式逐次定时调节(增加或减少)输入电弧加热器的电源功率和空气流量,使得高温流场的主要气动参数(气流恢复焓、表面冷壁热流密度和表面压力等)能够按照预先设定的要求随时间变化。试验前需要对每个台阶的试验流场参数进行测量,再进行全轨道连接运行。

3) 等效喉道试验技术

等效喉道是指与包罩试验喉道截面积等效的喉道装置,设计为水冷夹层结构,内层为紫铜材料,外层为钢结构,内、外层之间通水冷却,等效喉道内型面为收缩型,前端与加热器出口相连,后端形成声速喉道。

等效喉道试验技术主要解决两个问题:一是避免在流场测试过程中多次使用包罩喷管和测试模型,延长包罩喷管和测试模型的使用寿命;二是用于轨道模拟试验时的试验前试运行,保证试验的成功率。

在包罩试验或其他类型试验的流场参数测试过程中,一般是测试模型与相应的喷管装置组装后再进行测试,考虑到气流焓值仅与喷管的喉道面积、气流流量和来流总压有关,因此在进行气流焓值的测试时,并不需要安装整个试验装置和测试模型,仅需要使用与气流通道喉道截面积相同的等效喉道即可进行测试,避免了包罩喷管和测试模型的多次使用。

在进行轨道模拟试验时,随着台阶数量的增多,试验模拟更接近于飞行热环境的参数需求,使地面模拟试验技术实现了极大的进步,但同时也给电弧加热器的稳定运行带来了严峻考验:一方面每台电弧加热器都有其稳定运行的模拟区间,而轨道模拟会使得有些轨道台阶处于电弧加热器模拟能力的边缘,有的台阶有可能在短时间的试验流场测试过程中能稳定运行而长时间不能实现稳定运行;另一方面在轨道模拟试验过程中相邻台阶间过渡时进入电弧加热器的空气流量和电参数的匹配转换可能对电弧加热器的稳定运行造成影响。因此,在轨道模拟试验时,为确保试验成功采用等效喉道进行正式模型试验前的全轨道预运行十分必要。

4)流场测试及试验

流场测试按以下步骤进行:首先使用等效喉道测试每个台阶的气流焓值;其次气流焓值测试满足要求后,拆下等效喉道,安装包罩喷管、测试模型和水冷喉道;然后进行每个台阶的表面冷壁热流密度和表面压力分布测试;最后满足要求后再换上等效喉道进行全轨道试验运行。

流场测试完毕后拆下等效喉道,安装包罩喷管、试验模型和水冷喉道进行正式试验,正式试验时加热器的运行参数设置与使用等效喉道进行全轨道运行时的参数相同。

由于不采用试验模型自动送进控制系统,在试验过程中需要密切关注上游混合室压力,防止有的试验模型防热材料的烧蚀性能过差,在试验中产生大片块状脱落和整体大面积揭层严重堵塞水冷喉道,引起上游混合室压力的陡然上升或持续上升而导致设备毁坏,一般会在试验前预先设置混合室压力的最高上升值,若混合室压力达到最高上升值则电弧加热器自动停止运行。由于试验模型放置在包罩喷管内,试验结束后模型表面的温度很高又不能及时从喷管中取出,有可能引起喷管内型面过度受热或喷管端面安装的密封圈碳化,所以一般试验后应该继续通冷却水对试验装置进行冷却。

试验后需得到试验模型的质量烧蚀率、线烧蚀率、烧蚀形貌等结果。

5.3.3　异型亚声速包罩试验技术

异型亚声速包罩试验技术主要是指对于球锥形试验模型的半包罩试验技术和对于非球锥形试验模型的空气舵包罩试验技术。

异型亚声速包罩试验技术一般不采用模型自动送进装置,使用水冷喉道控制流场参数的稳定,其基本试验装置、试验过程和试验要求与传统的亚声速包罩试验技术相同,试验前需设计加工配套的异型包罩喷管、测试模型、水冷喉道等,试验前需测试流场的气流焓值、热流密度及压力分布等。

1. 半包罩试验技术

常规亚声速包罩试验技术能很好地解决球锥体弹头锥身模型的烧蚀及烧蚀-滚转地面试验模拟难题,但在使用时,其试验模型在平行于试验模型底部平面的同一截面上沿周向的表面冷壁热流密度、表面压力等参数均相同,试验模拟参数等同于弹头零攻角再入飞行时的气流热环境参数。而对于某些具有大尺度、大攻角再入飞行的飞行器头部部件如机动弹头天线罩,其迎风表面气动加热相对严重,而背风表面气动加热较小。虽然试验模拟对象外形也是球锥体,但其热环境参数在同一截面沿周向有较大的梯度变化,已不再适合使用常规亚声速包罩试验技术进行地面烧蚀试验模拟。针对此类型的烧蚀试验需求,开发了半包罩试验技术。

半包罩试验技术的原理:将有限能量的高温气流由半包罩喷管内型面限制在模拟迎风面试验模型表面的180°范围内,而其他范围内的试验模型表面与半包罩喷管内型面紧密贴合无气流通过,从而实现对飞行器在大攻角飞行时产生的不对称气动加热热环境的模拟。

与常规亚声速包罩试验技术相比,在相同的电弧功率下,采用半包罩试验技术可以对更大尺寸的模型进行烧蚀试验,使得真实尺寸飞行器的头部部件烧蚀热结构模拟试验得以进行,既可以考核模型迎风表面的烧蚀情况,又可以考核在迎风表面和背风表面大温度梯度下试验模型的整体热结构性能。

半包罩试验的主要模拟参数为气流焓值、表面冷壁热流密度和表面压力。

半包罩试验技术的试验装置包括电弧加热器、气流稳压室、半包罩喷管和水冷喉道。与用于烧蚀性能试验研究的常规亚声速包罩试验技术一样,半包罩试验技术常常需要与等效喉道技术和轨道模拟技术共同使用。下面主要介绍半包罩喷管、水冷喉道和流场测试及试验过程。

1) 半包罩喷管

半包罩喷管是半包罩试验技术的核心装置,位于电弧加热器和气流稳压室的下游,用于产生需要的高温流场参数对试验模型进行烧蚀试验。

在设计半包罩喷管时先通过试验模型和真实热环境沿模型表面的热环境参数进行喷管气流通道的周向和轴向设计,从而得到喷管的内型面形状。

从轴向上,半包罩喷管内型面沿气流方向先由圆形过渡到弓形,弓形之后内型面分上、下两部分,下部分内型面与试验模型下表面形状一致,每个横截面均为半圆形,使用时下部分内型面与模型下表面紧密贴合,无气流通过。喷管上部分内型面为不断变化的弧形,与模型上表面共同形成气流通道,沿轴向的截面积变化趋势及大小依据模型沿表面轴向的热流密度和压力分布进行设计。

从周向上,每个横截面的具体形状依据模型表面周向的热流密度和压力分布进行设计,喉道的设计与常规亚声速包罩试验技术一致,需要结合气流焓值模拟需求、电弧加热器的试验模拟能力及试验模型的底部尺寸共同确定。

为便于加工,对于精细设计的内型面需要进行局部的改动,但整体上应保证试验模型表面对应的气流通道尽量满足试验模拟要求。

半包罩喷管在结构上一般由过渡段和包罩段两大部分组成。过渡段前端与气流稳压室出口连接,后端与包罩段连接,过渡段采用内、外夹层水冷结构,内层材料为紫铜,外层为钢结构。包罩段为紫铜整体打孔水冷结构,仅对有气流通过的上半部分布置水道进行冷却。由于试验模型长度一般较长,为便于加工和安装,包罩段一般分为3~5段,每段的出、入口采用端面密封圈密封,安装时应保证每段的出、入口内通道严格对齐、不产生台阶和错位。

2) 水冷喉道

水冷喉道用于支撑试验模型和控制声速喉道截面积,前端与试验模型或测试模型相连,后端固定在半包罩喷管的后端面。设计方法与常规亚声速包罩试验相同,只是气流仅从水冷喉道的上半部分流过。水冷喉道的强度计算需要注意三个方面的问题:一是水冷喉道需承受高温来流对试验模型产生的大轴向气动力;二是处于喉道气流通道间局部打孔冷却结构的受热和强度问题;三是由于试验模型为上半部分受轴向气动力,会在水冷喉道与喷管安装连接的根部位置形成使模型头部向上抬起的力矩。

3）流场测试及试验过程

流场测试一般步骤和方法与使用水冷喉道的常规亚声速包罩试验相同，首先需要设计和使用等效喉道测试每个台阶的气流焓值，在气流焓值测试满足要求后，拆下等效喉道，安装包罩喷管、测试模型和水冷喉道进行每个台阶的表面冷壁热流密度和表面压力分布测试，满足要求后再换上等效喉道进行全轨道试验运行。

流场测试完毕后拆下等效喉道，安装包罩喷管、试验模型和水冷喉道进行正式试验，正式试验时电弧加热器设置的运行参数与使用等效喉道进行全轨道运行时的参数相同。

由于测试模型和试验模型尺寸大，仅上半部分有气流通过，下半部分不能通过气流，这就要求模型的下半头部和锥身面的下半部分必须与包罩喷管下半内型面紧密贴合。安装精度要求高，在实际测试和试验时，必须设计相应的安装装置，规范安装流程。安装装置包括试验模型支撑架和试验模型对中安装机构两部分。流场测试或试验前，测试模型或试验模型分别倒置安装在试验模型支撑架上，模型头部离地面有一定距离，模型后端面与地面平行，支撑架一般由平行于地面布置的上、下两个圆环钢圈构成，上圆环钢圈较大，用于支撑模型后半部分；下圆环钢圈较小，用于支撑模型前半部分，圆环钢圈外周焊接支撑杆固定。

对中安装机构用于水冷喉道和模型与喷管的安装，放置在喷管出口地面的两条导轨上，导轨前端与喷管出口平齐。对中安装机构在底部前、后分别布置轴承可以使机构整体沿喷管的轴向移动。对中安装机构上半部分为中空的圆形钢板，圆形钢板的中心线与半包罩喷管内型面的下半部分中心线重合，在圆形钢板上布置定位孔，用以固定水冷喉道后端面，实现水冷喉道和测试模型或试验模型与半包罩喷管的对中安装。

流场测试时，吊装水冷喉道，水冷喉道后端面与地面平行，在模型支撑架上通过模型后端面的安装螺孔用螺钉将水冷喉道与试验模型安装固定。使用水冷喉道后端布置的吊装环将安装有测试模型的水冷喉道吊出模型支撑架，使用另一吊装机构将测试模型前端吊起到与对中安装机构呈同等高度的水平位置，将水冷喉道后端面固定安装在对中安装机构的圆形钢板上，推动对中安装机构使测试模型喷管内部实现对中安装。然后用螺栓将喷管尾端面法兰和水冷喉道后段连接固定，进行流场测试。流场测试后测试模型的移出与安装过程相反，直至将测试模型重新放置在试验模型支撑架上。

正式试验模型的安装过程和移出过程与流场测试过程的操作相同。在试验过程中，同样需要密切关注上游混合室压力，并采取相应的措施，防止有的试验模型防热材料的烧蚀性能过差,在试验中产生大片块状脱落和整体大面积揭层,这会严重堵塞水冷喉道而引起上游混合室压力的陡然上升或持续上升从而导致设备毁坏。这一点与进行弹头锥身模型包罩试验研究时一致。

试验后需得到试验模型的质量烧蚀率、线烧蚀率、烧蚀形貌、内壁温度等试验结果。

2. 空气舵包罩试验技术

空气舵是导弹飞行姿态控制的主要部件,其舵面热环境较为恶劣,对于舵面材料的筛选和考核通常采用小尺度的平板样件,使用射流试验技术或导管试验技术进行试验。但对于实际尺度的整体舵面部件,由于地面试验设备功率的限制,使用射流试验技术通常不能模拟舵面的热环境参数;由于试验模型外形的限制,现有的导管试验技术也不能使用,所以研究人员开发了空气舵包罩试验技术。

空气舵包罩试验技术主要用于空气舵舵面部件的烧蚀热结构试验,试验时模拟的舵面热环境参数主要是气流焓值、表面冷壁热流密度和表面压力。

试验装置包括电弧加热器、气流稳压室、空气舵包罩喷管、水冷安装板和水冷喉道,与半包罩试验技术一样,在试验时需要与等效喉道技术和轨道模拟技术共同使用。

试验时将空气舵安装舵轴的舵底面安装在水冷板上,舵底面与水冷板之间没有缝隙,无气流通过。水冷板作为空气舵包罩的一个壁面,将空气舵固定于来流之中,气流从空气舵的其余三个方向(两边舵面和舵前缘方向)流过,对空气舵进行烧蚀试验,由空气舵尾端面连接的水冷喉道流出。

1) 空气舵包罩喷管

空气舵包罩喷管位于电弧加热器和气流稳压室的下游,用于产生空气舵舵面的高温流场参数并安装试验模型进行烧蚀试验。

设计空气舵包罩喷管时先通过试验模型表面的热环境参数进行喷管气流通道的周向设计和轴向设计,从而得到喷管的内型面形状。

从轴向上,空气舵包罩喷管内型面沿气流方向先由圆形过渡到梯形,然后梯形的宽和高依据空气舵舵面热环境轴向变化。

从周向上,空气舵包罩喷管梯形内型面腰与底边的夹角依据模型表面周向的热流密度和压力分布进行设计,喉道的设计需要结合气流焓值模拟需求、电弧加热器的试验模拟能力及试验模型的底部尺寸共同确定。

空气舵包罩喷管内型面一般使用线切割工艺加工,对于精细设计的内型面需要进行局部的优化,使其既能加工成型又能整体上满足试验模拟要求。

空气舵包罩喷管在结构上一般由过渡段和包罩段两大部分组成。过渡段前端与气流稳压室出口连接,后端与包罩段连接,过渡段采用内、外夹层水冷结构,内层材料为紫铜,外层为钢结构。包罩段为紫铜整体打孔水冷结构。由于试验模型长度一般较长,为便于加工和安装,包罩段一般分为 3~5 段,每段的出、入口采用端面密封圈密封,安装时应保证每段的出、入口内通道严格对齐、不产生台阶和错位。

2)水冷安装板

水冷安装板是连接与固定空气舵模型与空气舵包罩喷管进行试验的重要部件。其材质为紫铜或钢水冷板,中间开圆孔用于空气舵模型的舵轴穿过并将空气舵模型锁紧固定,四周布置通孔用于与空气舵包罩喷管连接。

3)水冷喉道

水冷喉道连接在空气舵模型的尾端面,外形尺度为空气舵外形的后延,使用时与空气舵模型一起放置在空气舵包罩喷管内部,由喷管内壁和水冷喉道的外壁共同形成气流通道,用于控制声速喉道截面积。由于空气舵模型由水冷安装板固定,所以水冷喉道为紫铜整体打孔水冷结构,不具有承力功能。

4)流场测试及试验过程

流场测试的方法及过程与半包罩试验技术相同,需要使用等效喉道、流场测试模型等对气流焓值、表面冷壁热流密度及表面压力分布等进行测试。

在流场测试及试验过程中,由于模型尺度大、流场参数高,所以测试模型或正式模型的安装和密封十分重要。除了要保证模型与空气舵包罩喷管内型面的对中安装外,在水冷安装板与模型的接触面、模型与水冷喉道的安装面均应使用耐高温密封剂进行密封,水冷安装板与喷管的接触面由密封圈进行密封。试验前需制定试验异常停车预案;试验中需要实时录像监控试验过程;试验后继续通冷却水对试验装置进行冷却,避免装置的变形或毁坏。

试验后需得到试验模型的质量烧蚀率、线烧蚀率、烧蚀形貌、内壁温度等试验结果。

5.4　舵轴气动加热试验技术

空气舵是导弹的重要机动部件,实际使用时利用摆舵机构控制舵轴的转动来调变空气舵的舵偏角,使得气流作用于空气舵舵面的气动力和力矩发生变化,从而实现导弹的机动飞行。空气舵舵面、舵轴及舵轴与舱体的安装部件的防热设计和考核是导弹防热的重点和难点。

如前文所述,对于空气舵的舵面,其材料级试验可以通过平板射流试验或导管试验进行考核,部件级试验可以通过亚声速空气舵包罩试验进行考核,但以上试验均未考核舵轴及舵轴与舱体的安装部件防热。

由于导弹在飞行过程中的机动需求,空气舵常常需要摆动。舵轴区域的热环境属于非定常缝隙加热,舵及其组件与超声速高温气流产生强烈的激波边界层干扰效应。舵轴区域流场十分复杂,单纯采用理论分析和数值计算的方法,难以对舵轴及舵轴与舱体的安装部件的性能和设计进行评估,需要采用相应的地面试验技术进行考核。

舵轴气动加热试验的目的是评估舵轴热密封结构的可靠性、掌握烧蚀和烧蚀产物对舵转动特性的影响结果、确保舵轴热密封结构在高温气流作用下不出现漏气和卡滞的现象。

舵轴试验的状态基准点是整个试验的技术关键点,直接关系到地面试验考核结果的有效性。一般应以舵轴区域的热环境参数作为舵轴试验状态基准点,并测量舵基板处干扰区的热环境参数,用以评估地面试验模拟的准确性。

基于舵轴热环境参数模拟的要求、舵轴模型的尺度及地面试验设备的模拟能力,经过多年的发展,研究人员研发了以下三种不同形式的舵轴气动加热试验技术。

5.4.1　整舱舵轴射流试验技术

在电弧加热设备功率允许的情况下,一般采用整舱舵轴射流试验技术对空气舵舵轴区域进行气动加热试验。

整舱舵轴射流试验技术的试验装置包括电弧加热器、超声速喷管、整舱舵轴试验模型、真空系统等。超声速喷管由流场热环境参数、整舱舵轴试验模型尺寸、流场堵塞比等因素确定,一般采用矩形喷管进行试验,试验装置如图 5.17 所示。

整舱舵轴试验模型为真实尺度样件,由空气舵、舵轴、舵轴防热环、舵基板、舱体及置于舱体内部的摆舵机构等组成。

试验模型如图 5.18 所示。

试验模拟参数包括总焓、表面冷壁热流密度分布、表面压力分布等。

试验前需设计测试模型进行试验流场测试,测试模型为钢结构,由空气舵、舵轴及舱体组成。舵轴用于连接空气舵并与舱体固定,在舱体上表面布置热流

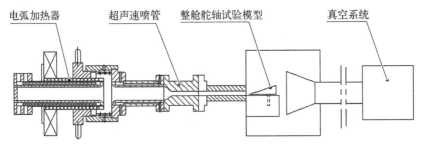

图 5.17　整舱舵轴射流试验技术的试验装置示意图

图 5.18　整舱舵轴试验模型示意图

传感器和压力测量通道用于表面冷壁热流密度分布和表面压力分布的测量。

　　在进行流场测试时,将测试模型安装于超声速矩形喷管出口,舱体上表面前端与喷管出口相连。舱体上表面、舵轴及空气舵暴露在由电弧加热器加热并经过超声速矩形喷管加速的高温流场中。通过气流总压、气流量和超声速矩形喷管喉道面积确定气流总焓,通过调节舱体与超声速矩形喷管的夹角及空气舵舵偏角变化来满足表面冷壁热流密度和表面压力分布的匹配,测量重点在于舵轴干扰区最大热流区域,同时兼顾最大热流区域与其他热流区域的比例关系,直到满足试验模拟参数需求,流场测试结束。整舱舵轴射流试验测试模型安装照片见图 5.19。

图 5.19　整舱舵轴射流试验测试模型安装照片

流场测试完成后,进行模型试验,模型的安装位置及摆放角度与流场测试时相同。空气舵摆舵机构置于舱体内,使用防热盖板对舱体前、后端面进行封堵,避免热气流进入舱体内部,对由防热盖板引出的摆舵机构电缆及试验测温使用的热电偶等进行防热保护。若是定态试验,则试验过程中只需使用摆舵机构将空气舵摆动到与流场测试相同的角度即可进行试验;若是轨道模拟试验,则需要根据每个试验台阶空气舵舵偏角的变化设置摆舵机构的控制单元使之按时序进行空气舵的舵偏角摆动动作,一般应在试验前先进行空气舵的舵偏角预摆动演练,确保无异常再进行正式试验。试验中使用红外高温计或红外热像仪测量舵轴区域的温度分布,使用热电偶测量舵轴内壁的温度响应和舵轴隔热环内壁的温度响应。对试验过程进行录像,试验结束后应继续摆舵动作,检验是否有舵轴卡滞或摆动异常现象,试验后除了给出温度测量数据外,还需对试验后模型烧蚀情况进行测量,重点测量舱体干扰区部位、舵轴防热环、舵轴与舵轴防热环连接部位及防热环与舱体连接部位等,必要时需要对试验后的模型组件进行拆解,便于对测量结果及试验结果的分析。

5.4.2 截短舵射流试验技术

真实的舵轴往往距离舵前缘头部较远,如果采用全尺寸舵进行烧蚀试验,由于地面试验流场气流的衰减和膨胀等,导致舵轴附近热环境状态过低,无法真实模拟飞行条件下舵轴区域的热环境。

根据此情况采用截短舵的方法,即沿流向和高度方向将舵截短,不模拟舵前缘来流热环境,直接模拟舵轴缝隙处来流热环境,舵轴区域保持原有尺寸和比例。此方法减少了喷管出口与舵轴之间的距离,可以提高舵轴区域热环境模拟参数。实际舵和截短舵如图 5.20 所示。

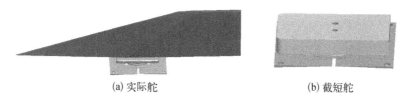

(a) 实际舵   (b) 截短舵

图 5.20 实际舵和截短舵示意图

截短舵轴射流试验装置如图 5.21 所示,包括电弧加热器、超声速喷管、截短舵轴试验模型、真空系统等。超声速喷管根据流场热环境参数、舵轴模型尺寸、流场堵塞比等因素确定,一般采用超声速矩形喷管进行试验。

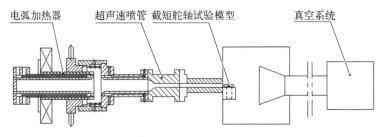

图 5.21　截短舵轴射流试验装置示意图

　　截短舵轴试验模型由截短舵、舵轴、防热环、舵基板及伺服机构等组成,试验模拟参数包括总焓、表面冷壁热流密度分布、表面压力分布等。

　　截短舵轴射流试验首先采用与截短舵轴模型外形完全一致的热流探头和压力探头测量流场热环境,确定单台阶电弧加热器运行参数后,进行全轨道空流场调试,试验过程、试验要求和测试参数与整舱舵轴射流试验一致。截短舵轴射流试验热流分布测量照片见图 5.22。

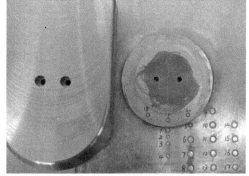

图 5.22　截短舵轴射流试验热流分布测量照片

5.4.3　舵轴导管试验技术

　　为满足飞行器下压段较高压力热环境的地面模拟需求,如果采用截短模型、减少喷管出口与舵轴之间距离的方法,无法满足舵轴热环境模拟的要求,因此科研人员研发出舵轴导管试验方法。利用内流模拟外流的试验方法,采用水冷固壁限制气流膨胀,提高了舵轴模型表面压力。试验采用双面开口的超声速湍流导管,导管下表面安装舵轴试验模型,导管上表面安装水冷上盖板。

　　舵轴导管试验装置如图 5.23 所示,包括电弧加热器、超声速导管、舵轴试验模型等。超声速导管根据流场热环境参数、舵轴模型尺寸等因素确定。

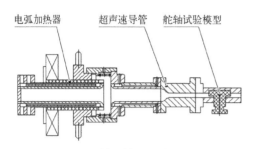

电弧加热器 超声速导管 舵轴试验模型

图 5.23　舵轴导管试验装置示意图

在试验过程中,由电弧加热器加热的高温气流通过导管出口对舵轴区域和舵基板进行加热,根据舵轴试验模型采用前缘材料的抗烧蚀性能情况,可采用水冷帽保护前缘外形不产生较大的烧蚀后退量,确保整个流场参数与测试情况一致。舵轴导管试验模型安装示意图见图 5.24。

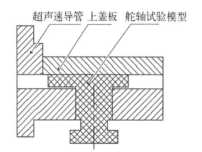
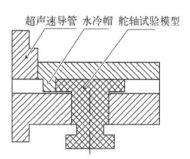

超声速导管 上盖板 舵轴试验模型　　　　超声速导管 水冷帽 舵轴试验模型

图 5.24　舵轴导管试验模型安装示意图

舵轴导管试验模型由截短舵、舵轴、防热环、舵基板及伺服机构等组成,试验模拟参数包括总焓、表面冷壁热流密度分布、表面压力分布等。

舵轴导管试验前需要采用与模型外形一致的热流探头和压力探头测量每个台阶的流场参数,热流探头及安装照片见图 5.25。

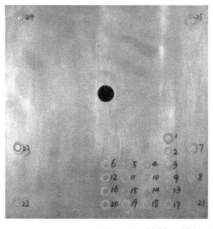

图 5.25　舵轴导管试验热流探头及安装照片

单台阶流场参数满足试验要求后,先进行全轨道试运行,再安装试验模型,进行正式试验。由于出口压力较高,一般在大气环境下进行此类试验,试验过程、试验要求和测试参数与整舱舵轴射流试验一致。

5.5　活动部件试验技术

高超声速飞行器在实际使用时往往有一些需要活动的部件,例如,水平降落的天地往返飞行器的起落架舱门在着陆前需要及时开启;用于飞行器姿态调整的控制面(如 FLAP)在飞行过程中需要产生相应的开合动作。上述部件一方面要承受严酷的气动加热;另一方面还要能够顺利完成相应的动作指令,所以在地面模拟实际使用环境、测试这些部件的有效性更加困难。下面对已开发的相关试验技术进行介绍。

5.5.1　舱门部件气动热试验技术

针对舱门部件的实际使用环境分析可知,其使用特点是:首先在高气动热环境下需要保证舱门部件的防隔热有效性,包括舱门部件的烧蚀性能、隔热性能、热密封性能及热匹配性能满足使用要求;其次必须在离开高气动热环境后一定时间内能够使用动作机构及时推开舱门。

舱门部件气动热试验技术针对上述特点而开发,其试验结果可用于指导和验证舱门部件的防隔热性能设计及舱门部件的推力作动机构设计。

舱门部件气动热试验技术在使用时分为以下两个阶段进行。

第一阶段用于考核舱门部件防隔热有效性,一般使用超声速矩形喷管试验技术结合轨道模拟试验技术进行,按飞行热环境设计出轨道模拟各台阶参数,主要包括热流、恢复焓、表面压力等,试验前需要对每个台阶的相应试验参数进行测量。舱门部件试验热流测量模型照片见图5.26。

每个台阶的流场测试完毕后,拆下测试模型,进行全轨道试运行后再安装试验模型进行正式试验。试验过程中进行录像,使用红外热像仪和红外高温计测量模型表面温度;使用热电偶测量模型背面温度;使用高温应变计测量模型背面应变;使用压力传感器测量模型背面压力。

试验后通过对舱门部件表面烧蚀量测量及舱门对接面观测,再结合试验过程中温度、应变、压力等测量数据的整理分析,可以对舱门部件烧蚀性能、隔热性

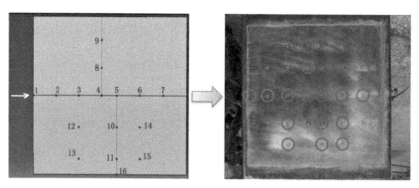

图 5.26　舱门部件试验热流测量模型照片

能、热密封性能及热匹配性能做出综合评估。

第二阶段开展舱门部件防隔热有效性及开启联合试验。

本阶段任务基于第一阶段试验结果分析,筛选出满足使用需求的舱门部件类型,并针对该类部件进行防隔热有效性及开启联合试验。

防隔热有效性试验的流场轨道参数及试验过程、测量方法与第一阶段一致。试验过程中需要与第一阶段的测量结果进行实时比对,若无异常则试验结束后立即在规定时间内进行舱门部件的开启试验。

开启试验由使用开启上舱门和下舱门的气动作动机构完成。该机构的气动执行元件为两个单活塞低压气缸,编号为 1# 和 2#,分别用于上、下舱门的开启,气缸的内径及具体行程是依据舱门推开距离和两块舱门不能互相干涉的原则而选定的。气动作动机构的上游供气输入为 1 MPa 气源,供气参数的输出采用电气比例阀进行伺服控制,由控制系统输出 4~20 mA 标准控制信号,调整电气比例阀输出 0~0.6 MPa 的压力信号至电磁换向阀,再到气缸,气缸活塞杆直接连接到模型背部金属底板上,气缸活塞杆的推力值由测力传感器实时监测,所选用测力传感器的具体量程依据对舱门开启过程的理论预估确定。

气动作动机构系统原理如图 5.27 所示。

舱门开启步骤如图 5.28 所示。如图 5.28(a)所示,防隔热有效性试验结束时刻上、下舱门处于关闭状态,舱门开启采用上、下舱门同步模式。如图 5.28(b)~(e)所示,为了开启上舱门,需要打开 1# 电磁换向阀,调节 1# 气缸输出推力,观察上舱门并监测 1# 测力传感器信号直到上舱门完全开启;为了开启下舱门,需要打开 2# 电磁换向阀,调节 2# 气缸输出推力,观察下舱门并监测 2# 测力传感器信号直到下舱门完全开启。

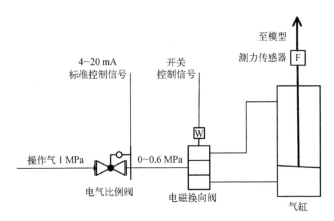

图 5.27　气动作动机构系统原理图

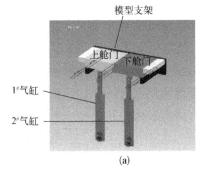

(a)

(b)　　　　　　　　　　　　(c)

(d)　　　　　　　　　　　　(e)

图 5.28　舱门开启步骤示意图

在舱门部件防隔热有效性及开启联合试验后,汇总并分析所有测量结果,包括第一阶段和第二阶段获取的烧蚀量、温度、应变、压力数据及第二阶段获取的气缸推力等数据,对舱门部件防隔热有效性及开启性能进行综合评估。

5.5.2 FLAP 气动热试验技术

舱门部件在气动加热以后才开启,而 FLAP 在实际使用时,其开合动作往往与气动加热同时存在,且对其开合的时序均有严格要求、试验模拟尤为困难。

FLAP 气动热试验技术基于超声速平板自由射流试验技术与轨道模拟技术的开发,为了达到气动加热试验过程中 FLAP 按时序的开合动作要求,需要对 FLAP 及其所在的局部舱体防热设计进行考核。

进行 FLAP 气动热试验时,首先根据飞行热环境参数设计出轨道模拟参数,包括热流、恢复焓和压力等,再选用合适的超声速矩形喷管进行试验,试验前设计测试模型,对每个台阶相应的试验参数进行测量。

图 5.29 为 FLAP 测试模型照片。由图 5.29(a)可以看出,测试模型主要由局部舱体和 FLAP 组件构成,局部舱体结构类似于超声速矩形喷管自由射流试验的模型安装支架,其在试验过程中可绕超声速矩形喷管出口转动实现测试模型的攻角变化。FLAP 组件前端由转轴和局部舱体连接,连接部位和侧面区域均有缝隙,FLAP 组件可绕转轴在局部舱体内转动实现试验过程中的开合动作。图 5.29(b)和图 5.29(c)为测试点的分布情况,其中圆圈数字标记为热流测试点,方框数字标记为压力测试点。

测试模型的攻角变化由测试模型前端的转轴及与舱体底部连接的单级气动作动机构控制,可以在 0~20° 变化。FLAP 组件在舱体内的开合变化由其在舱体内的转轴左侧引出杆相连接的两级气动作动机构控制。其中,第一级与测试模型的单级气动作动机构动作一致;第二级用于实现 FLAP 组件相对于舱体表面的开合变化,第二级送进距离由开合角度确定,一般在 0~30°。所有气动动作机构的开关状态由轨道模拟系统的电磁阀时序开合指令控制。

在流场测试时,将测试模型对应每个台阶的舱体攻角与 FLAP 组件的开合状态设置到相应位置,进行热流密度、压力和焓值测试。测试满足要求后拆下测试模型,进行全轨道试运行和所有气动作动机构开关状态的轨道模拟系统的电磁阀时序开合指令控制设置和试运行,然后安装 FLAP 气动热试验模型进行正式试验。

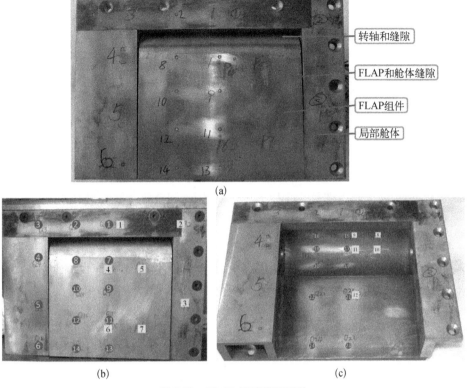

转轴和缝隙

FLAP和舱体缝隙

FLAP组件

局部舱体

(a)

(b)　　　(c)

图 5.29　FLAP 测试模型照片

　　FLAP 气动热试验模型的结构外观与测试模型一致,试验过程中进行录像,实时观察和监测试验模型的攻角变化和 FLAP 组件的开合状态,使用红外热像仪和红外高温计测量模型表面温度;使用热电偶测量模型背面温度;使用高温应变计测量模型背面应变;使用压力传感器测量模型背面压力。

　　试验后测量模型的烧蚀量,观测局部舱体、FLAP 组件与舱体间的缝隙部位及转轴部位的烧蚀情况,结合背面温度、应变、压力等测量结果分析,对 FLAP 组件及局部舱体在气动热环境下的使用性能进行综合评估。

　　此外,FLAP 气动热试验技术还可以用来进行动态热密封试验,常规热密封性能考核一般还包括热压缩试验、热摩擦试验、密封流动试验等,其目的是考核热密封材料在不同温度、压缩程度、循环载荷和长期静态载荷下的弹性恢复能力、磨损程度、密封性能等。动态热密封试验则是考核热密封结构在真实气动加热环境下的耐受能力、控制面活动导致的密封材料磨损程度、缝隙尺寸和不同压缩程度的影响,为热分析和热密封设计提供依据。

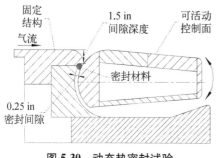

图 5.30　动态热密封试验

NASA Ames 在 20 MW PTF 电弧加热风洞上采用平板自由射流试验技术进行了相关动态热密封试验[26]，如图 5.30 所示。

选用长轴为 17 in（约 430 mm）的半椭圆喷管，试验模型由上游本体结构和可转动的控制面组成，两者缝隙宽度为 0.25 in（约 6.3 mm），沿着铰链连接处放置密封材料，试验中密封材料处于 20% 的压缩状态，控制面可变角度为 0°～10°。试验共布置 34 个热电偶和 7 个压力传感器，用于记录所考察密封材料部位的温度和压力，并监测试验模型的安全。

欧洲航天局针对欧洲试验再入试飞（European experimental re-entry text-bed，EXPERT）器的 FLAP，基于意大利 70 MW 电弧风洞开展了相关的理论计算和试验研究[27]。

符号表

符　号	名　　称	符　号	名　　称
h_0	气流总焓	Pr	普朗特数
P_0	总压	Re	雷诺数
C_d	喷管流量系数	h_r	恢复焓
A^*	喷管喉道面积	h_w	冷壁焓
G	气体流量	r	恢复系数
W	加热器功率	P	压力；导管气流通道周长
η	加热器热效率	τ	剪切力
q_w	热流密度	t	时间；平板前缘厚度或柱形前缘直径
ρ	密度		
μ	黏性系数	V	体积
u	气流速度	R	气体常数
h^*	参考焓	l	长度
ρ^*	参考焓对应的密度	E_{eff}	烧蚀热效率
μ^*	参考焓对应的黏性系数	h_{eff}	有效烧蚀焓

（续表）

符　号	名　称	符　号	名　称
γ	比热比	c_f	摩擦阻力系数
Ma	马赫数	St	斯坦顿数
C	黏性系数与温度系数比例常数	Le	刘易斯数
k	钝楔前缘阻力系数	Nu	努塞尔数
D_n	钝楔前缘组力，N/m	h_e	气流总焓
T	热力学温度	θ_0	喷管初始膨胀角
x	坐标原点位于前缘	δ	附面层厚度
α	攻角	n	温度指数
d	导管气流通道水力直径	τ_{cw}	导管内冷壁剪切力
A	导管气流通道面积		

参考文献

[1] 国家国防科技工业局.飞行器防热平板模型烧蚀传热试验方法[S]. QJ 20276-2014,北京：中国航天标准化研究所,2014.

[2] 姜贵庆.高速气流传热与烧蚀热防护[M].北京：国防工业出版社,2003.

[3] Mendenhall M R.战术导弹空气动力学(下)预估方法[M].洪金森,等,译.北京：宇航出版社,1999.

[4] 唐功跃,吴国庭.二维空腔内的流动及热环境分析[J].航天器工程,1996,5(4)：15-23.

[5] 唐功跃,吴国庭,姜贵庆,等.缝隙流动分析及其热环境的工程计算[J].中国空间科学技术,1996,16(6)：1-7.

[6] 屈强,许小静,洪文虎,等.缝隙内高超声速气动加热数值模拟[J].战术导弹技术,2016,14(2)：41-46.

[7] 唐贵明.狭窄缝隙内的热流分布实验研究[J].流体力学实验与测量,2000,14(4)：1-6.

[8] 欧东斌,陈连忠,董永晖.带方柱突起物防热结构件电弧风洞试验研究[C].第十四届全国激波与激波管学术会议论文集,2010.

[9] 吴国庭.带有突起物防热结构件的再入加热模拟试验[J].航天器工程,2003,12(4)：49-52.

[10] Cheng H K, Hall G J, Golian T C, et al. Boundary-layer displacement and leading-edge bluntness effects in high-temperature hypersonic flow[J]. Journal of Aerospace Science, 1961, (3)：353-381.

[11] Kemp J H. Hypersonic viscous interaction on sharp and blunt inclined plates[J]. AIAA Journal, 1969.

[12] Bade W L. Analytical formulas for conditions on blunt wedges in hypersonic flow[J]. AIAA Journal, 1975.

[13] Smith D M, Younker T. Comparative ablation testing of carbon phenolic TPS materials in the

AEDC-H1 arc jet[C]. AIAA 2005-3263, 2005.

[14] Rochelle W C, Battley H H, Gallegos J J. Use of arc-jet hypersonic blunted wedge flows for evaluating performance of orbiter TPS[C]. AIAA 79-1045, 1979.

[15] Driver D, Beck R, Prabhu D, et al. Arc jet testing in a shear environment for Mars Science Laboratory thermal protection system[C]. AIAA 2009-4230, 2009.

[16] Loomis M, Frank H, Susan Polsky, et al. Arc-jet semi-elliptic nozzle simulations and validation in support of X-33 TPS testing[C]. AIAA 98-0864, 1998.

[17] Bruce W E, Mesick N J, Ferlemann P G. Aerothermal ground testing of flexible thermal protection systems for hypersonic inflatable aerodynamic decelerators [C]. NASA 20120011663, 2012.

[18] Gokcen T, Alunni A I, Skokova K A. Computational simulations of panel test facility flow: compression-pad arc-jet tests[C]. AIAA 2011-3635, 2011.

[19] Gokcen T, Alunni A I, Skokova K A. Analysis of tile calibration tests in the PTF: compression-pad surface heating distribution[C]. AIAA 2014-2816, 2014.

[20] Sheldahl R E, Wright J R, George F, et al. A channel test device for arc jet material ablation studies[C]. AIAA 71-260, 1971.

[21] Zhang Y H, Chen L Z, Tu J Q. An analysis of ablative flow field parameters changes in supersonic turbulent duct on arc heater[C]. IHF-1, 2014.

[22] Anfimov N. TSNIIMASH capabilities for aerogasdynamical and thermal testing of hypersonic vehicles[C]. AIAA 92-3962, 1992.

[23] 刘德英.亚声速包罩试验研究[D].北京：中国航天科技集团公司第 701 研究所,1998.

[24] 国家国防科技工业局.飞行器电弧加热设备包罩烧蚀试验方法[S]. QJ 20279-2014,北京：中国航天标准化研究所,2014.

[25] 郭俊翔.高精度大推力试验模型烧蚀补偿自动送进控制系统[J].电子技术应用,2001,4：32-34.

[26] Dunlap P H, Curry D M, Rivers H K. Investigations of control surface seals for re-entry vehicles[C]. AIAA 2002-3941, 2002.

[27] Clemente M D, Trifoni E, Walpot L, et al. Aerothermal rebuilding of plasma wind tunnel tests on the expert capsule open flap[C]. AIAA 2012-3003, 2012.

第6章

吸气式高超声速飞行器气动热防护试验技术

6.1 吸气式高超声速飞行器简介

高超声速飞行器是指在大气层内,利用大气稀薄的特点,以马赫数 5 以上速度持久飞行的飞行器。由于大气层稠密度及气动热规律,高超声速飞行器通常是指在距离地球表面 20~100 km 的临近空间飞行的飞行器。

吸气式高超声速飞行器是指飞行速度大于等于 5 倍声速,以超燃冲压发动机或其组合发动机为主要动力,能在大气层和跨大气层中远程飞行的飞行器。吸气式高超声速飞行器技术是继发明飞机、突破音障之后第三个划时代发展的里程碑,是 21 世纪航天、航空技术新的制高点、是典型的军民两用技术,具有战略性、前瞻性、标志性、带动性,具有广阔的军事价值和民用价值。与传统的亚声速或超声速飞行器相比,其飞行速度更快、突防能力更强,大幅度提高了飞行速度和高度,扩展了飞行空域。在未来战争中,其可作为新型、常规、快速、精确打击武器或平台,可实现对敌目标的精确打击和全球投送。

吸气式高超声速飞行器相对于高超声速飞行器,主要区别体现在发动机工作燃烧需要的所有氧化剂来自大气,即使用吸气式发动机代替火箭发动机。采用比冲 I_{sp} 评价发动机的性能。吸气式发动机的性能被认为比火箭发动机高[1],利用超燃冲压发动机这种优势可扩展到高马赫数飞行[2]。氢气和碳氢燃料都可以用于超燃冲压发动机,但当马赫数更高时,就需要使用冷却能力更高及反应速度更快的氢气作为燃料。因此,采用吸气式冲压发动机的高超声速飞行器可以在更大的飞行范围内得到更高的发动机效率和更长的有动力飞行距离,可进行推力调节以获取更有效的巡航速度和加速度,具有有效改变动力飞行轨迹和进行机动的能力,并且可以重复使用。不同类型发动机的典型性能特征如图 6.1 所示。

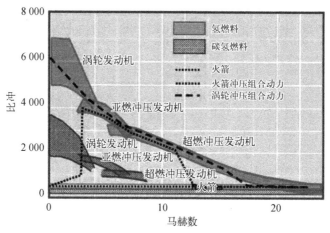

图 6.1　不同类型发动机的典型性能特征[1]

　　能够在高超声速速度范围内有效运行的吸气式发动机已经被研究了 40 多年,这种推进系统的核心是超燃冲压的循环过程。与传统飞机发动机不同,超燃冲压发动机不需要旋转部件。燃油在经过来流高速压缩后的超声速气流中燃烧,通过尾喷管快速膨胀产生的热空气形成推力。超燃冲压发动机概念的发展、试验设备和仪器的发展、分析方法的改进及部件和发动机试验技术的发展自 20 世纪 60 年代早期以来一直未曾间断。自 20 世纪 60 年代起开始就有将高速和低速推进装置整合成用于太空进入的超燃冲压发动机的零星尝试。

　　1960 年 Ferri[2]在美国完成了首个超燃冲压发动机论证,证实了超燃冲压发动机具有的优点。1964 年美国 NASA 启动了高超声速发动机研究计划(hypersonic research engine,HRE)[3],着眼于开发和论证飞行质量、可变几何外形、采用氢燃料和氢冷却的超燃冲压发动机技术,主要目的是通过 X-15A-2 试飞器的飞行试验验证高超声速冲压发动机在马赫数为 3~8 的推力性能。1969~1970 年在 NASA 兰利研究中心的 8 ft* 高温风洞上对氢燃料主动冷却的全尺寸结构装配模型(structural assembly model,SAM)开展了地面测试试验[4,5]。1971~1973 年在 NASA 刘易斯中心的高超风洞(hypersonic test facility,HTF)上对水冷式的气动热力学整体模型(aerothermodynamic integration model,AIM)开展了地面测试

---

　　*　1 ft=3.048×10^{-1} m。

试验[6,7],如图 6.2 所示。在 HRE 计划中,以上两个超燃冲压发动机共进行了
107 次试验,建立了马赫数为 5~7 的进气道和燃烧室全面的数据库,验证了超燃
冲压发动机的燃烧性能、可操作性、结构和控制,使超燃冲压发动机在地面上取
得了原理性的突破[8]。

(a) 飞行试验的想象图

(b) SAM发动机在8英尺高温风洞上试验

(c) AIM发动机在高超风洞上试验

图 6.2 美国的 HRE 计划[3]

在 20 世纪 80 年代早期美国提出了 NASP 计划[9],该计划的目标是发展一
种单级入轨(single-stage to orbit, SSTO)、"高超声速组合循环吸气式"发动机[10]
来推动、可完全重复使用的一种空天飞机 X-30。1994 年由于经费困难、技术难
度大及 NASA 与美国国会意见分歧等,NASP 计划宣布结束,但是 NASP 计划做
出了许多重大贡献。在该计划的支持下,地面试验设备对超燃冲压发动机进行
了 1 500 多次的测试试验,积累了大量的试验经验,建立了马赫数为 3~8 全面的
发动机数据库;在高超声速冲压发动机喷射技术、推进系统与机身集成方法、测
试方法(设备和仪器)和 CFD 技术等方面设计方法和关键技术都有了显著的进
步。图 6.3 为开展相关试验研究,NASA 兰利研究中心发展的电弧加热超燃冲压
发动机试验设备(arc-heated scramjet test facility, AHSTF)和燃烧加热超燃冲压
发动机试验设备(combustion-heated scramjet test facility, CHSTF)。

在 NASP 计划之后,美国的研究人员开始了三个新的方向:① NASA 继续
论证 NASP 推进技术中最先进的部分,即超燃冲压发动机(Hyper-X);② 美国空

图 **6.3** 美国 **NASP** 计划开展相关试验研究的设备[9]

军重新开始了以碳氢燃料超燃冲压发动机作为动力的导弹的研究(hypersonic technology/hydrocarbon scramjet engine technology,HyTech/HySET);③ NASA 火箭委员会接受了由火箭-吸气式组合循环发动机提供的发动机技术[Spaceliner、先进太空运输工具计划(advanced space transportation program,ASTP)或下一代发射技术(next generation launch technology,NGLT)]。美国已经将高速吸气式技术的发展纳入国家宇航创新计划(National Aerospace Initiative,NAI)之下。为了能够在高速/高超声速、太空进入和空间技术这三个支柱领域通过技术开发和论证保持美国的领先地位,美国国防部和 NASA 结成了伙伴关系。美国国防研究和工程部的主任 Ronald Sega 指出 NAI 将提供许多好处:满足更大范围内需要的(以前绝不会获得的)军事能力,为将来可靠且不昂贵的空间运输工具提供所需要的技术,为开发发射系统提供技术和满足探索任务的需求;激励关键技术领域的创新能力及鼓励和激发美国下一代的高技术科学和工程研究人员。

1. Hyper-X

1994 年 11 月,美国政府取消了 NASA 耗资庞大的国家空天飞机(NASP)项目,X-30 试飞器也随即下马。为了顺应"更好、更快、更廉价"的航空航天战略,NASA 在 1996 年着手合并兰利研究中心和德莱顿飞行研究中心的高超声速 X-计划(Hyper-X),以提高从试验室到飞行环境的高超声速吸气推进技术和其他相关技术。Hyper-X 计划的目标是验证一种吸气式超燃冲压发动机技术,致力于增加载荷能力或者在相等载荷条件下降低飞行器尺寸,满足未来高超声速飞行器和可重复使用空间发射飞行器的需求。与 NASP 项目一样,X-43A 飞行器的发动机设计瞄准的是未来尺寸为 200 ft 的全球到达飞行器。NASA 采用一系列的循环程序和 CFD 程序方法,将 200 ft 长的全球到达飞行器缩比为 12 ft 长的 X-43A 飞行器。具体来说,就是实现三个小尺寸(12 ft,约 3.6 m)的以氢气为燃料的研究飞行器(X-43)以马赫数为 7 和 10 的状态飞行。

　　X-43A 试验飞行器[11]与 X-30 不仅在外形上十分相似,而且发动机方案也都是采用机身一体化设计的超燃冲压发动机。它拥有扁平、小巧的机身,状似一个滑板,机身长约 3.6 m,翼展为 1.5 m,质量约 1.2 t。发动机内通道为矩形流道并与机身一体化设计,使飞行器的前部和尾部能够形成外部压缩面和膨胀面,而这两者又成为发动机内部压缩面和膨胀面的延续和扩展,如图 6.4 所示。发动机所采用的燃料为试飞器上携带的液态氢,助燃剂(氧化剂)则为空气中的氧。采用硅烷点火器对氢燃料进行点火。为提供足够的运行时间,分别在 8 500 psi 和 4 500 psi 压力下存储氢和氢/硅烷点火器混合物。

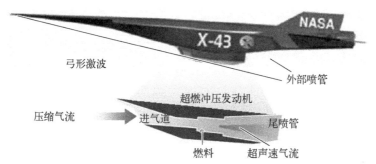

图 6.4　X-43A 试验飞行器及其主要的二维发动机推进系统流道[11]

　　Hyper-X 飞行演示器计划包括三次飞行。前两次以马赫数 7 飞行,第三次以马赫数 10 飞行。第一次马赫数 7 飞行期间,因在助推阶段的轻微事故,导致研究飞行器在自由飞行前过早被终止。但是,随后的第二次马赫数 7 飞行试验成功,因此很快决定了完成第三次马赫数 10 的飞行试验验证计划。

　　首次成功的高超声速飞行发生在 2004 年 3 月 27 日[12],X-43A 从火箭中分离出来,依靠自身的超燃冲压发动机工作了大约 10 s,最高时速达到 8 000 km。

　　第三次也是最后一次试飞在 2004 年 11 月 16 日进行[13]。由于 X-43A 的电子装置存在故障,所以此次试飞比预定时间推迟了一天。整个试飞的飞行轨迹如图 6.5 所示。由加利福尼亚州爱德华兹空军基地起飞的 B-52B 轰炸机携带着飞马座火箭与 X-43A 升空后,在 13 000 m 的高空中点燃火箭,将 X-43A 助推到约 29 000 m 的高空,接下来,X-43A 与飞马座火箭分离,自身发动机点火,开始以 10 000 km/h 的速度独立飞行,最后在短暂的冲刺后做出了接近马赫数 10 的

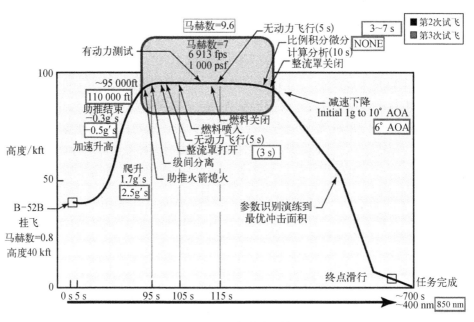

图 6.5　X-43A 两次成功试飞的飞行轨迹

NONE 表示 Flight[3] 中没有 PID(比例积分微分计算分析)的时间数据；
inttial 1g to 10°表示减速的速度为 1g(g 取 9.8 m/s^2)，飞行攻角为 10°。

超高速飞行，飞行高度超过 35 km。约 10 s 后，飞行器的氢燃料耗尽，飞行器继续滑行了 6 min 经过 1 368 ks 的距离后坠入太平洋。第三次飞行，X-43A 创造了大气层内飞行器飞行的最快速度纪录。

以氢为燃料的 X-43A 飞行器完成了所有的验证目标，近乎完美的在两次飞行试验中成功获得了马赫数 7 和马赫数 10 的速度。在马赫数为 7 时，发动机产生的推力大于阻力，从而产生了正加速度；在马赫数为 10 时，发动机产生了足够的推力与阻力保持平衡，即巡航状态。X-43A 项目有力地证明了高超声速飞行的推进原理。经过 40 多年的研究和发展，试验、分析和设计工具首次实现了结合，并成功研发了可在实际飞行条件下工作的吸气式高超声速飞行器。

2. HyTech/HySET

美国空军高超声速技术/碳氢超燃冲压发动机技术(HyTech/HySET)计划的目标是提高液体碳氢燃料超燃冲压发动机的技术水平，开发和演示满足导弹或飞行器马赫数为 4~8 持续高超声速飞行的碳氢化合物燃料，开展组件式超燃冲压发动机技术的直接连接和自由喷流测试。HyTech/HySET 计划在点火和稳焰方法、吸热燃料技术、高温材料、低价的超燃冲压发动机制造技术、用于热交换器的检测和清洁程序等与液体碳氢燃料超燃冲压发动机相关的开发领域内取得了重大进展。研制出了一种可在马赫数在 4~8 范围内有效运行的固定几何外形的超燃冲压发动机。HySET 计划是唯一一个研究完整构型而不仅是流道的超燃冲压发动机的性能和结构耐久性的计划。

2001 年,HySET 计划中的测试发动机模型在一般应用科学试验室(General Applied Science Laboratories, GASL)的自由射流风洞试验设备 Leg Ⅵ开展了马赫数为 4.5 和马赫数为 6.5 的性能测试[14],如图 6.6 所示。测试发动机模型为纯铜热沉结构,试验获取了大量的自由射流试验数据,并与直连式燃烧室数据进行了对比和关联,验证了采用碳氢燃料的自由喷射发动机在马赫数为 4.5 和马赫数为 6.5 下的工作情况和数值计算方法,确定了进气道和燃烧室的正常工作界限。

图 6.6　美国 HySET 计划的测试发动机模型和安装在 GASL 的
自由射流风洞试验设备 Leg Ⅵ中的情况[15]

2002~2003 年,HyTech 计划中的发动机模型地面验证发动机 1 号(ground demonstration engine-1, GDE-1)在 GASL 的自由射流风洞试验设备 Leg Ⅵ开展了马赫数为 4.5 和马赫数为 6.5 的性能测试和首次燃油主动冷却的地面验证[15],如图 6.7 所示。GDE-1 试验的发动机以"开环"方式工作,此时用于冷却和燃烧的燃料分别来自不同的燃料管道。进入燃烧室的燃料首先要流经一个加热设备,燃料蒸发并部分热解,模拟燃料流经发动机的过程。本次测试首先进行了部件验证,并将其集成到发动机上,验证和检测了发动机的总体性能、未主动冷却的进气道前缘的长时间耐烧蚀性能及形成发动机各壁面的燃油冷却面板。发动机需要预先"充分冷却"直到可以精确确定燃料的分布,因此在试验中发动机先以 3 倍预定流速冷却,随后流速逐步降低,直到冷却用燃料量与燃烧室所需的燃料量相等。

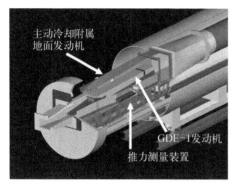
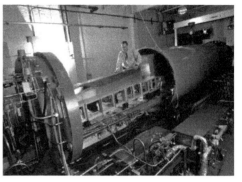

图 6.7 HyTech 计划的 GDE-1 发动机模型及在 GASL 自由射流风洞中的情况[15]

2006 年 3 月,HyTech 计划后续研制的可变几何进气系统的 GDE-2 主动冷却发动机模型在 NASA 兰利研究中心的 8 ft 高温风洞中开展地面试验验证,如图 6.8 所示,其目的是验证燃料冷却结构的热响应特性和结构强度。

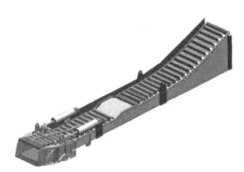

图 6.8 HyTech 计划的 GDE-2 主动冷却发动机模型在 NASA 兰利
中心 8 ft 高温风洞中开展地面试验验证的情况[15]

试验采用了可长期储存的吸热型液态碳氢燃料 JP-7 燃料和闭环主动冷却结构,即在马赫数为 5 的条件下 JP-7 燃料既用于冷却发动机,同时又作为发动机燃烧室的燃料,这是世界上首次超燃冲压发动机主动冷却的闭环试验[14]。因此,在 NASA 的 8 ft 高温风洞上增加了气态乙烯传送系统和 JP-7 燃油储存供给系统、增压系统、燃油分配系统和废油回收系统,升级和改进了燃油控制系统、数据采集和处理系统[15],提升了设备的试验模拟能力。GDE-2 主动冷却发动机技术应用在 X-43C/X-51A 试飞器上。

X-51A 试飞器项目作为美国空军研究试验室(Air Force Research Laboratory, AFRL)和国防高级研究计划局(Defense Advanced Research Projects Agency, DARPA)的联合研究项目,飞行试验的目的有以下几方面: ① 获得使用吸热燃料、单流道和固定几何形状进气道的超燃冲压发动机的工作性能,以加深对物理现象的理解及开发可用于超燃冲压发动机设计的计算工具;② 验证自由飞行、超燃冲压发动机推进的飞行器的可行性,为后续的远程、全球打击武器的研究做准备;③ 验证吸热式碳氢燃料主动冷却超燃冲压发动机在实际飞行状态下的工作性能。

X-51A 试飞器是一种乘波体构型,就像骑在飞行器前缘激波的波面上,所以又称"乘波者"(Waverider),它由巡航体、级间段和助推器三部分组成,如图 6.9 所示。巡航体由机身和超燃冲压发动机组成。机身由波音公司 Phantom 工厂制造,普惠 Rocketdyne 公司制造的发动机安装在机身上。该发动机采用的流道宽 9 ft (228.6 mm),包括一个自启动进气道(马赫数为 7 的激波贴口)和与飞行器一体化的二维喷管。其主要技术是设计进气道、复合材料前缘、热交换器和火焰稳定装置,这些技术在之前的 HyTech 项目中已全部成功开发。助推器是经洛克希德·马丁公司改造的陆军战术导弹系统(army tactical missile system,ATACMS),用它将飞行试验组件加速到 JP-7 碳氢燃料超燃冲压发动机的启动马赫数为 4.5,然后分离。级间段是几个气流可通过的管道,它使超燃冲压发动机的进气道在助推过程中处于启动状态,并经受气动加热。在与助推器分离后,飞行器的巡航体和级间段分离,之后巡航体由超燃冲压发动机推动,进行自主飞行。

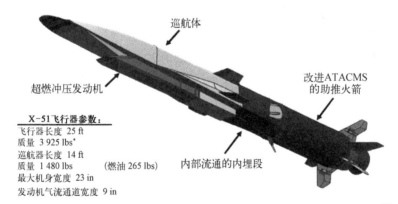

图 6.9　2010 年实现首飞的验证美国空军 HyTech 发动机的 X-51A 试飞器[9]

2007 年 6 月,波音公司和普惠公司在 NASA 兰利研究中心的 8 ft 高温风洞成功进行了 X-51A 试飞器双模态亚燃/超燃冲压发动机验证机 SJX61-1(X-1) 的风洞模拟飞行试验[16],如图 6.10 所示。在成功点燃 X-1 发动机验证机后,工

* 1 lbs=0.453 59 kg,即 453.59 g。

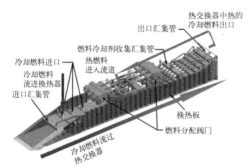

图 6.10　SJX61-1(X-1)验证机及在 NASA 8 ft 高温风洞中实现超声速燃烧时的情况[16]

程师用全权数字发动机控制器(full authority digital engine controller, FADEC)来模拟马赫数为 5.0 的空气流速,经历了大约 40 多次循环,马赫数从 4.6 逐渐增加到 5.0,最后增加到 6.5。试验获得了超预期的结果,即获得了发动机可靠点火、持续的燃油喷射和在多个马赫数下的加速结果。NASA 兰利研究中心的吸气推进研究部的主任 Kenneth Rock 宣称 X-1 发动机可以提供足够大的推力。

2009 年 12 月 9 日,X-51A 试飞器被挂载在 B-52H 战略轰炸机上在爱德华空军基地上空做了第一次载飞系留试验。此次试验历时 1.4 h,其间对所有的系统和遥测装置进行了测试。起飞后,B-52H 爬升到 15.2 km 的高空后,驾驶员检验了 B-52H 的性能、X-51A 试飞器的操控性能、控制室的显示情况以及与 X-51A 试飞器有关软件的兼容性。另外,本试验还验证了 X-51A 试飞器与 B-52H 的电磁环境的兼容性。此次成功得益于之前进行的多项地面试验(包括验证 X-51A 试飞器与 B-52H 之间的电子通信、X-51A 试飞器与 B-52H 吊舱的安全分离等)和风洞试验,具有里程碑意义。

2010 年 5 月 26 日,美国波音公司制造的以超声速燃烧冲压喷气发动机作动力的高超声速 X-51A 试飞器首飞成功[17],内部结构如图 6.11 所示。X-51A 试

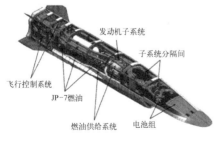

图 6.11　X-51A 试飞器内部结构及挂载在 B-52H 的情况[17]

飞器以约 5 倍声速飞行了 143 s,最大能达到的马赫数为 4.88,但接下来的两次飞行测试都失败了,时间分别为 2011 年 6 月和 2012 年 8 月。

2013 年 5 月 1 日美国空军进行了最后一架 X-51A 试飞器的测试,速度达到 5 倍声速以上,测试获得了圆满成功[17],整个试飞的飞行轨迹如图 6.12 所示。 X-51A 试飞器在大约 6 min 的测试过程中飞行了 230 多海里*,即 425 km 左右, 最大马赫数为 5.1。

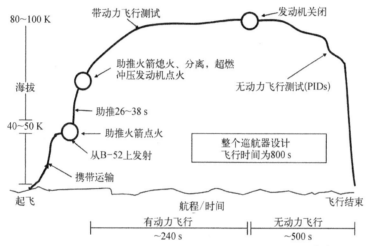

图 6.12　最后一架 X-51A 试飞器成功试飞的飞行轨迹[17]

X-51A 试飞器项目可以看作美国 NASP 计划和 X-43 计划的一个延续。 NASP 计划终止后,美国空军转而投资 HyTech 计划以延续其对高超声速技术的 研究,HyTech 计划后来衍变为 HySET 项目。这两项技术研究为 X-51A 试飞器 的成功奠定了基础。

3. 第三代空间往返计划

在 20 世纪 90 年代末 NASA 制定了进入太空的长期目标。到 2025 年,NASA 的第三代发射系统将是能够完全可重复使用的,并且具备可操作的初始行动能力 (initial operational capability, IOC)。第三代发射系统的目标是与现在的条件相比 造价减少至百分之一而安全性增加一万倍。位于亚拉巴马州亨茨维尔市的 NASA 马歇尔太空飞行中心有部门正致力于开发第三代太空运输工具的相关技术。这 一计划曾经使用的名称包括 Spaceliner、先进太空运输工具计划和下一代发射技 术的高超声速投资领域。开发第三代发射飞行器技术纳入 NASA 的太空运输工

***

* 1 海里=1 852 米。

具计划,这些计划发展的技术集中在两个主要领域:推进和机身。计划主要给高超声速吸气式推进技术投资,因为它最有可能实现第三代发射飞行器的目标。这一计划使超燃冲压发动机、基于火箭的组合循环(rocket-based combined cycle,RBCC)和基于涡轮机的组合循环(turbine-based combined cycle,TBCC)这三个关键的推进领域变得成熟。对推进技术、地面和飞行推进试验正在进行或者将要按计划进行;机身技术主要通过地面试验而逐渐成熟;通过对第三代"虚拟"飞行器进行系统分析来指导不同技术的选择及发展的先后顺序。这些飞行器一般是两级入轨飞行器,所采用的技术在安全性、可靠性和造价等方面都需通过审查。

NASA的第三代太空进入计划的飞行试验集中在增量开发和关键技术论证,这些关键技术的技术成熟度(technology readiness level,TRL)在地面试验中不能达到6级。早期试验测试了飞行马赫数从5~15时超燃冲压发动机的性能、可操作性和机身一体化(X-43A、X-43C和X-43D),而早期论证可以减少试验的花费。接下来的一步是在一种可重复使用的组合循环的飞行论证(reusable combined cycle flight demonstration,RCCFD)下,将低速(马赫数为0~3+)性能整合到超燃冲压发动机系统中。RCCFD的第一步是论证一种飞行马赫数为0~7的可重复使用的空中发射试验飞行器,该飞行器在尺寸上与X-15类似。最后一步是论证一种更大的可满足2025年初始行动能力要求的能在整个马赫数范围内运行的飞行器。

吸气式高超声速飞行器的热防护难题主要包括:
(1)机身前部的尖锐前缘的防热;
(2)进气道唇口的尖锐前缘防热;
(3)翼/舵的前缘防热;
(4)发动机燃烧室的防热;
(5)机身大面积的防热。

本章从尖锐前缘、发动机燃烧室防热两个大的方面介绍吸气式高超声速飞行器热防护地面试验方法。

6.2 尖锐前缘结构气动加热环境

长期以来,超燃冲压发动机(scramjet)被公认为一种最适于吸气式高超声速飞行器的动力装置。为了适应吸气式高超声速飞行器大尺度机身前缘、大尺度进气道前缘热防护性能考核及全尺寸超燃冲压发动机燃烧室燃烧性能和气动热防护地面模拟试验需求,开展了对原有的 FD-04/FD-15 电弧风洞性能的提升和改造,主要承担吸气式高超声速飞行器大尺度机身尖锐前缘,大尺度进气道尖锐前缘和全尺寸发动机燃烧室面临的高中压、中低焓、长时间的热环境参数下的燃烧性能和热防护系统防热能力的地面试验验证。

为发展以吸气式发动机为动力的升力体外形高超声速飞行器,美国于 20 世纪 90 年代提出了 Hytech/HySET、Hyper-X 及 NGLT 等一系列研究项目。前缘尖化使得前缘的热环境更加严酷,而保形需求要求前缘材料在长时间使用下非烧蚀或微烧蚀,所以除研究发动机技术以外,上述项目的研究重点均集中在尖前缘材料的研究及相关气动热试验考核方面。

尖锐前缘是吸气式高超声速飞行器的关键部件之一,主要包括机身前缘及超燃冲压发动机进气道唇口前缘等。为保证飞行器气动外形和发动机进气道的工作性能,要求尖锐前缘"微烧蚀"或"零烧蚀"。从制备工艺、质量检测及评价技术来看,大尺度前缘具有显著的内部热应力及大尺度效应,热结构问题突出,必须开展相关热结构部件的地面试验验证。

从美国的发展趋势来看,以吸气式发动机为动力的升力体外形高超声速飞行器其热防护系统不同于以往的防热系统,如 Apollo/Cev 的烧蚀防热系统、X-15 的热沉式防热系统、SR-71 的热结构系统、航天飞机的隔热系统;其热防护系统是集热结构、隔热及主动冷却的新型热防护体系;其防热性质决定了与以往高超声速飞行器相比具有更加复杂的防热设计和试验考核需求。以前缘为例,航天飞机翼前缘为钝前缘,可以布置热管进行冷却,而基于吸气式发动机的高超声速飞行器前缘为尖锐前缘,无法使用相关的试验技术,如图 6.13 所示。

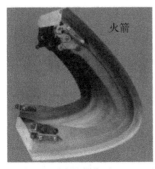

(a) 钝前缘　　　　　　　　　　　(b) 尖锐前缘

图 6.13　钝前缘与尖前缘

吸气式高超声速飞行器在大气层内高速飞行的过程中,由于空气的摩擦、压缩、黏性耗散等作用,巨大的动能转换为气体的热能,并通过对流、辐射和热传导等方式传入飞行器表面,形成严酷的气动加热。尖锐前缘是吸气式高超声速飞行器的关键部件之一,主要包括机身前缘、超燃冲压发动机进气道唇口前缘、翼/舵前缘。为满足气动外形和吸气式超燃冲压发动机的性能要求,吸气式高超声速飞行器通常采用前缘半径 R 在 0.5~5 mm 的尖锐楔形结构。与以往低马赫数飞行器的钝形前缘(半径 $R>5$ mm)相比,吸气式高超声速飞行器尖锐前缘能在更为苛刻的环境下工作(来流总温约 2 150 K、温度梯度约 100 K/mm、表面气流速度约 2 100 m/s)。在飞行器爬升阶段和俯冲阶段,由于热量来不及迅速传递,尖锐前缘位置都会出现较大的温度梯度,进而导致结构热应力和变形显著增加,加剧了结构破坏的风险,从而使设计满足强度和刚度要求的结构面临很大的问题。此外,在恶劣的气动热环境下,为保证气动外形和发动机性能要求尖锐前缘"微烧蚀"或"零烧蚀"。

为了满足承受气动加热的需要,吸气式高超声速飞行器前缘(包括机身头部前缘、进气道前缘和外罩前缘)需要钝化处理。高超声速钝前缘将导致熵层的出现,影响进气道边界层的发展、转捩,进而影响进气道性能。另外,机身头部激波与进气道钝前缘的相互干扰对前缘局部热流也有十分明显的影响。因此,钝前缘效应是进气道深入研究中需要慎重对待的问题。

吸气式发动机飞行器在中低空飞行,为了保证发动机正常点火及产生大推力,其前缘必须尖化且保持形状不变,这对防热材料提出了更高要求。图 6.14 为前缘的热环境特点,从图中可以看出,尖锐前缘与航天飞机钝前缘相比,其热流峰值更高,传统的防热材料包括航天飞机头部及翼前缘使用的增强碳/碳(reinforced carbon and carbon, RCC)防热材料均不能满足使用要求,需要发展新型防热材料,而尖锐前缘使得热管技术等无法很好使用,发展高温、难熔被动防热材料成为必然选择。

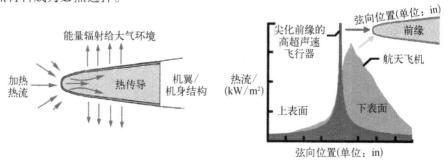

图 6.14 前缘的热环境特点

常规金属材料和烧蚀型的复合材料都已不再适用,一些耐更高温度的金属材料和陶瓷基复合材料成为尖锐前缘的重点备选材料,如抗氧化 C/C、C/SiC、超高温陶瓷、难熔金属材料等,而这些材料在高温、有氧环境下又面临机械性能下降、热膨胀不匹配、氧化烧蚀等失效风险。另外,上述材料在以往型号上使用的情况较少,存在常温和高温下热力学性能数据缺乏、仿真分析方法不成熟、质量检测和性能评价手段不足、大尺度构件制备工艺不稳定等问题。同时,尖锐前缘使用温度高、温度梯度大及大尺度构件的高温应力和尺度效应等特点,使得现有试验设备不能有效模拟大尺度尖锐前缘的工作环境,高温、高压下的位移和应变测量等也难以满足要求,从而制约了地面试验的真实性和覆盖性及得到有效、可用的试验数据,影响了对结构方案的可行性评价及对尖锐前缘结构设计的支撑作用。

尖锐前缘是吸气式高超声速飞行器的关键部件之一,主要包括机身前缘、超燃冲压发动机进气道唇口前缘、翼前缘、舵前缘(图 6.15)。

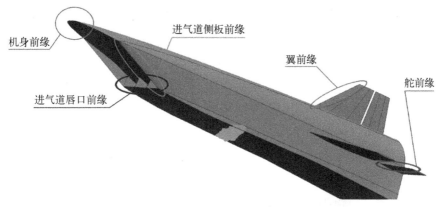

图 6.15　尖锐前缘在高超声速飞行器上的位置

1. Hytech/HySET 项目中针对尖锐前缘开展的相关研究

1996 年美国空军试验室开始实施 Hytech(高超声速技术)项目,其主要目的是演示验证液态碳氢超燃燃烧系统的可行性、性能及结构耐久性。计划的终极目标是研制适于快速反应、马赫数为 8 的巡航、射程为 1 390 km 的空地导弹超燃推进系统。

Hytech 项目前缘材料发展主要集中于发动机进气道前缘[18],进气道前缘头部半径为 0.51~1.27 mm,前缘夹角为 6°~12°,备选设计方案包括使用辐射冷却的被动防热材料如 C/C、陶瓷基复合材料(ceramic matrix composite, CMC)及其他难熔材料。在其材料研发中开展了相关的气动热试验,试验目的是在地面试验中模拟导弹马赫数为 8 巡航的热环境,使用真实小半径前缘试验件进行试验考核,确定备选材料的气动热性能。试验在阿诺德工程发展中心(Arnold Engineering Development Complex, AEDC)代号为 H2 的电弧风洞中进行[19],试验使用两套锥形喷管:喉道直径为 38.1 mm,出口直径分别为 228.6 mm 和 609.6 mm;测试项目包括加热风洞的运行参数(总压、总焓及质量流量);测试探头包括塞式量热计及皮托压力计。此外,还使用了双色高温计及红外热像仪测量模型表面的点温度及面温度分布,其红外热像仪使用 700 nm、800 nm、900 nm 及 1 050 nm 的近红外波长,测得模型的表面温度分布及对应使用波长下的材料发射系数。

试验模型前缘夹角为 12°,前缘头部半径为 0.76 mm,宽度为 50.80 mm,长度为 114.30 mm,对包括高导热率 C/C 在内的 11 种基体材料、航天飞机使用过的涂层在内的 5 种抗氧化涂层材料进行了考核。通过试验验证了 2D C/C 材料、2D C-SiC 材料、3D C-SiC 材料、ZBC 难熔材料及 Si_3N_4、C-CAT SiC 和 SiC 涂层均适合在前缘头部半径为 0.76 mm、前缘夹角为 12° 下使用,而随着前缘夹角下降,如前缘夹角为 6.5°,加工过程导致表面破坏和强度降低,使得材料尖部易剥蚀、变形或烧毁。

NASA Ames 中心研制的翼前缘和鼻锥部件如图 6.16 所示,翼前缘半径为 2.54 mm,尖端部分采用的是 ZrB_2/SiC 复合材料,往后由抗氧化 C/C 和 ZrB_2/SiC/C 共同组成,在低温区采用的是金属钛。鼻锥最前边采用的是 HfB_2/SiC,在 1 800 K 时,开始逐渐生成氧化层,后面采用的是先进的 C/C 材料。

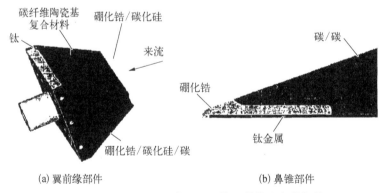

(a) 翼前缘部件　　　　　　　　(b) 鼻锥部件

图 6.16　NASA Ames 中心研制的翼前缘和鼻锥部件

X-51A 试飞器机身前缘为整体式结构形式,纵向长约 350 mm,采用钨合金材料,表面涂覆 SiO_2 涂层,质量约为 56.3 kg。前缘安装在一个镍基高温合金适配器上,其优点包括:采用整体式金属材料能够大大提高结构的可靠性;通过难熔金属自身大热容及适配器的连接过渡,能够减少传向后面舱体的热量;钨合金自身重量可实现配重的功能,可以调整飞行器的重心。X-51A 试飞器舵面采用镍基高温合金制成,舵面前缘为抗氧化 C/C 复合材料。SHEFEX(Sharp Edge Flight Experiment)试验中,尖锐前缘采用了超高温陶瓷材料整体结构形式,如图 6.17 所示。

飞行时间: 2006年10月27日
飞行高度: 90~20 km
飞行马赫数: 7
最大飞行距离: 300 km

图 6.17　SHEFEX 试验中的超高温陶瓷尖锐前缘

2. Hyper-X 项目中针对尖锐前缘开展的相关研究

1995 年美国开始实施 X-43A(Hyper-X)计划,其计划的主要内容是以气动布局与发动机一体化设计的飞行器飞行演示验证超燃发动机的性能,X-43A 的飞行试验成功地演示了超燃发动机在马赫数为 7 及马赫数为 10 下的性能。X-43A 前缘头部设计半径为 0.76 mm,在 Hytech 项目研究基础上,马赫数为 7 的前缘设计相对容易,选择使用了 GOODRICH 公司的高导 C/C(5∶1,K321 织物)以 4∶1 方式平织为基体,外加 SiC 涂层,顺利通过马赫数为 7 的飞行试验考核[20]。

而相对于马赫数为 7 的前缘,马赫数为 10 的前缘的研制曲折而困难,2000 年在 AEDC 的 H2 电弧加热风洞中对 X-43A 在马赫数为 10 使用环境下的前缘材料进行试验,以高导 C/C 作为基体材料,以含 Hf、Zr、Si 及 Ir 为基本组成的涂层材料,涂层工艺包括 CVI、CVD、CVR、等离子喷涂、热压等。前缘试验件头部半径 R 为 0.76 mm,展宽为 48.26 mm,长度为 101.60 mm。试验模拟飞行马赫数为 10、飞行高度为 32 km 时的飞行热环境,前缘头部热流约 14 760 kW/m²,图 6.18 给出了电弧加热试验照片及部分考核结果。此外,对不同编织工艺材料的热导率进行了研究,对 3∶1、4∶1、5∶1 平面编织材料前缘样件进行了烧蚀试验考核(图 6.19)。图 6.19(a)中,3∶1 平纹织物是由两种材料按照 3∶1 的比例关系织成的,k_3 和 k_1 分别代表占比为 3/4 和占比为 1/4 所用材料的热导率;图 6.19(b)中,4∶1 平纹织物是由两种材料按照 4:1 的比例关系织成的,k_4 和 k_1 分别代表占比 4/5 和占比为 1/5 所用材料的热导率;图 6.19(c)中,5:1 平纹织物是由两种材料按照 5:1 的比例关系织成的,k_5 和 k_1 分别代表占比为 5/6 和占比为 1/6 所用材料的热导率。

电弧风洞试验的飞行模拟条件:
飞行马赫数: 10
飞行高度: 105 kft
前缘半径: 0.03 in
热流: 1 300 Btu/(ft²·s)
加热时间: 130 s

成功的试样

失败的试样

图 6.18　2000 年头部半径 R 为 0.03 mm 尖锐前缘在 H2 电弧射流加热试验及试验后照片

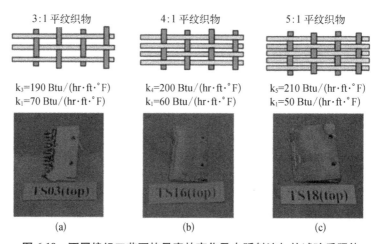

3:1 平纹织物　　　4:1 平纹织物　　　5:1 平纹织物

k_3=190 Btu/(hr·ft·°F)　　k_4=200 Btu/(hr·ft·°F)　　k_5=210 Btu/(hr·ft·°F)
k_1=70 Btu/(hr·ft·°F)　　k_1=60 Btu/(hr·ft·°F)　　k_1=50 Btu/(hr·ft·°F)

(a)　　　　　　　　(b)　　　　　　　　(c)

图 6.19　不同编织工艺下热导率的变化及电弧射流加热试验后照片

试验后选择了 MER 公司作为马赫数为 10 前缘部件的生产商。MER 公司使用型号为 P-30X 的高导纤维,涂层分三层,底层为高导 C/C 基材上表面的 SiC 转化涂层,第二层为 CVD 工艺的 SiC 涂层,第三层为 CVD 工艺的 HfC 涂层。项目组成立了马赫数为 10 前缘顾问委员会(M10 Leading Edge Committee, M10LEC),负责 MER 公司研制过程中的监督及技术支持。NASA 兰利研究中心进行了气动热及热结构响应计算,确定了使用 3:1 非平衡编织及 2D 斜铺层压工艺,以增强前缘头部区域高热梯度下的压缩强度。经过激光加热试验及四点弯曲强度试验,

初步解决了高热应力下基材是否会失稳、涂层是否会变形或脱落等问题。由于
马赫数为 10 前缘长达 457.2 mm,模具的变化导致涂层工艺有所区别,且在编织
工艺及热处理温度上与 2000 年试验件
制作时均有所不同,为慎重起见,确定
恢复 2000 年的试验状态,模拟马赫数
为 10 气动热环境,在 AEDC 的 H2 电弧
加热风洞中进行试验。试验件展宽扩
大到 149.6 mm。试验后发现试验件头
部呈锯齿状,由于展向长度限制未观察
到变形或剪切失效,但所有试验件前缘
头部均有剥蚀。图 6.20 为 2004 年头部
半径为 0.03 in 尖前缘在 H2 电弧射流
加热试验后照片。

图 6.20　2004 年头部半径为 0.03 in
尖锐前缘在 H2 电弧射流
加热试验后照片

　　试验件前缘头部的剥蚀引起了项目组的重视,他们分析了 2000 年及 2004
年试验件的区别:除试验件尺度以外,基本的两处差别是编织工艺及热处理温
度,MER 公司有 3∶1 非平衡编织未经热处理的原材料,但没有 4∶1 非平衡编
织原材料,因此编织工艺的比较无法进行。分析剥蚀的第一个可能原因是垂直
前缘的高导碳碳纤维过少,而且较低的热处理温度使得这些纤维的热导率较低,
导致试验件头部过热;第二个可能原因是较低的热处理温度使得高导碳碳纤维
石墨化程度较低,在最初的涂层工艺过程中反应生成更多的 SiC,试验件头部有
可能全是 SiC,更大程度上减少了头部的导热能力。

　　基于上述分析,MER 公司重新生产了马赫数为 10 的前缘部件,一方面将头部
半径改为 $R1.27$ mm,进一步增强头部强度并降低热流;另一方面马赫数为 10 的前
缘顾问委员会负责对 2000 年及 2004 年两次热处理温度下材料的热导率、沿展向
的抗压强度、抗压模量及石墨化程度等进行相关试验及调查分析。其结果表明:
在前缘最高使用温度下,材料的热导率差别不大,2000 年的略高;沿展向的抗压
强度 2000 年的略低;抗压模量基本相同;2000 年的纤维的石墨化程度较高,在
初始涂层工艺下纤维转化为 SiC 的比例较低,前缘头部有更多的纤维将热量传
递到低温区域。在上述结果的基础上,马赫数为 10 的前缘顾问委员会做出在前
缘部件的研制中选用 2000 年较高的热处理温度的决定。2004 年 11 月,X-43A
的马赫数为 10 的飞行试验成功,马赫数为 10 的前缘部件成功经受住了考核。

　　X-43A 机身前缘[图 6.21(a)和(b)]为整体镶边结构,通过销钉与后端连

接,纵向长度约 150 mm,采用 C/C 材料。飞行器水平和垂直尾翼主体采用镍基合金,马赫数为 7 进行飞行试验时,水平翼面前缘采用 C/C 热防护结构(垂直尾翼前缘不采用镶边结构);$Ma10$ 飞行试验时,水平和垂直翼面前缘都采用 C/C 热防护结构。舵前缘[图 6.21(c)]采用 C/C 材料。

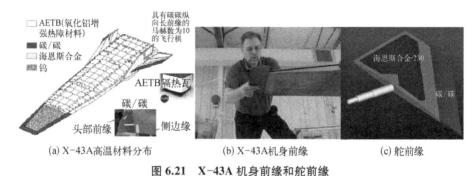

(a) X-43A高温材料分布   (b) X-43A机身前缘   (c) 舵前缘

图 6.21　X-43A 机身前缘和舵前缘

3. NGLT 项目中针对尖锐前缘开展的相关研究

美国 NASA 实施的 NGLT 基于 X-43A 计划及 Hytech 计划,总目标是 2025 年前实现 X-43A~D 的飞行演示试验。其发展路线图如图 6.22 所示。

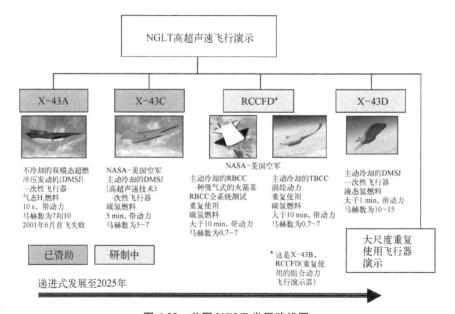

图 6.22　美国 NGLT 发展路线图

NGLT 的尖前缘材料试验分三个阶段[21,22]:第一阶段得到材料在不同温度下的发射率;第二阶段确定材料是否有热循环耐久力,目标是 10 次,每次试验时间为 10 min;第三阶段考察材料是否能够经受 1 h 的长时间烧蚀。

试验在约翰逊航天中心的大气再入材料和结构评估设备(atmospheric reentry materials and structural evaluation facility, ARMSEF)上进行,该设备使用多段式电弧加热器(multi-segment arc heater)加热空气,通过超声速喷管在试验段内形成高温超声速流场,使用的超声速喷管半锥角为 15°,喉道直径为 57.15 mm,出口直径为 127.00 mm。试验件直径为 71.12 mm,厚度分为 2.54 mm 及 6.35 mm 两种,试验使用扫描式光谱辐射计测量试验件表面的温度及发射率,试验数据涵盖 0.7 ~ 8.0 μm 4 个波段的 400 个波长,测量角为偏离法向 57°。扫描式光谱辐射计通过黑体炉标定,获取的试验数据通过迭代 Planck 方程计算出最合适的温度和发射率。

试验材料的基材为通用原子航空系统公司、MER、RCI 等公司提供的各类高导 C/C 或 C/SiC 材料,涂层材料包括 HfC/HfB$_2$、Ir/HfO$_2$、Si$_3$N$_4$、SiC/HfC 等。试验结果表明:HfC/HfB$_2$涂层材料、Ir/HfO$_2$涂层材料的发射率在 0.25 ~ 0.58,发射率较低使得试验件辐射的热量较少,与航天飞机使用的 RCC 相比,相同试验状态下表面温度高出 666 K,不适于高温条件下的尖锐前缘涂层材料使用;其余涂层材料的发射率初始时约为 0.85,之后上升到 0.9 或更高,使得相同试验状态下表面温度略低于 RCC。除 HfC/HfB$_2$涂层材料、Ir/HfO$_2$涂层材料外,其余涂层材料由于主动氧化会出现热斑,热斑的发展导致涂层材料失效。与单一的 SiC 涂层材料相比,HfC 基涂层材料的主动氧化出现在热流更高的试验状态,表明 HfC 基涂层材料更适合在特定的高温状态下使用。在热循环耐久力方面,RCI、GEPS、Ultramet 三家公司的材料通过试验考核,其余材料未能通过。由于材料及试验时间的限制,第三阶段仅进行了 1 次 RCI 试验,其失重率仅为 1.12%,与第二阶段相比失重率大大降低(第二阶段,经过 5 次 10 min 循环试验后失重率达到 3.28%),表明多次使用时氧化作用对材料的抗烧蚀性能更为不利。

6.3　尖化前缘电弧风洞试验方法

电弧加热设备作为考核高超声速飞行器热防护系统性能的主要设备,其主要工作原理是:利用高压电极之间放电产生的大功率、高温电弧对空气进行加热,产生的高温、高压空气经过喷管膨胀加速以后,形成高温、高速气流,用来模拟高超声速飞行器的气动加热环境,开展飞行器防热材料的性能研究及热结构部件/组件的可靠性研究。

2010 年至今,中国航天空气动力技术研究院在 FD04 电弧风洞上陆续开展了大量的展长为 80 mm 的小尺度尖锐前缘长时间考核试验。采用超声速自由射流试验技术结合轨道模拟试验技术,对巡航高度为 25~30 km、巡航马赫数为 6~7、巡航飞行时间为 1 000 s 的吸气式高超声速飞行器的机身尖锐前缘模型进行了 1 000 s 的气动加热试验,考核尖锐前缘防热材料在长时间气动加热条件下的烧蚀、防热性能。

2013 年底,中国航天空气动力技术研究院在 FD15 电弧风洞上开展了展长为 230 mm 的中等尺度尖锐前缘长时间考核试验。采用 30 MW 管状电弧加热设备,对巡航高度为 25~30 km、巡航马赫数为 5~6 的吸气式高超声速飞行器的进气道唇口前缘模型进行了气动加热考核。初步要求试验加热时间为 750 s,实际运行后发现设备能力最多只能达到 450 s。部分试验模型在考核中出现了局部裂纹、局部应力破坏等尺度效应及连接结构强度不够导致尖锐前缘攻角发生少量变化的结构强度问题等。

6.3.1 尖化前缘电弧风洞加热预估

1. 尖化前缘考核试验

尖化前缘考核试验是在电弧风洞中进行的。试验采用超声速矩形喷管,在喷管出口处放置试验模型,试验模型固定在水冷支架上,试验模型前缘距喷管出口 5 mm。尖化前缘考核试验设备系统如图 6.23 所示。

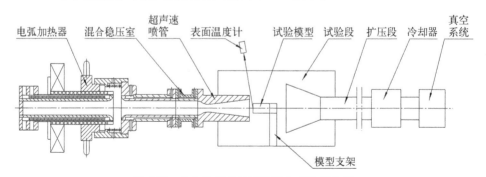

图 6.23 尖化前缘考核试验设备系统示意图

这是一座压力-真空式的超声速电弧风洞,主要由电弧加热器、混合稳压室、超声速喷管、试验段、扩压段、冷却器及真空系统组成。被电弧加热器加热后的高温、高压气体在混合稳压室内与冷气流充分混合,通过超声速喷管的膨胀加速后,在试验段内形成超声速气流,对试验模型进行加热试验。试验后的气体经过扩压段减速、冷却器降温后进入预先抽空的真空罐,最后被真空泵抽出排入大气,以此来模拟飞行器飞行过程中的气动热环境。电弧风洞如图 6.24 所示,设备各部件具体介绍如下:

图 6.24　电弧风洞

1) 电弧加热器

本次试验采用的是管状电弧加热器,主要由前电极、后电极、弧室、磁场线圈等部分组成,其最大电弧功率可达 10 MW。

管状电弧加热器的前、后电极呈管状,因此得名。电弧加热器中间由旋气室将前、后电极连接起来,从旋气室引进高速旋转的气流,将电弧约束在管的中心位置,靠旋转气流的气动力将电弧拉长并稳定燃烧。这种形式的电弧加热器的特点是结构简单、操作方便、可以在大电流下工作,因此可以获得较高的弧室压力和电弧功率。

2) 混合稳压室

混合稳压室的作用是降低气流总焓并稳定气流压力。向混合稳压室内通入一定量的冷空气,与电弧加热器产生的高温、高压气流充分混合,达到所要求的气流总焓和气流总压。在混合稳压室内可以测量超声速喷管前的气流总压和低焓状态下的气流总焓。

3) 超声速喷管

在本次试验中采用的是横截面为矩形的超声速喷管,喷管的喉道尺寸为 10 mm×40 mm、出口尺寸为 127 mm×60 mm、名义马赫数为 4.6。喷管采用整体打孔的冷却方法,保证喷管在高温、高压下不产生变形,从而保证了在长时间的加热试验中高温流场的稳定性。

4) 模型支架

试验模型通过一个工装固定在支架上,如图 6.25 所示。工装由高温合金钢

图 6.25　模型支架

制成,这种高温合金钢在 1 000℃时仍有较好的结构强度。模型支架采用横向送进方式,当加热时间达到要求时,模型支架迅速将模型退出高温流场,避免冷气流吹到模型前缘。

2. 试验测量参数

试验中测量的气流参数主要有气体流量、气流总焓、压力和冷壁热流密度等。各参数的测量方法具体介绍如下。

1）气体流量

气体流量是调试电弧加热器试验状态的一个重要参数。能否精确、方便地控制和测量气体流量,直接关系到能否正确模拟出所需要的气动加热环境,因此在试验状态的调试过程中应对气体流量进行精确的控制和测量。本次试验采用声速流量法来测量气体流量。

2）气流总焓

气流总焓是指气体在流动过程中所携带的能量。在气动热地面模拟试验中,气流总焓是一个非常重要的参数。在电弧加热器的烧蚀试验中,测量气流总焓有以下三种较好的方法:能量平衡法、平衡声速流量法和总温探针。本次试验在调试状态过程中,对于气流总焓为 2 300 kJ/kg 以上的试验状态,采用平衡声速流量法测量气流总焓。

对于气流总焓为 2 300 kJ/kg 以下的试验状态,先采用总温探针测量喷管喉道前的气流总温,再查热力学函数表得到气流总焓。总温探针是采用 B 型(铂铑 30-铂铑 6)热电偶制成的。

3）压力

需要测量的压力主要包括超声速喷管前室压力、试验模型前缘驻点压力和侧面压力。超声速喷管前室压力采用量程为 8.0 MPa 的压力传感器测量;试验模型前缘驻点压力和侧面压力采用量程为 500 kPa 的压力传感器测量。测压模型的外形与试验模型的外形相同,由紫铜制作而成。在驻点测压模型的前缘,设置三个驻点压力测量点,在表面测压模型的一个侧面上设置三个压力测量点,压力测量点的位置分布和测压模型如图 6.26 所示。其中,P_{s1}、P_{s2}、P_{s3} 分别为三个点的驻点压力;P_{e1}、P_{e2}、P_{e3} 分别为三个点的环境压力。

4）冷壁热流密度

气动热试验中测量冷壁热流密度的方法主要有水卡量热计法、薄壁量热

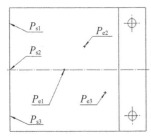

(a) 压力测量点位置分布　　　(b) 驻点测压模型　　　(c) 表面测压模型

图 6.26　压力测量点的位置分布及测压模型

计法和塞式量热计法等,根据冷壁热流密
度的高、低可以选择不同的测量方法。本
次试验的冷壁热流密度不高,因此采用塞
式量热计法测量模型表面的冷壁热流密
度。冷壁热流密度测量点的位置与压力测
量点的相同,冷壁热流密度测试模型如图
6.27 所示。

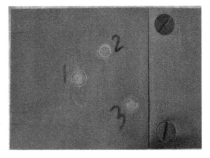

图 6.27　冷壁热流密度测试模型

6.3.2　尖化前缘试验测试

采用单点式红外辐射高温计测量模型表面典型位置处的温度,高温计的测
温为 450~2 250℃。测温点位于模型侧面的中心线上,距离模型前缘 5 mm。模
型的材料辐射系数均设为 0.8。采用 SATA-G90 型红外热像仪测量模型表面的
温度分布,试验后模型的表面和前缘状况及模型表面红外热图如图 6.28 所示,
测量的模型前缘附近的表面温度曲线如图 6.29 所示。

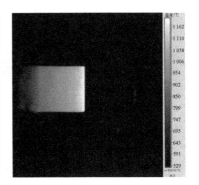

图 6.28　试验后模型表面和前缘状态及模型表面红外热图

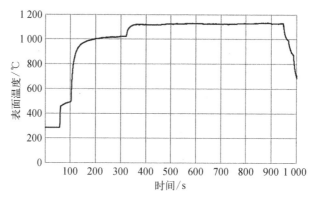

图 6.29　模型前缘附近的表面温度曲线

6.4　发动机主动热防护试验技术

在燃烧室性能和热防护考核方面,主要发展了被动、主被动复合和主动冷却热防护方式的发动机壁面防热材料和结构,并对各种防热方式进行防热性能考核,获取了大量的试验数据。2003~2004 年,美国普惠公司在 Hytech 项目的支持下,在 NASA 格伦中心的 Test Cell 22 试验台,采用氢氧燃烧的燃气流对 63 mm×254 mm 的气态氢燃料主动冷却的平板进行了热防护性能考核[23],如图 6.30 所示。该平板由氢燃料冷却金属管与 C/C 或 C/SiC 复合材料板组合而成。试验气流总温为 2 220 K,喷管前室总压为 1.72~3.45 MPa,氧/氢比为 1.3~4.5。反复进行了 26 次 2.5~10 s 的短时间运行试验,总加热时间为 212 s。

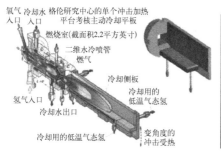
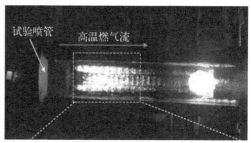

图 6.30　氢燃料主动冷却的平板在 NASA 格伦中心的
Test Cell 22 试验台进行热防护性能考核试验

主动热防护与被动热防护的差异主要体现在主动热防护需要用燃烧所用的燃料对受热部件进行主动冷却,因此试验方法的差异也主要体现在对燃油的控制上。因此,对试验平台的燃油供给控制系统进行改进,改进的目的是使燃油供给控制系统能长时间、稳定地供给燃油。

在对被动热防护燃烧室考核时,燃油供给量(当量比)是一个重要的输入参数,它能严重影响燃烧室壁面材料的温度和压力分布。一般情况下,简单结构的燃油供给控制系统即可保持燃油流量的稳定,因为在燃油供给控制系统启动后,输油管路中没有明显的温度和压力变化。但在对主动热防护燃烧室结构方案进行开环试验或闭环试验考核时,燃油既是加热源,又是冷却源。

燃油作为燃料要喷入燃烧室内部参与燃烧加热,对燃烧室壁面进行气动加热。燃油作为冷却剂还要流经燃烧室壁面,把气动加热量吸收带走。燃烧室通过燃油的主动冷却,使燃烧室的温度保持在限定的使用温度范围内。燃油吸热后温度逐渐升高,导致冷却管路的压力逐渐升高。当燃油供给控制系统提供的供油压力不变时,压差减小会导致供油量持续下降,使主动防热效果恶化。如图 6.31 所示,在冷却通道内的燃油压力逐渐升高到初始值的 2.7 倍时,燃油流量下降了 18%。为了使燃油稳定、持续地供给,需要改进燃油供给控制系统。

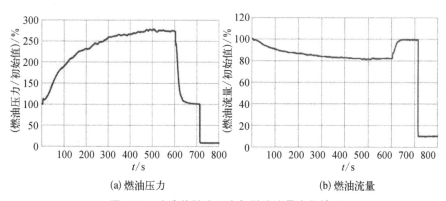

(a) 燃油压力　　　　　　　　　(b) 燃油流量

图 6.31　改造前燃油压力与燃油流量变化情况

在原有的燃油供给控制系统增加流量电磁比例调节阀和安全阀,以保持燃油流量的稳定,其结构原理图如图 6.32 所示。流量电磁比例调节阀控制流量稳定,但是燃油供给控制系统的压力可能会随着管路压力的升高而升高,所以采用

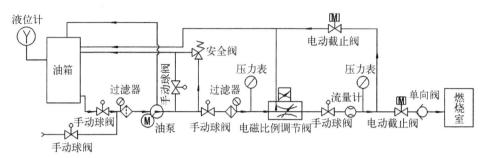

图 6.32 燃油供给控制系统结构原理图

安全阀来控制,使燃油供给控制系统的压力低于油泵的安全工作值。当燃油供给控制系统的压力高于油泵的安全工作值时,安全阀会立刻打开以降低燃油供给控制系统的压力,保证油泵的安全运行。这样能够实现对单路油路的稳定控制。如果需要进行多路控制,则需要设置多个流量电磁比例调节阀[24]。

流量电磁比例调节阀采用位置负反馈闭环控制(力控制型+位移传感器),具有良好的输入、输出线性和准确性,其控制原理图如图 6.33 所示。位移传感器反馈信号和设定信号合成后,经过 PID、放大等运算处理,以电压信号施加在电-机械转换器(电磁阀线圈),阀芯在电磁力作用下,沿着受力方向推动液体控制阀芯移动,调节液体流量或压力。控制面板是驱动流量电磁比例调节阀的主要元器件,一般具有控制信号生成、PID 处理、前置放大、功率放大及电源变换等基本控制单元,完成控制信号给定,反馈信号校正、合成和处理等功能,控制面板控制参数设定是否匹配、适当,直接影响液压调节阀工作稳定性。在下游压力持续升高或下降时,流量电磁比例调节阀的阀门开度会增大或减小,以保证输出燃油体积流量基本不变。改造后主动冷却的燃油压力和流量变化曲线如图 6.34 所示,在冷却管路内的压力逐渐升高到初始值的 3.2 倍时,燃油流量却保持稳定。

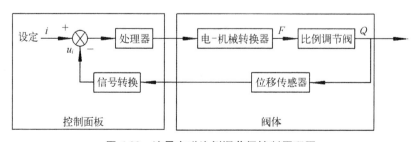

图 6.33 流量电磁比例调节阀控制原理图

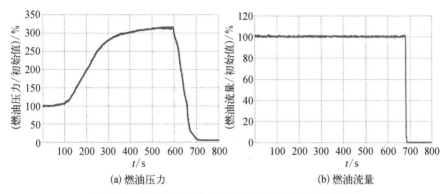

图 6.34　改造后主动冷却的燃油压力与流量变化曲线

6.5　发动机被动热防护材料试验技术

　　为了解决在燃烧室超声速气流中进行燃料喷注、点火、火焰扩散,进而实现燃料完全燃烧等问题,需要开展燃烧室燃烧性能研究。在燃料完全燃烧时,燃烧室壁面受热较严重,燃烧室的热防护问题突出。达到工程应用级别的燃烧室内部组织燃烧更为复杂,大尺度燃烧室热防护结构的长时间防热性能评估对地面模拟试验也提出了新的需求。因此,需要针对大尺度燃烧室燃烧性能和热防护性能评估,建设大功率、大流量、长时间运行的电弧加热试验平台。

　　超燃冲压发动机作为吸气式高超声速飞行器的主要动力,是整个吸气式高超声速飞行器技术体系中的核心技术,具有飞行速度快、工作空域广、燃油经济性好、推力大、可长时间重复使用等工作特点,代表了我国未来新一代新型冲压发动机的主要技术发展趋势。发动机燃烧室内部喷射的燃料与进气道捕获的空气充分掺混、点火、组织燃烧进而产生推力。高温高压燃气流对燃烧室壁面有严重的气动加热,且在燃烧室内部的流动极其复杂、不同部位的气动加热差异巨大,需要开展发动机燃烧室防热结构的气动热地面模拟试验加以验证。

6.5.1　发动机壁面材料考核试验技术

　　复合材料所处的热环境不同,体现出来的换热情况不同,如图 6.35 所示,主要有内流和外流两种热环境。在高超声速飞行器外表面的外流热环境[25]下,飞行器外壁面材料除了与气流的对流换热、向材料或结构内部的热传导换热外,还

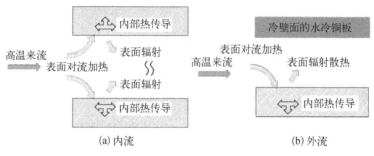

图 6.35 内流与外流热环境的示意图

有向外界大气或冷壁面的热辐射散热,而热辐射散热量会随着复合材料表面温度的提高显著增加。在发动机燃烧室内通道的内流热环境[26]下,燃烧室内壁面材料周围都是表面温度相近的高温壁面,模型表面的辐射放热量和吸收的辐射热量相近,表面辐射的净换热量基本为 0,表现出来的换热基本上只有与气流的对流换热和向材料或结构内部的热传导换热。

根据以上两种热环境的差异,中国航天空气动力技术研究院研制的能够模拟燃烧室内部热环境的超声速双模拟矩形湍流导管研究了辐射换热对热防护材料热环境的影响。如图 6.36(a)所示,考核模型的对面是一块与其相同的热防护材料。作为对比,图 6.36(b)则是传统的模拟飞行器外表面热环境的超声速单模拟矩形湍流导管,考核模型的对面是一块高压水冷却的紫铜板。本小节通过对内、外流两种热环境下冷壁热流的测量和热防护材料的考核试验,对比分析了这两种热环境下的冷壁热流密度及热防护材料的表面温度、背面温度和表面烧蚀形貌,量化证明了材料考核试验中根据热防护材料所处热环境有区别地模拟辐射换热的必要性。

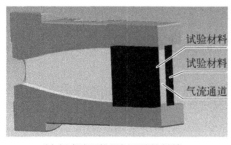

(a) 超声速双模拟矩形湍流导管

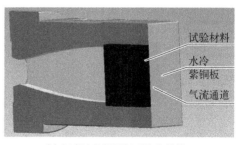

(b) 超声速单模拟矩形湍流导管

图 6.36 超声速双模拟和单模拟矩形湍流导管

　　试验设备包括管状电弧加热器、气体混合稳压室、超声速矩形喷管、超声速单模拟和双模型矩形湍流导管及配套的高压水、气、电、测控系统等,试验原理图及试验设备分别如图6.37和图6.38所示。被电弧加热器加热的高温气体(一般为空气),加入一定比例的冷空气充分混合稳压后,经超声速矩形喷管加速后形成超声速、高温气流,在超声速矩形湍流导管内达到湍流流动,对防热材料进行气动加热考核。

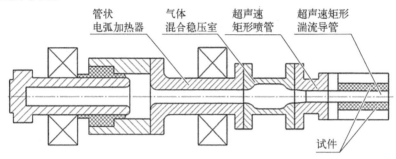

图 6.37　超声速矩形湍流导管试验原理图

图 6.38　试验设备

　　试验状态一般选取防热材料所处燃烧室部位的典型加热条件。在与试验模型外观尺度相同的热流测试模型上布置了9个冷壁热流测点,具体测点位置如图6.39所示。采用塞块式瞬态量热计[27,28]测量内、外流两种热环境下的冷壁热流密度。

　　塞块式瞬态量热计在两种热环境下的受热分析示意图如图6.40所示。从图6.40可以看出,在内流热环境下冷壁的塞块式瞬态量热计对面是一

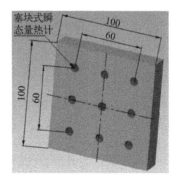

图 6.39　量热计的安装位置
(单位:mm)

个高温壁面,能够吸收高温壁面的辐射加热,而在外流热环境下冷壁的塞块式瞬态量热计对面则是一个水冷的冷壁面。因此,处于内流热环境下的塞块式瞬态量热计[图 6.40(a)]测量的是冷壁面的对流换热热流和辐射换热热流之和;处于外流热环境下的塞块式瞬态量热计[图 6.40(b)]测量的则是冷壁面的对流换热热流,无净辐射换热量。

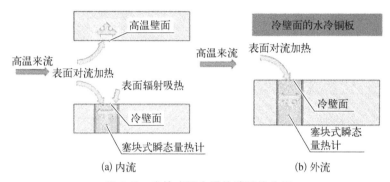

图 6.40　塞块式瞬态量热计受热分析

塞块式瞬态量热计测量的典型温升曲线如图 6.41 所示。0.7 s 时电弧加热设备开始运行,提供高温空气,塞块式瞬态量热计的温度开始线性升高;2.2 s 时电弧加热设备停止运行,导管内部是冷空气,塞块式瞬态量热计的温度开始下降。

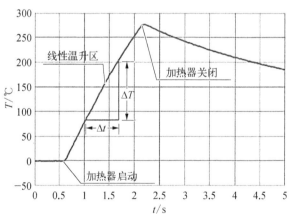

图 6.41　塞块式瞬态量热计测量的典型温升曲线

利用线性温升曲线的斜率计算得到不同来流条件下两种热环境下的冷壁热流结果如图 6.42 所示。在状态 I 的来流条件下,外流和内流热环境下测量的平均冷壁热流密度值分别为 1.73 MW/m² 和 2.45 MW/m²;在状态 II 的来流条件下,外流和内流热环境下测量的平均冷壁热流值分别为 3.73 MW/m² 和 4.49 MW/m²。
由图 6.42 可以看出：① 在相同的来流条件下，内流热环境下材料表面的冷壁热
流密度明显比外流热环境下的高；② 由于内流热环境下存在高温壁面对冷壁的塞
块式瞬态量热计进行辐射加热，使塞块式瞬态量热计表面的冷壁热流增加，在这两
个试验状态下冷壁热流增量即热壁面的辐射热流基本相当，分别为 0.72 MW/m²
和 0.76 MW/m²；③ 在两个试验状态下，与外流热环境相比，内流热环境下的冷
壁热流增量分别为 41.6% 和 20.4%，表明随着冷壁热流的提高，辐射换热导致的
热流增量的影响力会逐渐减小。

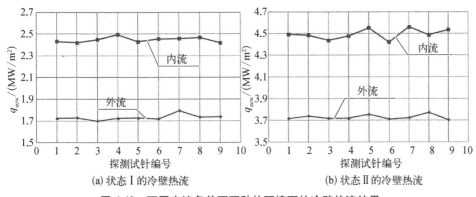

(a) 状态 Ⅰ 的冷壁热流　　　　　(b) 状态 Ⅱ 的冷壁热流

图 6.42　不同来流条件下两种热环境下的冷壁热流结果

在状态 Ⅰ 来流条件的两种热环境下，对相同材料配方工艺设计和涂层方案的
热防护材料模型进行了 600 s 的考核试验。模型材料方案为 C/C 复合材料，表面
有 SiC 涂层，外观尺寸为 100 mm×100 mm，厚度为 6 mm，受热面尺寸为 90 mm×
100 mm。模型安装时，材料周边涂有隔热密封胶，材料背面布置了 30 mm 的隔
热材料以此减少材料与导管安装结构的热传导。

利用 Raytek 公司生产的非接触式 MR1SC 双色红外辐射高温计测量热防护
材料的表面温度。其光谱响应为 1 μm，响应时间为 10 ms，测温为 1 000～
3 000℃，系统精度为±0.75% 全量程，测点位置位于距模型后缘 30 mm 的中心处。
利用 B 型热电偶测量热防护材料的背面温度。该热电偶长期最高使用温度为
1 600℃，短期最高使用温度为 1 800℃，具有化学稳定性好、测量精度高等优点。
利用 K 型热电偶测量材料背面安装结构的背面温度。

在两种热环境下考核材料表面的烧蚀形貌如图 6.43 所示。由图 6.43 可知，
在内流热环境下，热防护材料表面出现明显烧蚀，表面均匀分布了许多烧蚀沟
槽；而在外流热环境下热防护材料表面平整，基本无烧蚀，中部有些许发白。

(a) 内流 　　　　　　　　　　(b) 外流

图 6.43　两种热环境下考核材料表面的烧蚀形貌

　　两种热环境下测量的热防护材料表面温度和背面温度变化曲线如图 6.44 所示。从图 6.44 可以看出：在内流和外流热环境下,热防护材料达到温度平衡时的表面温度分别为 1 726℃ 和 1 413℃,背面温度分别为 1 482℃ 和 1 322℃。两种热环境下热防护材料的表面温度相差 313℃,背面温度相差 160℃。其主要原因是：在外流热环境下,高温的热防护材料表面会对低温的水冷紫铜壁面辐射放热,使热防护材料的表面温度降低,因此热防护材料的背面温度也会相应降低;在内流热环境下,正对着高温热防护材料表面的是与其温度相近的另一个高温壁面,净辐射换热量基本为 0。

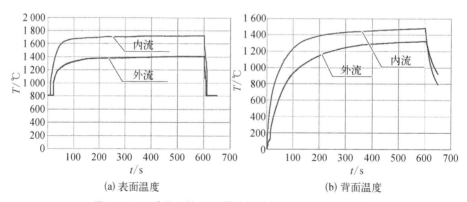

(a) 表面温度 　　　　　　　　　　(b) 背面温度

图 6.44　两种热环境下测量的热防护材料温度变化曲线

6.5.2　发动机内部气体组分对防热材料氧化烧蚀的地面模拟技术

当燃烧室正常工作时,内部的气体成分主要有燃烧产物二氧化碳(使用碳氢燃料)和水蒸气(使用碳氢燃料或氢)及进气道捕获空气中燃烧后剩余的氮气和氧气。燃烧室气体组分的模拟不可能完全进行模拟,只能对防热材料有明显影响的组分进行地面试验模拟。

从材料的烧蚀机理来看,材料表面氧化和机械剥蚀是燃烧室防热材料烧蚀甚至破坏的主要表现形式。C/C[29]、C/SiC[30] 及超高温陶瓷(UHTC)[31] 等碳基和陶瓷基复合材料,以及难熔金属[32]等超高温防热材料,以其较好的高温化学性能和物理性能,在燃烧室的热防护系统中得到了较为广泛的应用。在材料表面喷涂抗氧化涂层或是在材料中添加 ZrB_2、TaC、HfC、HfB_2、ZrC 等高熔点的过渡金属化合物,能够提高材料的抗氧化性能。

在燃烧室内部的高温热环境下,燃烧室壁面的部分防热材料与水蒸气发生的氧化反应比与空气中的氧气还要快[33],这个氧化反应在气流温度大于1 200℃时开始发生。同时,在气流温度大于 1 300℃时,水蒸气还能与材料表面的 SiO_2 发生化学反应[33],破坏材料表面形成的玻璃状 SiO_2 的保护层,生成气态的 $Si(OH)_4$。具体的氧化反应和挥发反应方程式如下:

氧化反应:

$$SiC(s) +3H_2O(g) \Longrightarrow SiO_2(s) +CO(g) +3H_2(g)$$

$$ZrB_2(s) +5H_2O(g) \Longrightarrow ZrO_2(s) +B_2O_3(s) +5H_2(g)$$

$$ZrC(s) +4H_2O(g) \Longrightarrow ZrO_2(s) +CO_2(s) +4H_2(g)$$

$$Si(s) +2H_2O(g) \Longrightarrow SiO_2(s) +2H_2(g)$$

挥发反应:

$$SiO_2(s) +2H_2O(g) \Longrightarrow Si(OH)_4(g)$$

这些化学反应对燃烧室防热材料的抗氧化和耐烧蚀效果有明显的影响。在燃烧室防热材料的内流热环境地面模拟试验中,除了模拟燃烧室防热材料表面的气流总温、表面冷壁热流密度和表面压力等热环境参数外,还需要对高温燃气流气体组分中水蒸气的成分、浓度和温度进行模拟。

中国航天空气动力技术研究院开展了一种模拟燃烧室内高温含水气流的地面试验方法,对燃烧室内部气态水组分的浓度、状态和温度进行模拟。根据需要模拟的燃烧室内部燃烧的当量比 ϕ 和燃油组分,计算确定了高温气流中水组分的质量分数 ω,分析了试验装置对水与高温气体混合均匀性的影响,研究了含水的高温气体总温(平均容积焓值)的计算方法。

1. 试验设备

模拟燃烧室内高温含水气流的试验设备如图 6.45 所示,主要由电弧加热器、混合稳压室、喷管和导管四部分组成,各部分密封连接。由电弧加热器产生轴向流动的高温空气,在混合稳压室与径向喷入的一定质量流量的常温液态水掺混,在掺混的过程中常温液态水遇高温空气吸热汽化,经过一定长度的混合稳压室,在喷管入口处形成掺混均匀的高温含水蒸气的气流,对燃烧室防热材料进行防热性能考核。

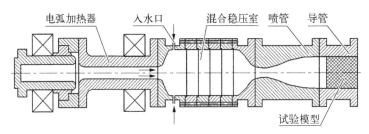

图 6.45　模拟燃烧室内高温含水气流的试验设备

混合稳压室由多片叠加组成,通过调节叠加片的数量可以调节混合稳压室的轴向长度。混合稳压室上游入水口布置如图 6.46 所示,混合稳压室上游可布置 $2n$ 或 $3n$ 个入水口,均匀布置,径向等质量进水,常温液态水的径向速度相互抵消,整体的速度矢量为零,有利于加快常温液态水与高温空气的掺混。利用齿轮泵供给净化水,最高工作压力为 8 MPa;采用流量电磁比例调节阀控制并稳定常温液态水的质量流量;利用涡轮流量计测量常温液态水的质量流量 G_{water}。

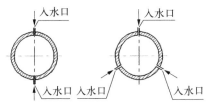

图 6.46　混合稳压室上游入水口分布情况

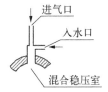

图 6.47　常温液态水与常温空气预混装置

在试验过程中,如果需要在混合稳压室内加入常温空气来调节气流总温,可以选取部分入水口作为常温空气入口,也可在入水口处增加常温空气入口,如图 6.47 所示。常温液态水在进入混合稳压室前先与常温空气掺混成含小水滴的常温湿空气后,再与高温空气吸热汽化并掺混,这样的掺混方式可得到较好效果。

2. 气流中水质量含量的确定

燃烧室内部燃烧的当量比 ϕ 不同,气流中的水组分质量含量不同,试验中可以根据当量比 ϕ 的模拟要求调节水的质量含量。水组分在掺混均匀的高温含水蒸气的气流中的质量分数 ω 需要根据要求模拟的燃烧室内部燃烧的当量比 ϕ 和燃油组分确定。

以超燃冲压发动机常用航空煤油的碳氢燃料为例,碳氢燃料在燃烧室内与进气道捕获的空气掺混燃烧,空气简化为体积分数为 21% 的氧气和 79% 的氮气,碳氢燃料与空气燃烧的化学反应方程式为

$$C_xH_y + \left(x + \frac{y}{4}\right)O_2 + \frac{79}{21}\left(x + \frac{y}{4}\right)N_2 \longrightarrow xCO_2 + \frac{y}{2}H_2O + \frac{79}{21}\left(x + \frac{y}{4}\right)N_2 \tag{6.1}$$

可以得到水组分在高温含水蒸气的混合气体中的质量分数 ω 为

$$\omega = \frac{27\phi}{(36\phi + 412)\dfrac{x}{y} + 3\phi + 103} \tag{6.2}$$

只要确定碳氢燃料中碳原子和氢原子的个数之比 (x/y) 和当量比 ϕ 即可得到水在高温含水蒸气的混合气体中的质量分数 ω。

在当量比 $\phi = 1.0$ 时,ω 为

$$\omega = \frac{27}{448\dfrac{x}{y} + 106} \tag{6.3}$$

在实际应用中,碳氢燃料的成分非常复杂。以航空煤油为例,它由上千种成分组成,包括 C7~C16 等多种链烃、环烷及芳香族化合物。国内常用的 RP-3 航空煤油的替代煤油由 49%(摩尔比)正十烷($C_{10}H_{22}$)、44% 的 1,3,5-三甲基环己烷(C_9H_{18})及 7% 正丙基苯(C_9H_{12})组成。根据替代煤油的成分可以得到 $x/y = 2.059$。在当量比 $\phi = 1.0$ 时,完全燃烧后的混合气体中水的质量分数 ω 为 8.34%。

地面模拟试验中,根据电弧加热器提供的高温空气质量流量 G_{air},计算喷入混合稳压室的常温液态水的质量流量 G_{water}。G_{air} 与 G_{water} 的关系式如下:

$$G_{water} = \frac{\omega}{1 - \omega}G_{air} \tag{6.4}$$

3. 水与高温空气的混合情况

对混合稳压室内常温液态水与高温空气的混合情况进行数值模拟。采用结构网格单元,利用 Fluent 软件,采用的算法为时间推进的有限体积法,空间离散采用 AUSM 格式,时间离散采用 LU-SGS 方法[34],对于混合稳压室加水的流场计算采用多组分模型。

水的喷入位置为混合稳压室等直段距上游 30 mm 处的截面,采用四处喷注均匀布置。喷入方式采用图 6.47 所示的结构,即质量流量为 5% 的常温液态水与 35% 的常温空气先掺混成含小水滴的常温湿空气后,再进入混合稳压室与 60% 的高温空气吸热并掺混。

在边界条件方面,入口为压力入口条件,给定来流的总压和总温;出口为压力出口条件,给定出口静压,所有变量外插得出;壁面为无滑移定温壁条件,法向压力梯度为零。

数值计算得到的沿流场方向中心截面温度分布云图如图 6.48 所示。距喷水位置下游 20 mm、70 mm 和 170 mm 处横截面的温度分布和水蒸气质量分布分别如图 6.49 和图 6.50 所示。在距喷水位置下游 20 mm 处的横截面,温度分布和水蒸气质量分布均与四处喷入方式相关,温度分布和水蒸气质量分布均呈现四分之一圆形区域的相似分布,高温气体仍然占据着中心区域,但温度已有所下降。水蒸气质量浓度在中心区域附近达到最大值,但是中心区域的高温水蒸气质量浓度却是最小值,这样的分布有利于掺混。

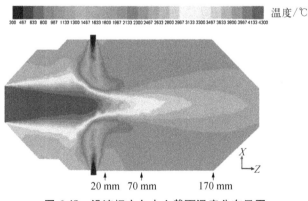

图 6.48 沿流场方向中心截面温度分布云图

在距喷水位置下游 70 mm 处的横截面,温度分布和水蒸气质量分布已明显变均匀,四分之一圆形区域的相似分布已基本消失,只有中心较小区域的温度略高,水蒸气质量浓度略低。

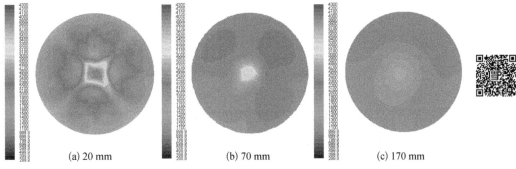

图 6.49　距喷水位置下游 **20 mm**、**70 mm** 和 **170 mm** 处横截面的温度(℃)分布

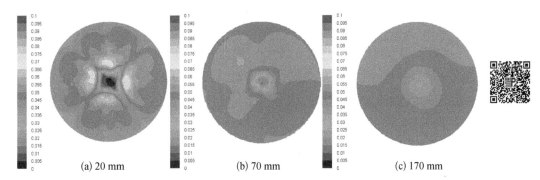

图 6.50　距喷水位置下游 **20 mm**、**70 mm** 和 **170 mm** 处横截面的水蒸气质量(**kg**)分布

在距喷水位置下游 170 mm 处的横截面,温度分布和水蒸气质量分布已基本均匀。这样的混合气体再流经混合稳压室的收集段及试验喷管后到达试验模型考核处,将能达到水蒸气与高温空气掺混均匀,满足试验流场均匀性要求。

4. 混合后含水气流总温的确定

根据需要模拟的燃烧室内压力下的高温含水气流总温 T_0,计算由电弧加热器加热产生的高温空气的总比焓 H_{air},以获取电弧加热器的工作参数。

掺混后含水蒸气的高温气流中,空气和水蒸气的总温相同,均为 T_0,但是各自对应的总比焓不同。利用高温空气的函数表和水蒸气的比焓函数表[35]得:在要求得到的高温含水气流总温 T_0 下,高温空气对应的总比焓为 H_{0air},水蒸气对应的比焓为 $H_{0vapour}$。

常温水喷入高温空气中,吸热汽化成水蒸气。高温空气的比焓由 H_{air} 降低到 H_{0air},常温水则吸热成为比焓为 $H_{0vapour}$ 的水蒸气。

依据能量守恒定律,并忽略常温液态水的焓值,有以下表达式:

$$G_{air}H_{air} = G_{air}H_{0air} + G_{water}H_{0vapour} \tag{6.5}$$

可以得到在未喷入水前,电弧加热器需要产生的高温空气总比焓 H_{air} 为

$$H_{air} = H_{0air} + \frac{G_{water}}{G_{air}}H_{0vapour} \tag{6.6}$$

根据 G_{air} 与 G_{water} 的关系式,可以得到以下关系:

$$H_{air} = H_{0air} + \frac{\omega}{1-\omega}H_{0vapour} \tag{6.7}$$

同样,以国内常用的 RP-3 航空煤油为例。在当量比 $\phi = 1.0$ 且需要模拟的燃烧室内压力下的高温含水气流总温 $T_0 = 2\,500$ K 时,查函数表可以得到 $H_{0air} = 2\,981$ kJ/kg,$H_{0vapour} = 5\,496$ kJ/kg。根据式(6.7)可以求得,在未喷入水前,电弧加热器需要产生的高温空气总比焓 H_{air} 为 3 481 kJ/kg。

5. 试验流场均匀性的试验验证

利用图 6.45 的试验设备,在喷管出口处安装热流测试模型和压力测试模型来测量模型表面的热流分布和压力分布以判断试验流场的均匀性。

试验来流状态选用燃烧室内部燃烧时的典型试验来流状态。模拟燃烧后高温含水气流总温 $T_0 = 2\,500$ K,水的质量浓度以当量比 $\phi = 1.0$ 时的状态确定,气流马赫数为 2.3,测试模型表面的压力约为 2.5 atm。

热流和压力测试模型外观尺寸均为 100 mm×100 mm,每个模型上有 9 个测点,表面压力测点位置与热流测点位置相同,具体测点位置如图 6.39 所示。模型表面压力采用压力探头后接量程为 0～500 kPa 的绝对压力传感器(精度为 0.1% 全量程)测得。模型表面热流密度采用瞬态热容式量热计测量。

模型表面冷壁热流密度和表面压力测量结果如图 6.51 所示。测量的模型表面冷壁热流密度为 3.93 MW/m²,波动为 -4.83%～+3.60%;测量的模型表面压力为 250.8 kPa,波动为 -1.21%～+2.11%。表面冷壁热流密度和表面压力波动范围均较小,表明掺混后的高温含水气流流场较为均匀,高温空气与常温液态水的掺混效果较好。

利用以上高温含水气流对超燃冲压发动机燃烧室壁面备选防热材料 C/C-SiC 进行热防护性能考核,并与在相同气流总温和表面压力的无水高温气流下的考核结果进行对比。

试验条件:来流总温为 2 500 K,气流含水质量分数为 5%,防热材料表面

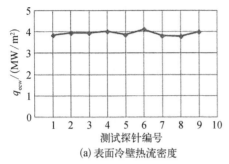
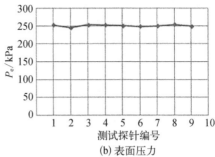

(a) 表面冷壁热流密度   (b) 表面压力

图 6.51 模型表面冷壁热流密度和表面压力测量结果

压力为 4 atm。经过 600 s 加热考核后,防热材料考核结果如图 6.52(a)所示。图 6.52(b)为相同防热材料方案在无水条件且相同气流总温和表面压力的来流条件下的考核结果。

从图 6.52(a)和(b)的防热材料表面形貌来看: 在含水 5%的来流条件下,模型表面有明显烧蚀,基材的纤维材料已裸露,表面未见明显的玻璃状物质,最大烧蚀后退量为 0.5~0.8 mm;在无水的来流条件下,模型表面中间区域形成了一层玻璃态的熔融物,但是该熔融层在冷态下比较脆,触碰易脱落,模型的最大烧蚀后退量小于 0.1 mm。

(a) 含水质量分数为5%来流条件   (b) 无水来流条件

图 6.52 含水和无水来流条件下考核后的防热材料表面形貌

在无水的来流条件下,防热材料中的 SiC 氧化形成一层 SiO_2 玻璃态的熔融物,该熔融层在模型表面铺展呈鳞片状结构,形成有效的致密保护膜,保护了模型的内部材料,大大减小了防热材料的烧蚀量[36]。在含水质量分数为 5%的来流条件下,高温的环境促使 SiO_2 熔融物与水蒸气发生挥发反应,破坏了 SiO_2 的保护层,因此防热材料的烧蚀量较大。

6.5.3　电弧加热发动机燃烧室热结构直连式试验技术

超燃冲压发动机直连式试验方法是一种研究超声速气流流场中燃料喷射、混合、点火、燃烧过程和燃烧特性的试验方法,主要用来解决发动机燃烧室的燃烧问题。试验时不用进气道,将发动机燃烧室与试验设备上的拉瓦尔喷管直接密封连接。由电弧加热器将高压空气加热到指定温度,经过喷管达到指定的马赫数进入发动机的燃烧室,在燃烧室内的不同位置喷入燃料、点火并组织燃烧,利用直连式试验设备可进行亚燃冲压发动机和超燃冲压发动机燃烧室的性能测定和评估[37]及燃烧的基础研究工作[38]。

中国航天空气动力技术研究院根据直连式试验技术能够模拟燃烧室内部热环境及电弧加热设备具有较宽的时间-温度模拟能力的特点,将二者相结合。如图 6.53 所示,采用电弧加热的直连式试验技术结合燃油燃烧的试验方法,模拟发动机燃烧室的入口来流条件,在燃烧室内喷射燃油、雾化混合,使燃油自主点火并长时间稳定燃烧,利用发动机燃烧室正常工作的热环境,考核燃烧室被动或主动防热结构方案的热防护性能。

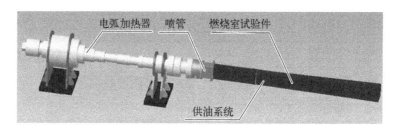

图 6.53　电弧加热的直连式试验示意图

采用电弧加热器作为直连式试验的热源有以下两方面的优点：① 电弧加热设备采用压缩空气作为工作介质,其组分与空气相同,相对于燃烧煤油、酒精或氢气等燃气设备,在燃烧室入口处的气体组分与实际情况更相近；② 电弧加热设备模拟的入口来流条件与燃烧室正常工作时的内部热环境相比低很多,可以达到用较小的电弧功率来模拟燃烧室工作时的热环境,提升设备模拟能力。

模拟的发动机燃烧室入口来流条件参数主要包括气流马赫数、气流总温和喷管出口静压或气流流量。其中,气流马赫数采用变比热容的喷管计算方法得到；气流总温采用平衡声速流量法计算得到；气流流量采用声速流量法计算得到；喷管出口静压采用在喷管出口处布置静压测点直接测量得到。

另外,基于电弧加热直连式试验设备平台,在原有的短时间燃烧室工作性能测定设备上进行改进,使其能对被动热防护燃烧室长时间热防护性能进行考核。

其主要改进了以下两方面：① 长时间接触式的高温测量问题；② 轴向变形量测量问题。改进的目的是使外壁面温度测量方面能达到 1 600℃ 以下的长时间测量；变形量测量方面能获取可信的变形有效数据。这使整个试验设备平台能够在长时间对超燃冲压发动机燃烧室热防护性能考核时，测量燃烧室的温度分布和轴向变形等数据。

1. 外壁面温度接触测量方法

燃烧室外壁面温度可采用接触式的热电偶布点测量或非接触式的红外高温计和红外热像仪测量。非接触式的红外高温计只能测量某一点的温度，如果需要测量多点甚至几十点的温度，必然需要多台甚至几十台非接触式红外高温计；而红外热像仪的测量窗口尺度有限，如果需要测量超燃冲压发动机长度达几米量级的燃烧室，则需要多台红外热像仪分段测量才能提供让人满意的分辨率。因此，采用接触式的热电偶布点测量是相对成本较低、数据较可靠、精度较高的测量方法。

当被动热防护燃烧室正常工作时，外壁面的温度一般处于 1 000～1 600℃，采用 B 型热电偶能够对该区间温度有较高的测量精度和可靠性。但是，如何将热电偶紧贴地布置在燃烧室外壁面是难点。尝试采用多种高温胶等粘贴方式将热电偶粘贴于模型表面，但是在试验过程中高温胶受热后失效或黏性减弱，大部分热电偶会脱落或松开，不能获取燃烧室外壁面的有效数据。采用高温合金钢的金属卡环和 2 mm 厚的氧化锆隔热毡将 B 型热电偶紧压于燃烧室外壁面，热电偶与金属卡环之间采用隔热毡隔开，避免金属卡环的吸热影响，安装示意图如图 6.54 所示，热电偶线应采用陶瓷或不导电隔热材料进行热防护处理。

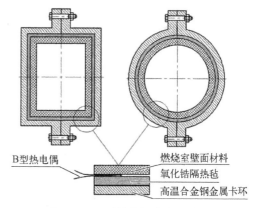

图 6.54　B 型热电偶在燃烧室外壁面的安装示意图

在进行燃烧室热防护性能考核时，将图 6.54 所示安装得到的测量结果与相近部位采用非接触式双色红外高温计测量的结果进行对比。该高温计的光谱响应为 1 μm，响应时间为 10 ms，测温为 1 000～3 000℃，系统精度为 ±0.75% 全量程，测量结果如图 6.55 所示。经过 600 s 的燃烧室热防护性能考核，B 型热电偶与非接触式双色红外高温计测量的最大值分别为 1 293.1℃ 和 1 314.9℃，两者偏差为1.7%,B型热电偶滞后于非接触式双色红外高温计7 s达到最大值。相同时刻的B型热电偶与非接触式双色红外高温计的测量值偏差在-3.3% ~ +1.7%,表明该安装方法未对测量结果产生较大影响;但是在停止加热后,相同时刻的B型热电偶与非接触式双色红外高温计的测量值偏差逐渐增大,到测量值超出非接触式双色红外高温计测温下限时,偏差达到最大值,即为+13.1%。其主要原因是B型热电偶安装处有隔热毡的存在,导致当地的散热偏慢。

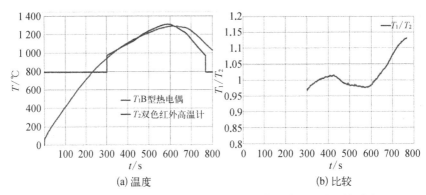

(a) 温度 (b) 比较

图 6.55 B 型热电偶与非接触式双色红外高温计测温结果的对比

2. 轴向变形测量系统

在一定温度条件下,材料的热膨胀将导致结构变形,从而产生热应力,过大的热应力可能使结构失效。了解燃烧室的变形情况,有利于改善燃烧室主体结构与连接件、隔热层等部件或结构的匹配情况。超燃冲压发动机燃烧室属细长结构,轴向变形量相对其他方向较大。本小节采用位移传感器测量燃烧室受热时的轴向变形量。在燃烧室的入口处和出口处各布置一个位移传感器,两者测量值之差即为燃烧室受热时的轴向变形量。为此,需解决以下几个问题:

1) 燃烧室的安装支撑问题

为了释放因温度升高后热膨胀产生的热应力,燃烧室除入口处与喷管出口密封固定连接外,各支撑处均采用轴向不限位支撑与试验台支架相连。如图 6.56 所示,主要采用滑块与轴承之间的滚动摩擦支撑和采用轮毂与滑杆滑动的轴向不限位支撑,基本保证试验件在除轴向外的其余方向上不会由于受到该方向上的气动力或扰动产生较大位移,出现破坏、断裂等问题。

2) 位移传感器的热防护问题

当燃烧室正常工作时,外壁面温度大部分在1 000℃左右,位移传感器距离燃烧室较近,长时间的高温辐射将导致位移传感器烧坏。因此,在燃烧室入口和

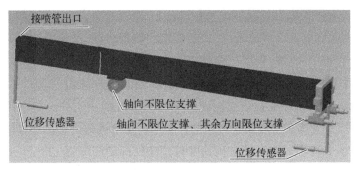

图 6.56　燃烧室整体构件支撑布置示意图

出口处采用相对刚性连接,将燃烧室产生的轴向变形量平行地下移到位移传感器处,在燃烧室外壁面与位移传感器之间加隔热层,保证位移传感器处于限定的温度范围内。

通过以上支撑方式和位移传感器,测量了燃烧室正常工作时的轴向变形量,包括受热时的轴向伸长量和自然冷却过程中的相对轴向缩短量。如图 6.57 所示,测量数据较光滑表明数据真实有效。在停止加热前,被动热防护燃烧室的轴向变形量逐渐增大,并在 600 s 停止加热时达到最大伸长量为 2.93 mm;停止加热后,轴向变形量逐渐减小,经过约 200 s 的自然冷却,轴向变形量降到伸长量为 1.62 mm。根据李铁虎等[39]关于 C/C 复合材料在高温下的热膨胀规律,在 1 200℃ 左右时改性的 C/C 复合材料的平均热膨胀系数约为 1.4×10^{-6}℃$^{-1}$,得到 2 m 左右的轴向变形量伸长量约为 2.8 mm。测量的最大变形量与利用材料属性和壁面温度估算的轴向变形量相近,偏差为 4.6%。

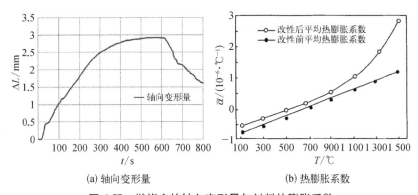

(a) 轴向变形量　　　　　　　　　(b) 热膨胀系数

图 6.57　燃烧室的轴向变形量与材料热膨胀系数

2009~2013 年,中国航天空气动力技术研究院陆续开展了 1~2 kg/s 流量的电弧加热直连式试验,对超燃冲压发动机燃烧室的热防护性能进行考核。利用

12 MW 管状电弧加热设备模拟了飞行高度为 20~25 km、飞行马赫数为 6 的超燃冲压发动机燃烧室入口来流条件,在燃烧室内喷射燃油、雾化、与空气掺混、燃油点火并长时间稳定燃烧,利用燃烧室正常工作的热环境对自身材料或热防护结构方案进行考核,基本可以模拟燃烧室内不同部位的气体组分、压力分布及温度分布等情况,考核燃烧室被动或主动防热结构方案的热防护性能。试验时间从最初的 100 s 逐步发展到 1 200 s,完成了单模块发动机燃烧室被动热防护结构考核、主被动结合及主动热防护结构从开环到闭环的结构考核试验,为超燃冲压发动机燃烧室的材料研制、小尺度结构防热设计提供了技术支撑。

符号表

符　号	名　　称	符　号	名　　称
G_{water}	水的质量流量	Ma	马赫数
G_{air}	空气的质量流量	T_0	气流总温
H_{air}	空气的总比焓	ΔL	轴向变形量
$H_{0vapour}$	水蒸气的总比焓	$\bar{\alpha}$	平均热膨胀系数
H_{0air}	含水空气的总比焓	ϕ	当量比
I_{sp}	比冲	ω	水的质量分数

参考文献

[1] Ferri A. Review of problems in application of supersonic combustion-seventh lanchester memorial lecture[J]. Journal of the Royal Aeronautical Society, 1964, (9): 575-597.

[2] Ferri A. Review of scramjet technology[J]. Journal of Aircraft, 1968, 5(1): 3-10.

[3] Earl H A. Review of NASA's hypersonic research engine project[C]. AIAA 93-2323, 1993.

[4] Anon. HREP phase II structures assembly model test data report [C]. NASA CR-111993, 1971.

[5] Wieting A R. Aerodynamic and thermal analysis of results of tests of a hydrogen cooled scramjet engine at Mach 6. 3[C]. NASA TM X-2767, 1973.

[6] Andersen W L. Hypersonic research engine (HRE) project-phase II aerothermodynamic integration model (AIM) test report[C]. NASA CR-132655, 1975.

[7] Cullom R R. Calibration of Lewis hypersonic tunnel facility at Mach 5, 6, and 7[C]. NASA TND-7100, 1972.

[8] Andrews E H. Scramjet development and testing in the United States[C]. AIAA 2001-

1927, 2001.

[9] Chase R L. A history of the NASP Program from the formation of the Joint Program Office to the termination of the HySTP Scramjet Performance Demonstration Program[C]. AIAA 95-6031, 1995.

[10] Escher W J D. Synerjet for earth/orbit propulsion: revisiting the 1966 NASA/Marquardt composite (airbreathing/rocket) propulsion study[C]. AIAA 96-3040, 1966.

[11] Grindle L. Hyper-X/X-43A: dryden's role[C]. NASA 20120016867, 2012.

[12] Voland R T, Huebner L D, McClinton C R T. X-43A hypersonic vehicle technology development[C]. NASA 20050239566, 2005.

[13] Davis M. X-43A project overview: adventures in hypersonics[C]. NASA 20070039002, 2007.

[14] Norris R B. Freejet test of the AFRL HySET scramjet engine model at Mach 6.5 and 4.5 [C]. AIAA 2001-3196, 2001.

[15] Boudreau A H. Air force HyTech program[C]. AIAA 2003-6947, 2003.

[16] Hoseph M H, James S M, Richard C M. The X-51A scramjet engine flight demonstration program[C]. AIAA 2008-2540, 2008.

[17] Rondeau C M, Jorris T R. X-51A Scramjet demonstrator program: waverider ground and flight test[C]. SFTE 44th International / SETP Southwest Flight Test Symposium, 2013.

[18] Dialing R B. Progress in materials and structures evaluation for the HyTech program[C]. AIAA 98-1591, 1998.

[19] Bruce W E, Horn D D. Arc heater development at AEDC[C]. AIAA 94-2591, 1994.

[20] Ohlhorst C W. Development of X-43A Mach 10 leading edges[C]. Fukuoka: Proceeding of the 56th International Astronautical Congress, 2005.

[21] Max E L, Jeremiah J M. Boundary layer transition protuberance tests at NASA JSC arc-jet facility[C]. AIAA 2010-1578, 2010.

[22] Ohlhorst C W. Arc jet results on candidate high temperature coatings for NASA NGLT refractory composite leading edge task[C]. NASA 20040040337, 2004.

[23] Edward P. Cooled CMC structures for scramjet engine flowpath components[C]. AIAA 2005-3432, 2005.

[24] 杨旸.液压电磁比例调节阀常见故障处理[J].设备管理与维修,2010,000(001): 31-32.

[25] Anderson J D. Hypersonic and high-temperature gas dynamics[M]. New York: MC Graw-Hill Book Company, 2006: 501-558.

[26] Dakshima M V. Nonlinear inernal flow analysis[C]. ASIAC-TR-97-02, 1997.

[27] 陈连忠.塞块式瞬态量热计测量结果修正方法的研究[J].计量学报,2008,29(4): 317-319.

[28] Standard test method for measuring heat-transfer rate using a thermal capacitance (slug) calorimeter[S]. ASTM E 457-96, 1996.

[29] Jashi A, Lee J S. Coating with particulate dispersions for high temperature oxidation protection of carbon and C-C composites[J]. Composites A, 1997, 28(2): 181-189.

[30] Lavruquere S, Blanchard H, Pailler R, et al. Enhancement of the oxidation resistance of

interfacial area in C/C composites. Part II. Oxidation resistance of B-C, Si-B-C and Si-C coated carbon performs densified with carbon[J]. Journal of the European Ceramic Society, 2002, 22(7): 1001-1009.

[31] Levinea S R, Opila E J, Halbigc M C, et al. Evaluation of ultra high temperature ceramics for aero-propulsion use[J]. Journal of the European Ceramic Society, 2002, 22(14-15): 2757-2767.

[32] Fan J L, Gong X, Qi M G, et al. Dynamic behavior and adiabatic shear bands in fine-grained W-Ni-Fe alloy under high strain rate compression[J]. Rare Metal Materials and Engineering, 2009, 38(12): 2069-2074.

[33] Opila E J. Water vapor effects on silica-forming ceramics[C]. NASA 20010059950, 2001.

[34] 刘光启,马连湘,刘杰.化学化工物性数据手册(无机篇)[M].北京:化学工业出版社, 2002: 26-27.

[35] Yoon S, Jameson A. Lower-upper symmetric-Gauss-Seidel method for the Euler and Navier-Stokes equations[J]. AIAA Journal, 1988.

[36] 王琴,张强,柳发成,等.ZrB_2改性 C/C-SiC 复合材料性能研究[J].宇航材料工艺,2012, 42(6): 52-55.

[37] Hass N, Cabell K, Storch A, et al. HIFiRE direct-connect rig (HDCR) phase I scramjet test results from the NASA Langley arc-heated scramjet test facility[C]. AIAA 2011-2248, 2011.

[38] Mathur T, Dtreby G D, Gruber M R, et al. Supersonic combustion experiments with a cavity-based fuel injector[C]. AIAA 1999-2102, 1999.

[39] 李铁虎,林起浪,郑长征,等.基体改性 C/C 复合材料在高温下的热膨胀规律[J].航空学报,2003,24(5): 471-473.

第7章

新型热防护试验技术

非烧蚀热防护是21世纪初各航天大国在发展新一代高超声速飞行器的热防护技术时提出的一个挑战性新课题。这类新型飞行器长时间在临近空间进行高超声速飞行,需要保持高升阻比的气动外形,且需要具有优越的隔热性能。现有的烧蚀热防护技术已无法满足这一防热的新需求,因此热防护技术再次成为气动热领域关注的热点问题。传统的烧蚀热防护会改变飞行器的几何外形,而新型高超声速飞行器需要气动外形保持不变,因此将这类能保持气动外形不变的热防护技术统称为"非烧蚀热防护"[1,2]。本章统称为新型热防护技术。

7.1 新一代高超声速飞行器热环境及热防护特性分析

7.1.1 高超声速飞行器热环境特性分析

新型高超声速飞行器的基本功能是以高超声速在临近空间(100 km 以下的空间)进行长时间(可达 2 000~3 000 s)飞行。要实现这个功能,其气动外形必须为高升阻比的复杂外形,包括头部-翼-身-舵组合体和头部、翼、舵的尖化前缘外形。如图 7.1 所示,复杂外形会产生激波与激波、激波与边界层相互作用的干扰区,其峰值热流密度会比周围非干扰区大几倍;尖化前缘的尖端附近其几何特征尺度能与当地气体分子自由程相当,需要考虑稀薄气体效应;长时间在临近空间进行高超声速飞行,真实气体(即高温气体)效应也必须考虑。复杂外形、真实气体效应和稀薄气体效应是影响新一代高超声速飞行器热环境特性的主要因素[3]。

1. 考虑复杂外形的气动加热

与轴对称简单外形相比,具有头部-翼-身-舵组合体的面对称复杂气动外形,决定了其绕流流场结构的复杂性。飞行器头部前缘热流密度最高及翼、舵前

(a) X-51　　　　　　　　　　　　　　　　(b) SÄNGER

图 7.1　新一代高超声速飞行器[3]

缘气动加热也很严重。当头部前缘激波和翼、舵前缘激波相互干扰时,气动加热会更加严重。其原因是当出现强干扰时的热流密度会比无干扰时的热流密度大几倍或更高。相反,身部、翼面、舵面大面积的热流密度较小,从而造成严重的不均匀加热和沿表面很大的温度变化,这就为防热设计带来了新的困难。

2. 考虑真实气体效应的气动加热

通常的气动加热是以完全气体模型来预测的。完全气体是一种理想化的气体,它不考虑分子之间的内聚力和体积,仅考虑分子的热运动。这种模型对较低温度气体比较适用。在高温时必须考虑真实气体效应,该效应主要是指气体的离解、电离和复合等化学反应与振动能的激发。真实气体效应对热环境的影响主要体现在高温及化学反应带来的高温气体效应。完全气体模型无法模拟真实流动中的能量分布及转化过程;无法模拟由于气体组分变化导致的壁面组分扩散热流。考虑高温气体效应的化学过程,还有平衡与非平衡、是否有壁面催化等不同情况,它们组合起来可构成常用的四种模型,即不考虑高温气体效应的完全气体模型、考虑高温气体效应的平衡模型、非平衡完全催化壁模型和非平衡非催化壁模型。对相同状态、不同模型所得的热环境不同,它们的热流密度由大到小依次为考虑高温气体效应的平衡模型、非平衡完全催化壁模型、考虑高温气体效应的完全气体模型、非平衡非催化壁模型。对于某些化学反应强烈的飞行状态,不同模型之间可能存在较大的差异,最大可达50%左右。因此,需要根据高超声速飞行器具体的飞行状态选择合适的计算流体气体模型。

3. 考虑稀薄气体效应的气动加热

稀薄气体流动的雷诺数很小、黏性层很厚、无黏流和黏性流之间难以划分界限。又因马赫数很高,强压缩脱体激波后的熵梯度明显,会严重影响黏性边界层的结构。稀薄气体由于密度低,壁面处气体碰撞会偏离完全漫反射,导致壁面处存在速度滑移和温度跳跃,使流动呈现非平衡特征,这些都使得稀薄气体流动特征比连续流区更为复杂。壁面处出现速度滑移和温度跳跃,会使表面热流降低。对于过渡区流动,壁面滑移效应最大使热流密度降低 20%。

7.1.2　高超声速飞行器热防护特性分析

研究新的热防护机理的目的是实现新型飞行器在给定热环境条件下的热防护功能。热防护技术的发展实践表明,飞行器热防护的功能有一个由简单到复杂的演变过程。初期再入弹头的热防护功能较为简单,主要是保证弹头不被烧毁,没有其他特殊要求。随着飞行器总体性能的不断提高,其热防护功能也在不断发展,例如,未来飞行器就要求保持外形不变及长时间高效隔热等。非烧蚀热防护机理是在烧蚀热防护的基础上建立起来的,因此了解非烧蚀热防护与烧蚀热防护功能的差异,对研究非烧蚀热防护机理是十分必要的。

1. 热防护功能的差异

烧蚀热防护适用于短时间(小于 100 s)、高焓(如 30 MJ/kg)、高热流密度(如 100 MW/m²)热环境的再入飞行器(如再入弹头),它的防热功能比较简单。再入时间短、弹头的隔热功能容易满足,因此烧蚀热防护机理也较为简单,如硅基复合材料的液态层模型,碳基复合材料的氧化、氮化和升华模型等。非烧蚀热防护要适用于长时间(如 2 000~3 000 s)、高焓(如 30 MJ/kg)、中低热流密度(如 1~10 MW/m²)的热环境,热防护功能要求在飞行过程中不发生飞行器气动外形的变化,以保持飞行器的高升阻比气动性能。由于长时间飞行,降低防热结构层的质量和体积、增加飞行器的有效载荷是新一代高性能飞行器的一个重要标志,所以提出轻质薄层的特殊要求。相应地,它的热防护机理也较为复杂:既要不烧蚀,又要不热裂;既要长时间耐高温,又要轻质薄层。因此,至今还没有一个公认的、广泛适用的非烧蚀热防护机制。人们只能从现有认知出发,根据需要和可能,提出一定应用条件和范围的热防护机制,如本书提到的疏导式热防护。

2. 隔热功能的差异

热传导方程的理论分析表明,对于短时间飞行防热材料的隔热性能容易满足。但对于长时间飞行,热防护技术中的隔热功能实现难度极大。为了显示短时间加热和长时间加热材料隔热性能的明显差别,可以进行一算例:取厚度为 20 mm、初温为 273 K 的平板,表面以 1 100 K 的温度进行恒温加热,对常用的防热材料(如高硅氧-酚醛、玻璃布-酚醛、碳-酚醛、石棉-酚醛等)的隔热性能进行预测[4]。结果表明:对于短时间气动加热,常用的烧蚀防热材料都有良好的隔热性能,在 150 s 内,四种防热材料的背面温度都不超过 373 K(100℃),可以满足隔热要求;对于 1 000 s 的长时间加热,四种防热材料的背面温度都超过 723 K(450℃),无法满足隔热要求。由此可见,烧蚀与非烧蚀的隔热功能有完全不同的要求。烧蚀热防护的隔热功能可不做专门要求,而非烧蚀热防护的隔热功能占主导地位。由于传统固体材料隔热性能的局限性(它们的导温系数可变化范围有限),所以必须探索新的隔热机制来满足长时间气动加热对热防护提出的新需求。

自非烧蚀热防护概念提出以来,各航天大国相继开展了大量非烧蚀热防护机理和实施途径的研究,有的还进行了飞行试验的考核。美国在 X-37B、HTV-2、X-43A 等飞行试验中,都采用了非烧蚀热防护技术。2010 年发射并成功返回的 X-37B 飞行器,采用了防、隔热一体化设计的整体增韧抗氧化复合结构[5]。这种由 Ames 研究中心研制的新型陶瓷复合结构,不仅能承受再入时产生的高温,还解决了在高温环境下的热裂和抗氧化等问题,这也许是非烧蚀热防护的首次成功应用。但是,HTV-2 的两次飞行试验均宣告失败。HTV-2 的热防护系统设计方案是:端头和前缘采用低烧蚀的抗氧化 C/C 材料,机身大面积区域则采用先进的 C/C 气动保形壳体,发挥承载和防热的双重功能[6]。这种热防护系统的研发需要解决许多技术问题,包括精确预测气动热载荷和烧蚀速率技术、大型 C/C 气动外形结构的制造方法、用于实现再入飞行器内部升温限制的隔热技术等。试验结果表明,验证机在气动控制和热防护系统设计两方面都存在问题。X-43A 的飞行时间只有 10 s,其热防护并没有受到考验。这些飞行试验的结果说明,目前的非烧蚀热防护仍处于研究试验阶段,尚没有一种公认、成熟的实用技术。要达到真正的非烧蚀,即具备长时间或多次执行飞行任务的能力,还需要开展大量的基础研究,因此研究人员面临巨大的挑战。

7.2 疏导式热防护试验技术

适应高超声速飞行器在大气层中长时间飞行保持外形不变的需要,摈弃将外加热量就地"消化"的烧蚀防热传统思维,疏导式热防护旨在飞行器防热层中建立可控的热量定向流动机制:一方面将强加热部位的热量快速传送到低温区,使高温区温度降低、温度梯度减小,以避免防热结构烧毁或受热应力破坏;同时提高低温区的温度,以增加辐射散热。另一方面在飞行器防热层内设计高效隔热层,尽量减少向飞行器内部传输的热量,以确保有效载荷处于安全温度范围。

7.2.1　疏导式热防护原理

疏导式热防护包含四个物理机制,即快速传热机制、高效隔热机制、辐射散热控制机制和表面抗氧化机制。如图 7.2 所示,在表面层 A 内侧,用高效导热材料或器件制成疏导层 B,将高温区的热量快速传送到低温区;在疏导层内侧设计高效隔热层 C 以限制飞行器内部的温度升高;在低温区的更大面积上通过表面

升温和辐射特性控制来有效提高辐射散热;通过表面处理建立抗氧化层,保证高温空气作用下的飞行器表面不被氧化。这四种物理机制一方面可以独立起作用,完成各自担负或通或堵的热量疏导任务;另一方面又可以互相配合,共同完成疏导式热防护的整体功能。

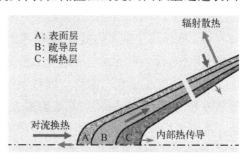

图 7.2　疏导式热防护概念示意图

疏导式热防护突破了传统热防护思路,通过对进入防热结构内部的热量进行主动热管理,区别于热沉式热防护的"储存热量"特征、烧蚀式热防护的"消耗热量"特征,以"疏导热量"为特征,根据总体目标,对热量进行科学有效的管理,是一种综合采用快速传热、高效隔热、辐射散热及表面抗氧化机制的整体式热防护技术。

热管(heat pipe)是一种高性能的传热元件,它通过液态工质的蒸发、凝结和循环流动,实现热量从热端到冷端的高效传递。热管由管壳、毛细芯和工质组成。沿长度方向,热管分为蒸发段、绝热段和冷凝段。蒸发段又称为蒸发器、蒸发端或加热段;热管绝热段的目的是使热管内外能量没有传递,为流体工质提供流动通道;冷凝段又称为冷凝器、冷凝端或冷却段。

热管的基本组成和工作过程如图 7.3 所示。当热管启动后,热端蒸发段内部的液态工质吸收热量蒸发,不断变成蒸汽,蒸汽流在热管中心流向冷凝段,凝结成液体并释放热量,液体从冷凝段沿贴壁毛细芯回流到蒸发段,液态工质不断循环流动,热量不断从蒸发段传递到冷凝段。

图 7.3 所示的热管属于"传统热管(conventional heat pipe)"[7,8],由管壳、毛

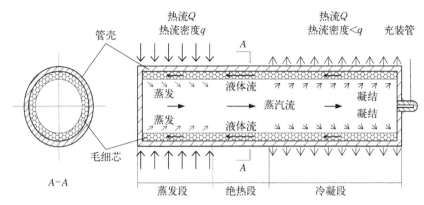

图 7.3　热管的基本组成和工作过程

细芯和工质组成了密闭的蒸发-凝结系统。在热管制造时,通过充装管先将内部空气抽出,达到一定的真空度后充入液态工质,并对充装管封口、密封。传统热管工作时,液态工质在与蒸汽空间接触的毛细芯表面会形成弯月面。在蒸发器端部附近,弯月面半径最小,毛细力最大。在蒸发段的毛细芯表面,沿轴向会形成弯月面半径梯度,从而产生毛细力梯度。蒸发段内的液态工质在弯月面不断蒸发,变成气态,液态工质由毛细芯内液态工质回流来补充。液态工质回流驱动力由弯月面梯度产生的毛细力提供。由此可见,热管是一种将热量从热源向热汇传递的"中间"元件。

　　1942 年 Gaugler 提出了热管元件的工作原理;1964 年 Grover 将这种元件正式命名为"heat pipe";1965 年 Cotter 提出了系统的热管理论;1968 年美国国家航空航天局第一次将热管用于卫星。之后,热管的研究不断深入,几乎在所有传热场合都有应用,解决了许多其他方法难以解决的传热问题,在很多情况下起到了不可替代的作用。热管的研究和应用至今仍在蓬勃发展,国内、外相关学术交流非常活跃。1973 年在德国举行了第一届国际热管会议(International Heat Pipe Conference, IHPC),至今已经召开了 18 次。1985 年在日本举行了第一届国际热管研讨会(International Heat Pipe Symposium, IHPS),至今已经召开了 12 次。1983 年我国在哈尔滨举行了第一届全国热管会议(China Heat Pipe Conference, CHPC),至今已经召开了 16 次。到目前为止,我国已有《热管术语》《热管传热性能试验方法》《热管寿命试验方法》《有管芯热管》《无管芯热管》等国家标准颁布执行。

　　不凝性气体还可以实现特定的热管。对热管充入一定量的不凝性气体,如氮气,在热管工作时它们聚集在冷凝段的末端。它们的体积随蒸汽压力而压缩或膨胀,冷凝段的工作长度随之增大或减小,冷却能力相应增大或减小。因此,热管的工作温度有自调节作用,从而实现可变热导。

高温钠热管还可以实现气控热管(gas controlled heat pipe, GCHP)。一般选择惰性气体充入,如氩气。钠蒸汽压力增大时氩气会受到压缩,反之膨胀。随着工况的改变,冷凝段相变传热的面积在一定范围内自适应调整。

根据热管管壳材料和工质种类有更直观的称谓,如碳钢-水热管、铝-氨热管、不锈钢-钠热管、钨-锂热管等。后两种属于高温和超高温热管。根据热管的应用特点划分为余热回收热管、电子器件控温热管、异形热管等。

7.2.2　疏导式热防护试验方法

1. 热防护试验设计

热防护试验就是根据热环境的测量和计算结果,建立对飞行器各部位热环境具有模拟意义的试验条件,对防热材料或飞行器分部位模型进行试验,考察其热响应特性或预示、评估防热设计的实际效果。

飞行器热防护一般包括防热材料的选用和防热结构的设计两部分,二者相互依存,共同完成对飞行器的防热保护。它既要保护飞行器不被烧坏,又要保证有效载荷部分(战斗部、仪器舱、载人舱等)的温升在规定范围之内,这是飞行器热防护的基本任务。防热系统是飞行器的非有效载荷,它在飞行器的质量和体积中所占的比例越小越好。以最小的质量、体积(厚度)为代价,完成对飞行器防热保护任务就是热防护研究的目标。而试验研究是热防护研究中不可替代的重要手段,它可以为热防护方案的选择和评价提供客观标准,并可直观地展现或预示防热设计的效果[9]。

(1) 从试验内容来看,热防护试验主要包括材料试验和结构试验两方面。材料(含用于防热的某些元器件)试验是热防护试验最多的内容,它几乎伴随飞行器研制乃至生产的全过程。在每一个新型号的方案论证和研制阶段,都需要通过试验对拟用防热材料(不论是已有材料,还是新研制材料)进行选择,即在所需要的热环境模拟条件下,对拟用防热材料试件进行试验,考察其热响应特性是否满足要求,如烧蚀性能和温度响应性能等。这类试验一般统称为材料筛选试验。在型号定型后的批量生产阶段,每批次产品所用的防热材料都需要抽出一些样品进行试验检查,在同研制定型试验一致的条件下,考察批量生产防热材料的热响应特性是否保持稳定。这类试验统称为材料抽检验收试验。热防护试验中的结构试验,主要是指热结构试验,即在热环境模拟条件下对防热结构试件进行热响应特性的考察试验。它通常包括：① 热应力试验，即在某特定结构设计中热脆性材料的热应力破坏考察试验；② 热匹配试验，即不同防热材料界面处的热膨胀性能匹配、烧蚀同步性能匹配、界面热阻等的考察试验；③ 热密封试验；④ 隔热试验。此外，还有一些防热结构试验除热载荷外，还同时对结构试件加其他载荷，如力、声载荷等，以考察在综合加载条件下的结构响应特性，如热气动弹性试验、热噪声试验等。

（2）从试验性质来看，热防护试验可分为研究性试验和考核性试验两类。二类试验中都可以有材料试验，也可以有结构试验。研究性试验针对某一个飞行器型号，一般是在型号方案论证阶段重点服务于热防护方案的确定，包括各部位防热材料的种类、厚度的选择研究及合理的结构设计研究等。研究性试验也可以不针对某一具体型号，而是对某一类型飞行器防热的共性问题进行研究，例如，飞行器表面常会遇到的突起、凹陷、台阶、接缝等局部结构防热规律研究等。研究性试验还包括一些热防护新技术、新途径、新探索所需要的原理性、方法性试验等。考核性试验一般是指对已有防热设计的效果进行评估所安排的试验。它可以是单项（单一材料或结构）单目标的考核，也可以是对某一防热部件或部件组合体进行的烧蚀、温度响应、热应力、热匹配、热密封、热隔绝等多方面的综合评估考核。

（3）从试验的技术实现来看，热防护试验主要涉及热环境模拟技术、模型试验技术和参数测量技术三个方面。任何地面试验都不可能完全模拟飞行条件，热环境模拟技术主要是指模拟参数的选择和技术实现。模型试验技术是指为达到某一试验考核目的，需要选用什么样的试验模型（包括材料、结构、形状和大小等）、配合什么样的试验流场条件、测量哪些试验参数等。热防护试验没有气动力试验那样简单、明确的相似准则，因此每项试验都要有它自己的一套模型试验方法。参数测量包括热环境参数和模型热响应参数的测量，它是试验获取定量结果的必备手段，也是热防护试验技术的一个重要组成部分。

2. 热防护模拟试验参数选择

热防护模拟试验要建立对飞行热环境具有模拟意义的试验条件，首先需要进行合理的热环境参数选择。不同部位、不同试验目的模拟参数的选择是不同的，这里仅对各种试验通用的主要参数，简单地进行分类介绍。

1）热流密度、焓值、压力

气动加热环境的主要表征参数是热流密度，即单位时间内通过单位面积上通过的热量，它是气流对物面作用最直接的因素，因此任何热防护试验的首选模拟参数是热流密度。热量的传递取决于气流同物面的温度(焓)差,气流温度是指物面处气流的恢复温度。物面初始温度一般都是环境初始温度,随着加热过程的进行,物面温度在不断升高,与气流的温差不断减小,热流密度也在相应不断降低。变化的物面温度为热流密度的试验测量带来困难,实际测量时往往采用固定物面温度(如水冷)或快速扫描等方式,使所测热流密度有一个相对确定的值,这样测出的热流密度应为"冷壁热流密度",即物面温度保持初始温度时的热流密度。显然,冷壁热流密度在应用时还需进行温度修正。

气流温度(焓)不仅主导着热流密度的大小,而且直接影响防热材料的物理变化和化学反应,因此也是热防护试验的一个重要模拟参数。在一定条件下,温度和焓值所表征的气体特性是一致的,例如,在不太高的温度下,气体比热容是个常数,焓差等于比热容乘以温差,二者有比例互换关系,用温度更直观一些。但当温度高到一定程度时,气体分子可能发生振动松弛、离解或电离,气体比热容不再是常数,温度也是不确定的值。这是由于分子平动、转动和振动温度不一致,电子温度同离子温度差别也很大。这时,应用焓值表征气流特性更为合理。焓在这里是指单位质量气体所包含的热量(比焓),可以在试验中直接测定。试验测量的焓是加热状态相对于初始状态的焓差。

影响热流密度大小的另一个重要因素是压力。它不仅影响热流密度,还是防热材料机械剥蚀等力作用的主导因素,同时也对相关化学反应产生直接影响。因此,压力也是热防护试验的一个重要模拟参数。

热流密度、焓值、压力这三个量中,焓值、压力可以看成独立变量,影响热流密度大小的除焓值、压力外,还有其他参数,因此三者之间不能相互代替。较理想的热环境模拟试验条件应该是热流密度、焓值、压力同时模拟,但这对一个具体的试验设备来说非常困难。在实际工作中,模拟两个量即可,其中热流密度是必须选择的,焓值和压力选择其一。在烧蚀防热试验中,根据具体试验目的和对象,选择焓值和压力中比较敏感的那一个;在非烧蚀热防护试验中,一般应选焓值。对比较特殊的飞行热环境,在地面试验中,通过焓值、压力的适当调节能实现热流密度的模拟,但焓值、压力往往是一个过量,另一个不足。这时,应该在保证热流密度模拟的条件下,调节几种焓值、压力不同的状态进行试验,从中总结规律,用试验外推法得到更符合模拟要求的试验结果,或者对模拟不足所带来的影响程度做出评估。例如,高空超高速飞行所对应的高焓、低压环境,地面试验一般焓值不足,压力有余,这时可以通过适当的焓值、压力调节,在保证热流密度达到模拟要求的条件下,获得多个不同焓值、压力的试验状态,将在这些状态下得到试验的结果绘成曲线,就可以推得更高焓值的试验趋势或者可能的试验结果。

2) 试验时间与总加热量

由于飞行器在飞行过程中对外流响应的热积累效应,所以热防护试验一般还应考虑试验时间和总加热量的模拟。对那些沿轨道飞行热流密度变化不大的情况,可以考虑用平均热流密度乘以试验时间等于总加热量方法确定试验状态,也可以在热流密度变化范围内选几个典型的热流密度值(如最大、最小、时间最长等)进行试验,给出试验件热响应特性的变化范围。

对于那些飞行时间长、参数变化范围大的飞行状况,地面试验需要采用轨道模拟技术。在某种条件下,所用试验设备的参数可以连续调节,而且热流密度变化范围包含了所有飞行值,这时即可按照飞行条件下的热流密度随时间变化的曲线调试试验状态,这是最理想的轨道模拟,但这种情况并不多见。更一般的做法是,将飞行条件下的热流密度随时间变化的曲线,分成若干个小的时区,使每个时区中热流密度的变化不大,以每时区段内的热流密度平均值和相应时长为模拟对象,在同一次试验中,通过调节气流参数分段模拟加热过程。这时,将各时区段的热流密度平均值用折线连起来,就构成一种阶梯形加热状态,用它来近似模拟飞行连续变化的加热状态。这时,折线下各小矩形面积之和应该等于飞行热流密度曲线下的总面积,即总加热量。

3) 马赫数和雷诺数

热防护试验不模拟外流马赫数,因为影响各部位热环境的是当地马赫数,不同部位的当地马赫数是不同的,而且一般也不等于外流马赫数。气流对物体的作用发生在边界层内的物面区域,那里的气流速度也不等于边界层外马赫数所对应的速度。只有那些马赫数具有主导作用的试验项目,才考虑马赫数的模拟。例如,表面凹凸不平的局部结构试验,其热环境伴有显著的激波干扰特征,激波强度同马赫数关系密切,因此需要模拟马赫数,这里马赫数指的是当地马赫数。

飞行器近物面处气流的速度梯度是产生剪切力的主要因素,但由于直接测量困难,所以一般不选作模拟参数。若有必要,则可以直接选择剪切力作为模拟参数。

热防护试验一般不需要考虑雷诺数绝对值的模拟。但由于层流加热和湍流加热有巨大的差异,所以边界层流动状态应该作为模拟对象。特别是某些需要考虑边界层转捩位置变化的试验,如端头烧蚀外形试验,应充分考虑模拟转捩。

由于加热气流本身的湍流度较高,所以热防护试验模型的转捩雷诺数一般低于常规风洞试验。

3. 热防护试验简化

热防护试验若严格按照前述的特点和要求进行,将会是非常复杂且困难的。考虑到作为一个工程问题,热防护的目标是保证飞行器的安全:一是飞行器不被烧坏,二是飞行器有效载荷不超温。这不是一个精确的定量要求,而是有一定的近似范围,这就为热防护试验研究的简化提供了可能。

热防护试验的简化主要包括三个环节,即试验目的、试验模型和试验模拟。

1) 热防护试验目的简化

试验目的简化是整个试验简化的前提。一项试验不期望完成多种任务,只要明确一个目的,依此选择主要模拟参数和制作相应模型。将热防护试验分为材料试验、结构试验、研究性试验和考核性试验等不同类型,为简化试验目的创造了良好条件。实际上这些不同类型的试验还可继续细分。例如,材料试验可分为驻点和大面积等不同部位试验;结构试验还可按种类不同分为热应力、热匹配、热密封、隔热、局部结构等不同种类。在此基础上,结合具体研究对象所需考察的具体问题,试验目的的简化就更加现实可行[10]。

2) 热防护试验模型简化

试验模型简化是试验简化的中心环节,它可以大大降低对试验设备、参数调节和参数测量等方面的要求,同时,为与理论计算配合提供了方便。试验模型简化至少可以从三个方面进行,即形状、大小和结构。形状简化是根据所考察部位与气流相对位置的不同,将模型制作成简单规则的几何外形。常用的简化形状有正面迎气流驻点试验的圆柱模型;顺气流大面积试验的平板模型;表面同气流呈一定角度的锥面模型(轴对称)和楔面(二维)模型。外形简化模型的大小是在能代表所考察部位全貌的前提下,主要根据试验设备口径的大小而确定。驻点试验圆柱模型的端面有一定面积,不是"点";平板模型和楔面模型的试验材料,不论是专门制作,还是部件剖片,其尺寸都远小于它所代表的部件;锥面模型的大小需要依据考察的具体问题而定,研究性试验多用缩比模型。这里的缩比只是试验模型简化的一种方法,不能视为具有几何相似准则。结构简化主要是分析实际结构特点、提炼结构要素而使模型简化的方法。例如,各种凹凸不平的局部结构大都可以分解成不同形态的台阶和缝隙两种要素,连同材料匹配、缝隙密封等试验都可以用平板镶嵌方式制成简化模型,它可包括不同材料接界;不同形状、不同高度、不同方向的台阶;不同走向、不同尺寸(宽窄、深浅、长短)、不同形式和不同密封介质的缝隙,以及它们的某些组合等。

常用的热防护试验模型大致有四种,即简化模型、全尺寸实物模型、测试模型和专项研究试验模型[11]。

各种形式的简化模型(图7.4)主要用于各种单一目的的材料试验、结构试验和研究性试验。驻点试验的圆柱模型可以是平头,也可以是球面钝头。其基本要求是保证端面一维受热和均匀烧蚀。平板模型的尺寸选择一方面要注意不受边界的三维流动干扰影响,保证二维传热(或烧蚀);另一方面要注意边界层流动状态的模拟,即层流试验在模型上不能出现转捩,湍流试验必须有足够尺寸的湍流流动区。锥面模型和楔面模型的前缘一般采取钝头形式,以保证流场的逼真。其锥角和楔角应同实物保持一致,但当用其他方式不能保证物面热流密度的模拟时,也可用改变锥角、楔角的办法调节热流密度。

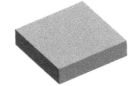

图7.4　典型简化试验模型

全尺寸部件或部件组合体实物模型是最能体现热防护试验特点和要求的试验模型,主要用于该部位防热设计的综合考核和评估。这类试验模型对设备口径和参数的要求比较高,试验模型的制作和试验程序也比较复杂。

不论是简化模型还是实物模型,在正式试验前必须先安排表面参数测试模型。最常用的测试项目是热流密度分布和压力分布。热流密度是个界面参数,必须在试件表面上测量;气流通过压力对物体所起的作用,最确切的表述是表面压力。热流密度和压力测量需要在试件上安装传感器或开测压孔,这会导致材料表面结构的破坏,因此不能在正式试验模型上装测。测试模型的外形与大小必须同正式试验模型保持一致,但材料不一定相同。对于某些常用的典型外形,测试模型可以做成金属水冷形式,以便重复使用。除热流密度和压力外,根据试验要求,还可以制作其他项目的专用测试模型。

3) 热防护试验模拟简化

试验模拟简化首先是模拟量的选取,一般考虑的是单一试验目的下的简化模型,在模拟热流密度和总加热量(时间)的基础上,另外选择一个同所考察问题联系最密切、最直接或最敏感的参数作为模拟量。例如,对易剥蚀材料试验选压力或剪切力、对热应力试验选温度梯度、对隔热试验选表面温度、在局部结构有激波干扰因素时选马赫数等。确定模拟量后,在试验过程中还需注意保持试验状态的稳定,每调出一个试验状态都要求流场参数均匀、稳定、有确定的数值,以便进行数据处理。在有烧蚀存在时,一般还需要考虑试验模型的自动送进,以补偿模型的烧损、保证烧蚀界面气流参数的稳定。

7.2.3　疏导式热防护技术、模型及验证

疏导式热防护试验是一般热防护试验的一个组成部分,在试验条件的建立、试验技术和方法、模型制作和简化、参数测量等方面有很多共通之处。但疏导式热防护作为一种非烧蚀热防护,有其特殊的应用条件,如加热时间长、热流分布梯度大、覆盖空域广等,这就带来疏导式热防护试验有某些不同于常用的烧蚀热防护试验的特殊之处。本小节首先介绍建立疏导式热防护试验条件的相关试验技术,如长时间加热、对流辐射耦合加热等;其次介绍疏导式热防护试验模型的设计思想和原则,并依此制作了几种典型外形的疏导式热防护试验模型;最后介绍了以这些模型为考核对象的验证试验。

1. 疏导式热防护试验技术

疏导式热防护试验技术的应用背景决定了其地面试验必须模拟长时间(大于2 000 s)、大尺度、大空域的飞行条件,这对依据传统烧蚀热防护试验建立起来的试验设备和模拟方法提出了新的要求,包括地面试验设备必须具备长时间、大功率、变参数加热能力。为弥补一般轨道模拟技术难以实现的大跨度热环境模拟,开发了对流辐射耦合加热试验技术;为考核新型多相隔热材料在不同飞行高度下的隔热性能,需要建立变压力辐射加热试验技术等。

1) 大功率、长寿命叠片式电弧加热器加热技术

叠片式电弧加热器具有热效率高、状态重复性好、运行稳定、电极烧损小、能够长时间运行、气流污染率低等显著优势,是目前世界上广泛应用的电弧加热器[12]。对叠片式电弧加热器长时间运行技术的研究主要从四个方面进行。

(1) 采用多弧技术,降低叠片式电弧加热器各电极的平均电流密度,并在电极处注入氮气、氩气等惰性保护气体,降低电极氧化烧损,增加叠片式电弧加热器的运行时间,如图7.5所示。

(2) 改变后电极线圈形式,直接将水冷紫铜管缠绕在后电极上,取代传统线匝式磁控线圈,并延长轴向长度,增大洛伦兹力,在一定区域内加强弧根旋转,缩

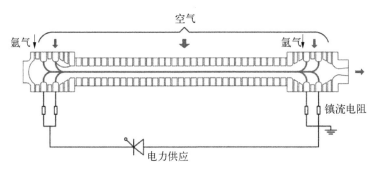

图 7.5　叠片式电弧加热器多弧运行示意图

短弧根在某一点停留的时间,从而减少电极烧蚀。

（3）优化结构设计,在保证整体强度的情况下,尽量减小电极壁厚,依据结构、热度、强度分析,提高冷却效率。

（4）在片间吹气保护,以免片间击穿,同时使得单位弧长和单位体积所能注入的电功率大幅度提高,进一步提高了能量密度和叠片式电弧加热器效率,也减少了电弧弧柱对约束片壁面的烧损。

另外,多臂交流叠片式电弧加热器或两台甚至多台叠片式电弧加热器并联也是加大功率、延长运行时间的有效方法。

2）对流辐射耦合加热试验技术

对流辐射耦合加热试验技术是一种专门的试验技术,它有辐射和电弧两种加热方式,分段模拟飞行器大空域飞行的加热环境。对高空稀薄气体飞行热环境,用无气流辐射加热模拟;对中低空飞行热环境,用电弧加热气流模拟。这样就可以在保证试验模型加热状态具有模拟意义的前提下,有效延长试验时间。

对流辐射耦合加热试验技术原理图如图 7.6 所示,设备主要由模型支架、石英灯辐射加热器、拉瓦尔喷管、电弧加热器和试验模型等组成,整套设备完全在电弧风洞试验段内的真空环境下运行。试验模型安装于可自动送进的模型支架上,试验初始采用石英灯辐射加热器对试验模型进行辐射加热,对给定的热流密度及其变化通过可控硅调节石英灯辐射加热器的电流输入进行控制,监测试验模型温度和其他响应量。在达到规定时间或指定试验状态后,关闭石英灯辐射加热器,启动电弧加热器,并将试验模型送入电弧加热器对流流场（流场参数试验前已经校测）,实现对流与辐射耦合加热。图 7.7 为试验模型在辐射和对流情况下的录像截图。

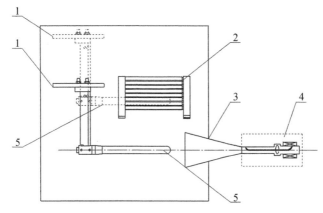

图 7.6　对流辐射耦合加热试验技术原理图

1—模型支架;2—石英灯辐射加热器;3—拉瓦尔喷管;4—电弧加热器;5—试验模型。

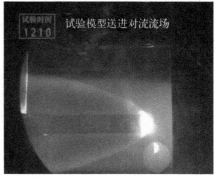

图 7.7　对流辐射耦合加热试验流场照片

3）变压力辐射加热试验技术

如图 7.8 所示,变压力辐射加热试验技术主要用于高效隔热试验,即在控制表面加热条件下,模拟隔热结构在变压力(负压)时的温度响应特性。其具体方法是:在真空试验舱内,采用真空泵控制真空试验舱内的压力;采用石英灯辐射加热器提供热源对隔热结构进行加热;采用可控硅整流电源控制表面辐射加热的热流或温度。试验中通过调节可控硅整流电源的输出功率,控制隔热结构表面温度或辐射热流密度达到要求值且保持稳定;利用热电偶测量模型不同部位的温度响应,得到在不同压力条件下隔热结构表面温度和内部温度的变化历程。

限制电弧风洞长时间运行的一个重要因素是真空抽气能力。连续式真空抽

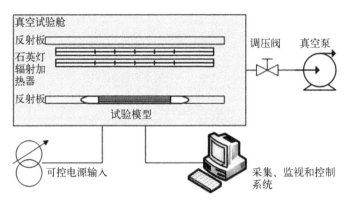

图 7.8　变压力辐射加热试验技术示意图

气技术改变了单纯依靠扩大真空容积延长运行时间的常用方法,取而代之的是采用真空容积和大抽速真空机组联合的方法,先利用真空容积内的低压启动风洞,待流场建立后,随着真空容积压力的升高,真空机组有效抽速相应增加,通过计算和合理设计使加热器进气流量与真空机组抽气流量平衡,实现连续式长时间运行。

2. 疏导式热防护试验模型

疏导式热防护试验的目的是考核试验模型防热效果,并验证各疏导机制的有效性。试验采用比较法,即通过有、无疏导措施或不同疏导措施的试验对比考察热疏导效果。作为一种研究性试验,疏导式热防护试验模型可以用简化形式,即将疏导式热防护的三层结构模型简化为两种双层结构模型。第一种是以考察快速导热和辐射散热为主要目的的外层与疏导层相结合的双层模型;第二种是以考察高效隔热为目的的外层与隔热层组成的双层模型(这里所说的双层是指功能结构,实物设计时可依需要增加辅助结构)。同时疏导式热防护试验模型外形也可以简化为球锥、球柱、钝楔和平板等简单形状。以下具体介绍疏导式热防护试验的模型设计方法和几种典型疏导式热防护试验模型。

1) 模型设计方法

疏导式热防护试验模型采用比较法,根据应用背景,以飞行器端头、翼前缘、大面积等部位为代表,结合试验模型简化的原则进行设计,模型设计考虑的主要因素包括外形、结构、材料及考核参数等。

疏导式热防护试验模型要能够体现不同疏导措施的对比效果,如有无疏导介质、不同疏导介质、外形材料甚至连接结构的差别。

第一种疏导式热防护试验模型外形采用小钝头或尖化前缘,如球锥、球柱、钝头楔等,以模拟高升阻比飞行器端头或前缘部位,通过变化球头或者钝楔前缘半径可以改变前缘加热量;变化锥角改变锥面或楔面加热量,以此建立大梯度热流或温度分布环境;对锥面或楔面,可通过延长锥(楔)段长度加大辐射散热面积,并且可以使用高辐射层来加强接受和散发热量的能力。第二种多相隔热试验模型采用平板外形,在均匀的表面温度情形下考核不同材料的隔热效果。

疏导式热防护试验模型均采用内、外层嵌套或叠加平铺的双层结构,外层采用耐烧蚀的防热材料并进行抗氧化处理;内层为待考察的对比材料。对第二种模型,可在隔热材料下面增加一层金属垫板以提高强度并使背面温度均匀。为减少第一种模型内、外层间的接触界面热阻,可采取焊接、浸脂碳化镀银等工艺处理。

疏导效率由降温系数体现,故疏导式热防护试验模型以温度为测量重点,表面温度用辐射测温仪测量;热管启动温度、隔热试验的层间温度和背面温度等用热电偶进行测量。

2) 典型疏导式热防护试验模型形式

(1) 球锥(柱)。球锥是典型的飞行器端头模型的简化形式,为加大球头与锥面的加热差异,可减小球头半径和锥角,当锥角等于零时则为球柱外形。根据球锥(柱)热流分布特点,即随着球头半径的减小,驻点热流可以是锥(柱)身大面积的几十倍。采用内、外嵌套的疏导式球锥(柱)模型结构如图7.9所示。外层为抗烧蚀材料并进行抗氧化处理;内部为高热导率疏导材料,如高导碳基材料或热管。两层材料之间可采用钎焊或浸脂碳化以减少界面热阻,并在制成后通过 X 射线等无损检测手段进行检查,确保嵌套后的模型两层结构接触完好。对于尺寸较大的嵌套结构,可将外层材料的头部截断以便内部精细加工和配合安装,然后再将外壳体对接黏合。

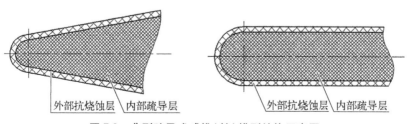

图 7.9　典型疏导式球锥(柱)模型结构示意图

（2）钝楔。钝楔是典型飞行器翼（舵）前缘、发动机唇口等模型的简化形式，与球锥（柱）相同，其前缘半径、锥角大小的变化可有效改变模型表面热流密度分布。以热管为疏导介质的翼前缘为例，可采取两层叠加铺层的方式，也可采用将热管直接焊接在防热层内壁或嵌套到防热层材料内部的方式，将热管弯曲成"J"形，交替布置在两楔面防热材料内部，既可保证翼前缘热量的导出，也增加了热管向低温区疏导热量的长度和面积，以最大限度地增加辐射散热量，如图 7.10 所示。

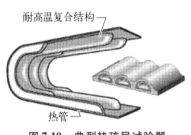

耐高温复合结构

热管

图 7.10　典型热疏导试验翼前缘模型示意图

（3）平板。平板是典型飞行器身部大面积部位的模型简化形式，外表面用适当厚度的防热材料，背面为待考核材料，其表面热流分布一般较为均匀，是用于结构隔热性能考核的理想模型。对于多相隔热材料，其导热系数已低于常压空气，因此模型在安装时要注意连接件、模型尺度及周围环境对传热和测温的影响。

3. 疏导式热防护验证试验

疏导式热防护验证试验的目的是验证疏导式热防护原理的有效性、合理性和优越性，并考核疏导式热防护技术实现途径的可行性。本小节介绍了几个疏导式热防护原理和实现途径的验证试验，考核了不同外形、不同结构、不同材料疏导模型的疏导传热及多相隔热效果。

1）高温热管球柱疏导模型试验

依据疏导式热防护试验模型设计方法，制作了内、外层嵌套的球柱模型，其外层为抗氧化碳/碳材料，为对比疏导效果，内层分别采用镍基高温钠热管（疏导模型）和普通碳/碳（对比模型）材料。模型外形尺寸为 $\Phi 34$ mm×330 mm，内芯材料尺寸为 $\Phi 30$ mm×300 mm。为保证模型头部的精细加工和配合，将外壳球头和柱段截开，在头部结构制成后，再连接为一体。模型内、外层通过浸脂碳化工艺减少界面热阻，制成的模型及其 X 射线检测照片如图 7.11 所示。

试验目的是通过对比两种内层材料模型的驻点温度和柱面温度的数值，验证以高温热管为疏导介质的快速传热机制的有效性和可行性。试验状态如表 7.1 所示。为了保证热管顺利启动，采用了对流辐射耦合加热试验技术。利用石英灯辐射加热器对高温热管进行预加热，当热管启动后将模型送入电弧加热器的高温、高速流场进行对流加热，总试验时间超过 1 000 s，两个对

图 7.11　模型及其 X 射线检测照片

比模型的试验条件完全一致。试验中分别利用双色红外高温计测量驻点表面温度 T_1、球头柱面相切点表面温度 T_2、柱面点表面温度 T_3，模型表面温度测点位置分布如图 7.12 所示，同时也利用红外热像仪监测了整个模型的表面温度分布。

表 7.1　试 验 状 态

总焓/(MJ/kg)	驻点热流密度/(kW/m^2)	驻点压力/kPa
10	2 900	8.2

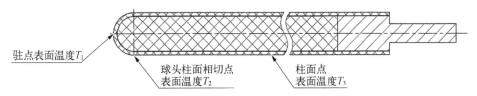

驻点表面温度T_1　　球头柱面相切点表面温度T_2　　柱面点表面温度T_3

图 7.12　模型表面温度测点位置分布

电弧加热试验停止时刻模型表面温度数值如表 7.2 所示，从表 7.2 可见，相比于普通碳/碳模型，高温热管模型驻点表面温度 T_1，球头柱面相切点表面温度 T_2 均出现下降，柱面点表面温度 T_3 上升。其中，T_1 降低了 161℃，T_2 降低了 133℃，T_3 上升了 105℃。

表 7.2　电弧加热试验停止时刻模型表面温度数据

测点参数	高温热管数据/℃	普通碳/碳数据/℃	降温/℃	降温幅度/%
T_1	1 529	1 690	161	9.5
T_2	1 150	1 283	133	10.4
T_3	831	726	−105	−14.6

图 7.13 给出了两种模型在加热停止时刻沿子午线的表面温度分布曲线,图 7.14 给出了两种模型在相同时刻的试验过程照片。由图 7.14 可见,高温热管模型前端高温区的面积和亮度均明显小于普通碳/碳模型,而柱面发亮范围却明显大于普通碳/碳模型,这与图 7.13 的曲线所显示的温度变化规律完全一致。图 7.15 给出了两种模型球头部分在试验后的照片。由图 7.15 可以看到,在最高驻点温度达到 1 690℃时,高温热管模型抗氧化层仍基本保持完好。

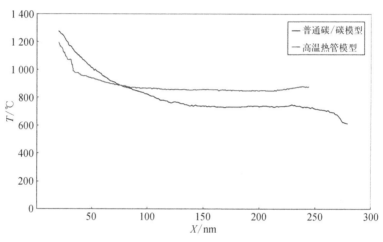

图 7.13 高温热管与普通碳/碳模型在加热停止
时刻沿子午线的表面温度分布曲线

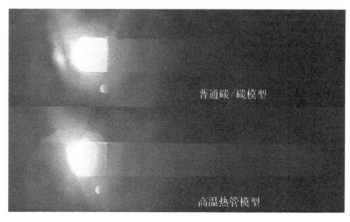

图 7.14 普通碳/碳模型与高温热管模型
在相同时刻的试验过程照片

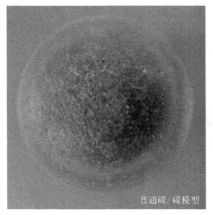
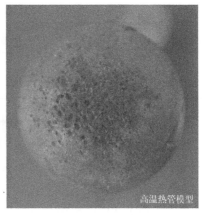

图 7.15　高温热管模型与普通碳/碳模型球头部分试验后照片

根据以上试验结果可以看出,防热内层装入快速导热元件后可以有效降低驻点高热流区的表面温度,提升柱面低温区的表面温度,增加辐射散热量。且当将高温热管用作热疏导介质时,模型整体温度均匀化效果明显,这对减少因温度梯度引起的热应力十分有利。

2) 高导热碳/碳球柱疏导模型试验

同上节模型结构一样,制作了外层材料为抗氧化碳/碳材料,内层材料分别为高导热碳/碳和普通碳/碳材料的内、外层嵌套的球柱模型,模型外观尺寸为 $\Phi 34\ \mathrm{mm} \times 180\ \mathrm{mm}$,内芯材料尺寸为 $\Phi 28\ \mathrm{mm} \times 150\ \mathrm{mm}$。同时,为保证模型头部的精细加工和配合,将球头部分截断单独加工,内外层通过浸脂碳化工艺减少界面热阻,制作的试验模型及其 X 射线检测照片如图 7.16 所示。

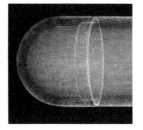

图 7.16　试验模型及其 X 射线检测照片

试验目的仍是利用对比法,通过更换材料进一步验证快速传热机制的有效性,以及采用高导热碳/碳材料作为疏导介质的可行性。为考核该机制对不同热环境的适用性,选择两种状态进行试验,如表 7.3 所示。试验中模型温度测点分布同图 7.12 一样。

表 7.3　试 验 状 态

状　态	总焓/(MJ/kg)	驻点热流密度/(kW/m²)	驻点压力/kPa
I	10	2 900	8.2
II	11	4 000	14

试验结果显示,相比于普通碳/碳模型,高导热碳/碳模型的前端表面温度 T_1, T_2 均出现降低,而柱面点表面温度 T_3 上升。状态 I 下,高导热碳/碳模型驻点表面温度 T_1 降低了 287℃,相切区域表面温度 T_2 下降了 108℃,柱面点表面温度 T_3 上升了 44℃。状态 II 下试验各测点温度变化规律与状态 I 基本相同, T_1, T_2 分别降低了 209℃ 和 63℃, T_3 升高了 55℃。两次试验结果见表 7.4。

表 7.4　高导热碳/碳模型疏导效率试验结果

状态	测点	高导热碳/碳数据/℃	普通碳/碳数据/℃	降温/℃	降温幅度/%
I	t_1	1 558	1 845	287	15.6
	t_2	1 126	1 234	108	8.8
	t_3	572	528	−44	−8.3
II	t_1	1 883	2 092	209	10.0
	t_2	1 310	1 373	63	4.6
	t_3	689	634	−55	−8.7

状态 I 下试验过程模型表面温度变化曲线如图 7.17 所示。由图 7.17 可以看到,高导热碳/碳模型驻点温度在预定的 300 s 试验时间内,基本保持在平衡温度不变;而普通碳/碳模型在约 170 s 时温度出现陡然变化,这是由于普通碳/碳模型的表层抗氧化涂层出现了烧蚀破坏,从图 7.18 状态 II 下模型球头部分在试验后的照片也可得到同样的结论。

图 7.19 为两种模型在电弧加热器停车时刻的照片,从图中亮度分布可以看出高导热碳/碳模型驻点高温区面积小于普通碳/碳模型,而其柱面温度却高于普通碳/碳模型。

由以上试验结果可以看出,防热内层装入高导热碳/碳后也可以有效降低驻点高热流区的表面温度,提升柱面低温区的表面温度,本试验中两个状态下驻点表面温度均降低 10% 以上,柱面表面温度提升 8% 以上。两种试验状态得到基本相同的结果,说明疏导式防热对不同热环境有普遍的适用性。对比表 7.2 中的高温热管数据,采用非金属的高导热碳/碳材料作为疏导介质的模型,驻点表面

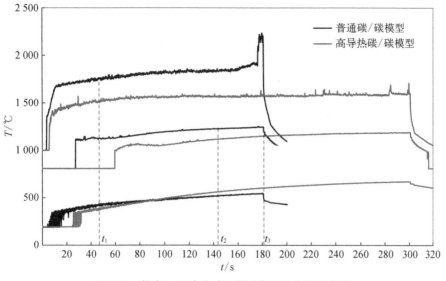

图 7.17　状态 I 下试验过程模型表面温度变化曲线

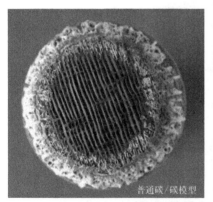

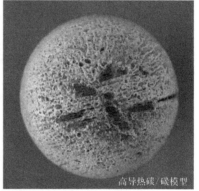

图 7.18　状态 II 下模型球头部分在试验后的照片

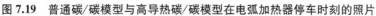

图 7.19　普通碳/碳模型与高导热碳/碳模型在电弧加热器停车时刻的照片

温度降低幅度更大一些,这是由于即便采用了同样的浸脂碳化工艺,但金属与非金属之间接触热阻仍然较大,致使高温热管的高效导热性能尚未得到充分发挥。

3）高温热管翼前缘疏导模型试验

高温热管冷却金属翼前缘模型图片如图7.20所示,前缘半径为33 mm,半锥角为3°,长为300 mm,宽为100 mm,高约为95 mm。内部呈J形交叉排列8根高温镍基钠圆形热管,热管长为500 mm,利用钎焊焊接在镍基薄板内。为了对比在相同加热条件下,热管对高温区的冷却效果,设计了一个仅由高温镍基合金材料制成,没有焊接高温热管的对比模型(简称对比模型),对比模型外形尺寸与热管模型完全一致。

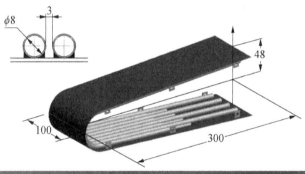

图7.20　高温热管冷却金属翼前缘模型示意图及实物照片

电弧加热试验状态如表7.5所示,试验还是依据对应点表面温度的变化,即驻点温度是否降低、翼面温度是否升高来验证疏导传热效果。驻点表面温度采用单色红外测温仪测得,在经过高温镍基合金钢测温标定试验后,考虑到石英窗口透过率的影响,将镍基合金钢模型发射率设为0.65即可以得到较为精确的测量结果,翼面温度由K型热电偶测量,测点布置如图7.21所示。

表 7.5　电弧加热试验状态

总焓/(kJ/kg)	驻点热流密度/(kW/m²)	试验时间/s
1 750	350	300

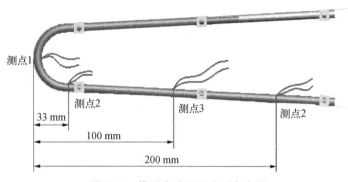

图 7.21　模型内壁面温度测点布置

　　试验采用对流辐射耦合加热试验技术,先将热管模型放入辐射加热器中进行加热,启动后的试验模型再送入电弧加热器的高温、高速流场,试验过程照片如图 7.22 所示。

图 7.22　试验过程照片

　　试验驻点表面温度曲线的对比如图 7.23 所示,图 7.23(a)和图 7.23(b)分别为红外测温仪 T_1(IR)和 K 型热电偶 T_1(TC)测量结果。从图 7.23 中可以看出,同无热管模型相比,热管模型驻点表面温度 T_1 平均降低了 304℃,平均降温幅度达到 25.5%。图 7.24 给出了模型翼面(距前缘 200 mm)温度比较,可以看出翼面温度 T_3 上升约 130℃,升温幅度为 18.6%,取温度平衡时数据如表 7.6 所示。热管模型不但有效降低了驻点部位的温度,而且将前缘热流传导至翼面大面积区域,使翼面温度升高,加强了辐射散热。

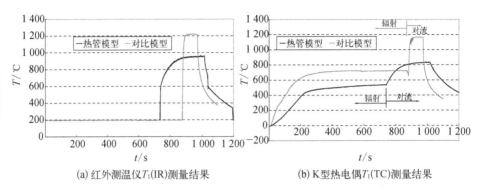

(a) 红外测温仪T_1(IR)测量结果　　　　(b) K型热电偶T_1(TC)测量结果

图 7.23　试验驻点表面温度曲线比较

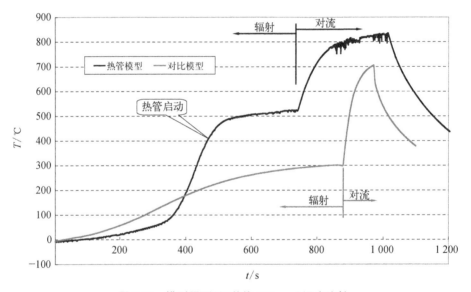

图 7.24　模型翼面(距前缘 200 mm)温度比较

表 7.6　翼前缘模型温度对比数据

测点参数	热管模型数据/℃	对比模型数据/℃	降温/℃	降温幅度/%
T_1(IR)	950	1 220	270	22.1
T_1(TC)	828	1 166	338	29.0
T_2	830	700	−130	−18.6

　　此外,试验还探索了高温热管在更真实使用条件下的快速自启动性能,即热管不通过辐射加热启动,而是利用电弧加热器对流加热直接进行疏导效果试验。

试验结果表明,在较高热流的对流加热条件下,热管只用了不到 100 s 已经完全启动且等温性较好。试验模型驻点表面温度和翼面温度平衡数据如表 7.7 所示。从表 7.7 可以看出,同无热管模型相比,热管模型驻点温度平均降低了 310℃,平均降温幅度达到 26.1%;翼面温度上升了约 100℃,升温幅度 14.3%。试验证明,在一定飞行条件下,疏导式热防护所用的高温热管可以自适应启动,不需要附加启动热源。

表 7.7 自启动翼前缘试验模型温度对比数据

测点参数	热管模型数据/℃	对比模型数据/℃	降温/℃	降温幅度/%
T_1(IR)	940	1 220	280	23.0
T_1(TC)	826	1 166	340	29.2
T_2	800	700	−100	−14.3

根据以上试验结果,可以得到如下结论:

(1)对于钝楔外形的翼前缘结构,高温热管依然可以有效地将热量由驻点高热流区疏导至翼面低热流区,进一步验证了疏导式热防护机理和实现途径的有效性和可行性;

(2)采用金属与非金属的真空钎焊连接,可以有效地减小界面热阻,使高温热管充分发挥热疏导作用,从而使翼前缘温度降低近 30%,翼面温度提升近 20%;

(3)高温热管用对流加热可以直接启动,表明在一定飞行条件下,高温热管可以自适应启动,这为高温热管在未来型号设计中的应用提供了试验依据。

7.3 再生冷却热防护试验方法

再生冷却是指燃料流经发动机壁面中的冷却通道,吸收来自壁面的热量,降低壁面温度,同时,吸热后的燃料最后进入燃烧室参与燃烧,吸收的热量再次得到了利用,因此称为再生冷却。

7.3.1 再生冷却原理

再生冷却技术方案的提出已有一百多年的历史,由 Tsiolkovsky 于 1903 年首次提出,并首先应用于火箭发动机的推力室热防护中。目前来讲,再生冷却是解决超燃冲压发动机热防护问题最可行的方案[13]。一方面,超燃冲压发动机在高马赫数下,内、外部都充斥着高温气流,无法引入外流冷却;另一方面,针对超燃冲压发动机的工作特性,在工作过程中需要喷射燃料进行燃烧,在再生冷却的过程中,发动机壳体可以依靠自身碳氢燃料的吸热进行冷却。其中,超燃冲压发动机中再生冷却工作示意图如图 7.25 所示。碳氢燃料作为冷却剂从发动机尾部流入,通过冷却通道,从发动机头部流出,发动机再生冷却通道内涂上了催化剂,这种催化剂在碳氢燃料温度升高时能够催化燃料快速裂解,这个过程中生成气态的碳氢组分吸收了大量的热量,起到了热防护的作用。这些碳氢组分被喷射到燃烧室中,易于燃料与来流混合燃烧,从而产生推力。

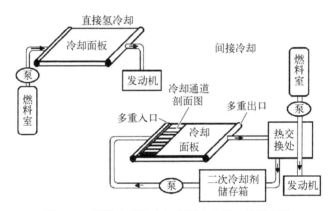

图 7.25　超燃冲压发动机中再生冷却工作示意图

再生冷却中的冷却剂就是燃料,超燃冲压发动机的燃料主要分为氢燃料和碳氢燃料两种,煤油即是碳氢燃料的一种。虽然氢在冷却能力、燃烧性能、燃烧热方面均优于碳氢燃料,但氢是一种低温燃料,在存储、运输及操作上存在诸多不便;氢的密度小,会导致结构重量增加;另外,氢的可燃范围非常宽,对安全性有了较高的要求,这些缺点对于要求高机动性、轻结构重量的高超声速飞行器尤其是武器系统是致命的。因此,人们将目光转向了碳氢燃料。

碳氢燃料最大的优势在于克服了氢燃料的不足。首先,碳氢燃料具有更大的密度,为氢燃料的 10 倍,这将大大节省储箱等结构重量。而空间和重量对空间飞行器来说是非常重要的。Pike 的研究表明,采用碳氢燃料可减少 20% 的起飞重量,增加 5% 的载荷重量,这个提升是非常明显的。其次,碳氢燃料储存、运输更为方便,相比之下,氢燃料通常储存在高压、低温的环境,这使得供应系统更复杂和昂贵,也增加了发生泄露等安全问题的风险。再次,碳氢燃料在高温下会发生裂解反应,生成气态小分子,有利于喷射、混合和燃烧。并且,这些裂解反应通常是吸热的,因此会产生化学热沉,提高燃料的冷却能力。通常把这类燃料称为吸热型碳氢燃料。最后,碳氢燃料非常容易获取,其生产、储存、运输及保养体系都已经建立,采用碳氢燃料作为燃料和冷却剂不但能节省经济成本,还能节省时间成本,快速形成战斗力。早在1971年,Lander和Nixon就意识到对于高超声速飞行器需要主动控制燃料的裂解反应来提高其冷却能力。美国空军怀特试验室的Edwards在分析了飞行器的热载荷后,指出由于增加发动机推重比及未来更高飞行马赫数的需要,传统的燃料物理热沉已难以承受巨大的热载荷。通过比较JP-8、JP-8+100、JP-900等燃料的热沉,其指出对马赫数5以上的飞行,必须通过额外的化学热沉来进行冷却。Deepak和Jeenu认为,对于马赫数为4~10间的飞行,必须由裂解吸热反应来进行冷却,挑选燃料的首要条件是热沉和裂解产物的燃烧特性。Jackson指出,碳氢燃料的热沉能够达到3 300~4 200 kJ/kg。Huang也论证了碳氢燃料用于冷却的关键技术,包括热沉及超临界燃料的燃烧特性等。法国的ONERA与MBDA机构指出了所需的热沉大小及所需的化学反应类型,指出温度在900 K以上的裂解反应,化学热沉达到2 100~2 800 kJ/kg,才能适应以马赫数5~8飞行的高超声速飞行器对防热的需要。

7.3.2　再生冷却技术发展现状

针对超燃冲压发动机热防护研究开展得比较早,Dukes等于20世纪60年代初发展了隔热结构的概念,采用厚重且贵重的隔热罩来保护发动机内部结构。然而,这种方法存在着明显的问题和限制,虽然隔热罩能够起到比较好的隔热作用,但是会使发动机比较重,且由于壁面的烧蚀会改变燃烧室的气动形状而影响燃烧效率。相比之下,Becher等提出的主动冷却的概念显得更具吸引力。Helenbrook和Anthony等的研究也明确指出了主动冷却较隔热罩在重量和成本上有明显的优势。主动热防护方法主要包括再生冷却、气膜冷却、发汗冷却和热管冷却。

再生冷却从能量上看是十分合理的,因为从燃烧产物吸收的热量并未损耗掉,而是同推进剂组元一起又回到燃烧室。再生冷却燃烧室的室壁一般由内、外两层壁构成的冷却通道所组成。超燃冲压发动机工作时,燃料首先流经冷却通道,对内壁进行冷却,再经喷注器进入燃烧室,使通过内壁传出的热量又回到燃烧室,得以"再生",故称再生冷却。再生冷却超燃冲压发动机示意图见图7.26。

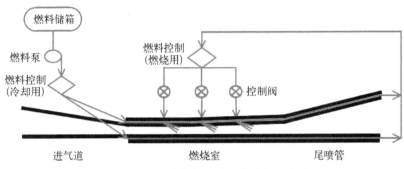

图 7.26 再生冷却超燃冲压发动机示意图

在美国开展的 X-43A 飞行试验中,采用的燃料为氢燃料,但是由于飞行时间比较短,所以发动机采用水作为冷却剂。在美国和俄罗斯联合开展的马赫数为 6.5 的氢燃料超燃冲压发动机飞行试验过程中,采用氢燃料作为冷却剂,验证了冷却技术及冷却结构的合理性。美国 Hytech 研究计划中开展的 GDE 系列地面演示试验中,GDE-1 超燃冲压发动机完成了冷却用燃料与推进用燃料分别供给的燃料催化裂解的开环试验,通过逐渐减少每一次试验冷却用燃料的用量,最终验证了冷却用吸热型碳氢燃料与燃烧所需燃料的流量匹配性。GDE-2 超燃冲压发动机在 2007 年完成了冷却用燃料与推进用燃料闭环试验,冷却吸热裂解后的燃料直接通入到燃烧室燃烧,验证了采用吸热型碳氢燃料能够满足燃料冷却能力的需求。美国在 2010 年和 2011 年两次开展的 X-51A 碳氢燃料超燃冲压发动机飞行试验中,冷却壁面后的燃料再进入燃烧室进行燃烧,进一步验证了闭环燃料冷却技术的可行性。

法国在超燃冲压发动机主动冷却及耐高温部件方面也做得很好,早在 20 世纪 80 年代就开始对超燃冲压发动机耐高温部件的选材和热防护方法进行研究[14]。在多个发动机热防护项目中,研究较为突出的是 PTAH-SOCAR 项目,该项目是由法国 MBDA 公司与德国 EADS 空间运输公司合作进行,该项目制作的冷却面板具有较好的热力特性和结构耐久性,具有用于超燃冲压发动机再生冷却系统中的可行性。

7.3.3 再生冷却工程化应用

对于超燃冲压发动机再生冷却,如果将热量管理应用于飞行器系统循环,将燃料从壁面吸收的热量引入到飞行器其他需要能量的部件,不仅可以减小飞行器对能量的需求,而且释放能量后的燃料温度降低,重新进入到再生冷却通道之后,将能够再次吸热,这相当于变相地增加了燃料的热沉,提高了发动机燃料的冷却能力。

鲍文等[15]提出了超燃冲压发动机的二次冷却系统循环方案,将流经壁面充分吸热的燃料引入涡轮,推动涡轮做功,冷却后的燃料重新进入再生冷却通道,再次冷却飞行器内壁面。其系统结构原理图如图 7.27 所示。

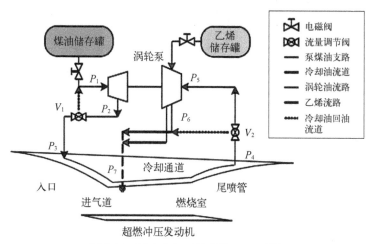

图 7.27　再生冷却系统结构原理图[16]

7.4　气膜冷却热防护试验方法

气膜冷却是指沿壁面切线方向或以一定的入射角射入冷却气体,形成一层贴近受保护壁面的缓冲冷却气膜,用以将壁面与高温气体环境隔离,对入射口下游壁面进行热防护和化学防护。目前气膜冷却已成为现代燃气轮机叶片的主要冷却措施,可降低叶片温度 400~600℃。同时气膜冷却在火箭高温部件冷却及未来高超声速飞行器热端部件冷却中也得到了一定的研究。

7.4.1　气膜冷却原理

气膜冷却基本原理如图 7.28 所示,低温的二次流气体沿一定方向注入主流气体,在与主流气体的相互作用下,贴附在壁面形成气膜,避免了高温主流气体与壁面的直接接触,在一定程度上降低了壁面的热流密度或者表面温度,从而较

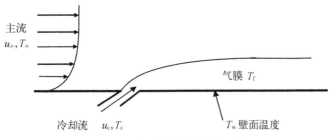

图 7.28 气膜冷却基本原理图

好地保护了壁面。而随着冷却流气体与主流气体的掺混,壁面附近的气体温度逐渐升高,气膜冷却效果逐渐消失。另外,气膜冷却在保护壁面的同时,还可以减少壁面的摩擦阻力,控制边界层的分离,产生额外的推力。因此,气膜冷却在燃气轮机叶片、航空发动机火焰筒、火箭发动机及冲压发动机燃烧室等部件得到了广泛的应用[17]。图中的 u_∞、T_∞ 表示主流速度与温度;u_c、T_c 表示冷却流的速度与温度;T_w 为壁面温度;T_f 为气膜温度。

气膜冷却的物理问题是指气膜冷却的流动和传热问题。早期的外部冷却采用的是槽缝射流,它的流动是较为简单的二维流动,后来因为强度、冷气量等问题,所以发展出了离散孔的气膜冷却,流动就变得复杂了很多。湍流流动、三维结构形成的复杂涡系加之与主流边界层和壁面的相互作用,使得气膜冷却流场表现出各向异性的三维近壁掺混特性。对气膜流动的研究最早是探索气膜冷却的基本流动模型和它的流场特征,之后逐渐开始研究影响其流动的因素,随着认识的不断深入,各影响因素的作用机制也逐渐被揭示。

流动结构是传热特性的基础,在冷却气体进入气膜孔以后,由于气膜孔的倾斜布置形式,所以流动在入口处发生分离,在分离区内,冷却气体流速低,从而在分离区的对侧形成一个高速射流区,这一现象称为"射流效应"。在气膜孔较短时射流效应会在出口处造成很大的速度不均匀性。另外,在气膜孔出口处,由于射流的阻滞作用,所以主流速度降低,在气膜孔出口上游部分形成高压区,阻碍气膜出流,降低当地的射流速度。这两个因素都导致了气膜孔出口处的速度不均匀性,而且对于短孔和充分发展的长孔,其速度分布特性不一致。

气膜冷却在出流以后是一个典型的交错射流流动,其涡系结构如图 7.29 所示。

主流在气膜孔上游发生滞止,边界层分离,形成环绕射流的马蹄涡;在气膜孔下游,类似圆柱绕流情形,会形成弱涡街结构;强烈地反向旋转的肾形涡对是气膜冷却射流的主导涡系结构,它会很大程度上影响气膜冷却的流动特

征和传热特性,是气膜冷却研究的
关键点之一。

　　复杂的内部冷却结构也会造成
不同的气膜孔入口条件,进而改变气
膜孔内的流动特征和出流后的肾形
涡对结构。气膜冷却的肾形涡对结
构将主流高温燃气卷夹进入射流底
部,削弱了气膜冷却的侧向覆盖范
围;而在射流中心位置,其对冷却气
体的抬升作用进一步减弱了冷却气

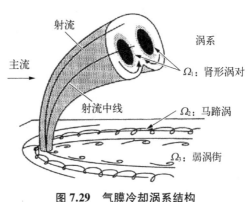

图 7.29　气膜冷却涡系结构

体的覆盖效果。圆孔气膜冷却强烈的肾形涡对结构对其传热特性有很大的负面
影响,在气膜冷却研究初期,研究者就发现随着冷气量的增大,圆孔气膜冷却有
效度不升反降。除了肾形涡对的影响外,在高吹风比下,圆孔气膜冷却射流并不
能很好地贴附在壁面上。从 Javonavic 通过流场显示技术得到的气膜冷却射流
结构图可以发现,只有在吹风比小于 0.5 时,气膜冷却射流能够较好地贴附于壁
面;在吹风比为 1.0 时,由于动量较大所以气膜冷却射流在气膜孔出口处发生了
流动分离,在近孔区域基本没有冷却气体覆盖,而在气膜孔下游处由于主流的压
制作用和气膜的扩散,所以气膜冷却射流能够重新附壁;当吹风比进一步增大到
1.5 时,气膜冷却射流高度更高,完全与壁面分离,下游几乎无冷却气体覆盖。这
一现象称为气膜冷却的"吹离现象"。气膜冷却的肾形涡对和吹离现象对气膜
的冷却效果产生很大负面影响,因此一方面如何削弱肾形涡对结构,甚至尝试改
变气膜冷却的主导涡系结构,并且抑制气膜冷却吹离是提高气膜冷却性能的重
要手段。另一方面,准确预测气膜冷却肾形涡对强度和吹离程度也是准确预测
气膜冷却传热特性的基础和研究重点。

7.4.2　气膜冷却技术研究现状

　　由于气膜冷却的主流和冷却流速度通常相差很大,为区分流体速度大小通
常以主流流速为特征把气膜冷却分为亚声速、超声速和高超声速气膜冷却。由
于气膜冷却在涡轮叶片上被广泛应用,所以目前关于常规亚声速气膜冷却在国
内、外被研究得非常详细,已经发表了大量的研究成果,基本上已经涵盖了所有
因素。气膜冷却效果受到许多参数的影响,如入口方式、冷却器侧肋的角度、吹
风比、入口孔形状尺寸、入口孔排列方式、喷射几何角度、密度比、被冷却面的曲

率、孔矩、冷却剂出口上游的主流边界层厚度等[18]。据此研究人员也提供了气膜冷却效率的一些经验公式,但通常这些经验公式只适用于与试验条件相近的狭小范围内,目前还没有一个通用的经验公式或计算模型来准确地给定设计条件下气膜冷却的效率[19],也缺乏气膜冷却换热系数的通用公式。

在 20 世纪 60 年代中后期,对主流和冷却流都为亚声速的气膜冷却进行了试验研究。Saban 和 Back[20,21]对亚声速气膜冷却进行了试验,试验模型是在平板近前缘开单一狭缝以注入冷却气体,其冷却气体和主流气体工质都为空气,研究了当冷却气体的注入速度从低速到高速(大于主流速度)时冷却效率分布。试验结果表明,在冷却气体注入速度与主流速度比小于 1 特别是小于 0.9 时,冷却效率是比较好的,且在狭缝下游存在一个最初与来流边界层相同的边界层,但随着和壁面距离的增大,此边界层开始逐渐改变。

1991 年,Kwok[22]研究了主流马赫数在 3 左右的高速流动中,气膜冷却射流对平板下游换热系数的影响。其提出了一个简化的理论模型,用以考虑气膜冷却射流对增加边界层的厚度和改变气膜冷却换热系数的影响。他还研究了有气膜冷却时的换热系数 h 与无气膜冷却时的换热系数的比值 h/h_0 随吹风比 F 变化的情况。试验结果表明,在缝口附近,吹风比 F 值较小时,换热系数下降,即 $h/h_0<1$,随着 F 值的增大,h 值显著增加 $h/h_0>1$;在远离缝口处,$h/h_0=1$。换热系数的转变取决于 F 值、喷射孔的几何参数。

1999 年澳大利亚昆士兰大学激波风洞试验室[23]研究了在湍流状态下的超声速气膜冷却斯坦顿数和壁面摩擦阻力系数的变化。试验表明:有冷却气体注入时的壁面摩擦阻力系数比没有冷却气体注入壁面摩擦阻力系数可减少 70%～80%,斯坦顿数也可以减少大约 50%。

20 世纪 90 年代起,日本国家航空航天试验室(National Aerospace Laboratory of Japan, NAL)[24]的学者针对激波对超声速气膜冷却产生的影响进行了大量的试验研究工作,其试验是在马赫数为 2.35 的氮气风洞中进行的,冷却气体工质为氢气。试验结果表明:当冷却气体马赫数下降时气膜冷却效率随之降低;在壁面附近区域,冷却气体和主流的掺混速度与激波入射的影响无关;在冷却气体流动核心区,质量和动量是由主流向冷却流传输,且动量传输主要是由质量传输决定的,较弱的激波不会对冷却效率产生影响。

2005 年英国 Sahoo Niranjan 等对在马赫数为 5.75、攻角为 0°状态下钝锥体(锥角为 60°)进行气膜冷却试验,研究了不同的冷却气体工质(空气、二氧化碳、氦气)对阻力系数和壁面传热率的影响。试验结果表明:当氦气作为冷却剂时,壁面传热率减少了 30%~45%,阻力系数增加了 12%;当空气、二氧化碳作为冷却剂时,壁面传热率也能减少 10%~25%,阻力系数增加了 27%。

2006~2008 年德国亚琛工业大学激波风洞试验室 Heufe 等[25]针对楔形体对狭缝式气膜冷却在高超声速(马赫数为 7.6~8.5)层流状态下的影响因素进行了详细的试验研究,其冷却气体为氮气。该试验测出了在不同吹风比、狭缝宽度、吹风角度、主流雷诺数及双排缝槽下狭缝下游的传热率及冷却效率。试验表明:冷却气体的注入对流场影响较弱,随着吹风比 F 的增加冷却效率增大,但当吹风比为 0.144 时其冷却效率突变为负值,这主要是由于高的吹风比对边界层干扰较大,导致边界层从层流转变为湍流;当吹风比相同($F = 0.065$)时,冷却效率随着狭缝宽度、吹风角度、主流雷诺数的增加而增大。总体结果显示,气膜冷却技术是减少高超声速流状态下机体热负荷的一种有效方法。

国内最早关于超声速气膜冷却的研究见于韩启祥等 1998 年发表的《超音速射流气膜冷却效果的试验研究》[26]。该文以二维平板模拟高速导弹头罩上的探测窗口,用电加温产生的热气流模拟导弹飞行时的气动加热,对采用气膜冷却控制导弹探测窗口温度的效果及规律进行了研究,着重探讨了气膜冷却临界长度与气膜绝热温比随射流缝高、吹风比及主射流夹角等参数的变化规律。

随着计算技术和计算方法的发展,数值分析即计算流体力学已经成为计算和分析复杂流场的重要工具。由于现今试验设备的限制,所以在试验条件下很难获得精确的试验数据尤其是模拟出高超声速状态的真实飞行条件。与试验相比,数值研究可通过流场参数的定量分析,对缝槽等细节处流场进行详细的研究,这是在试验条件下尤其是来流为超声速或高超声速时难以达到的,因此数值计算已成研究气膜冷却现象的重要手段。

最早是由国外研究人员在 1971 年通过质量守恒、动量守恒、平均流总焓等使用隐式有限差分方法对气膜冷却进行了数值研究[27]。通过改变速度、温度及冷却气体比热容对来流马赫数为 3~6 的冷却效率进行比较研究,通过与试验值的对比可看出速度、边界层厚度、传热率及恢复温度与试验值符合得比较好,结果表明计算方法是较可靠的。目前气膜冷却都是在试验的基础上结合数值模拟技术来进行相关的研究的。

7.4.3　气膜冷却技术在电弧风洞试验上的应用

1. 试验设备及试验方法

试验模型为 1∶1 翼前缘尖楔形防热部件,翼底板长为 800 mm。为了模拟真实飞行姿态,翼面偏转 10°。试验在 CAAA FD15 电弧风洞中进行,FD15 电弧风洞是国内首座喷管出口直径为 φ1 000 mm 的大尺寸、长时间(分钟级)运行的高温风洞,以大气层中高速飞行器的热防护系统考核和气动物理项目研究为主要服务对象,并兼顾其他领域的需求[28]。FD15 电弧风洞主要由叠片式电弧加热器、喷管、试验段、扩压段、冷却器和真空系统组成(图 7.30)。经叠片式电弧加热器加热的高温气流首先进入混合稳压室,在混合稳压室的入口采用径向注入的方式注入一定量的冷空气,与高温气流充分混合,用以消除气流脉动并调节气流的温度与压力。混合后的气流再经过超声速拉瓦尔喷管膨胀加速,对固定在喷管出口的翼前缘模型进行气动加热试验。试验后的气流直接进入扩压段,在恢复压力的同时,也使超声速气流变为亚声速气流。之后气流进入冷却器冷却到常温,最后流经管道和阀门进入预先抽空的真空系统,再由真空泵抽出排入大气。

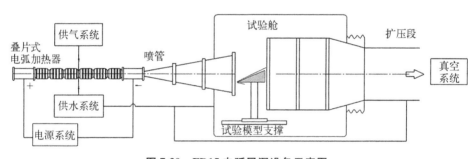

图 7.30　FD15 电弧风洞设备示意图

　　试验模型尺度较大(800 mm),为避免喷管出口的高温、高压气流继续膨胀加速,导致模型下游流场参数衰减严重,需要在模型四周加装水冷挡板,但需尽量避免挡板洞壁干扰。另外,为了解决常规包罩和导管试验中不能观察模型烧蚀过程的难题,本试验专门设计了石英观察窗口,由水冷框和 200 mm×200 mm 石英玻璃组成,石英玻璃表面设计气膜冷却,试验中可以观察迎风翼面的烧蚀过程,并通过红外高温计测量迎风翼面指定位置的表面温度,如图 7.31 所示。试验模型安装照片如图 7.32 所示。

　　气膜冷却是航空发动机高温部件上广泛采用的有效冷却保护技术,根据相关资料的研究结果,在气膜出口处沿着与冷气流动垂直的方向开一个有一定深度和宽度的横槽,可使气膜的横向分布更均匀,并显著改善槽下游被冷却壁面的冷却效果。本书参考了文献中的开槽结构形式,设计了适用于本试验的气膜冷

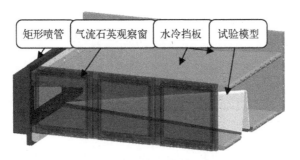

图 7.31　试验模型安装示意图

图 7.32　试验模型安装照片

却石英观察窗口,见图 7.33,其中,D 表示气膜孔的直径。利用 ANSYS 计算了气膜冷却石英窗口在吹风比 $F = 0.8$ 和 $F = 1.3$ 下的流场温度及窗口玻璃表面中心线上沿流向的表面热流比值分布,分别如图 7.34、图 7.35 所示。从图 7.34 和图 7.35 可以看出,$F = 1.3$ 比 $F = 0.8$ 的有效覆盖比 A_f 更大,对玻璃的冷却效果和距离更好,玻璃上的热流沿流向逐渐增加,但若增加冷却流量,则窗口冷却效率提高的同时也可能压缩主流场,这在后面的试验中将得到进一步验证。

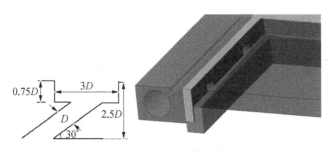

图 7.33　气膜冷却石英观察窗口

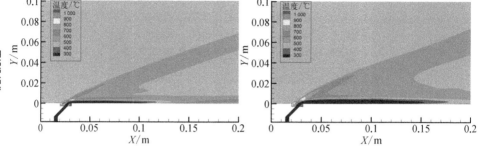

图 7.34 不同 F 下气膜冷却石英窗口流场计算结果

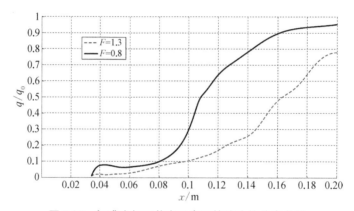

图 7.35 气膜冷却石英窗口表面热流比值分布曲线

2. 流场校测和参数测量

气动热地面试验中需要测量的状态参数一般包括气流总焓 H_0、气流总压 P_0、模型表面冷壁热流密度 q_{cw}、模型表面压力 p,正式模型试验时还需要监测模型表面温度 T_w 和背面温度 T_b、试验前后测量质量 m、厚度 L 或外形的变化等。

本次试验中气流总焓采用平衡声速流法测量喷管喉道前的平均容积焓,这种方法是假定喷管喉道前的气流处于平衡、等熵、定常状态,根据连续方程、能量方程和高温气体热力学性能,依据相关热力学公式进行计算的。

气流总压利用布置在混合稳压室下游壁面直径为 1.0 mm 的测压孔测量,由于混合稳压室直径较大、流速很低,所以壁面测得的静压可以近似作为总压。模型表面压力通过在测试模型上开直径为 1.0 mm 测压孔,后面焊接细铜管并连接压力传感器即可测得。壁面开测压孔后对流场的干扰是不可避免的,为了减少干扰、提高测量精度,对测压孔的设计加工有严格的技术要求。

　　模型表面冷壁热流采用瞬态热容式量热计安装在平板测试模型上测得,这种量热计由高热导率的无氧铜圆柱量热塞块和 K 型热电偶组成,在保证量热塞块与测热模型绝缘、隔热的情况下,忽略热电偶传热和量热塞块背面对流换热等微量的热损失,根据一维非稳态热传导公式进行计算。

　　由于设计了石英观察窗口,所以迎面翼面表面温度实时测量成为可能,模型表面温度采用非接触式红外测温仪透过石英观察窗测量,所采用的双色红外辐射高温计,光谱响应为$(0.75 \sim 1~\mu m)/(0.95 \sim 1.1~\mu m)$,测温为 $1~000 \sim 3~000 ℃$,精度为0.75%。背面温度的测试采用在模型背面金属底板上焊接多对 K 型热电偶测量。

3. 试验结果分析

　　正式模型试验前,首先用碳钢制作与真实模型外形完全一致的测试模型,用于校测模型表面冷壁热流密度和表面压力,试验中重点关注迎风翼面的热流密度分布。迎风翼面上布置 9 个热流密度测点,如图 7.36 所示。图 7.37(a)给出了未安装水冷挡板及加装水冷挡板和石英观察窗口后迎风翼面的热流密度分布,所有数据值均除以模型前部测点 1、2、3 的平均值 $q(1, 2, 3)$,从图 7.37(a)可以看出,未安装水冷挡板时,模型表面热流密度沿气流方向迅速衰减,测点 4、5、6 平均值 $q(4, 5, 6)$ 为 $q(1, 2, 3)$ 的48.5%,测点 7、8、9 平均值 $q(7, 8, 9)$ 为 $q(1, 2, 3)$ 的26.4%,相比翼面前部 $q(1, 2, 3)$,迎风翼面后部热流密度衰减51.5% ~ 73.6%;加装水冷挡板及石英观察窗口后,测点 4、5、6 平均值 $q(4, 5, 6)$ 为 $q(1, 2, 3)$ 的66.0%,测点 7、8、9 平均值 $q(7, 8, 9)$ 为 $q(1, 2, 3)$ 的60%,相比翼面前部 $q(1, 2, 3)$,迎风翼面后部热流密度衰减34.0% ~ 40.0%,翼面热流密度分布均匀性有明显提高。图 7.37(b)给出了窗口冷却气流量增加时,与冷

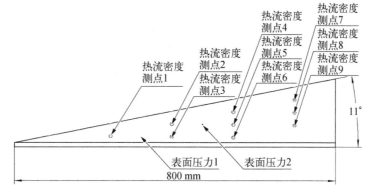

图 7.36　迎风翼面热流测点分布

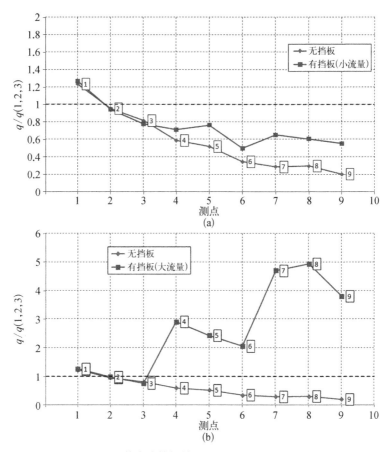

图 7.37　加装水冷挡板前、后迎风翼面热流密度比较

气包罩流效应类似,冷气流压缩主流场,使主气流通道减小,迎风翼面后部热流密度出现明显升高,在本次试验条件下,$q(7,8,9)$ 约为 $q(1,2,3)$ 的 4.5 倍。可见,调整冷却气流量的大小,当与主气流量合理匹配时,即在合适的吹风比 M 下,必定可以使翼面热流密度更加均匀。

流场校测后进行正式模型试验,试验不仅可以考核翼前缘部件中防热材料和局部结构如缝隙和防热塞的抗烧蚀性能,也可以考核不同材料的烧蚀匹配性。试验中透过石英观察窗观察模型整体保持完好,无明显损伤迹象,迎风翼面接缝缝隙略有增大,防热塞保持完好无脱落,当石英观察窗口冷却气体增加时,可以明显看到压缩流场造成了翼面后部热流密度的增加。并且,试验中利用双色红外高温计检测到模型表面温度变化历程,K 型热电偶检测到模型背面温度变化,表面温度呈现与轨道模拟参数一致的变化曲线,最高温度约 1 200℃,背面温升在停车时为 64~101℃,防热材料具有较好的隔热性能。试验后还测量了模型质量、厚度和高度的变化,检查了局部缝隙密封和整体结构变形等。

7.5　发汗冷却热防护试验方法

7.5.1　发汗冷却原理

发汗冷却(transpiration cooling)[29]一词最早是 1879 年雷诺在解释 Crookes 辐射计的工作原理时提出的,当多孔板两端存在温度梯度时,气体将从冷端流向热端。如图 7.38 所示,发汗冷却技术是驱动冷却剂从层板结构或者多孔介质材料层中溢出受热壁面,在受保护壁面形成一层连续且分布均匀的膜结构,进而保护受保护壁面,使之不被高温主流所烧毁的一种先进冷却方式。u_∞、T_∞、p_∞ 分别为主流的速度、温度和压强;u_c、T_c、p_c 分别为冷却剂的速度、温度和压强。发汗冷却可认为是气膜冷却孔径极微小、孔分布极密集的一种极限形式,有些学者也将孔径微小、分布密集的全覆盖气膜冷却(full coverage film cooling, FCFC)称为发汗冷却或发散冷却(transpiration/effusion cooling)。Eckert 比较了发汗冷却、再生冷却和气膜冷却的技术特点指出,在相同流量的情况下,发汗冷却比再生冷却和气膜冷却的效率都要高。针对火箭发动机的研究发现,当注入率为 1% 时,发汗冷却的壁面温度比再生冷却的壁面温度低 35%;在壁温相同的情况下,发汗冷却推力室承受的燃气温度可比气膜冷却方式提高约 1 000℃。发汗冷却最大冷却能力可达 $6×10^7 ~ 1.4×10^9\ \text{W/m}^2$,由于发汗冷却在冷却效果上的优秀表现,并且有助于减小壁面摩擦阻力,所以其被认为是一种最有希望解决未来液体火箭发动机及高超声速飞行器防热难题的冷却技术,得到了广泛的研究。

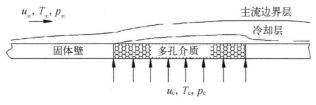

图 7.38　发汗冷却原理图

7.5.2　发汗冷却技术国内外发展现状

对于发汗冷却技术的研究,主要集中在冷却规律和主流与冷却流之间的相互作用机理上。随着近年来计算流体力学的迅速发展,针对发汗冷却技术数值模拟的报道逐渐增多。而多孔结构作为发汗冷却技术的基本构成,其内部的传热传质研究是发汗冷却技术理论与应用的基础。下面就发汗冷却技术的传热与流动理论、多孔介质内传热特性、发汗冷却技术试验研究及物理模型研究四个部分进行综述。

1. 发汗冷却技术传热与流动理论研究

发汗冷却技术作为一种热防护手段,在研究的早期,研究人员旨在揭示冷却流的注入对主流换热与流动的影响规律。大多数研究以多孔平板结构为研究对象,主流横掠多孔平面流动。通过在低温、低速主流中的试验结果,半理论、半经验地总结出冷却效率关联式。

图 7.39 给出了横掠壁面(无发汗)的高速主流加热壁面时的典型温度分布。若气体在壁面上等熵滞止,则壁面温度等于来流总温 $T_{t, g}$,而实际上由于流体的黏性损耗散失,无滑移的绝热壁面温度并不能达到来流总温,绝热壁面温度的计算公式为

$$T_{t, g} = T_{s, g}\left(1 + r\frac{\gamma - 1}{2}Ma^2\right) \tag{7.1}$$

式中,$T_{s, g}$ 为流体静温;r 为恢复系数,$r < 1$。根据对流换热基本微分方程式,图 7.39 中的壁面热流密度为

$$q_w = -\lambda_{q, u}\frac{dT_e}{dy}\bigg|_w \tag{7.2}$$

此时的壁面对流换热系数为

$$h_s = \frac{q_w}{T_{r, g} - T_w} = -\frac{\lambda_{s, u}\frac{dT_q}{dy}\big|_w}{T_{r, g} - T_w} \tag{7.3}$$

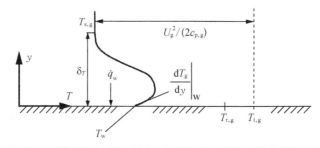

图 7.39 横掠壁面高速主流加热壁面时的典型温度分布图示

对于发汗冷却技术,冷却流体从多孔壁面渗入主流对壁面冷却。Rannie[30]最早于 1947 年通过引入低速注入的二次流不影响黏性底层厚度的假设,理论求解出黏性底层内的速度与温度分布,由此得

$$\eta = \frac{T_{r,g} - T_w}{T_{r,g} - T_e} = \frac{\mathrm{e}^{-Pr_g \frac{\rho_1 v_1}{\mu_s} \delta^2}}{1 + \frac{c_{p,c}}{c_{p,g}} \left(\frac{u_g}{u_{g \cdot \delta^2}} - 1 \right) \left(1 - \mathrm{e}^{-\frac{\rho_1 v_1}{\mu_1}} \right)} \tag{7.4}$$

在发汗冷却技术中,冷却剂的注入在降低壁面温度的同时,通过注入的低速冷却剂对主流的阻滞作用降低壁面附近的速度梯度,从而降低壁面的摩擦系数。刘元清[31]采用微直孔平板在低温、低速主流中进行发汗冷却试验,借助 PIV 获取了平板出口的速度场分布。流场显示冷却流的注入增厚了边界层,降低了壁面附近速度分布,且随着冷却流注入的增大,边界层厚度不断增加。

针对不同冷却流体种类的影响,众多研究者开展了深入的试验研究与理论分析。Liu 等结合试验与数值分析了不同气态工质作为钝体头锥发汗冷却工质的冷却效果。在所比较的空气、二氧化碳、氦气、氮气与氩气几种工质中,氦气的冷却效果最佳。对此,Liu 等给出的解释是氦气的比热容 C_p 最高,在相同的热负荷和冷却剂流量条件下,氦气流过多孔壁面的温升最低,因此冷却效率最高。Kuhn 等、Braun 等与 Langener 等[32]针对多孔平板在超声速主流的发汗冷却试验结果,均指出对于气态冷却工质,比热容 C_p 是冷却效率的决定性因素,比热容越大,冷却效果越好。相比于气体冷却剂而言,液态冷却剂的比热容通常高于气体,并且伴随相变过程大量热量以相变潜热的形式被吸收,应可获得更高的冷却效率。因此,越来越多的研究者开始着手带有相变的发汗冷却技术研究。如图 7.40 所示,Bellettre 等分别以空气、水蒸气和酒精作为冷却剂的发汗冷却试验研究结果表明:酒精作为发汗冷却剂时由于其巨大的相变潜热,仅需注入率 $F = 0.1\%$ 即可达到大于 95% 的冷却效率。Xing 等模拟了混合了相变材料(PCM)颗粒的单相水在微细管内的换热,结果表明极少量的 PCM 掺入后,沿程努塞尔数局部高于单相流体。Van Foreest 利用陶瓷复合材料制作多孔头锥,以纯水为冷却剂,在 $Ma = 5.45$,总温可达 3 028 K 的主流中开展了发汗冷却试验,试验结果证明采用水作为冷却剂具有极高的冷却效率,相同冷却剂消耗量的条件下冷却效率远高于氮气。但在高温、高速的电弧风洞中,试验段内静压极低,局部甚至低于水的三相点压力(610.75 Pa),导致出口的水直接发生升华,出现结冰现象。2011 年,Reimer 等采用平头试验件在高焓风洞内进行发汗冷却试验,以水作发

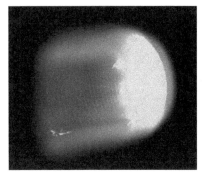

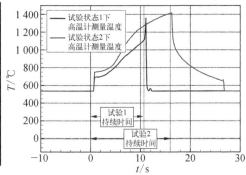

(a) 实验过程中试验件表面冰须图　　　　(b) 实验过程中试验件表面温度测量结果

图 7.40　不同注入率下壁面附近速度分布图

汗冷却介质,水流量小于 0.5 g/s,在试验过程中同样观察到了结冰现象,但试验件表面温度的测量结果显示,在试验开始后几秒之内温度已经迅速攀升到了1 100℃以上,而且完全相同的试验条件下的两次试验,表面温度测量结果相差极大。

在相变发汗冷却技术的数值模型方面,时俊祥将多孔相变的两相混合模型与热非平衡模型相结合,构建了两相混合模型(LTNE-TPMM)来分析相变发汗冷却过程。丁亮、贺菲在此基础上针对相变发汗冷却技术进行了试验研究与数值分析,探讨了孔隙率、颗粒尺寸与注入率对冷却效率的影响。总体而言,相变发汗冷却技术新问题和新现象还有很多,如相变带来的系统不稳定、过热蒸气区带来的传热恶化等,还需更多的试验研究与探索。

影响发汗冷却效果的因素除主流条件与冷却剂外,还包括多孔介质结构特性。孟丽燕在主流条件温度为 100℃、速度为 30 m/s 的风洞试验台上,对不同颗粒直径(10 μm、30 μm)的青铜颗粒烧结多孔介质平板,以空气为冷却剂的发汗冷却流动与换热规律进行了试验研究。刘元清等在相近的主流条件下测量了40 μm、90 μm 的不锈钢及青铜烧结多孔介质平板的发汗冷却效果。他们的研究结果均表明,发汗冷却效率随多孔平板的颗粒直径的减小而增大,同时选用高导热系数的材料作多孔介质的固体骨架,也有助于提高冷却的效率。熊宴斌分别采用烧结青铜、不锈钢及高温合金编织丝网进行了超声速发汗冷却试验试验研究,试验结果同样表明在相同的主流与冷却流条件下,等效导热系数最高的青铜平板能取得最高的冷却效率。金属编织丝网层间不可避免的间隙引入接触热阻,导致冷却效果最低。

2. 多孔介质内传热特性研究

对于多孔介质内传热特性的研究,按照分析对象表征体元的尺度可分为分子水平、微观水平与宏观水平。宏观水平方法与流体力学的研究基础类似,引入连续介质假设,表征体元内各状态参数在空间与时间上连续变化。利用体积平均方法,将孔隙尺度的控制方程进行上升尺度的平均化处理即可得到宏观尺度的控制方程。Quintard 1998 年通过严格的推导,得到了多孔介质内的能量方程,即局部热非平衡模型。

对多孔介质内流动的理论研究中,大多直接将多孔介质内的流体视为均匀分布的连续介质,研究方法主要分为微观方法和宏观方法[33]。其中,微观方法在描述多孔介质内部的质量、动量交换时,要求将多孔骨架作为边界条件加以明确;宏观方法则在大尺度上选取基本研究对象作为表征体元(representative elementary volume,REV),一方面假设表征体元的各个参数是连续变化的,即可以进行微分描述,另一方面要求表征体元的各个参数可以通过宏观的测量仪器测量得到。在宏观方法中体积平均方法和半经验方法最为常用。体积平均方法是基于体积平均理论,由 Slattery[34] 提出,并由 WMtaker 完善,体积平均方法由微观上严格成立的 Navier-Stokes 方程精确推导,因此建立的控制方程将会引入许多非线性项不宜求解。而半经验法通常以大量试验得到的唯象定律为基础,建立控制方程。基于大量试验研究得出的达西定律及以达西定律为基础的修正定律,如 Darcy-Forchheimer 定律、Brinkman-Forchheimer 定律等,为建立多孔介质内部的流体动量方程提供了依据,因此基于体积平均方法及达西定律的修正公式在多孔介质内部流动的理论研究上得到了广泛使用。对于一维稳态的单相液体流动,采用体积平均方法后,多孔介质的宏观连续性方程可以描述如下:

单相流连续性方程为

$$\nabla g \langle \boldsymbol{u}_i \rangle = 0$$

与单相流动相比,多孔介质内的两相流动常伴有两个特点:一是流体在微小空间内的流动特性与气液的相分布有关;二是流体在流动过程中可能会发生相变。对于一维稳态的两相流动同样采用体积平均方法,将表征体元内的气、液相分别视为连续的、分布均匀的结构模式,因此宏观连续性方程只是在一维单相流基础上增加一个对气相连续性的描述。而描述有相变的多孔介质内部两相流动问题采用的研究方法与此类似,由于相变引起的传热传质过程复杂化,所以需要再引入能量方程和组分方程加以描述。在此不再赘述。

从已有研究看，虽然存在了大量关于多孔介质渗透特性的研究成果，但大多经验公式是针对均匀球体堆积床提出的，而很少以烧结多孔介质材料作为研究对象，这是由于烧结多孔介质材料微孔分布的随意性、非均匀特性，使得多孔层内的流动表现出了与均匀球体堆积床很大的差异，很难获得较为适用的经验公式。

3. 发汗冷却技术的试验研究

按照发汗冷却技术的实际工况不同，发汗冷却技术的试验研究可分为基础试验研究和模拟试验研究。

基础试验研究的目的是掌握发汗冷却的基本流动和换热规律，通常这类试验由于试验设备的限制，所以主流的流速较慢、温度较低，试验通常可以在达到稳态的情况下完成。Haesder[35]对火箭发动机燃烧室进行了发汗冷却技术研究，结果表明以部分氯燃料作为冷却剂达到冷却要求的流量仅为主流氧的10%，而因此产生的最高效能损失也仅为1%。Wang[36]模拟燃气轮叶片前缘高温部位，在大型热风洞里进行试验研究，进行设定条件下的气、液冷却介质在不同部位（前缘、尾部及凸面）气膜冷却和发汗冷却特性的定量比较，试验研究表明：用液体发汗冷却的方式，有可能解决前缘滞止区域气膜冷却失效的问题。Lezuo通过对不同孔隙率的材料换热试验发现，孔隙率会影响多孔骨架与冷却介质之间的换热，在小孔隙率的材料中，多孔骨架与冷却介质之间的换热反而更为强烈，多孔骨架与冷却介质的温差更趋于一致。贾闪通过试验和数值计算相结合的方法，研究了半球形多孔介质高温表面的发汗冷却特性并与数值计算结果进行很好的对照，证明了数值模型的可靠性，并对高雷诺数主流条件下不同形状的钝体在不同注射率下的边界层的特性及表面温度分布进行了数值模拟。余磊等对烧结不锈钢平板进行了发汗冷却端流换热试验研究，结果表明：发汗冷却技术显著增厚了壁面边界层，大大减少了壁面的摩擦阻力系数，随着注入率的提高，壁面温度和局部对流换热系数都下降很多。

模拟试验研究通常是在高超声速的电弧加热风洞、矩形导管加热的自由流设备上进行的模拟真实工况的试验，这类试验设备投资高、试验周期长，由于模拟试验研究更接近真实工况，因此可靠性高，更有实际的工程价值。Castiglone在超声速电弧加热风洞中研究平板发汗冷却对壁面阻力系数的影响，试验结果表明：发汗冷却技术使平板表面的阻力系数仅为无发汗冷却的46%。Nowak在高超声速电弧风洞中研究发汗冷却中激波-激波相互作用对于半球形头锥换热的影响,试验结果表明:激波-激波相互作用严重影响发汗冷却效果,当没有激波-激波相互作用时,36%的吹风比即可将头锥滞止点热流密度降为零;当激波-激波相互作用存在时,发汗冷却的半球形头锥滞止点热流密度几乎与无发汗冷却的一致。

4. 发汗冷却物理模型研究

发汗冷却数学模型分为两类:一类是固相和流体温度相同的局部热平衡模型;另一类是固相和流体温度不同的局部热非平衡模型。对于一维稳态无内热源的多孔区的能量方程描述如下:

$$\rho_c C_{pf} u \nabla T = \nabla(\lambda_{eff} \nabla T)$$

式中,λ_{eff}是多孔区域的有效热导率,通常取流体和固体的有效热导率之和。

由此可见,一维无内热源的多孔区域的能量方程为一个二阶偏微分方程,求解只需要两个边界条件,计算较为简单。局部热平衡模型在多孔介质的自然对流问题中得到广泛使用,这是由于在自然对流中流体在多孔介质中的流动非常缓慢,换热强度不高,在长时间作用下可以达到稳态,可以认为流体与固体的温度相同。然而,在实际发汗冷却问题中,很多时候不满足局部热平衡,即当地固体温度与流体温度存在较大差异。局部热平衡模型的有效性一直备受争论,Mohamad[37]研究了自然对流中局部热平衡的局限性,结果表明非 Dacay 流动及固体与流体的有效导热系数相差过大时,局部热平衡的假设将不再适用。在已有的局部热非平衡模型研究中,多孔介质的热端壁面多为不可渗透,同时热流密度垂直施加于多孔介质内流体的流动方向上,如流体流经外部加热的水平槽道中的多孔介质,但在发汗冷却中,多孔介质壁面表现为可渗透性,同时热流密度的方向与多孔介质内流体的流动方向相反。对一维发汗冷却的局部热非平衡模型,讨论了具有代表性的五种热端传热边界条件,并通过两个判断标准提出符合发汗冷却的热端边界条件,这两个判断标准是:热端表面固体骨架温度高于流体温度;冷却效率应该小于 1。

7.5.3　辐射加热发汗冷却技术试验验证

1. 辐射加热发汗冷却试验方法

采用石英灯辐射加热技术,同时搭建了一套发汗冷却水介质供给装置,试验在真空舱内进行。多孔平板试验件的一侧供应常温蒸馏水,另一侧采用石英灯辐射加热器进行辐射加热。试验过程中测量水的流量和压力,以及多孔面板的石英灯辐射加热器加热表面温度、背面温度及测量发汗冷却试验件内腔的水温升等,来研究多种多孔材料的发汗冷却特性。辐射加热发汗冷却技术试验系统如图 7.41 所示。

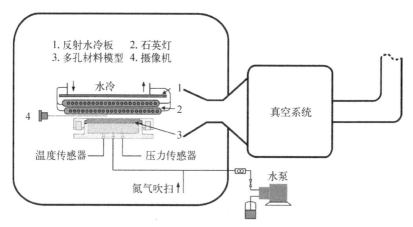

图 7.41　辐射加热发汗冷却试验系统

2. 试验设备

试验设备选用石英灯辐射加热器。该加热器由石英灯管、水冷反射壁面、电源供给系统及相应的支撑装置组成。试验设备采用可控硅直流电源系统,最大功率为 500 kW,输出电流 0～1 000 A 连续可调,输出电压 0～500 V 连续可调。石英灯辐射加热器如图 7.42 所示。

图 7.42　石英灯辐射加热器

供水系统由柱塞泵、调压阀、供水管路、流量计、泄压阀等组成。供给系统试验装置如图 7.43 所示。

除了上述试验设备之外,整个试验系统还包括复杂的动力系统,包括真空系统、循环水系统、控制系统、测试系统等。真空系统能提供试验段真空环境;循环水系统提供给加热器的冷却水;控制系统实现了在中控室对加热器运行的控制与监测,自动记录并实时显示设备运行过程中各个重要参数的

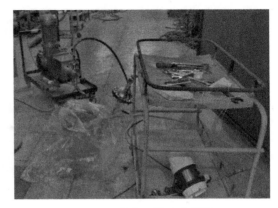

图 7.43　供水系统试验装置

变化情况和运行状况,确保每次开车高效、安全、可靠运行;测试系统实现了对多项运行参数、流场测试数据及模型试验参数的测量、采集、记录及分析处理工作。

3. 试验模型及试验过程

试验模型为多孔介质平板模型,试验模型材料可分为合金、铜、陶瓷等多孔材料。试验模型表面温度及背面温度 $T_1 \sim T_6$ 由 K 型热电偶测得,该类型热电偶灵敏度高、复现性较好、高温下抗氧化能力强,是试验室里大量采用的一种热电偶,测温为 $0 \sim 1\,300℃$。试验中将热电偶的参考端放置在装有冰水混合物的保温瓶中,实现了参考端温度约等于 $0℃$ 并保持稳定状态,这样就可以得到被测物体的实际温度并排除环境干扰。试验模型表面温度及背面温度测点分布如图 7.44 所示。试验模型在试验过程中照片见图 7.45。

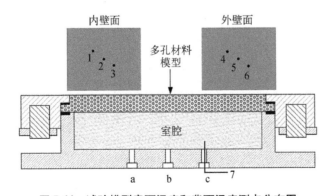

图 7.44　试验模型表面温度和背面温度测点分布图

a. 压力传感器安装口;b. 冷却水入口;c. 温度传感器安装口;
1—6. 壁面温度测点;7. 水温测点。

图 7.45　试验模型在试验过程中的照片

符号表

符　号	名　　称	符　号	名　　称
Q	热流	η	平均气膜冷却效率
q	热流密度	P_0	气流总压
H_0	气流总焓	p	模型表面压力
H_r	气流恢复焓	m	模型质量
h	换热系数	L	模型厚度
F	吹风比	C_p	气体比热容
Ma	马赫数	d_p	颗粒直径
A_f	气膜有效覆盖比	X_{eff}	有效热导率

参考文献

[1] Kontinos D, Gee K, Prabbu D. Temperature constraint at the sharp leading edge of a crew transfer vehicles[C]. AIAA 2001-2886, 2001.

[2] 姜贵庆.非烧蚀热防护与非烧蚀机理[C].北京: 现代空气动力学研讨会,2005.

[3] 李锋.疏导式热防护[M].北京: 中国宇航出版社,2017:3-15.

[4] 姜贵庆,俞继军.长时间气动加热飞行器的隔热机理[J].宇航材料工艺,2006,(1): 27-29.

[5] Stewart D A. Leiser D B. Lightweight TUFROC TPS for hypersonic vehicles[C]. AIAA 2006-7945, 2006.

[6] Glass D F, Diling R, Harald G, et al. Materials development for hypersonic flight vehicle

［C］. AIAA 2006-8122, 2006.

［7］ Cotter T P. Heat pipe startup dynamics［C］. Proceedings of Thermoionic Conversion Specialist Conference, 1967: 42-45.

［8］ Peterson G P. An introduction to heat pipes: modeling, testing, and applications［M］. wiley, 1994, 10: 19-23.

［9］ 李廷林.高超声速飞行器热防护试验技术概述［J］.气体物理: 理论与应用, 2010, 5(2): 124-136.

［10］ 张志成.高超声速气动热和热防护［M］.北京: 国防工业出版社, 2003.

［11］ 陈连忠, 张敏莉, 欧东斌.飞行器防热平板模型烧蚀传热试验方法［S］. QJ 20276-2014, 2014.

［12］ Sheeley J M, Whittingham K B, Montgomery P A. Extending arc heater operating pressure range for improved reentry simulation［C］. AIAA 2005-3295, 2005.

［13］ Stephen J S, Marthan C J. Lucas S H. Active cooling design for scramjet engines using optimization methods［C］. AIAA 88-2265, 1988.

［14］ 郭朝邦, 李文杰, 邢娅.法国超燃冲压发动机主动冷却耐高温结构部件研究进展［J］.飞航导弹, 2011, (11): 88-95.

［15］ Qin J, Bao W, Zhang S L, et al. Comparison during a scramjet regenerative cooling and recooling cycle［J］. Journal of Thermophysics and Heat Transfer, 2012, 26(4): 612-618.

［16］ 陈学夫.超燃冲压发动机燃料供应系统方案设计与性能研究［D］.长沙: 国防科学技术大学, 2013.

［17］ 贺武生.超燃冲压发动机研究综述［J］.火箭推进, 2005, (01): 29-32.

［18］ 王建.火箭发动机中的膜冷却问题［D］.北京: 北京航空航天大学, 2007.

［19］ 刘兴洲.中国超燃冲压发动机研究回顾［J］.推进技术, 2008, (04): 385-395.

［20］ Sebanand R A, Baek L H. Temperature profiles in turbulent boundary layers with tangential injection［J］. ASME Journal of Heat Transfer, 1962, C(84): 46-54.

［21］ Seban R A. Heat transfer and effectiveness for a turbulent boundary layer with tangential fluid injection［J］. ASME Journal of Heat Transfer, 1960, C(82): 303-312.

［22］ Kwok F T, Andrew P L, Ng W F, et al. Experimental investigation of a supersonic shear layer with slot injection of helium［J］. AIAA Journal, 1991, 29(9): 1426-1435.

［23］ Smart M K. Optimization of two-dimensional scramjet inlets［J］. Journal of Aircraft, 1999, 36(2): 430-433.

［24］ Kanda T, Ono F, Takahashi M, et al. Experimental studies of supersonic film cooling with shock wave interaction［J］. AIAA Journal, 1996, 34(2): 265-271.

［25］ Heufer K A, Olivier H. Experimental study of active cooling in 8 laminar hypersonic flows［C］. RESPACE-Key Technologies for Reusable Space Systems, 2008: 132-150.

［26］ 王建, 孙冰, 魏玉坤.超声速气膜冷却数值模拟［J］.航空动力学报, 2008, 23(5).

［27］ Sehichting H. Boundary Layer Theory［M］. New York: McGraw-Hill, 1979.

［28］ 陈连忠, 程梅莎, 洪文虎.Φ1 m 电弧风洞大尺度防隔热组件烧蚀热结构试验［J］.宇航材料工艺, 2009, 039(006): 71-73.

［29］ 杨卫华.层板发汗冷却技术基础理论及应用研究［D］.上海: 上海交通大学, 2003: 1-11.

［30］时骏祥.发散冷却基础问题的理论研究［D］.合肥：中国科学技术大学,2009.

［31］刘元清.发汗冷却基础问题的实验研究和数值模拟［D］.北京：清华大学,2010.

［32］Hald H, Herbertz A, Kuhn M, et al. Technological aspects of transpiration cooled composite structures for thrust chamber applications ［C］. Bremen：16th AIAA/DLR/DGLR International Space Planes and Hypersonic Systems and Technologies Conference, 2009.

［33］林瑞泰.多孔介质传热传质引论［M］.北京：科学出版社,1995.

［34］Slattery J C. Single-phase flow through porous media［J］. AIChE Journal, 1969, 15：866 - 872.

［35］Haeseler D, Mading C, Rubinskiy V, et al. Experimental investigation of transpiration cooled hydrogen-oxygen subscale chambers［C］. Cleveland：34th AIAA/ASME/SAE/ASEE Joint Propulsion Conference and Exhibit, 1998.

［36］Wang J H, Messner J, Casey M V. Performance investigation of film and transpiration cooling ［C］. Vienna：ASME：Turbo Expo：Power for Land, Sea and Air, 2004.

［37］Mohamad A A. None quilibrium natural convection in a differentially heated cavity filled with a saturated matrix［J］. ASME Journal of Heat Transfer, 2000, 122：380-384.

第8章

其他气流加热试验技术

8.1 高频感应加热试验技术

前面章节中主要介绍了飞行器气动热地面模拟试验研究主要采用的设备——电弧加热器和电弧风洞。但值得补充的是,电弧加热设备存在其固有的弊端,即电弧加热器"电极烧损"现象,"电极烧损"是电弧放电过程中的产物,电极烧损产生的杂质进入气流后,一方面对高温气流产生一定的污染,另一方面对被测材料的表面也产生一定程度的污染,从而影响到试验件表面的催化活性、材料辐射系数及其他与传热-传质等有关的材料物理性能,因此电弧风洞用于飞行器防热材料的真实气体效应、壁面催化效应的研究结果与实际值有一定的偏差,也在一定程度上降低了试验数据的可靠性。

本节将要介绍的高频感应等离子体加热风洞采用感应线圈放电,避免了电极污染的问题,特别适合于营造等离子体非常洁净的热环境,提供化学纯净的高温流场(温度最高可达 10 000 K),进而提高测试的可靠性。基于此,俄罗斯、西欧、日本、中国等国家和地区纷纷建立了高频等离子体风洞并进行了真实气体效应的研究、飞行器热防护材料表面催化特性评价的试验研究等工作。

8.1.1 工作原理及系统组成

1. 高频感应加热试验技术的工作原理

高频等离子体风洞气动加热试验的原理与电弧等离子风洞气动加热试验的工作原理基本一致,只是采用的等离子加热器的形式及产生等离子体的机理有所区别:气体进入高频等离子加热器放电区域,在强烈的电磁耦合作用下被电离形成高温等离子体,高温等离子体气流从加热器喷口喷出并经过喷管进入试验段,在试验段内对试验模型进行气动加热或烧蚀试验段下游与扩散段连接,气流经扩散段后进入热交换器进行冷却,最后由真空泵排入大气。

2. 高频感应加热风洞系统组成

如图 8.1 所示,高频感应加热风洞主要由高频感应等离子体加热器、混合室、喷管、试验段、扩压段、热交换器及辅助的真空系统、测试系统和监控系统等部分组成,此外,还包括高频电源、供气系统、冷却系统等。

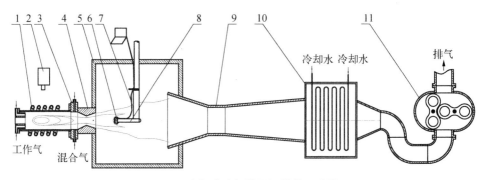

图 8.1　高频感应加热风洞结构示意图

1—高频感应等离子体加热器;2—监控系统;3—混合室;4—喷管;5—试验段;6—试验模型;
7—测试系统;8—模型送进支撑装置;9—扩压段;10—热交换器;11—真空系统。

1) 高频电源

高频电源是为高频等离子加热器提供一定频率的交变电流的设备,是高频等离子加热系统的关键设备之一。高频电源主要有电子管振荡结构、固态高频电源等。电子管振荡结构的高频电源已有较长时间的应用,最早在 20 世纪 60 年代中期问世的中频感应加热装置上,就采用了电子管振荡结构[1]。随着电力电子器件与技术有了新的突破,美国、日本、德国等发达国家开发出各种各样的全控型器件,固态高频电源在容量和频率两方面都得到了很大提高,最常用的有适用于大功率场合的大功率晶体管(giant transistor, GTR)、适用于中小功率场合但快速性较好的功率场效应晶体管(metal oxide semiconductor field effect transistor, MOSFET)及结合 GTR 和功率 MOSFET 而产生的功率绝缘栅双极晶体管(insulated gate bipotar transistor, IGBT)。但是,目前国内大功率(1 MW 量级)晶体管振荡技术还有很多问题需要解决,因此目前国内高频电源采用的多为传统的电子管振荡结构,其原理如图 8.2 所示。

电子管振荡高频电源系统主要由滤波、调压、整流、振荡几部分组成。其中,

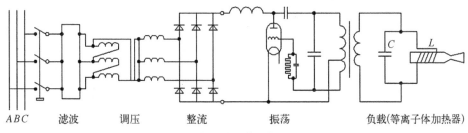

图 8.2　电子管振荡结构原理图

电子管振荡器是高频电源的核心,其作用是产生高频、高压的交流电,输出到高频等离子体加热器负载上。振荡管是设备的关键元件,必须特别注意保护,以免因操作不当而损坏。

同时,在高频感应放电中,负载为放电线圈,是一个感性负载,如果将功率源直接和线圈相连接,那么功率源输出的能量不能被线圈吸收而被反射回去,使得传输线上的入射波和反射波叠加形成驻波。当驻波存在时,传输线上的功率容量降低,会增加传输线的损耗,甚至损坏射频源中的电子元件。因此,为了使射频功率源输出的能量全部被等离子体吸收,往往在射频功率源和线圈之间增加一个匹配网络。匹配网络的主要作用就是调节线圈的负载使其达到射频功率源的特征阻抗,匹配网络中的元器件一般由电容和电感组成,匹配网络的目标是使高频功率在匹配网络中损耗的能量尽可能小,恰好电容和电感符合这个要求。与此同时,高频电源的设计和应用过程中要对大功率电子管并联运行易出现的“寄生振荡”问题引起足够的重视,等离子加热器在运行过程中,如果电子管出现“寄生振荡”问题,高频电磁能量就会产生二次发射,向周围空间传输,能量就不能传输给等离子加热器,同时对周围环境产生高频电磁辐射,在加热器工作接地、高频电源电磁谐振控制等技术方面进行合理的设计有利于避免“寄生振荡”问题。

高频电源功率主要是根据设备的设计目的和应用要求进行确定,高频感应等离子加热风洞的试验能力和试验模型的尺寸取决于风洞能够提供的工作气体流量和气流焓值,气流的高焓是通过高频等离子加热器的感应耦合加热实现的,因此高频电源的功率可以根据下式进行计算。

$$Q = \dot{m}h\eta \tag{8.1}$$

式中,Q 为高频电源功率(W);$\dot{m}$ 为质量流量(kg/s);h 为气流焓值(J/kg);η 为加热器的效率。

经验表明,最优的高频电源频率应满足以下关系式:

$$0.5 \times 10^9 / \sigma d^2 < f < 1.5 \times 10^9 / \sigma d^2 \qquad (8.2)$$

式中,f 为高频电源频率(Hz);σ 为电导率(S/m);d 为放电管(石英管)内径(m)。

目前,高频电源的功率从 1 kW(如用于 ICP 原子发射谱分析设备)~1.2 MW,俄罗斯 TsNIIMASH 研究院的 1 MW 高频感应加热风洞和比利时冯·卡门研究院的 1.2 MW 高频感应加热风洞的电源频率都为 400~450 kHz,小功率的高频电源的振荡频率可以更高,达到数兆赫兹。

2) 高频等离子体加热器

高频等离子体加热器是高频等离子体风洞的核心部件,其作用是通过电磁耦合加热产生高焓气体。高频(又称 RF 或射频)等离子体加热器,有电容耦合和电感耦合等不同放电方式。电容耦合放电多用于低气压等离子的产生(如射频辉光放电),其主要优点是能在比电感耦合时更低的功率下维持放电,但因为电容耦合放电的效率低,所以通常的高频热等离子体加热器多采用电感耦合方式。

电感耦合高频等离子体加热器主要包括以下几部分: 感应线圈、耐高温的放电约束管、产生等离子体的工作气体进气组件,另外还有集成的线圈、放电约束管及进气组件等部分的冷却水通道,其原理图如图 8.3 所示[2]。通常感应线圈采用导电性良好的铜管绕制而成;放电约束管采用石英管或陶瓷管的较多。其工作原理是:感应线圈同轴缠绕在放电约束管外围,线圈末端与高频电源连接,高频电源提供的交变电流通过感应线圈时在放电管内产生变化的磁场,由法拉第电磁感应定律可知,放电管内变化的磁场又感应出电场,气体在变化的磁场作用下发生电离,电离的气体引起电流并产生焦耳热,适当控制电流、工作气体流量等参数可以维持放电,并不断使送入加热器的冷工作气体加热形成等离子体气流[1]。由此可见,高频感应等离子加热器的工作原理与金属感应加热炉基本相同,只是以高温、部分电离的气体取代了感应加热炉中被加热的金属,因此金属感应加热中的若干概念也可以沿用在高频等离子体加热器的分析中,用来优化设计参数。

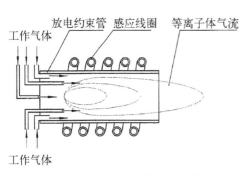

图 8.3 电感耦合高频等离子体加热器原理图

高频等离子体加热器的关键是等离子体加热器几何尺寸与高频电源功率、频率的匹配关系。其重点要确定的是放电管直径的选取问题。放电管直径的设计和选取要以保证放电管内的放电稳定和高的耦合效率为原则[2]。趋肤层深度是影响高频等离子体加热器效率的重要参数,趋肤层深度的定义如下:

$$\delta = (\pi \xi_0 \sigma f)^{-\frac{1}{2}} \tag{8.3}$$

式中,δ 为趋肤层深度(m);ξ_0 为真空磁导率,$4\pi \times 10^{-7}\ \mathrm{H/m}$;$\sigma$ 为电导率(S/m);f 为高频电源频率(Hz)。

从式(8.3)可以看出,放电管内趋肤层深度随着高频电源频率的升高而减小,即随着加热器工作频率的提高,等离子体中焦耳热将集中于更窄的区域中。常用的经验法认为,当放电区半径约为趋肤层深度的 1.5 倍时,耦合效率最高。另外,放电区半径与电感线圈半径之比也是影响加热器耦合效率的重要几何参数之一,该比值越大,耦合效率越高。

石英管半径选择还与加热器的功率有关,功率越大要求石英管半径越大,但为了保持石英管半径与趋肤层深度比值合适,相应地要降低工作频率。一般地,有以下经验公式:

$$d/\delta = 3.5 \tag{8.4}$$

$$d : d_1 : d_2 = 1 : 1.2 : 1.4 \tag{8.5}$$

式中,d 为放电管(石英管)内径(m);δ 为趋肤层深度(m);d_1 为石英管外径(m);d_2 为线圈直径(m)。

放电管内感应电场强度与感应线圈的电压、线圈直径和线圈匝数之间有如下关系:

$$n = U/\pi d_2 E \tag{8.6}$$

式中,n 为线圈匝数;U 为感应线圈电压(V);d_2 为线圈直径(m);E 为感应电场强度(V/m)。

感应线圈的长度 L 一般与线圈的直径相当。

3) 混合室

混合室位于高频等离子加热器和喷管之间,其作用是径向喷入一定量的冷的工作气体,通过调节进入的冷气流流量、压力等参数实现满足不同的总温、总压和马赫数要求。

4) 喷管

喷管是使高频感应等离子加热器喷出的高温气流形成试验所需流场,并以此来模拟飞行关键部件的热环境,喷管的出口尺寸是风洞最重要的特征参数,针对不同结构、不同尺寸的试验模型,并参照所需模拟的热环境参数,需要使用不同类型及不同尺寸的喷管。

5) 试验段

试验段是把喷管和扩压器连接起来,并在其中进行模型试验的场所,试验段形状、尺寸取决于风洞的形式和风洞的规模。试验段还装有多功能模型支撑系统、多功能力学加载系统、热学、力学和光学综合测试分析系统。需要说明的是,相比于电弧等离子体加热风洞,高频等离子体加热风洞与中、大功率高频电磁辐射对风洞测控系统采集和传输造成的干扰,是风洞测控系统需要重点关注和解决的关键问题,可以采用传输电缆地沟与高频感应设备隔离,系统控制柜和测试柜采用符合国家电磁防护标准的全屏蔽电磁干扰防护柜,使用弱磁材料加工生产现场仪器、仪表和传感器箱体,使用特殊材质的电磁防护材料(如聚四氟乙烯)屏蔽电缆对空间信号传输等方法进行解决。

6) 扩压段

扩压段位于喷管和试验段的下游,其作用是使当地高超声速气流压缩、减速,以提高扩压器出口压力、减少风洞运行所需要的压力比。它是风洞的重要组成部分,其气动性能直接关系到风洞的启动和风洞运行时间的长短,对扩压段的要求是空流场压力恢复系数必须高,等截面喉道直径和长度的选定是最关键的因素。

7) 热交换器

在扩压段后气体温度仍然较高。由于真空泵对入口气体温度有一定的限制,所以气体温度高将降低真空泵效率。因此,扩压段后的气体不能直接由真空泵抽走,需用冷却器进行冷却后再进入真空系统。冷却器是将高温气流降温以达到降低真空罐内的压力来延长运行时间的关键部件,其主要功能是把自扩压段流出的高温气体经过换热的方式,把温度从高温降到 320 K 左右,然后通过排气管道进入真空系统。冷却器的效率直接影响运行时间,在真空罐容积一定的条件下,尽量降低排入真空罐内气体的温度和减小对气流的阻力是冷却器设计的重要技术指标。

8) 辅助系统(供气系统、真空系统、冷却系统)

高频感应等离子加热风洞配套的供气系统、冷却系统、真空系统等辅助系统的结构与功能和电弧等离子加热风洞的辅助系统基本一致,此处不再赘述。

8.1.2 特点及用途

高频感应等离子加热试验技术,是利用高频感应等离子加热器产生高温等离子体气流,产生的高频等离子体相较于电弧等离子体具有体积大、温度分布平坦、焰流速度低且均匀等特点,最重要的一点是高频感应等离子加热无须电极与等离子体相互接触,而是通过电感、电容的耦合方式将能量传输给等离子体,实现对气流的加热,不存在电极蒸发污染的问题,因此它具有流场纯净、温度高、运行寿命长的特点,高频感应等离子加热试验技术在航天飞行器气动热地面试验模拟方面的应用也主要是利用其热环境纯净的优势。

高频感应加热风洞纯净的等离子体环境为研究材料壁面催化效应提供了良好的试验条件。高温气流中材料表面的催化特性是航天飞机、空天飞机、外星探测着陆器等高超声速飞行器防热层设计中要考虑的一个重要问题。研究表明,采用低催化的表面涂层可以减小防热层的厚度,从而大大减轻防热层的重量,这对于飞行器的设计具有重要意义。飞行器表面的热流主要来自气动加热及激波层中离解气体在防热材料表面复合时放出的热量,后者在总热量中占相当大的比重,因此选用低催化材料可以减小这部分热量,有利于减小防热层的厚度及重量。

另外,高频感应等离子加热风洞可以使用各类型的气体(如空气、氧气、氢气、氮气、氩气、二氧化碳等)作为工作气体,因此可模拟火星、金星等外星大气组分并进行热环境地面模拟试验研究。

与此同时,高频等离子加热器已在难熔颗粒的加工(如球化、固化反应、超细粉制备等)[3],纯度要求很高的化工、化冶产品的制备等方面得到广泛的应用,如陶瓷粉末的制备、超导体或金刚石膜或粉体制备、喷涂、ICP(感应耦合等离子体)光谱分析等。

8.1.3　发展现状

国内外采用高频感应等离子加热试验技术较多的是进行热防护材料表面催化特性的研究工作,如表 8.1 所示。俄罗斯、西欧和日本利用高频等离子风洞建立了热防护材料表面催化特性的试验评价与测试方法,并针对"BOR"航天飞机和欧洲"EXPERT"火星探测器等高超声速飞行器防热材料、UHTC 及 SiC 基热防护材料表面催化特性开展了试验研究工作。俄罗斯科学院力学问题研究所Kolesnikov 教授等通过数值计算和试验测试确定高焓射流参数、表面温度,并采用一些合理的假设得出表面催化系数是表面温度与原子分压的函数[4];比利时冯·卡门流体力学研究所的 Chazot 等采用 Kolesnikov 教授所用的试验方法,利用 1.2 MW 高频等离子体风洞开展了材料表面催化性能试验研究[5];德国斯图加特大学的 Pidan 教授等利用 PWK3、IPG3 高频等离子体风洞提供的纯氧高焓射流环境,使用双探针催化试验托架对 SiC 陶瓷材料表面催化特性开展了试验研究[6];日本航天局 Masaliito 等利用 IRS 1 MW 高频等离子体风洞测试 C/C 基 CVD-SiC 涂层材料表面催化特性[7]。

表 8.1 国内外高频感应等离子加热器(风洞)主要发展现状[8]

所属 国家	所 属 单 位	最大功率/ MW	最高焓值/ (MJ/kg)
俄罗斯	中央机械研究院 TsNIIMASH(Y-13-PHF)	1.0	46.5
俄罗斯	TAGI(VTS/BTC)	1.0	37.2
德 国	斯图加特大学(PK2,PK3)	0.15	80
比利时	欧洲太空局-冯·卡门研究院(ESA-VKI)	1.2	100
意大利	欧洲太空局-意大利航空航天研究中心(ESA-CIRA)	1.0	—
美 国	TAFA-ARC	1.0	93
中 国	中国航天空气动力技术研究院	1.2	—

国内利用高频等离子加热风洞开展研究工作起步较晚,国内最早是中国科学院力学研究所的林列等采用 30 kW 高频等离子风洞研究高温气流中材料表面复合反应的基本过程及催化反应与各种因素之间的关系[9]。中国空气动力研究与发展中心利用 60 kW 高频等离子体风洞气流纯净的有利条件,开展了热防护材料表面催化机理和催化特性试验初步研究[10]。中国航天空气动力技术研究院搭建的高频等离子体加热风洞,其加热器最大功率可达 1.2 MW,是国内功率最大的高频等离子加热器,目前已分别采用了二氧化碳和空气为加热介质完成了某型号防热材料首批驻点模型试验研究工作。

8.2 燃气流试验设备

8.2.1 国内外现状

燃气流风洞是将氢燃料或者碳氢燃料在驻室中燃烧,并在形成的高温产物中补充氧气以保证氧组分含量与实际飞行条件相同,经喷管膨胀后作为试验来流气体。燃气流风洞的运行方式可分为连续式与脉冲式两种。国外以美国为代表,NASA Langley 中心的 8 ft HTT 风洞[11-14]和 Arnold 中心的 APTU 风洞[11]是连续式燃气流风洞的典型代表,它有多种形式的一系列燃气流风洞,最具代表性的当属 Langley 中心的 8 ft 燃气流风洞[12]。

如图 8.4 所示,Langley 中心的 8 ft 燃气流风洞是一座燃烧加热的高超声速下吹式风洞,它能提供飞行高度为 15~37 km、马赫数为 4~7 的模拟能力。该风洞试验段直径为 8 m,喷管出口直径为 8 ft,配有四套喷管,喷管的最大出口直径为 2.44 m。试验段内配备石英灯辐射加热系统,同燃气流加热相配合,能够提供飞行器上升和再入阶段的热轨道的模拟。

图 8.4　Langley 中心的 8 ft 燃气流风洞结构示意图

8 ft 燃气流风洞建成后开展了大量的研究工作。20 世纪 60 年代末分别开展了 Scout 计划和 HRESAM 计划下的再入结构、高超声速热结构和高超声速基础研究方面的工作;20 世纪 70 年代到 80 年代初,开展了 Shuttle 计划下的航天飞机可重复使用表面防热瓦和红外背风面温度测量及热防护系统方面的研究,X-24C 计划的缝隙加热试验研究,雷达天线、再入飞行器鼻锥结构、材料和先进导弹弹头概念研究。20 世纪 80 年代中期,NASP 计划需要进行大尺度超燃发动机试验,导致了对其大规模的技术改造以支持其进行吸气式推进系统试验,并在 20 世纪 90 年代后以 X-XX 等系列计划进行了大量的超燃推进试验。综述其历史,在 8 ft 高温燃气流风洞设备中进行了大量的热防护材料和密封、缝隙加热、激波干扰加热等基础研究和各种热结构试验、声学试验、结构力学试验及最近正在进行的以超燃冲压发动机为研究目标的推进试验研究。

我国的热结构试验开始于 20 世纪 70 年代中期,当时是利用现成型号的火箭发动机做过少量型号的专门试验。20 世纪 80 年代初建立了国内第一台飞行器烧蚀热结构试验专用燃气流设备 "R1",它以液氧煤油为燃料,最大出口直径为 170 mm,出口马赫数为 3.3,燃烧室总压为 9.2 MPa,在当时新型号的再入弹头研制中起到了重要作用。但由于国内风洞口径和功率的限制,以至于飞行器上大尺寸部件和关键性热防护、热结构试验都是在国外风洞上进行的。

近几年,随着国内超燃冲压发动机的发展,中国科学院力学研究所、国防科技大学、中国航天科工集团三十一研究所、中国航天科技集团十四研究所均建立了小规模的燃气流风洞,主要用于开展超燃冲压发动机的研究和小尺寸热结构试验研究。

国内,中国空气动力研究与发展中心在乐嘉陵院士的带领下,创造性地发展出了以脉冲方式运行的燃烧风洞[15-16],图8.5为其结构示意图[17]。

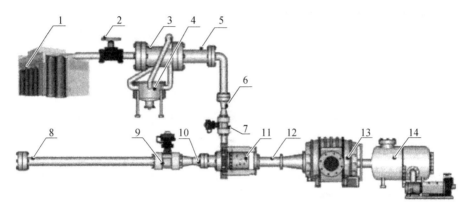

图8.5 CARDC脉冲式燃烧风洞结构示意图

1-补偿气源;2-截止阀;3-大气缸;4-水箱;5-小气缸;6-燃料喉道;7-燃料快开阀;8-富氧空气管;
9-氧化剂快开阀;10-氧化剂喉道;11-燃烧加热器;12-喷管;13-试验段;14-真空箱。

8.2.2 工作原理

燃气流风洞是通过燃烧燃料放出的热量为下游风洞提供能量的一种风洞。燃气流风洞与电弧风洞最大的不同是加热热源的不同。后者是利用高温电弧加热的空气作为风洞的热源,前者则是利用燃料燃烧释放的化学能作为风洞的热源。

燃气流风洞一般由燃烧器、喷管、试验段、扩压段和引射器几部分组成,如图8.6所示。此类风洞同电弧风洞的主要区别在于加热器的不同,因此除了燃烧器外,风洞的其余几部分与电弧风洞基本相同。

燃气流风洞是燃烧燃料为风洞提供能量,因此原则上可以做到比电弧风洞更大功率、大口径,能满足大尺度试验件的需要。其缺点是非空气介质存在一定的气流污染问题。但对热结构试验来说,介质成分要求不太严格,焓值要求也不是很高,能满足飞行器飞行时的表面温度要求即可。但口径必须大,才能满足复杂外形的1:1全尺寸结构件的模拟。因此,对于大型的热结构试验燃气流风洞为最佳选择。当考虑到飞行器长时间层流加热飞行时,可以先对试验模型进行辐射加热以减少燃气流风洞过大的参数调节范围。

燃气流风洞对燃料的基本要求应是无毒、价格低廉、热值高、安全、稳定、易控制。目前,常用的燃料有氢气、酒精、甲烷和煤油。其中,氢气和甲烷的热值较高,煤油次之,酒精最低。考虑到氢气性质极为活泼、不易控制,且成本较高,不考虑氢气作为燃料。酒精虽然稳定、价格低廉,但由于其热值较低,不易达到较高温度,也不考虑选用它作为燃料。甲烷比煤油的热值高,且含碳量小于煤油(C_mH_n,$m>n/4$),它燃烧后在燃烧室产生的积碳相应要少,有利于设备的重复使用,但其存储和使用仍存在一定的不便性,国内在甲烷燃烧技术方面还不太成熟。煤油的热值也较高,且价格低廉、存储、运输方便,但煤油含碳量较多,易产生积碳现象,严重时影响设备的重复使用性能。如果采用富氧燃烧,则可以解决积碳问题。氧化剂用氧气和空气的混合物,通过调节氧气含量调节气流温度。

8.2.3　结构特点

燃气流风洞结构如图 8.6 所示,燃气流风洞由燃烧室、喷管、试验段、超声速扩压器、引射器、亚声速扩压器、消音装置等组成。此外,还包括多功能模型支撑系统、混合室、测控系统等。下面将以煤油作为燃气流风洞的燃料重点加以说明。

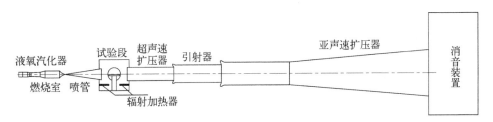

图 8.6　燃气流风洞结构示意图

1. 燃烧室

燃烧室的工作原理是选用空气、氧气和煤油三组元燃烧。燃烧方式为富氧燃烧,燃烧过程充分,化学反应剧烈,最终生成的高温燃气污染成分含量相对较少。

燃烧室采用液氧并在供应过程中转化为气氧实现供气。燃烧室的工作原理为:设备启动前,液氧和煤油分别通过高压氮气从各自的贮箱中挤入一个小型的汽化器(高富氧燃气加热器),全部的液氧和部分煤油在汽化器中组织燃烧,生成富氧燃气,富氧燃气通过整流后进入主燃烧室和其余的煤油及空气组织燃烧,生成满足要求的模拟气体进入自由射流喷管借助点火器点火燃烧后生成高温燃气,通过设定空气、液氧和煤油的流量配比关系,保证自由射流喷管出口要求的流量、温度、压力和氧气含量。为获得更高的燃室气流总温,必要时采用纯氧气作为氧化剂。燃烧室的最高压力设计为 10 MPa,向下可调。调节气流总温有两种办法:一是通过调节煤油和氧化剂的当量比实现;二是靠向混合室注入冷空气的方法实现。第一种方法是直接改变进入燃烧室燃料和氧化剂的质量比,第二种方法则是在燃烧室后接混合室,冷空气从混合室注入与燃烧室流入的高温气流充分混合并达到一定的总温后由下游的喷管流出。

2. 混合室

混合室通过喷管的喉道段与燃烧室连接。为实现不同的总温、总压和马赫数要求,混合室内注入冷空气与来流充分混合以达到所需参数要求。

3. 喷管

为适应不同的模型试验,可以配备多种不同的喷管,采用高压水冷却方式。例如,可用于头、身部位部件试验的轴对称型面喷管,用于平板、曲面板和翼(舵)身组合体试件试验的矩形型面喷管或半椭圆形型面喷管,等等。

如图 8.7 所示,为降低更换喷管的成本,可考虑采用换喉道的方式以获得不同出口马赫数的喷管。例如,以马赫数为 6 的喷管型线为设计参数,保持喷管出口直径不变,马赫数为 5 和马赫数为 7 的喷管采用换喉道技术得到。这样只需要加工三段很短的喉道和一段后面扩张段就可以得到马赫数为 5、6、7 的流场,不仅费用可以降低,而且流场也可以满足要求。

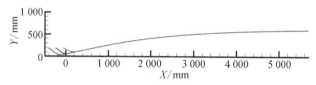

图 8.7　三种不同喉道尺寸的喷管型面

4. 试验段

风洞试验段采用自由射流形式,试验段既可采用横截面为矩形的截面,也可采用横截面为圆形的截面。试验段一般分上、下两部分,上部分与喷管相接,容纳各种试验模型;下部分为辐射加热室,内部安装有大功率的石英灯,可以在试验过程前、后对试验模型进行辐射加热。其中,辐射加热与燃气流加热可以根据试验需要随时切换。

试验段内还装有多功能模型支撑系统、多功能力学加载系统和热学、力学、光学综合测试分析系统。

5. 多功能模型支撑系统

多功能模型支撑系统是一套多功能、复杂的动作液压驱动机构,既能实现多自由度转移以适应不同形状、不同大小和不同姿态的模型试验,又能够满足辐射加热和燃气流加热不同加热条件下的快速切换。

6. 扩压段

它的作用是将高马赫数的气流速度降低、压力升高,提高排气压力(引射器入口压力),降低引射器的工作负荷,并最后排入大气。扩压器分超声速扩压器和亚声速扩压器,分别装在喷管和引射器后方。

7. 引射器

为获得更高的真空度以满足更高飞行高度的试验需求,可以采用多级过热蒸汽引射形式。

采用常温空气的引射效率低,如果采用常温空气作为引射气体,则要耗费大量的空气,需建立庞大的高压罐区,投资巨大且使用成本高。为提高引射效率、降低使用成本,也可采用向氧气和煤油燃烧形成的燃气中加喷水产生蒸汽作为引射介质的引射器方案。和风洞燃烧室类似,引射器用加热器包括液氧汽化器和主加热器。为扩大燃气流风洞的适用范围,引射器也可选用多级引射形式,这样则会带来较大的引射器气体消耗,使用成本较高。

8. 消音系统

风洞排出的气体主要是二氧化碳、水蒸气、氮气等。排出的气体温度高、流量大、产生的噪声很大,必须采用专门的消音系统。因此,需要在风洞出口安装消音塔,降低风洞周围环境的噪声污染。例如,采用《噪声控制技术》中记述的用阻抗复合式消声器,通常可以消噪 34 dB,从而达到国家标准规定的每工作日接触噪声 1 h 以内、允许噪声 94 dB 的要求。

9. 测控系统

控制系统要控制整个系统的运行、关闭和参数调节,包括风洞的启动与停车、冷却水控制、燃料气体流量的控制及风洞运行参数的调节、引射器燃气和喷水系统的调节与控制、模型的送进与姿态控制、辐射加热的控制与温度调节、风洞和模型的参数测量、风洞的安全保护等复杂的控制系统。

测量系统包括风洞运行参数测量和模型试验参数测量。风洞运行参数测量包括燃烧室的温度、压力、燃料的温度、压力、流量,引射气体的温度、压力、流量等;模型试验参数测量包括模型表面的温度、压力、热流参数及分布,模型姿态,应力测量,应变分布测量,光学测量系统,红外图像,高速摄影系统,标准摄录系统等。

10. 风洞配套设施

燃气流风洞除了基本部件之外,还需要庞大的辅助系统支持,包括空气供应系统、液氧供应系统、燃料供应系统、氮气增压系统、点火系统、冷却水供应系统和低压配电系统等。

空气供应系统:高压空气供应系统供风洞和引射器的燃烧室或混合室使用。空气经由气动减压器进行减压,以保证减压器出口的压力稳定,再通过声速喷嘴的控制保证空气以稳定的流量供给燃烧室和混合室使用。

液氧供应系统:液氧供应系统采用氮气挤压的方式给来流系统的燃烧室及引射器用的燃烧室提供液氧,系统采用调节孔板作为控制元件,通过改变燃料贮箱的压力实现燃料流量的调节控制。液氧在供应过程中通过液氧汽化器使之汽化为气氧并提供给燃烧室使用。

燃料供应系统:燃料供应系统也是采用氮气挤压的方式给来流系统的燃烧室及引射器用的燃烧室提供燃料,系统采用调节孔板作为控制元件,通过改变燃料贮箱的压力实现燃料流量的调节控制。

氮气增压系统:氮气增压系统采用高压氮气气罐,通过气动减压器调节氮气气源压力供给下游使用,主要为煤油贮箱、液氧贮箱及引射器用燃烧室中的冷却水挤压用氮气,获得设定的煤油、液氧及冷却水供应压力。

点火系统:点火系统保证来流系统的加热器及引射器用的加热器正常点火,确保风洞正常启动,点火可选用电点火、火炬点火或烟火点火。

冷却水供应系统:冷却水供应系统一部分为承受高温的燃烧室、喷管、引射器、模型支撑与送进系统和高温测量装置提供所需的冷却水,这部分冷却水的供应由高压水泵产生;另一部分为引射器提供形成蒸汽的冷却水,这部分冷却水由高压氮气挤压供应。

配电系统:配电系统为厂房内所有用电设备及控制、测量仪器提供电力保障,包括辐射加热器使用的可控硅整流电源、三相交流工频电源及 27±3 V 的低压直流控制电源。

8.2.4 用途及特点

燃气流风洞由于其自身的特点,所以可以根据飞行器飞行条件完成以下地面试验模拟任务。

1. 热环境模拟

结构在受热条件下的相应特性既同它所受热载荷有关,又同其所受作用力有关。因此,热结构试验一般应兼顾气动热和气动力试验二者的综合特点。当然,任何地面设备都不可能完全模拟真实飞行条件,只能根据实际情况实现主要参数的模拟。地面燃气流风洞的湍流度很高,很难模拟层流加热状态。热结构试验考核的重点主要是结构的热与力的耦合作用结果,地面试验必须使试验件表面温度达到飞行器飞行的实际温度,因此风洞最重要的热环境模拟参数应该是典型热流率和总加热量的模拟,其他如焓值、马赫数、雷诺数等参数的模拟要求可以适当放宽。

2. 大尺度模型模拟

热载荷本身与表面结构密切相关,因此热结构试验模型必须要有足够大的尺度,最好是 1:1 全尺寸模型,因为热结构试验模型没有几何相似概念,不能像气动力试验那样简单地用缩比模型。除部分机理性试验研究和某些材料性能测试试验外,大多数试验(如结构材料综合性能试验、部件或部件组合体热结构试验等)都要用 1:1 的全尺寸模型。因此,试验设备的尺度必须足够大,才能满足大模型试验的需要。

3. 长时间模拟

由于燃气流风洞为燃料燃烧产生的高温气流为工作气流,只要燃料和氧化剂满足运行条件,那么运行时间基本不受限制,不像电弧风洞设备受制于电弧加热器的使用寿命一样只能局限于一定时间内运行。因此,燃气流风洞可以完成飞行时间长、总加热量大的飞行器地面模拟试验。

4. 多用途

设备尺度大,参数调节范围宽,并能同时进行热和力的耦合作用试验,因此可以进行多种试验。可能在燃气流风洞中进行的详细模拟试验如表 8.2 所示。

表 8.2　燃气流风洞可以进行的飞行器模拟试验

项　目	内　容
热防护、热结构试验	防热结构、防热材料的热响应特性试验,包括传热(辐射、传导、对流)试验、温度分布试验、应力分布试验、自适应理化过程试验等。
	飞行器部件或部件组合体防热性能、隔热性能、缝隙热密封性能、表面抗冲刷性能的研究和考核性试验。
	复杂外形、局部结构的干扰流场加热环境研究和结构防热性能研究。
	热脆性材料部件的热应力破坏试验。
	防热、结构一体化设计的综合考核性试验。

（续表）

项　目	内　容
气动加热条件下的结构强度、疲劳特性研究试验	气动热、结构力(拉、压、弯、扭等)综合加载试验。
	气动热、噪声综合加载试验。
超声速燃烧吸气式冲压发动机相关技术研究试验	超燃冲压发动机自由射流试验。
	弹(机)体、发动机一体化设计综合性能评估试验和优化设计研究试验。
气动物理特性研究试验	高速拦截武器气动光学研究试验。
	气动加热环境下的电波传播特性研究试验。

相对其他加热方式,燃气流加热具有风洞尺度受限制较低、试验时间较长等优势。同时,可操作性强、运行方式灵活多变,是目前国内超声速技术地面试验研究的主流设备之一。

同时,值得注意的是,燃烧产物形成了试验气体不可分割的一部分,势必引入"污染组分",增加了将燃烧加热风洞获得的试验结果外推至飞行条件的不确定性。这些污染组分包括 H_2O、CO_2、微量自由基等,采用不同燃料进行加热形成的"污染空气"组成见表 8.3。由表 8.3 可以看出,H_2O、CO_2 是主要污染组分。

表 8.3　不同燃料加热形成的污染组分及其含量
（模拟飞行马赫数为 4~7)[18,19]

加热方式	污染组分类别					
	CO_2	H_2O	CO	NO	自由基	其　他
烧氢气	5%~33%	0	0	≤1.4%	微量 H、O、OH	—
烧甲烷	3%~21%	2.3%~8.3%	≤0.2%	≤1.6%	微量 H、O、OH	微量含碳基团
烧丙烷	2%~15%	2.5%~9%	≤0.3%	≤1.8%	微量 H、O、OH	微量含碳基团
烧煤油	2.5%~11%	2.9%~11%	≤0.2%	≤2.0%	微量 H、O、OH	微量含碳基团

污染组分将使风洞试验气体物理化学属性与真实空气存在一定差异,对风洞流场与试验模型流动产生附加的物理化学影响,即"污染效应"。污染组分对风洞流场的影响主要有水蒸气凝结、出口参数漂移等,对试验模型流动的影响可能主要表现在热力学参数偏差、进气道启动、点火、燃烧模态转换、模型受力等问题上。

8.3　乙炔加热试验技术

目前地面模拟的试验方法除了前面章节中提到的等离子体烧蚀试验、电弧风洞试验等技术，氧-乙炔烧蚀试验技术也是针对烧蚀防热复合材料性能评价的常用技术之一。相对于其他烧蚀试验技术，氧-乙炔烧蚀试验的试验装置最简单、成本最低、操作也最方便，是一种简便有效的模拟试验方法，可以用于材料配方的筛选和烧蚀性能的初评[20]。

氧-乙炔烧蚀试验装置如图 8.8 所示，此装置由热源系统和测温系统两部分组成。试样装卡在石墨模具中进行烧灼，氧-乙炔枪口垂直于试样表面放置，喷嘴直径为 2 mm。烧灼材料表面的温度测量采用辐射式高温计，测温为 1 000~3 000℃。烧灼背面温度和试样内部温度采用镍铬 K 型热电偶或钨-铼热电偶接触式测温，镍铬 K 型测温为 0~1 300℃，钨-铼热电偶测温为 300~2 000℃。

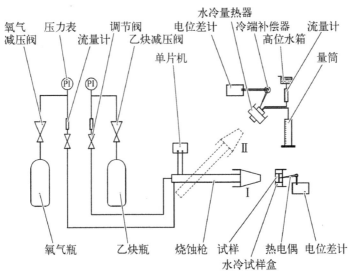

图 8.8　氧-乙炔烧蚀试验装置

如图 8.9 所示，氧-乙炔环境下复合材料烧蚀主要分为热化学烧蚀和机械剥蚀两部分。热化学烧蚀主要是指材料在高温有氧环境下发生的氧化腐蚀；机械剥蚀是在火焰冲刷作用下材料出现的颗粒、片状、块状等物理剥落[21-23]。

图 8.9 氧-乙炔烧蚀火焰

参照 GJB 323A-96 标准[24],通过氧-乙炔烧蚀方法来测试材料抗烧蚀性能,以材料的质量烧蚀率和线烧蚀率来表征材料的抗烧蚀性能。

质量烧蚀率是指单位时间内试样的质量烧蚀量,计算公式为

$$M_A = \frac{M_0 - M_t}{t}$$ (8.7)

式中,M_A 为质量烧蚀率(g/s);M_0 为试样烧蚀前质量(g);M_t 为试样烧蚀后质量(g);t 为烧蚀考核时间(s)。

线烧蚀率是指单位时间内试样厚度方向的烧蚀量,计算公式为

$$R_A = \frac{l_0 - l_t}{t}$$ (8.8)

式中,R_A 为线烧蚀率(mm/s);l_0 为试样烧蚀前的厚度(mm);l_t 为试样烧蚀后的厚度(mm);t 为烧蚀考核时间(s)。

其中,l_t 的测试方法为在材料烧蚀后形成的不规则近圆形烧蚀范围内,找出不规则圆的最长弦,在弦上分别取 7~9 个等距离分布的点,分别量取这些点烧蚀后的厚度,取平均值作为试样烧蚀后的厚度。

火焰热流密度是氧-乙炔烧蚀试验中的一个重要试验参数,其变化直接影响到试样的质量烧蚀率和线烧蚀率结果。目前,氧-乙炔烧蚀试验测试用的火焰热流密度通常是固定值,即通过仪器本身接入的氧气和乙炔气的流量来确定。对于两种气体的流量改变后热流密度如何变化,山东非金属材料研究所周燕萍等[25]通过氧-乙炔烧蚀试验中改变氧气与乙炔气流量比值的一系列试验研究发现,氧-乙炔烧蚀试验中固定其他条件,随着氧气与乙炔气流量比值的改变,热流

密度呈规律性变化。并利用一元线性回归方法,分区间拟合得到了热流密度与两种气体流量比值的数学关系式,经检验该关系式适用性较好,为防热复合材料在氧-乙炔烧蚀试验中热流密度的变化提供了可靠的计算依据。

在氧气压力为 400 kPa,乙炔压力为 95 kPa,乙炔流量为 960 L/h,改变氧气流量的试验条件下测试热流密度,利用一元线性回归分区间拟合出热流密度的计算公式为

$$r = [0.52, 1.05]; q = 1\,275.3r + 488.9;$$

$$r = [1.06, 1.45]; q = 598.3r + 3\,405.3$$

采用氧-乙炔火焰喷射法考核烧蚀隔热性能,此方法装置简单、成本低廉、易于操作,是进行模拟烧烛、隔热试验的一种简单、便捷、有效方法。目前,绝热层烧蚀率的测定通常采用氧-乙炔法,但是氧-乙炔火焰与发动机中燃气参数相差较大,测出的烧蚀结果不能正确反映绝热层在发动机中的烧蚀情况,尤其无法获得材料中的缺陷对烧蚀率的影响;而且,一方面烧烛试验燃烧后的气体中有少量剩余的氧气,整个烧烛环境是一种氧化性气氛;另一方面,氧-乙炔烧烛火焰喷嘴直径仅为 2 mm,当试样尺寸过大时整个试样表面不能完全被气流包裹,因此试样边缘区域与中心处烧烛速度不一致,影响材料的烧烛隔热性能的准确测量。

符号表

符 号	名 称	符 号	名 称
Q	高频电源功率	n	线圈匝数
$\dot{m}$	质量流量	U	感应线圈电压
h	气流焓值	E	电场强度
η	加热器效率	L	长度
f	高频电源频率	M_A	质量烧蚀率
σ	电导率	R_A	线烧蚀率
d	直径	l	厚度
δ	趋肤层深度	t	时间
ξ_0	真空磁导率	q	热流密度

参考文献

［1］丘军林.气体放电与气体激光［M］.武汉：华中理工大学出版社,1995.

［2］朱清文.高频感应耦合等离子体炬设计分析[J].电炉,1988,4：3-6.

［3］Kolesnikov A F, Yakushin M I, Vasil'evskii S A, et al. Catalysis heat effects on quartz surfaces in high-enthalpy subsonic oxygen and carbon dioxide flows［C］. Moffett Field：Aerothermodynamics for Space Vehicles, 1999：537-544.

［4］Vasil'evskii S A, Kolesnikov A F, Yakushin M I. Determination of the effective probabilities of the heterogeneous recombination of atoms in the case where gas-phase reactions affect the heat flux［J］. Teplofizika Vysokikh temperatur, 1991, 29(3)：521-529.

［5］Chazot O, Krassilchik H W, Thöme J. TPS ground testing in plasma wind tunnel for catalytic properties determination［C］. AIAA 2008-1252, 2008.

［6］Pidan S, Kurtz M A, Fertig M, et al. Catalytic behaviour of candidate thermal protection materials［C］. 5th European Symposium on Aerothermodynamics for Space Applications, 2004：95-102.

［7］Masaliito M, Yoshiki M, et al. Evaluation of reaction rate constants for thermal protection materials in dissociated air flow［C］. AIAA 1999-3630, 1999.

［8］林烈.高温气流中材料表面催化特性研究[J].空气动力学报,2001,19(4)：407-413.

［9］王国林.高超声速飞行器热防护系统防热材料表面催化特性对气动加热影响的研究［C］.绵阳：中国第一届近代空气动力学与气动热力学会议,2006.

［10］Smith R K, Wagner D A, James C. A Survey of current and future plasma arc-heated test facilities for aerospace and commercial applications［C］. Nevada：36th Aerospace Science Meeting, 1998.

［11］Hodge J S, Harvin S F. Test capabilities and recent experiences in the NASA Langley 8-foot high temperature tunnel［C］. AIAA 2000-2046, 2000.

［12］Butler K, Milhoan A. Calibration of the Langley 8-foot high temperature tunnel for hypersonic airbreathing propulsion testing［C］. AIAA 96-2197, 1996.

［13］Lawrence D H. Hyper-X engine testing in the NASA Langley 8-foot temperature tunnel［C］. AIAA 2000-3605, 2000.

［14］Butler K. Upgrades to the aerodynamic and propulsion test unit heated fuel system［C］. AIAA 2014-2765, 2014.

［15］乐嘉陵.脉冲燃烧风洞及其在火箭和超燃发动机研究中的应用[J].实验流体力学,2005,19(1)：1-10.

［16］乐嘉陵.CARDC脉冲燃烧风洞研究的历史回顾与发展［C］.黄山：第十四届全国激波与激波管学术会议,2010.

［17］杨阳.污染组分对超燃冲压发动化性能的影响研究［D］.成都：西南交通大学,2009.

［18］Pellett G L, Bruno C, Chinitz W. Review of air vitiation effects on scramjet ignition and flameholding combustion processes［C］. AIAA 2002-3880, 2002.

［19］Odgers J, Kretschmer D. Considerations of the use of vitiated preheat［J］. Journal of Energy, 1980, 4(6)：260-265.

［20］袁海根,曾金芳,杨杰,等.防热抗烧蚀复合材料研究进展[J].化学推进剂与高分子材

料,2006,4(1):21-25.

[21] 沈学涛,李克智,李贺军,等.烧蚀产物 ZrO_2 对 ZrC 改性 C/C 复合材料烧蚀的影响[J].无机材料学报,2009,24(5):943-947.

[22] Shen X T, Li K Z, Li H J, et al. Microstructure and ablation properties of zirconium carbide doped carbon/carbon composites[J]. Carbon, 2010, 48(2): 344-351.

[23] Shen X T, Li K Z, Li H J, et al. The effect of zirconium carbide on ablation of carbon/carbon composites under an oxyacetylene flame[J]. Corrosion Science, 2011, 53(1): 105-112.

[24] 周燕萍,魏莉萍,郑会保,等.氧-乙炔烧蚀试验中热流密度的计算[J].宇航计测技术,2011,12(6):12-14.